浮法玻璃
工艺手册

FUFA BOLI
GONGYI SHOUCE

刘志海 李 超 编著

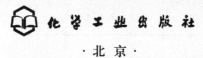

化学工业出版社

·北京·

图书在版编目（CIP）数据

浮法玻璃工艺手册/刘志海．李超编著．—北京：
化学工业出版社，2013.6
ISBN 978-7-122-15891-8

Ⅰ.①浮…　Ⅱ.①刘…②李…　Ⅲ.①浮法玻璃-生
产工艺-技术手册　Ⅳ.①TQ171.72-62

中国版本图书馆 CIP 数据核字（2013）第 282363 号

责任编辑：常　青　　　　　　　文字编辑：冯国庆
责任校对：宋　玮　　　　　　　装帧设计：韩　飞

出版发行：化学工业出版社（北京市东城区青年湖南街 13 号　邮政编码 100011）
印　　装：北京虎彩文化传播有限公司
787mm×1092mm　1/16　印张 23¼　字数 579 千字　2013 年 8 月北京第 1 版第 1 次印刷

购书咨询：010-64518888　　　　　售后服务：010-64518899
网　　址：http:// www.cip.com.cn
凡购买本书，如有缺损质量问题，本社销售中心负责调换。

定　　价：79.00 元　　　　　　　　　　　　　　　版权所有　违者必究

前　言

1940年英国皮尔金顿（Pilkington）公司开始对美国人 W. Heal 和 Hitchcock 于1902年申请的专利进行玻璃浮法成形工艺实验室探索研究，建立了"浮法工艺"初步概念；1952年建成浮法工艺试验线，取得了实质性成果，并于1953年申请了专利；之后，经过一系列的半工业化试验后，1957年在英国的圣海伦建成了第一条工业化生产线，1959年宣布浮法工艺成功并获得专利权。由于浮法工艺具有产品质量高、生产线规模大、连续作业周期长、易于实现机械化和自动化操作等优点，通过专利技术转让，浮法工艺在世界各地迅速推广，成为制造平板玻璃的主体技术。

我国玻璃浮法工艺研究始于1963年，1967年完成实验室研究工作；1967年12月在株洲建立中间试验线，进行了连续半工业试验，经历上百次的努力，成功地拉出厚6mm、原板宽度300～500mm的浮法玻璃，取得突破性进展。1971年将原洛阳玻璃厂压延线改造为我国第一条工业化浮法试验生产线，并于同年9月投产，1981年4月通过了国家鉴定。我国是世界上唯一没有购买皮尔金顿公司专利技术使用权而自行研发浮法工艺技术的国家。

目前，我国浮法玻璃生产线已达287条，产能达到9.5亿重量箱。为了使从事浮法玻璃生产和工艺技术研究的人员能全面地了解浮法玻璃有关技术工艺的知识，笔者在广泛调查的基础上，结合国内浮法玻璃发展的实际情况，编写了本书。

本书力求文字简明扼要、图文并茂、多列表格、查阅便捷、注重实用性，不仅叙述玻璃及相关材料的性质、功能、制备工艺，而且介绍设备及大量生产性数据。

本书共分10个部分：玻璃的性质、浮法玻璃原料及制备工艺、浮法玻璃熔窑及熔制工艺、浮法玻璃锡槽及成形工艺、浮法玻璃退火窑及退火工艺、浮法玻璃冷端及切装工艺、浮法玻璃保护气体及制备工艺、浮法玻璃缺陷及处理工艺、浮法玻璃检测、浮法玻璃"双低碳"技术。

本书在编写过程中得到了刘世民教授、赵洪力教授等业内专家的大力帮助，王建民、王丽萍、宋秋芝、王立坤、刘笑阳等提供了部分资料；高鹤、王彦彩等对书稿进行了校核。在此，谨向他们表示衷心的感谢！

浮法玻璃发展日新月异，新技术、新材料不断涌现，本书难免挂一漏万，不足之处，希望广大读者多加批评指正。

编　者
2013年3月

目　录

第1章　玻璃的性质

1.1　玻璃概述

1.1.1　玻璃的定义

玻璃是由熔融物冷却硬化而得的非晶态固体。玻璃包括了玻璃态、玻璃材料和玻璃制品的内涵及特征。玻璃态是指物质的一种结构；玻璃材料指用作结构材料、功能材料或新材料的玻璃，如建筑玻璃、玻璃焊料等；玻璃制品指玻璃器皿、玻璃瓶罐等。玻璃材料和玻璃制品之间没有明显界限，如平板玻璃既可以称为建筑玻璃材料，也可以称为玻璃制品。

（1）玻璃的广义定义　《材料科学技术百科全书》中定义为"玻璃是一类非晶态材料"；日本《新版玻璃手册》指出，玻璃为"表现出玻璃转变现象的非晶态物质"；扎齐斯基（Zarzycki）主编的《玻璃与非晶态材料》（《材料科学与技术丛书》第9卷）提出"玻璃只能指那些表现出玻璃转变现象的非晶态固体，除此之外的其他的非晶态可以称为无定形材料"。广义的玻璃包括单质玻璃、有机玻璃和无机玻璃。

（2）玻璃的狭义定义　美国ASTM和德国的DIN对玻璃的定义为"玻璃是一种凝固时基本不结晶的无机熔融物"；《中国百科全书（轻工卷）》对玻璃的定义为"由于熔融物的过冷却，黏度增加所得具有机械固体性质的非晶态固体"；《简明大不列颠百科全书》中定义"若液态物质冷却到坚硬状态而没有任何结晶现象发生，就称该物质为玻璃态"；《中国大百科全书（化工卷）》中定义"在熔融时能形成连续网络结构的氧化物，如氧化硅、氧化硼、氧化磷等，其熔融体在冷却过程中黏度逐渐增大并硬化而不结晶的硅酸盐无机非金属材料"。狭义的玻璃仅指无机玻璃。

将以上狭义和广义的玻璃定义相比，两者相同之处在于玻璃不是晶体而是非晶态固体或无定形物体；不同之处在于，狭义定义中对玻璃的组成和制备做了限定，在组成方面只指无机物质，局限于氧化硅、氧化硼、氧化磷等，甚至专指硅酸盐，在制备方面限于熔体冷却法。

综合以上考虑，本书中的玻璃指的是"一种较为透明的固体物质；是通过高温熔融形成连续网络结构，经冷却固化后得到的非晶态硅酸盐类非金属材料"。

1.1.2　玻璃的分类

因玻璃的品种众多，所以玻璃的分类方法很多，常见的有按化学组成、应用和功能的不同进行分类。

1.1.2.1　按化学组成分类

这是一种较为严谨的分类方法，该方法的特点是从名称上就可以直接反映出玻璃的主要组成和大概的结构、性质范围。通常玻璃按化学组成不同分为氧化物玻璃和非氧化物玻璃，玻璃的分类如图1-1所示。

（1）非氧化物玻璃　非氧化物玻璃品种和数量很少，主要有硫系玻璃和卤化物玻璃。

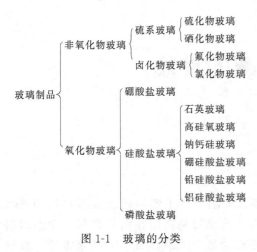

图 1-1 玻璃的分类

硫系玻璃是由除氧以外的第Ⅵ族元素为桥连接各种结构单元，其中阴离子多为硫、硒、碲等。硫系玻璃可截止短波长光线而通过黄、红光，以及近、远红外光，其电阻低，具有开关与记忆特性。

卤化物玻璃结构中的连接桥是卤族元素。研究较多的是氟化物玻璃（如 BeF_2 玻璃、$GdF-BaF_2-ZrF_4$ 玻璃、$NaF-BeF_2$ 玻璃等）和氯化物玻璃（如 $ZnCl_2$ 玻璃、$ThCl_4-NaCl-KCl$ 玻璃等）。卤化物玻璃的折射率低，色散低，多用作光学玻璃。

（2）氧化物玻璃　氧化物玻璃是集合了所有借助氧桥形成聚合结构的玻璃，包括了当前已了解的大部分玻璃。这类玻璃在实际应用和理论研究上最为重要，大致可分为硅酸盐玻璃、硼酸盐玻璃、磷酸盐玻璃等。

①硅酸盐玻璃指以 SiO_2 为基本成分的玻璃，其品种多，用途广。通常按玻璃中 SiO_2 以及碱金属、碱土金属氧化物的不同含量，又分为以下几类。

a. 石英玻璃　SiO_2 含量大于 99.5%，热膨胀系数低，耐高温，化学稳定性好，透紫外光和红外光，熔制温度高、黏度大，成形较难。多用于半导体、电光源、光导通信、激光等技术和光学仪器中。

b. 高硅氧玻璃　SiO_2 含量约 96%，其性质与石英玻璃相似。

c. 钠钙硅玻璃　以 SiO_2 为主，还含有 15% 的 Na_2O 和 16% 的 CaO，其成本低廉，易成形，适宜大规模生产，其产量占实用玻璃的 90%。可生产玻璃瓶罐、平板玻璃、器皿、灯泡等。

d. 硼硅酸盐玻璃　又称耐热玻璃，以 SiO_2 和 B_2O_3 为主要成分。热膨胀系数小、耐热性能好、电绝缘性能和耐酸性能强，可以用于灯泡、电子管、理化实验仪器和光学透镜等。

e. 铅硅酸盐玻璃　主要成分有 SiO_2 和 PbO，具有独特的高折射率和高体积电阻，与金属有良好的浸润性，可用于制造灯泡、真空管芯柱、晶质玻璃器皿、火石光学玻璃等。含有大量 PbO 的铅玻璃能阻挡 X 射线和 γ 射线。

f. 铝硅酸盐玻璃　以 SiO_2 和 Al_2O_3 为主要成分，软化变形温度高，用于制作放电灯泡、高温玻璃温度计、化学燃烧管和玻璃纤维等。

②硼酸盐玻璃以 B_2O_3 为主要成分，因氧化硼能与许多和二氧化硅不能形成玻璃的氧化物、氟化物等形成玻璃，故可以在较宽广的范围内根据需要调整性能，如高折射率、低色散、特殊色散的光学玻璃，高热膨胀系数的电真空封接玻璃，辐射计、测量仪器玻璃，防辐射玻璃等。

③磷酸盐玻璃以 P_2O_5 为主要成分，具有透紫外线、低色散等特点，但化学稳定性差，熔制时对耐火材料的侵蚀较大，可用作低色散光学玻璃或其他特种玻璃。磷酸盐玻璃由于其声子能量适中、对稀土离子溶解度高、稀土离子在其中的光谱性能好、非线性系数小，成为使用最广的激光玻璃介质。磷酸盐激光玻璃最早的研究开始于 20 世纪 70 年代，迄今为止，国内外先后开发了掺 Nd 磷酸盐玻璃、掺 Er 磷酸盐玻璃和掺 Yb 磷酸盐玻璃。

1.1.2.2 按应用分类

按玻璃用途分类是日常生活中普遍采用的一种分类方法,它的优点在于直接指明了玻璃的主要用途和使用性能,通常有以下几种类型。

(1) 建筑玻璃 分为普通建筑玻璃和装饰玻璃两大类,其中普通建筑玻璃包括平板玻璃、节能玻璃和安全玻璃等;装饰玻璃包括毛玻璃、彩色玻璃、花纹玻璃、印刷玻璃、冰花玻璃、激光玻璃和玻璃砖等。

玻璃作为建筑采光材料已经有 4000 多年的历史,随着现代科学技术和玻璃技术的发展及人们生活水平的提高,建筑玻璃的功能不再仅仅是满足采光要求,而是要具有能调节光线、保温隔热、建筑节能、安全(防弹、防盗、防火、防辐射、防电磁波干扰)、控制噪声、艺术装饰等特性。中空、电热、太阳能、夹层、钢化、离子交换、釉面装饰、化学热分解及阴极溅射等技术玻璃,已在人们的生产和生活中得到广泛的应用。

(2) 日用玻璃 狭义上日用玻璃包括瓶罐玻璃、器皿玻璃、保温瓶玻璃以及工艺美术玻璃等;广义上包括保温瓶、玻璃容器(食品、化工、医药、酒饮料瓶罐等)、玻璃器皿(包括压制、吹制及各类艺术玻璃制品)、玻璃仪器、拉管和玻璃镜片等。

(3) 仪器玻璃 在耐蚀、耐温方面有更高的要求,主要有高硅氧玻璃(SiO_2 的质量分数大于 96%,用以替代石英玻璃作耐热仪器)、高硼硅仪器玻璃(用于耐热玻璃仪器、化工反应器、管道、泵等)、硼酸盐中性玻璃(pH=7,用于注射器等)、高铝玻璃(Al_2O_3 的质量分数为 20%~35%,用于燃烧管、高压水银灯、锅炉水表等)以及温度计玻璃等。

(4) 光学玻璃 光学玻璃是对折射率、色散、透射比、光谱透射率和光吸收等光学特性有特定要求,且光学性质均匀的玻璃。狭义的光学玻璃是指无色光学玻璃;广义的光学玻璃还包括有色光学玻璃、激光玻璃、石英光学玻璃、抗辐射玻璃、紫外红外光学玻璃、纤维光学玻璃、声光玻璃、磁光玻璃和光变色玻璃。光学玻璃可用于制造光学仪器中的透镜、棱镜、反射镜及窗口等。由光学玻璃构成的部件是光学仪器中的关键性元件。

(5) 电子玻璃 主要用于电子工业,主要包括液晶显示基板玻璃、电真空玻璃等,是制造液晶显示面板、玻壳、芯柱、排气管及封接玻璃材料。常用的电真空玻璃按热膨胀系数分为石英玻璃、钨组玻璃、铂组玻璃、过渡玻璃和焊料玻璃。

1.1.2.3 按功能分类

随着建筑业和玻璃制造业的发展,对玻璃的性能提出了更多更高的要求。除具备最基本的密封和采光性能外,根据玻璃的新功能可将建筑玻璃归纳为节能型、安全型、环保型、装饰型四大类。

(1) 节能型玻璃 提高保温性能,减少室内冷暖空调的负荷,如中空玻璃;减少阳光中红外线能对室内的辐射,降低夏天室内空调的负荷,如吸热玻璃和热反射膜玻璃;夏季反射室外的红外辐射,冬季反射室内的红外辐射,降低空调负荷,如低辐射玻璃。

(2) 安全型玻璃 为防止碎片伤人,减小碎片颗粒并使其没有尖锐棱角的钢化玻璃;将碎片黏结为整体,避免飞溅的夹层、夹丝、夹网玻璃;阻隔空气通道,防止火焰蔓延的防火玻璃。此外,还有防盗玻璃、防弹玻璃、防爆玻璃、贴膜玻璃等。

(3) 环保型玻璃 环保玻璃是能够清除粉尘污染,减少噪声污染、光污染以及其他有毒、有害物质污染的玻璃。主要包括有衰减噪声功能的夹层玻璃和中空玻璃;防止紫外线透射的防紫外夹层玻璃；防眩光的减反射玻璃；对光污染有较好效果的无反射磨砂玻璃和减反射膜玻璃；防止电磁波干扰和防止信息泄露功能的电磁屏蔽玻璃；具有活化功能的自洁净玻璃。

（4）装饰型玻璃　对建筑物室内外具有一定装饰效果的玻璃，如热反射玻璃、吸热玻璃、彩色夹层玻璃、彩釉玻璃、压花玻璃和贴膜玻璃。

1.1.3　玻璃的共性

玻璃作为非晶态固体的一种，其原子不像晶体那样在空间作远程有序排列，而近似于液体，具有近程有序。玻璃与固体一样能保持一定的外形，而不能像液体一样在自重作用下流动。玻璃的主要共性特征有各向同性、介稳性、无固定熔点、性质变化的可逆性和连续性。

（1）各向同性　当玻璃中不存在内应力时，玻璃的物理性质如硬度、弹性模量、折射率、热膨胀系数等在各个方向都是相同的，而结晶态物质则为各向异性。玻璃的各向同性，起因于其质点排列的无规则和统计均匀性。

（2）介稳性　熔体冷却转化为玻璃时，由于在冷却过程中黏度急剧增大，质点来不及作形成晶体的有规则排列，因而系统内能尚未处于最低值，玻璃处于介稳状态，在一定条件下它还具有自发放热转化为内能较低的晶体的倾向。

（3）无固定熔点　熔体的结晶过程中，系统必有多个相出现，有固定熔点；熔体向玻璃体转变时，其过程是渐变的，无多个相出现，无固定的熔点，只有一个转化温度范围。

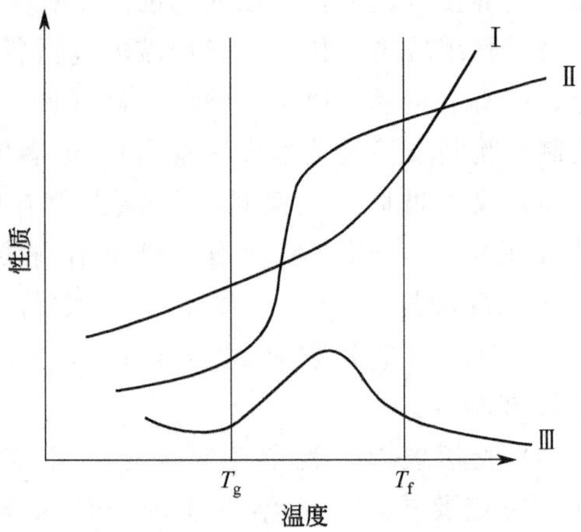

图 1-2　由熔融态向玻璃态转化时物理、化学性质随温度变化的连续性

T_g—玻璃退火温度上限；T_f—软化温度

Ⅰ—玻璃的电导率、比容、黏度等变化趋势；
Ⅱ—玻璃的热容、膨胀系数、密度、折射率等变化趋势；
Ⅲ—玻璃的热导率和弹性模量等变化趋势

（4）性质变化的连续性和可逆性　玻璃态物质从熔融状态到固体状态的性质变化过程是连续的和可逆的，其中有一段温度区域呈塑性，称"转变"或"反常"区域，在这区域内性质有特殊变化。由熔融态向玻璃态转化时物理、化学性质随温度变化的连续性如图 1-2 所示。

1.2　玻璃的物理性质

1.2.1　玻璃的黏度

黏度是玻璃的一个重要物理性质，它贯穿于玻璃生产的全过程。在熔制过程中，石英颗粒的熔解、气泡的排除和各组分的扩散都与黏度有关。在熔化过程中，有时应用少量助熔剂降低熔融玻璃的黏度，以达到澄清和均化的目的；在成形过程中，不同的成形方法与成形速率要求不同的黏度和料性；在退火过程中，玻璃的黏度和料性对制品内应力的消除速率都有重要作用。高黏度玻璃具有较高的退火温度，料性短的玻璃退火温度范围一般较窄。玻璃生产许多工序和性能都用黏度作为控制和衡量的标志（表 1-1）。

表 1-1　黏度与特性温度的关系

工 艺 流 程		相应的黏度/Pa·s	温度/℃		
			最大范围	一般范围	以 Na_2O-CaO-SiO_2 玻璃为例
玻璃形成	硅酸盐形成	$10^{5.25}\sim10^{2.5}$		$800\sim1000$	$800\sim1000$
	玻璃液形成	$10^2\sim10^{1.5}$		$1100\sim1300$	1200
澄清	澄清	10	$1000\sim1550$	$1500\sim1400$	1460
	均化	$10^{1.5}$			1300
	冷却	$10^2\sim10^3$		$1100\sim1050$	1050
成形	开始成形	$10^2\sim10^3$	$1350\sim850$	$1230\sim1070$	1050
	抛光	$10^{2.7}\sim10^{3.2}$			$1055\sim996$
	徐冷	$10^{3.2}\sim10^{4.25}$			$996\sim883$
	拉薄堆厚	$10^{4.25}\sim10^{5.75}$			$883\sim769$
	固形冷却	$10^{5.75}\sim10^{10}$			$769\sim600$
热处理及其他	开始结晶	10^3			1070
	结晶过程	$10^4\sim10^5$			$960\sim870$
	软化温度	$3\times10^6\sim1.5\times10^7$		$915\sim580$	696
	变形温度	$10^9\sim10^{10}$		$700\sim550$	$680\sim640$
	退火上限温度	10^{12}			$570\sim540$
	应变温度	$10^{13.5}$		$716\sim500$	510
	退火下限温度	10^{14}			$480\sim450$

1.2.1.1　黏度与温度关系

由于结构特性的不同，玻璃熔体与晶体的黏度随温度的变化有显著的差别。晶体在高于熔点时，黏度变化很小；当到达凝固点时，由于熔融态转变成晶态的缘故，黏度呈直线上升，玻璃的黏度则随温度下降而增大。从玻璃液到固态玻璃的转变，黏度是连续变化的，其间没有数值上的突变。

所有实用硅酸盐玻璃，其黏度随温度的变化规律都属于同一类型，只是黏度随温度的变化速率以及对应于某给定黏度的温度有所不同。图 1-3 表示两种不同类型玻璃的黏度-温度曲线。

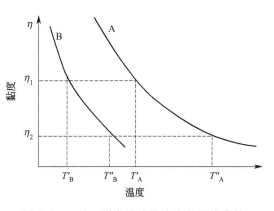

图 1-3　两种不同类型玻璃的黏度-温度曲线

这两种玻璃随着温度变化其黏度变化速率不同，称为具有不同的料性。曲线斜率大的玻璃 B 属于"短性"玻璃；曲线斜率小的玻璃 A 属于"长性"玻璃。如果用温度差来判别玻璃的料性，则差值 ΔT 越大，玻璃的料性就越长，玻璃成形和热处理的温度范围就越宽广；反之就狭小。

此外，玻璃的硬化速率还取决于成形温度范围内的冷却速率，而影响玻璃冷却速率的因素有很多，如玻璃液的容量、与冷却介质接触的表面积、玻璃本身的透热性以及冷却介质的差异等。钠钙硅玻璃的黏度-温度数据见表 1-2，从表 1-2 中可看出，随着温度的下降，玻璃黏度的温度系数 $\Delta\eta/\Delta T$ 迅速增大。

1.2.1.2　黏度与玻璃化学组成的关系

玻璃化学组成与黏度之间存在复杂的关系，氧化物对玻璃黏度的影响，不仅取决于该氧化物的性质，而且还取决于它加入玻璃中的数量和玻璃本身的组成。各常见氧化物对玻璃黏度的作用，可归纳如下。

表 1-2　钠钙硅玻璃的黏度-温度数据

黏度/Pa·s	温度/℃	lgη	黏度范围/Pa·s	温度范围/℃	黏度系数/(Pa·s/℃)
10	1451	1.0			
3.16×10	1295	1.5			
10^2	1178	2.0			
10^3	1013	3.0			
10^4	903	4.0	$10 \sim 10^2$	273	2.3
10^5	823	5.0	$10^3 \sim 10^4$	110	8.2×10
10^6	764	6.0	$10^5 \sim 10^6$	59	1.5×10^4
10^7	716	7.0	$10^7 \sim 10^8$	42	2.3×10^6
10^8	674	8.0	$10^9 \sim 10^{10}$	30	2.8×10^8
10^9	639	9.0	$10^{11} \sim 10^{12}$	24	3.8×10^{10}
10^{10}	609	10.0	$10^{13} \sim 10^{14}$	16	5.6×10^{12}
10^{11}	583	11.0			
10^{12}	559	12.0			
10^{13}	539	13.0			
10^{14}	523	14.0			

① SiO_2、Al_2O_3、ZrO_2 等提高黏度。

② 碱金属氧化物降低黏度。

③ 碱土金属氧化物对黏度的作用较为复杂。一方面类似于碱金属氧化物，能使大型的四面体解聚，引起黏度减小；另一方面这些阳离子电价较高（比碱金属离子大一倍），离子半径又不大，故键力较碱金属离子大，有可能夺取小型四面体群的氧离子于自己周围，使黏度增大。前者在高温时是主要的，而后者主要表现在低温。碱土金属离子对黏度增加的顺序一般为：

$$Mg^{2+} > Ca^{2+} > Sr^{2+} > Ba^{2+}$$

④ PbO、CdO、Bi_2O_3、SnO 等降低黏度。

此外，Li_2O、ZnO、B_2O_3 等都有增加低温黏度，降低高温黏度的作用。

1.2.1.3　黏度参考点

鉴于玻璃生产的需要，一般把生产控制常用的黏度点同"黏度-温度"曲线上数值相近的点联系起来，以反映出玻璃生产工艺中各个特定阶段的温度值，如图 1-4 所示。

（1）应变点　大致相当于黏度为 $10^{13.6}$ Pa·s 时的温度，玻璃从该点黏度值以上，内部应力松弛已经停止，即应力能在几小时内消除的温度，也称退火下限温度。

（2）转变点（T_g）　相当于黏度为 $10^{12.4}$ Pa·s 时的温度，又称玻璃化温度。高于此点玻璃进入黏滞状态，开始出现塑性变形，物理性能开始迅速变化。

（3）退火点　大致相当于黏度为 10^{12} Pa·s 时的温度，即应力能在几分钟内消除的温度，也称退火上限温度。

（4）变形点　相当于黏度为 $10^{10} \sim 10^{11}$ Pa·s 时的温度范围。对应于热膨胀曲线上最高点的温度，即膨胀软化温度。

（5）软化温度（T_f）　相当于黏度为 $3 \times 10^6 \sim 1.5 \times 10^7$ Pa·s 时的温度。表示玻璃自重软化状况的特征点，它与玻璃的密度和表面张力有关。密度约为 $2.5g/cm^3$ 的玻璃相当于黏度为 $10^{6.6}$ Pa·s 时的温度。软化温度大致相应于操作温度的下限。

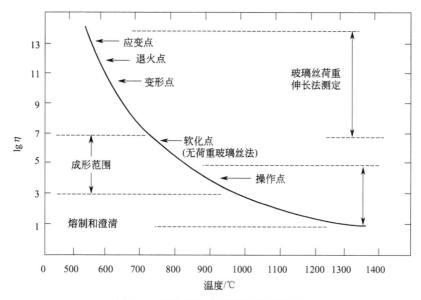

图 1-4 硅酸盐玻璃的黏度-温度曲线

（6）成形操作范围 相当于成形时玻璃液表面的温度范围。从准备成形操作温度一直到能保持制品成形完成的温度为止，其范围与成形工艺的不同而稍有差别。操作范围的黏度一般为 $10^3 \sim 10^{6.6}$ Pa·s。

（7）熔制温度 相当于黏度为 10Pa·s 时的温度，在此温度下玻璃能按工艺要求进行熔制、澄清和均化。

表 1-3 为一些实用玻璃的"黏度-温度"数据。

表 1-3 一些实用玻璃的黏度-温度数据

项　目		含量/%				
		石英玻璃	高硅氧玻璃	高铝玻璃	硼硅玻璃	钠钙硅玻璃
化学组成	SiO_2	99.9	96.0	62.0	81.0	73.0
	H_2O	0.1				
	Al_2O_3		0.3	17.0	2.0	1.0
	B_2O_3		3.0	5.0	13.0	
	Na_2O			1.0	4.0	17.0
	MgO			7.0		4.0
	CaO			8.0		5.0
参考点（黏度）		温　度/℃				
操作点（10^3Pa·s）		—	—	1202	1252	1005
软化点（$10^{5.6}$Pa·s）		1580	1500	915	821	696
退火点（10^{12}Pa·s）		1084	910	712	560	514
应变点（$10^{13.5}$Pa·s）		956	820	667	510	743

1.2.1.4 黏度的计算

在实际工作中，需要根据组成对玻璃黏度进行近似计算。计算方法有奥霍琴法、富尔切尔（Fulcher）法、博-洁涅尔（Bo-Tephep）法三种，这里仅以奥霍琴法为例进行介绍。

奥霍琴法适用于含有 MgO、Al_2O_3 的钠钙硅玻璃系统玻璃，当 Na_2O 在 12%～16%、CaO＋MgO 在 5%～12%、Al_2O_3 在 0～5%、SiO_2 在 64%～80%范围内时，可应用下列公式计算。

$$T_\eta = Ax + By + Cz + D \qquad (1\text{-}1)$$

式中　　　T_η——该黏度值对应的温度；

x，y，z——Na_2O、$CaO+MgO$（3%）、Al_2O_3 的质量分数；

A，B，C，D——Na_2O、$CaO+MgO$（3%）、Al_2O_3、SiO_2 的特性常数，随黏度值而变化，
见表 1-4。

表 1-4　根据玻璃黏度值计算相应温度的常数

玻璃黏度 /Pa·s	系数数值				以 1% MgO 代替 1% CaO 时所引起相应的温度提高/℃
	A	B	C	D	
10^2	−22.87	−16.10	6.50	1700.40	9.0
10^3	−17.49	−9.95	5.90	1381.40	6.0
10^4	−15.37	−6.25	5.00	1194.22	5.0
$10^{5.5}$	−12.19	−2.19	4.58	980.72	3.5
10^6	−10.36	−1.18	4.35	910.86	2.6
10^7	−8.71	0.47	4.24	815.89	1.4
10^8	−9.19	1.57	5.34	762.50	1.0
10^9	−8.75	1.92	5.20	720.80	1.0
10^{10}	−8.47	2.27	5.29	683.80	1.5
10^{11}	−7.46	3.21	5.52	632.90	2.0
10^{12}	−7.32	3.49	5.37	603.40	2.5
10^{13}	−6.29	5.24	5.24	651.50	3.0

如果玻璃成分中 MgO 含量不等于 3%，必须加以校正。

【例 1】　已知某玻璃成分为：SiO_2 74%，Na_2O 14%，CaO 6%，MgO 3%，Al_2O_3 3%，试求黏度为 10^{12} Pa·s 时的温度。

解：根据表 1-4 查得 10^{12} Pa·s 时的各氧化物特性常数及已知的氧化物质量分数，代入式(1-1) 即可得：

$$T_{\eta=10^{12}} = -7.32 \times 14 + 3.49 \times (6+3) + 5.37 \times 3 + 603.40 \approx 548 \text{（℃）}$$

【例 2】　已知某玻璃成分为：SiO_2 73%，Na_2O 15%，CaO 8%，MgO 1%，Al_2O_3 3%，试求黏度为 10^4 Pa·s 时的温度。

解：根据表 1-4 查得 $\eta=10^4$ Pa·s 时的各氧化物特性常数及已知的氧化物质量分数，代入式(1-1) 即可得：

$$T_{\eta=10^4} = -15.37 \times 15 - 6.25 \times (8+1) + 5.00 \times 3 + 1194.27 \approx 922 \text{（℃）}$$

校正：MgO 实际含量比 3% 低 2%，查表 1-4 可知，黏度为 10^4 Pa·s 时，当 1% MgO 被 1% CaO 所取代时，温度将降低 5℃，则温度共降低 2×5℃ = 10℃，因此：

$$T_{\eta=10^4} = 922.47 - 10 = 912 \text{（℃）}$$

1.2.1.5　黏度在生产中的应用

玻璃在熔制过程中，黏度相当于 1Pa·s 的温度（以钠钙硅玻璃为例相当于 1451～1566℃），玻璃澄清时的黏度约为 10Pa·s。在澄清过程中，气泡的上升速度与黏度成反比，因而生产中常通过提高温度或引入澄清剂来降低黏度，达到加速玻璃的熔制效果和澄清过程。

在玻璃成形过程中充分利用玻璃黏度与温度的相互关系。手工压制时，为了保证玻璃液能流动到模具各处，适宜采用"慢凝固"的"长性"玻璃。对机械化高速成形的制品，为提

高生产效率和加快脱模并保证制品不变形，可以采用"快凝固"的"短性"玻璃。

凡可表示玻璃特性的温度，例如软化温度、退火温度、应变温度等都是某一给定黏度值的温度，脱模与玻璃的制造过程密切相关。

玻璃的黏度随组成和温度的变化能反应出其结构的特性，因此了解和研究玻璃的黏度有着重要的实用意义。

1.2.2 玻璃的密度

玻璃的密度表示玻璃单位体积的质量，与其分子体积成反比，所以它主要取决于构成玻璃的原子量，也与原子的堆积紧密程度、配位数有关，是表征玻璃结构的一个重要参数。

目前测定玻璃密度的方法有密度瓶法、阿基米德法、悬浮法等。为了加快测定玻璃的密度，在工业上一般应用悬浮法。这种方法是选择两种不同密度的有机试剂进行配比，将玻璃样品悬浮在混合试剂上部，随着温度的变化，试液的密度作相应的变化，当试液的密度与玻璃试样一致时，玻璃开始下沉，根据下沉温度和试液的温度系数，就可测出玻璃的密度。

1.2.2.1 玻璃密度与成分的关系

玻璃密度与成分的关系十分密切，在各种实用玻璃中，密度的差别是很大的。例如石英玻璃密度最小，仅为 $2.21g/cm^3$，而含有大量 PbO 的重火石玻璃可达 $6.5g/cm^3$，某些防辐射玻璃的密度可达 $8g/cm^3$，普通钠钙硅玻璃的密度为 $2.5g/cm^3$ 左右。

一般单组分玻璃的密度最小。例如硼氧玻璃（B_2O_3）为 $1.833g/cm^3$，磷氧玻璃（P_2O_5）为 $2.737g/cm^3$，它们单纯由网络生成体构成，当添加网络外体时，密度就增大。因为这些网络外体离子在不太改变网络大小的情况下，增加了存在的原子数，此时网络外离子对密度增加的作用大于网络断裂、膨胀及体积增加而导致密度下降的影响。

在硅酸盐、硼酸盐及磷酸盐的玻璃中引入 R_2O 和 RO 氧化物时，一般随着它们离子半径的增大，使玻璃密度增加。加入半径小的阳离子如 Li^+、Mg^{2+} 等可以填充网络的空隙，虽然其使硅氧四面体的连接断裂，但并不引起网络结构的扩大，使结构紧密度增加。加入半径大的阳离子如 K^+、Ba^{2+}、La^{3+} 等，其半径比网络间空隙大，因而使结构网络扩张，使结构紧密度下降。

同一种氧化物在玻璃中配位状态改变时，对其密度也产生明显的影响。如 B_2O_3 从硼氧三角体 [BO_3] 转变为硼氧四面体 [BO_4]，或者中间体氧化物 Al_2O_3、Ga_2O_3、MgO、TiO_2 等从网络内四面体 [RO_4] 转变为网络外八面体 [RO_6] 而填充于网络空隙中，均使密度上升。因此当连续改变这类氧化物含量至产生配位数的变化时，在玻璃组成-性质变化曲线上就出现极值或转折点。在 Na_2O-B_2O_3-SiO_2 系统玻璃中，当 $Na_2O/B_2O_3 > 1$ 时，B^{3+} 由三角体转变为四面体，把结构网络中断裂的键连接起来，且 [BO_4] 的体积比 [SiO_4] 的体积小，使玻璃结构紧密，密度增加。当 $Na_2O/B_2O_3 < 1$ 时，由于 Na_2O 的不足，[BO_4] 又转变成 [BO_3]，促使玻璃结构松懈，密度下降。出现"硼反常现象"。

Al_2O_3 对玻璃密度的影响更为复杂。一般在玻璃中引入 Al_2O_3 使密度增加，但在钠硅酸盐玻璃中，当 $Na_2O/Al_2O_3 > 1$ 时，Al^{3+} 均位于铝氧四面体 [AlO_4] 中，由于 [AlO_4] 体积大于 [SiO_4]，其密度下降；当 $Na_2O/Al_2O_3 < 1$ 时，Al^{3+} 作为网络外体位于八面体 [AlO_6] 中，填充于结构网络的空隙，使玻璃密度上升。出现"铝反常现象"。

在玻璃中含有 B_2O_3 时，Al_2O_3 对玻璃密度的影响更为复杂。由于 [AlO_4] 比 [BO_4] 较为稳定，所以 Al_2O_3 引入时，先形成 [AlO_4]。当玻璃中含 R_2O 足够多时，才能使 B^{3+} 处于 [BO_4] 中。

玻璃的密度可通过玻璃的化学组成和比容（V）关系进行计算。

$$V = \frac{1}{\rho} = \sum V_m f_m \qquad (1\text{-}2)$$

式中　ρ——密度；

　　　V_m——各种组分的计算系数，见表 1-5；

　　　f_m——玻璃中氧化物的质量分数。

表 1-5 中，N_{Si} 为 Si 的原子数与 O 的原子数之比值，对于相同的氧化物，N_{Si} 不同则其系数不同。例如 SiO_2 玻璃的 $N_{Si} = 0.5$，增加了其他氧化物则 $N_{Si} < 0.5$。N_{Si} 的计算方法如下：

$$N_{Si} = \frac{P_{Si}}{M_{Si} \sum S_m f_m} = \frac{P_{Si}}{60.06 \sum S_m f_m} \qquad (1\text{-}3)$$

式中　P_{Si}——玻璃中 SiO_2 的质量分数；

　　　S_m——常数，见表 1-5；

　　　M_m——SiO_2 的分子量。

表 1-5　玻璃的比容计算系数 V_m 值

氧化物	$S_m / \times 10^{-2}$	$N_{Si} = 0.270 \sim 0.345$	$N_{Si} = 0.345 \sim 0.400$	$N_{Si} = 0.400 \sim 0.435$	$N_{Si} = 0.435 \sim 0.500$
SiO_2	3.330	0.4063	0.4281	0.4409	0.4542
Li_2O	3.347	0.452	0.402	0.350	0.262
Na_2O	1.6131	0.373	0.349	0.324	0.281
K_2O	1.0617	0.390	0.374	0.357	0.329
Rb_2O	0.53487	0.266	0.258	0.250	0.236
BeO	3.997	0.348	0.289	0.227	0.120
MgO	2.480	0.397	0.360	0.322	0.256
CaO	1.7852	0.285	0.259	0.231	0.184
SrO	0.96497	0.200	0.185	0.171	0.145
BaO	0.65206	0.142	0.132	0.122	0.104
ZnO	1.2288	0.205	0.187	0.168	0.135
CdO	0.77876	0.138	0.126	0.114	0.0935
PbO	0.44801	0.106	0.0955	0.0926	0.0807
$B_2O_3[BO_4]$	4.3079	0.590	0.526	0.460	0.345
$B_2O_3[BO_3]$	4.3079	0.791	0.727	0.661	0.546
Al_2O_3	2.9429	0.462	0.418	0.373	0.294
Fe_2O_3	1.8785	0.282	0.255	0.225	0.176
Bi_2O_3	0.6438	0.106	0.0985	0.858	0.0687
TiO_2	2.5032	0.311	0.282	0.243	0.176
ZrO_2	1.6231	0.232	0.198	0.173	0.130
Ta_2O_3	1.1318	0.164	0.147	0.130	0.0997
Ga_2O_3	1.6005	0.25	—	—	0.18
Yb_2O_3	1.3284	0.23	—	—	0.15
In_2O_3	1.0810	0.14	—	—	0.09
CeO_2	1.1619	0.17	—	—	0.10
ThO_2	0.7572	0.12	—	—	0.08
MoO_2	2.084	0.37	—	—	0.25
WO_2	1.2935	0.19	—	—	0.12
UO_2	1.0487	0.15	—	—	0.09

在生产中常用测定密度的方法来监测玻璃成分的变化。在各种实用玻璃中密度变化的差别是较大的，见表 1-6。

表 1-6　各种实用玻璃的密度

玻 璃 类 型	密度/(g/cm³)	玻 璃 类 型	密度/(g/cm³)
平板玻璃	2.50	显像管玻璃	2.68
硼硅酸盐玻璃	2.23	重铅玻璃	3.20
瓶罐玻璃	2.46	管径玻璃(用于彩色显像管)	3.05
石英玻璃	2.20	防辐射玻璃	6.22

1.2.2.2　玻璃密度与温度及热处理的关系

随着温度升高，质点振动的振幅增大，质点距离也增大，玻璃的比容（密度的倒数）相应增高，密度随之下降。一般工业玻璃，当温度从室温升到 1300℃ 时，密度下降 6%～12%。

玻璃的密度与热处理也有关。急冷（淬火）和慢冷（退火）同成分的玻璃，它们的密度有较大的差别。玻璃淬火时，冷却速率较快，质点来不及回到其平衡位置，结构尚未达到平衡状态，质点之间距离较大，表现为分子体积较大，结构松散，故密度较小；而玻璃退火时，则相反，密度较大。

将这两种玻璃在 520℃ 保温，淬火玻璃的密度随时间的延长而增大，退火玻璃的密度则随时间的延长而减少，最后两者达到 2.5215g/cm³ 的平衡密度值，此时结构达到平衡状态，如图 1-5 所示。

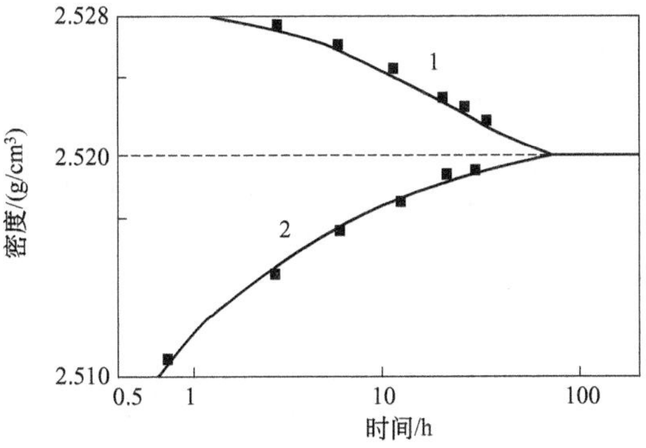

由图 1-5 可以看出，在退火温度范围内，玻璃的密度与保温时间、降温速率关系有如下规律：

① 玻璃从高温状态冷却时，则淬冷玻璃比退火玻璃的密度小。

② 在一定退火温度下保温一定时间后，玻璃密度趋向平衡。

③ 冷却速度越快，偏离平衡密度的温度越高，其 T_g 温度也越高。所以，在生产上退火质量的好坏可在密度上明显地反映出来。

图 1-5　玻璃在 520℃ 时的密度平衡曲线
1—退火玻璃；2—淬火玻璃

1.2.2.3　密度在生产中的应用

玻璃的密度是一个很敏感的物理特性，成分上的微小变化（料方计算错误、配合料称量差错、原料化学组成波动等）就会立即从密度值上反映出来。例如砂子的含水量在 3%～10% 范围内波动，可导致玻璃密度产生 $100 \times 10^{-4} g/cm^3$ 的变化。

所以，可以利用玻璃密度变化控制生产工艺。在实际生产中，常通过测定玻璃密度和热膨胀系数的方法来监视生产工艺过程运转是否正常，从分析波动原因来指导日常的稳定生产。但必须指出，取样时必须定点、定时、定条件，否则会影响测定的正确性，从而失去可比性。表 1-7 为钠钙硅玻璃中部分氧化物的变化对密度的影响，可以作为工艺人员分析玻璃组成波动的参考依据。

1.2.3　玻璃的表面张力

与其他液体一样，熔融玻璃表面层的质点受到内部质点的作用而趋向于熔体内部，使表面有收缩的趋势，也就是说玻璃液表面分子间存在着作用力，即表面张力。增加熔体表面，

表 1-7 钠钙硅玻璃中部分氧化物的变化对密度的影响

氧 化 物	改变趋势	$\Delta\rho$(相对于氧化物变化 0.1 质量分数)/(g/cm³)	氧化物变化量(相对 $\Delta\rho$ 变化 0.0005 质量分数)/%
SiO_2	增加	-0.00024	0.21
CaO	增加	$+0.00106$	0.05
MgO	增加	$+0.0050$	0.10
BaO	增加	$+0.0017$	0.03
Al_2O_3	增加	$+0.00018$	0.18
Na_2O	增加	$+0.00050$	0.10
$CaO\rightarrow SiO_2$	取代	-0.0013	0.04
$Na_2O\rightarrow SiO_2$	取代	-0.00050	0.07
$CaO\rightarrow Na_2O$	取代	-0.00060	0.09
PbO	增加	$+0.0022$	0.025

相当于将更多质点移到表面,必须对系统做功。为此表面张力的物理意义为:玻璃与另一相接触的相分界面上(一般指空气),在恒温、恒容下增加一个单位表面时所做的功。它的国际单位为 N/m 或 J/m²。硅酸盐玻璃的表面张力一般为 $(220\sim380)\times10^{-3}$ N/m,比水的表面张力大 3~4 倍,也比熔融的盐类大,而与熔融金属表面张力数值接近。表 1-8 列出了几种玻璃的表面张力。

表 1-8 几种玻璃的表面张力(相对与空气界面)

玻 璃 类 型	表面张力/($\times10^{-3}$N/m)	
	在 1250℃时	相当于黏度为 $10^3\sim10^4$Pa·s 时的温度
钠钙硅玻璃	300~320	336
铅硅酸盐玻璃(PbO 15%~20%)	245~250	252
铅硅酸盐玻璃(PbO 50%)	215~220	224
钠硼硅酸盐玻璃		340~350
铝硅酸盐玻璃		350~355

熔融玻璃的表面张力在玻璃制品的生产过程中有着重要意义,特别是在玻璃的澄清、均化、成形,以及玻璃液与耐火材料相互作用等过程中起着重大作用。

在熔制过程中,表面张力在一定程度上决定了玻璃液中气泡的长大和排除,在一定条件下,微小气泡在表面张力的作用下,可溶解于玻璃液内。在均化时,条纹、节瘤扩散和溶解速率取决于主体玻璃和条纹表面张力的相对大小。如果条纹的表面张力较小,则条纹力求展开成薄膜状,并包围在玻璃体周围,这样条纹就很快地溶解而消失;相反,如果条纹(节瘤)的表面张力较主体玻璃大,条纹(节瘤)力求成球形,不利于扩散和溶解,因而较难消除。

浮法玻璃生产原理,也是基于玻璃的表面张力作用,从而获得可与磨光玻璃表面相媲美的优质玻璃。另外,玻璃液的表面张力还影响到玻璃液对金属表面的附着作用,同时在玻璃与金属材料和其他材料封接时也有重要作用。

1.2.3.1 玻璃表面张力与组成的关系

对于硅酸盐熔体,随着组成的变化,特别是 O/Si 比值的变化,其复合阴离子团的大小、形态和作用力矩 e/r 大小也发生变化(e 是阴离子团所带的电荷,r 是阴离子团的半径)。一般说 O/Si 越小,熔体中复合阴离子团越大,e/r 值变小,相互作用力越小,因此,这些复合阴离子团就部分地被排挤到熔体表面层，使表面张力降低。一价金属阳离子以断网为主，它的加入能使复合阴离子团离解，由于复合阴离子团的 r 减小使 e/r 值增大，相互间作用力增加，表面张力增大。如图 1-6 所示。

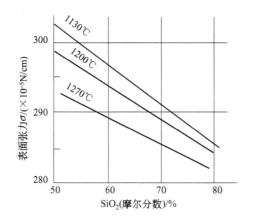 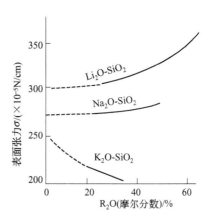

图 1-6　Na$_2$O-SiO$_2$ 系统熔体成分　　　　图 1-7　1300℃时 R$_2$O-SiO$_2$ 系统的
　　　对表面张力的影响　　　　　　　　　　表面张力与成分关系

从图 1-6 中可以看出，在不同温度下，随着 Na$_2$O 含量增多，表面张力增大。但对于 Na$_2$O-SiO$_2$ 系统，随着离子半径的增加，这种作用依次减小。其顺序为：

$$\sigma(\text{Li}_2\text{O-SiO}_2) > \sigma(\text{Na}_2\text{O-SiO}_2) > \sigma(\text{K}_2\text{O-SiO}_2) > \sigma(\text{Cs}_2\text{O-SiO}_2)$$

到 K$_2$O 时已经起到降低表面张力的作用，如图 1-7 所示。

各种氧化物对玻璃的表面张力的影响是不同的，Al$_2$O$_3$、CaO、MgO 等增加表面张力，引入大量的 K$_2$O、PbO、B$_2$O$_3$、Sb$_2$O$_3$ 等氧化物则起显著的降低效应，而 Cr$_2$O$_3$、V$_2$O$_5$、MoO$_3$、WO$_3$ 等氧化物，即使引入量较少，也可剧烈地降低表面张力。例如，在锂硅酸盐玻璃中引入 33% 的 K$_2$O 可能使表面张力从 317×10^{-3}N/m 降到 212×10^{-3}N/m，往同样玻璃中只要引入 7% 的 V$_2$O$_5$ 时，表面张力就降到 100×10^{-3}N/m。

一般能使熔体表面张力剧烈降低的物质称为表面活性物质。表面活性物质与非表面活性物质对多元硅酸盐系统表面张力影响的程度有很大差别。表 1-9 是当玻璃熔体与空气为界面时，各种组分对表面张力的影响。

第 Ⅰ 类组成氧化物对表面张力符合加和性法则，可用下式计算。

$$\sigma = \frac{\sum \bar{\sigma}_i \alpha_i}{\sum \alpha_i} \tag{1-4}$$

式中　σ——玻璃的表面张力；

　　　$\bar{\sigma}_i$——各种氧化物的平均表面张力因数（常数）（表 1-10）；

　　　α_i——每种氧化物的摩尔分数。

如果组成氧化物以质量分数计算时，则可用表 1-10 所给出的表面张力因数计算。

第 Ⅱ 类和第 Ⅲ 类组成氧化物对熔体的表面张力影响不符合加和法则，这时熔体的表面张力是组分的复合函数，因为这两类组分氧化物为表面活性物质，它们总是趋于自动聚集在表面（这种现象为吸附）以降低体系的表面能，从而使表面层与熔体内的组成不均一所致。

表 1-9 组成氧化物对玻璃表面张力的影响

类　别	组　分	各种氧化物的平均表面张力因数(1300℃时)$\bar{\sigma}_i$	备　注
Ⅰ. 非表面活性组分	SiO_2	290	La_2O_3、Pr_2O_5、Nd_2O_3、GeO_2 也属于此类
	TiO_2	250	
	ZrO_2	350	
	SnO_2	350	
	Al_2O_3	380	
	BeO	390	
	MgO	520	
	CaO	510	
	SrO	490	
	BaO	470	
	ZnO	450	
	CdO	430	
	MnO	390	
	FeO	490	
	CoO	430	
	NiO	400	
	Li_2O	450	
	Na_2O	290	
	CaF_2	420	
Ⅱ. 中间性质的组分	K_2O、Rb_2O、Cs_2O、PbO、B_2O_3、Sb_2O_3、P_2O_5、	可变的、数值小,可能为负值	Na_3AlF_6、Na_2SiF_6 也能显著降低表面张力
Ⅲ. 难熔而表面活性强的组分	As_2O_3、V_2O_5、WO_3、MoO_3、CrO_3(Cr_2O_3)、SO_3	可变的,并且是负值	这种组分能使玻璃的 σ 降低 20%～30% 或更多

表 1-10 不同温度下的表面张力因数　　　　　　单位：$\times10^{-3}$

组　分	温　度/℃				组　分	温　度/℃			
	900	1200	1300	1400		900	1200	1300	1400
SiO_2	340	325	324.5	324	MgO	660	577	563	549
B_2O_3	80	23	—	−23	BaO	370	(370)	—	380
Al_2O_3	620	598	591.5	585	Na_2O	150	127	124	122
Fe_2O_3	450	(450)	—	(440)	K_2O	10	0	—	(−75)
CaO	480	492	492	492					

注：括号中为测算值。

1.2.3.2　玻璃表面张力与温度的关系

从表面张力的概念可知，温度升高，质点热运动增加，体积膨胀，相互作用力松弛，因此，液-气界面上的质点在界面两侧所受的力场差异也随之减少，即表面张力降低，因此表面张力与温度的关系几乎成直线。在高温时，玻璃的表面张力受温度变化的影响不大，一般温度每增加 100℃，表面张力减少 $(4\sim10)\times10^{-3}N/m$。当玻璃温度降到接近其软化温度范围时，其表面张力会显著增加，这是因为此时体积突然收缩，质点间作用力显著增大所致，如图 1-8 所示。

由图 1-8 可看出，在高温及低温区，表面张力均随温度的增加而减小，两者几乎呈直线关系，可用下述经验式表示。

$$\sigma=\sigma_0(1-bT) \tag{1-5}$$

式中　b——与组成有关的经验常数；

σ_0——一定条件下开始的表面张力值；

T——温度变动值。

另外某些系统，如 $PbO\text{-}SiO_2$ 出现反常现象，其表面张力随温度升高而变大，温度系数为正值。这可能是 Pb^{2+} 具有较大的极化率之故。一般含有表面活性物质的系统均有与此相似的行为，这可能与较高温度下出现的"解吸"过程有关。对硼酸盐熔体，随着碱含量减少，表面张力的温度系数由负逐渐接近零值，当碱含量再减少时（$d\sigma/dT$）将出现正值。这是由于温度升高时，熔体中各组分的活动能力增强，扰乱了熔体表面 $[BO_3]$ 平面基团的整齐排列，致使表面张力增大。B_2O_3 熔体在 1000℃ 左右时 $d\sigma/dT \approx 0.04 \times 10^{-3} N/m$。

一般硅酸盐熔体的表面张力温度系数并不大，波动范围在 $(-0.06 \sim +0.06) \times 10^{-3} N/(m \cdot ℃)$ 之间。

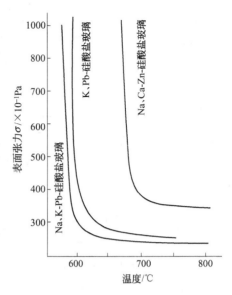

图 1-8 三种玻璃的表面
张力与温度的关系

玻璃熔体周围的气体介质对其表面张力也产生一定的影响，非极性气体如干燥的空气、N_2、H_2、He 等对表面张力的影响较小，而极性气体如水蒸气、SO_2、NH_3 和 HCl 等对玻璃表面张力的影响较大，通常使表面张力有明显的降低，而且介质的极性越强，表面张力降低得越多，即与气体的偶极矩成正比。特别在低温时（如 550℃ 左右），此现象较明显。当温度升高时，由于气体被吸附能力降低，气氛的影响同时减小，在温度超过850℃ 或更高时，此现象完全消失。在实际生产中，玻璃较多地与水蒸气、SO_2 等气体接触，因此研究这些气体对玻璃表面张力的影响具有一定意义。

此外熔炉中的气氛性质对玻璃液的表面张力有强烈影响。一般还原气氛下玻璃熔体的表面张力较氧化气氛下大 20%。由于表面张力增大，玻璃熔体表面趋于收缩，这样促使新的玻璃液达到表面，这对于熔制棕色玻璃时色泽的均匀性有着重大意义。

1.3 玻璃的光学性质

玻璃的光学性质是指玻璃的折射、反射、吸收和透射等性质。可以通过调整成分、着色、光照、热处理、光化学反应以及涂膜等物理和化学方法，获得一系列重要的光学性能，以满足各种光学材料对特定的光性能和理化性能的要求。

1.3.1 玻璃的光学常数

玻璃的光学常数包括玻璃的折射率、平均色散、部分色散和色散系数。

玻璃的折射率以及与此有关的各种性质都与入射光的波长有关。因此，为了定量地表示玻璃的光学性质，首先必须确立某些特殊谱线的波长作为标准波长。在可见光部分中，玻璃的折射率和色散的测定值通常采用下列波长，这些波长代表着氢、氦、钠（双线的平均值）、钾（双线的平均值）、汞等发射的某些谱线，其数据见表 1-11。

在如表 1-11 所示波长下测得的玻璃折射率分别用 n_D、n_d、n_F、n_C、n_g、n_G 表示。在实际应用中比较不同玻璃的波长时，一律以 n_D 为准。

表 1-11　各种光源的谱色参数

项　目	参　数								
谱线符号	A	C	D	d	e	F	g	G	h
波长 $\lambda/\mu m$	768.5	656.3	589.3	587.6	546.1	435.8	435.8	434.1	404.7
光源	钾	氢	钠	氦	汞	氢	汞	氢	汞
元素符号	K	H	Na	He	Hg	H	Hg	H	Hg
光谱色	红	红	黄	黄	绿	浅蓝	浅蓝	蓝	紫

1.3.2　玻璃的色散

玻璃的折射率随入射光波长不同而不同的现象，称为色散。在测量玻璃的折射率和色散值时，是指一定的波长而言的。

由于色散的存在，白光可被棱镜分解成七色光谱。若入射光不是单色光，通过透镜时由于色散作用，将在屏上出现模糊的彩色光斑，造成色差，而使透镜成像失真。这点在光学系统设计中必须予以考虑，并常用复合透镜予以消除。

光波通过玻璃时，其中某些离子的电子要随光波电场变化而发生振动。这些电子的振动有自己的自然频率（本征频率），当电子振子的自然频率与光波的电磁频率相一致时，振动就加强，发生共振，结果大量吸收了相应频率的光波能量。玻璃中电子振子的自然频率在近紫外区，因此，近紫外区的光受到较大削弱。绝大多数的玻璃在近紫外区折射率最大，并逐步向红光区降低。在可见光区，玻璃的折射率随光波频率的增大而增大。这种折射率随波长减小而增大，当波长变短时，变化更迅速的色散现象，叫正常色散。大部分透明物质都具有这种正常色散现象。当光波波长接近于材料的吸收带时会发生的折射率急剧变化，在吸收带的长波侧，折射率高；在吸收带的短波侧，折射率低，这种现象称为反常色散。

玻璃的色散有下列几种表示方法。

① 平均色散（中间色散），即 n_F 与 n_C 之差 ($n_F - n_C$)，有时用 Δ 表示，即 $\Delta = n_F - n_C$。

② 部分色散，常用的是 $n_d - n_D$、$n_D - n_C$、$n_g - n_G$ 和 $n_F - n_C$ 等。

③ 色散系数（阿贝数）以符号 ν 表示：$\nu = \dfrac{n_D - 1}{n_F - n_C}$。

④ 相对部分色散，如 $\dfrac{n_D - n_C}{n_F - n_C}$ 等。

1.3.3　玻璃的折射率

当光照射玻璃时，一般产生反射、透过和吸收。这三种基本性质与折射率有关。玻璃的折射率可以理解为电磁波在玻璃中传播速率的降低（以真空中的光速为准）。如果用折射率来表示光速的降低，则：

$$n = \frac{c}{v} \tag{1-6}$$

式中　n——玻璃的折射率；

　　　c——光在真空中的传播速率；

　　　v——光在玻璃中的传播速率。

一般玻璃的折射率为 1.5～1.75。玻璃的折射率与入射光的波长、玻璃的密度、温度、热应力以及玻璃的组成有密切关系。

1.3.3.1　玻璃的折射率与化学组成的关系

总体来说，玻璃的折射率取决于玻璃内部离子的极化率和玻璃的密度。玻璃内部各离子的极化率（即变形性）越大，当光波通过后被吸收的能量也越大，传播速度降低也越大，其折射率也越大。另外，玻璃的密度越大，光在玻璃中的传播速度也越慢，其折射率也越大。

玻璃的分子体积标志着结构的紧密程度。它取决于结构网络的体积以及网络外空隙的填充程度。它们都与组成玻璃的各种阳离子半径的大小有关。对化合价相同的氧化物来说，其阳离子半径越大，玻璃的分子体积越大（对网络离子是增加体积，对网络外离子是扩充网络）。

玻璃的折射率是各组成离子极化程度的总和。阳离子极化率取决于离子半径以及外电子层的结构。化合价相同的阳离子其半径越大，则极化率越高。而外层含有惰性电子对（如 Pb^{2+}、Bi^{3+} 等）或 18 电子结构（Zn^{2+}、Cd^{2+}、Hg^{2+} 等）的阳离子比惰性气体电子层结构的离子有较大的极化率。此外离子极化率还受其周围离子极化的影响，这对阴离子尤为显著。氧离子与其周围阳离子之间的键力越大，则氧离子的外层电子被固定得越牢固，其极化率越小。因此当阳离子半径增大时不仅其本身的极化率上升，而且也提高了氧离子的极化率，因而促使玻璃分子折射率迅速上升。

玻璃的折射率符合加和性法则，可用式(1-7) 计算：

$$n = n_1 P_1 + n_2 P_2 + n_3 P_3 + \cdots + n_i P_i \tag{1-7}$$

式中　P_1，P_2，P_3，$\cdots$，P_i——玻璃中各氧化物的质量分数，%；

　　　n_1，n_2，n_3，$\cdots$，n_i——玻璃中各氧化物折射率计算系数（表 1-12）。

表 1-12　玻璃中各氧化物成分的折射率计算系数

氧 化 物	n_i	氧 化 物	n_i
Na_2O	1.590	ZnO	1.705
K_2O	1.575	PbO	$2.15 \sim 2.5$
MgO	1.625	Al_2O_3	1.52
CaO	1.73	B_2O_3	$1.46 \sim 1.72$
BaO	1.87	SiO_2	$1.458 \sim 1.475$

1.3.3.2　玻璃折射率与温度的关系

玻璃的折射率是温度的函数，它们之间与玻璃组成及结构有密切的关系。

当温度上升时，玻璃的折射率将受到作用相反的两个因素的影响，一方面由于温度上升，玻璃受热膨胀使密度减小，折射率下降；另一方面由于温度升高，导致阳离子对 O^{2-} 的作用减小，极化率增加，使折射率变大。且电子振动的本征频率随温度上升而减小（因本征频率重叠而引起的），使紫外吸收极限向长波方向移动，折射率上升。因此，玻璃折射率的温度系数值有正负两种可能。

对于固体（包括玻璃），这两种因素可用式(1-8) 表示。

$$\frac{\mathrm{d}n}{\mathrm{d}t} = R \frac{\partial d}{\partial t} + d \frac{\partial R}{\partial t} \tag{1-8}$$

式中　n——折射率；

　　　R——玻璃折射度，$R = \alpha / K$；

　　　d——密度；

　　　t——温度。

因此，玻璃折射率随温度的变化取决于 $\left(\dfrac{\partial d}{\partial t}\right)$ 和 $\left(\dfrac{\partial R}{\partial t}\right)$，前者是负贡献，后者是正贡献。

1.3.3.3 玻璃折射率与热应力的关系

热应力对玻璃折射率的影响表现为以下几方面。

① 如将玻璃在退火区内某一温度保持足够长的时间后达到平衡结构，以后若以无限大速率冷却到室温，则玻璃仍保持此温度下的平衡结构及相应的平衡折射率。

② 把玻璃保持于退火温度范围内的某一温度，其趋向平衡折射率的速率与所保持的温度有关，温度越高，趋向该温度下的平衡折射率速率越快。

③ 当玻璃在退火温度范围内达到平衡折射率后，不同的冷却速率将得到不同的折射率。冷却速率快，其折射率低；冷却速率慢，其折射率高。

④ 当成分相同的两块玻璃处于不同退火温度范围内保温，分别达到不同的平衡折射率后，以相同的速率冷却时，则保温时的温度越高，其折射率越小；保温时的温度越低，则其折射率越高。

由于热应力不同而引起的折射率变化，最高可达几十个单位（每个折射率单位为 0.0001）。因此，人们可通过控制退火温度和时间来修正折射率的微小偏差，以达到玻璃的使用要求。

1.3.4 玻璃的反射、吸收和透过

当光线通过玻璃时，也会发生光能的减少。光能之所以减少，部分是由于玻璃表面的反射，部分是由于光被玻璃本身所吸收，只剩下一部分光透过玻璃。玻璃对光的反射、吸收和透过可用反射率 R、吸收率 A 和透过率 T 来衡量，这三个性质可用百分数表示，若以入射光的强度为 100%，则：

$$R\%+A\%+T\%=100\% \tag{1-9}$$

1.3.4.1 反射

根据反射表面的不同特征，光的反射可分为"直反射"和"漫反射"两种。光从平整光滑的表面反射时为直反射，从粗糙不平的表面反射时为漫反射。

从玻璃表面反射出去的光强与入射光强之比称为反射率 R，它取决于表面的光滑程度、光的投射角、玻璃折射率和入射光的频率等。它与玻璃折射率的关系在光线与玻璃表面垂直时可用式（1-10）表示：

$$R=\left(\frac{n-1}{n+1}\right)^2 \tag{1-10}$$

式中　n——玻璃的折射率。

由上式可知，玻璃折射率增大，发射率也增大，例如当折射率分别为 1.5、1.9 及 2.4 时，对应的反射率分别为 4%、10% 和 17%。

光的反射大小取决于下列几个因素。

① 入射角的大小　入射角增加，反射率也增加。

② 反射面的光洁度　反射面越光滑，被反射的光能越多。

③ 玻璃的折射率　玻璃的折射率越高，反射率也越大。

为了调节玻璃表面的反射系数，常在玻璃表面涂以一定厚度的、与玻璃折射率不同的透明薄膜，使玻璃表面的反射系数降低或增高。

1.3.4.2 吸收和透过

玻璃的光吸收可分为两类，即由玻璃基质的电子跃迁和网络振动引起的特征吸收，以及由于某些具有未充满 d 层和 f 层电子层的离子（如过渡金属元素和稀土元素离子）或其他杂

质引起的选择吸收。

光的透过率：

$$T = \frac{I}{I_0} \times 100\%$$ (1-11)

式中 I_0——开始进入玻璃时光的强度（已除去反射损失，即 $I_0 = 1 - R$）；

　　　　I——经过光强长度 d 后透出玻璃的光强。

实际中，另一个参数——光密度（D）用来表示玻璃的吸收和反射损失。

$$D = \lg \frac{1}{T} \approx \frac{\varepsilon}{\ln 10} d$$ (1-12)

式中 ε——玻璃单位厚度的吸收系数，当厚度 d 的单位为 cm 时，ε 的单位是 cm^{-1}。

表 1-13 是光密度与透过率的对应关系。

表 1-13 光密度与透过率的对应关系

光密度	透过	透过率/%	光密度	透过	透过率/%
2	0.01	1	0.5	0.316	31.6
1	0.10	10	0.1	0.794	79.4

1.4 玻璃的力学性质

1.4.1 玻璃的强度

玻璃的强度是指玻璃从开始承受荷载到破裂所能承受最大应力。

玻璃的机械强度一般用抗压强度、抗折强度、抗张强度和抗冲击强度等指标表示。从力学性能的角度来看，玻璃之所以得到广泛应用，就是因为它的抗压强度高，硬度也高。然而，由于它的抗张强度与抗折强度不高，并且脆性很大，使玻璃的应用受到一定的限制。

玻璃的理论强度按照 Orowan 假设计算等于 11.76GPa，表面上无严重缺陷的玻璃纤维，其平均强度可达 686MPa。玻璃的抗张强度一般在 34.3~83.3MPa 之间，而抗压强度一般在 4.9~1.96GPa 之间。但是，实际上用作窗玻璃和瓶罐玻璃的抗折强度只有 6.86MPa，也就是比理论强度相差 2~3 个数量级。

玻璃的实际强度低的原因是由于玻璃的脆性和玻璃中存在微裂纹和不均匀区所引起的。由于玻璃受到应力作用时不会产生流动，表面上的微裂纹便急剧扩展，并且应力集中，以致破裂。为了提高玻璃的机械强度，可采用退火、钢化、表面处理与涂层、微晶化、与其他材料制成复合材料等方法。这些方法都能大大提高玻璃的机械强度，有的可使玻璃抗折强度成倍增加，有的甚至增强几十倍以上。

影响玻璃机械强度的主要因素包括玻璃的化学组成、玻璃表面微裂纹、温度以及应力等。

1.4.1.1 机械强度与化学组成的关系

固体物质的强度主要由各质点的键强及单位体积内键的数目决定。对不同化学组成的玻璃来说，其结构间的键力及单位体积的键数是不同的，因此强度的大小也不同。对硅酸盐玻璃来说，桥氧与非桥氧所形成的键，其强度不同。石英玻璃中的氧离子全部为桥氧，Si—O 键力很强，因此石英玻璃的强度最高。就非桥氧来说，碱土金属的键强比碱金属的键强要大，所以含大量碱金属离子的玻璃强度最低。单位体积内的键数也即结构网络的疏密程度，结构网稀，强度就低。图 1-9 所示为上述三种不同强度玻璃的结构。

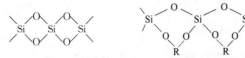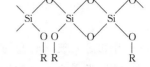

（a）石英玻璃　　　　　　（b）含有 R^{2+} 的硅酸盐玻璃　　　　（c）含有 R^+ 的硅酸盐玻璃

图 1-9　三种不同强度玻璃的结构示意

在玻璃组成中加入少量 Al_2O_3 或引入适量 B_2O_3（小于 15％），会使结构网络紧密，玻璃强度提高。此外 CaO、BaO、PbO、ZnO 等氧化物对强度提高的作用也较大，MgO、Fe_2O_3 等对抗张强度影响不大。

玻璃的抗张强度范围为（34.3～83.3）×10^6Pa，石英玻璃的强度最高，含有 R^{2+} 的玻璃强度次之，强度最低的是含有大量 R^+ 的玻璃。一般玻璃强度随化学组成的变化在 34.3～88.2MPa 间波动。CaO、BaO、B_2O_3（15％以下）、Al_2O_3 对强度影响较大，MgO、ZnO、Fe_2O_3 等影响不大。各种组成氧化物对玻璃抗张强度的提高作用的顺序是：

$$CaO > B_2O_3 > BaO > Al_2O_3 > PbO > K_2O > Na_2O > (MgO, Fe_2O_3)$$

各组成氧化物对玻璃的抗压强度的提高作用的顺序是：

$$Al_2O_3 > (SiO_2、MgO、ZnO) > B_2O_3 > Fe_2O_3 > (BaO、CaO、PbO)$$

玻璃的抗张强度 σ_F 和耐压强度 σ_C 可按加和法则用下式计算。

$$\sigma_F = p_1F_1 + p_2F_2 + \cdots + p_nF_n \tag{1-13}$$

$$\sigma_C = p_1C_1 + p_2C_2 + \cdots + p_nC_n \tag{1-14}$$

式中　p_1，p_2，…，p_n——玻璃中各氧化物的质量分数；

F_1，F_2，…，F_n——各组成氧化物的抗张强度计算系数；

C_1，C_2，…，C_n——各组成氧化物的耐压强度计算系数。

这些计算系数见表 1-14，应当指出，由于影响玻璃强度的因素很多，因而计算所得的强度精度往往较低，只具有参考价值，一般最好进行测定。

表 1-14　计算抗张强度及抗压强度的系数

强度类别	氧 化 物										
	Na_2O	K_2O	MgO	CaO	BaO	ZnO	PbO	Al_2O_3	As_2O_3	B_2O_3	P_2O_5	SiO_2
抗张强度	0.02	0.01	0.01	0.20	0.05	0.05	0.15	0.025	0.05	0.03	0.065	0.075	0.09
抗压强度	0.52	0.05	1.10	0.20	0.65	0.60	0.48	1.00	1.00	0.90	0.76	1.23

1.4.1.2　机械强度与表面微裂纹的关系

格里菲斯（Griffith）认为玻璃破坏时是从表面微裂纹开始的，随着裂纹逐渐扩展，导致整个试样的破裂。据测定，在 $1mm^2$ 玻璃表面上含有 300 个左右的微裂纹，它们的深度在 4～8nm，由于微裂纹的存在，使玻璃的抗张、抗折强度仅为抗压强度的 1/15～1/10。

为了克服表面微裂纹的影响，提高玻璃的强度，可采取两个途径：其一是减少和消除玻璃的表面缺陷；其二是使玻璃表面形成压应力，以克服表面微裂纹的作用。为此可采用表面火焰抛光、氢氟酸腐蚀，以消除或钝化微裂纹；还可采用淬冷（物理钢化）或表面离子交换（化学钢化），以获得压应力层。例如，把玻璃在火焰中拉成纤维，在拉丝的过程中，原有微裂纹被火焰熔去，并且在冷却过程中表面产生压应力层，从而强化了表面，使其强度增加。

1.4.1.3 机械强度与玻璃温度的关系

低温与高温对玻璃的影响是不同的，根据对 $-200\sim500℃$ 范围内的测试，强度最低值位于 200℃ 左右（图 1-10）。最初随着温度的升高，热起伏现象有了增加，使缺陷处积聚了更多的应变能，增加破裂的概率。当温度高于 200℃ 时，强度的递升可归于裂口的钝化，从而缓和了应力的集中。玻璃纤维因表面积大，当使用温度较高时，可引起表面微裂纹的增加和析晶。因此，温度升高，强度下降。同时，不同组成的玻璃纤维的强度和温度的关系有明显的区别。

1.4.1.4 机械强度与玻璃中应力的关系

玻璃中的残余应力，特别是分布不均匀的残余应力，使强度大为降低，实验证明，残余应力增加到 $1.5\sim2$ 倍，抗弯强度降低 $9\%\sim12\%$。玻璃进行钢化后，玻璃表面存在压应力，内部存在张应力，而且是有规则的均匀分布，玻璃强度得以提高。除此之外，玻璃结构的微不均匀性、加荷速度、加荷时间等均能影响玻璃的强度。

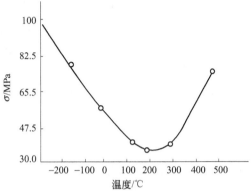

图 1-10 玻璃机械强度与温度的关系

1.4.2 玻璃的硬度

硬度是表示物体抵抗其他物体侵入的能力。玻璃硬度的表示方法有：莫氏硬度（划痕法）、显微硬度（压痕法）、研磨硬度（磨损法）和刻化硬度（刻痕法）等。一般玻璃用显微硬度表示。此法是利用金刚石正方锥体以一定负荷在玻璃表面打入印痕，然后测量印痕对角线的长度，按式(1-15) 进行计算：

$$H=\frac{1.854P}{L^2} \tag{1-15}$$

式中　H——显微硬度；

　　　P——负荷，N；

　　　L——印痕对角线长度，mm。

玻璃的硬度取决于化学成分，网络生成体离子使玻璃具有高硬度，而网络外体离子则使玻璃硬度降低。石英玻璃和含有 $10\%\sim12\%B_2O_3$ 的硼硅酸盐玻璃硬度最大，含铅或碱性氧化物的玻璃硬度较小。各种氧化物组分对玻璃硬度提高的作用大致是：

$$SiO_2>B_2O_3>(MgO、ZnO、BaO)>Al_2O_3>Fe_2O_3>K_2O>Na_2O>PbO$$

一般玻璃硬度在莫氏硬度 $5\sim7$ 之间。

1.4.3 玻璃的弹性

材料在外力的作用下发生变形，当外力去掉后能恢复原来形状的性质称为弹性；如果外力去掉后仍停留在完全或部分变形状态，此性质称为塑性。对于玻璃（指硬化或固化后的玻璃），塑性变形实际上是不存在的。

玻璃的弹性主要是指弹性模量 E（即杨氏模量）、剪切模量 G、泊松比 μ 和体积模量 K。一般的弹性模量为 $(441\sim882)\times10^8Pa$，而泊松比在 $0.11\sim0.33$ 范围内变化。各种玻璃的弹性模量数据见表 1-15。

表 1-15　各种玻璃的弹性模量

玻 璃 类 型	$E/\times10^8 Pa$	泊松比 μ	玻 璃 类 型	$E/\times10^8 Pa$	泊松比 μ
钠钙硅玻璃	676.2	0.24	硼硅酸盐玻璃	617.4	0.20
钠钙铅玻璃	578.2	0.22	高硅氧玻璃	676.2	0.19
铝硅酸盐玻璃	842.8	0.25	石英玻璃	705.6	0.16
高铅玻璃	539	0.28	微晶玻璃	1204	0.25

1.4.4　玻璃的脆性

玻璃的脆性是指当负荷超过玻璃的极限强度时，不产生明显的塑性变形而立即破裂的性质。玻璃是典型的脆性材料之一，它没有屈服延伸阶段，特别是受到突然施加的负荷（冲击）时，玻璃内部的质点来不及作出适应性的流动，就相互分裂。松弛速度低是脆性的重要原因。玻璃的脆性通常用它破坏时所受到的冲击强度来表示，也可用玻璃的耐压强度与抗冲击强度之比来表示。若以 D 代表玻璃的脆弱度（其值越大，玻璃的脆性越大），则有下式：

$$D=\frac{C}{S} \tag{1-16}$$

式中　D——玻璃的脆弱度；

C——玻璃的耐压强度；

S——玻璃的耐冲击强度。

当玻璃的耐压强度 C 相仿时，S 值越大则脆弱度 D 越小，即脆性越小。

玻璃的耐冲击强度测试方法：将重量为 P 的钢球，从高度 h 自由落下冲击试样的表面，如果钢球几次以不同的高度冲击试样的同一表面直至破裂，则钢球所做的全部功为 ΣPh，设试样的体积为 V，则玻璃的耐冲击强度 S 为：

$$S=\frac{\sum Ph}{V} \tag{1-17}$$

玻璃的脆性也可用显微硬度的方法测定：把压痕发生破裂时的负荷值——"脆裂负荷"作为玻璃脆性的标志。如石英玻璃的显微硬度测定表明，在负荷 30g 时压痕即开始破裂，因而其脆性是很大的。当加入碱金属和二价金属氧化物时玻璃的脆性将随加入离子半径的增大而增加，见表 1-16。

表 1-16　R^+ 和 R^{2+} 对玻璃脆性的影响

项　　目	玻 璃 组 成										
	$16R_2O\cdot84SiO_2$			$12Na_2O\cdot18RO\cdot70SiO_2$							
加入氧化物	Li_2O	Na_2O	K_2O	BeO	MgO	CaO	SrO	BaO	ZnO	CdO	PbO
脆裂负荷/g	170	80	70	170	120	70	30	20	70	50	50

对于硼硅酸盐玻璃来说，硼离子处于三角体时比处于四面体时脆性要小。表 1-17 列出了 Na_2O-B_2O_3-SiO_2 系统中，以 B_2O_3 代替 SiO_2 时脆裂负荷的变化。

表 1-17　B_2O_3 含量对 Na_2O-B_2O_3-SiO_2 系统玻璃脆性的影响

项　　目	玻 璃 成 分												
	$16Na_2O\cdot xB_2O_3\cdot(84-x)SiO_2$								$(32-x)Na_2O\cdot xB_2O_3\cdot68SiO_2$				
B_2O_3 含量(x)	0	4	8	12	16	20	24	32	4	12	20	24	28
脆裂负荷/g	80	50	30	30	30	30	40	60	50	30	40	100	150

因此，为了获得硬度大而脆性小的玻璃，应当在玻璃中引入离子半径小的氧化物，如 Li_2O、BeO、MgO、B_2O_3 等。

此外，玻璃的脆性还取决于试样的形状、厚度、热处理条件等。因为耐冲击强度随试样厚度的增加而增加，热处理对抗冲击强度的影响也很大，经均匀淬火的玻璃耐冲击强度是退火玻璃的 5～7 倍，从而脆性大大降低。

1.5 玻璃的热学性质

1.5.1 玻璃的热膨胀

热膨胀系数是重要的热学性质。玻璃的热膨胀系数对玻璃的成形、退火、加工和封接等都有密切关系。

玻璃的热膨胀系数越小，其热稳定性就越高。通常在热膨胀系数降低时，玻璃的熔融黏度就增大，此时就必须提高成形温度、退火温度和热加工温度等；反之，就可以降低这一系列的温度。当两种不同组成的玻璃需要焊接在一起时，要求这两种玻璃具有相近的热膨胀系数，若不匹配，会造成较大的热应力，从而引起制品炸裂。

热膨胀系数 α 的计算公式为：

$$\alpha = \frac{L_2 - L_1}{L_1(T_2 - T_1)} = \frac{\Delta L}{L_1 \Delta T} \tag{1-18}$$

式中　α——玻璃的热膨胀系数，℃^{-1}；

　　　L_1——加热前玻璃的长度，mm；

　　　L_2——加热后玻璃的长度，mm；

　　　T_1——加热前的温度，℃；

　　　T_2——加热后的温度，℃。

根据成分不同玻璃的热膨胀系数可在很大范围内变化，玻璃的热膨胀系数变化范围为 $(5.8～150) \times 10^{-7} \text{℃}^{-1}$。表 1-18 为温度从 0～100℃ 范围内几种典型玻璃及有关材料的平均热膨胀系数。

表 1-18　温度从 0～100℃ 范围内几种典型玻璃及有关材料的热膨胀系数

玻 璃 品 种	平均热膨胀系数/$\times 10^{-7}\text{℃}^{-1}$	玻 璃 品 种	平均热膨胀系数/$\times 10^{-7}\text{℃}^{-1}$
石英玻璃	5	钨组玻璃	36～40
高硅氧玻璃	8	(钨)	44
硼硅玻璃	32	钼组玻璃	40～50
钠钙硅玻璃	60～100	(钼)	55
平板玻璃	95	铂组玻璃	86～93
光学玻璃	55～85	(铂)	94
氧化硼玻璃	150		

注：括号中为非玻璃物质，用于对比。

影响玻璃热膨胀系数的因素主要包括化学组成、温度等。

1.5.1.1 玻璃热膨胀系数与化学组成的关系

当温度上升时，玻璃中质点的热振动振幅增加，质点间距变大，因而呈现膨胀。但是质点间距的增大，必须克服质点间的作用力，这种作用力对氧化物玻璃来说，就是各种阳离子与氧离子之间的键力 f，$f=2Z/a^2$，式中，Z 为阳离子的电价；a 为阳离子和氧离子间的中心距离。f 值越大，玻璃膨胀越困难，热膨胀系数越小；反之，玻璃的热膨胀系数越大。Si—O 键的键力强大，所以石英玻璃具有很小的热膨胀系数。R—O 的键力弱小，因此 R_2O 的引入使热膨胀系数（$\alpha_{玻}$）变大，且随着 R^+ 半径的增大，f 不断减弱，以致 $\alpha_{玻}$ 不断增大。RO 的作用和 R_2O 相类似，只是由于电价较高，f 较大，因此 RO 对热膨胀系数的影响较 R_2O 为小。碱金属氧化物和二价金属氧化物对玻璃热膨胀系数影响的次序为：

$$Rb_2O > Cs_2O > K_2O > Na_2O > Li_2O$$

$$BaO > SrO > CaO > CdO > ZnO > MgO > BeO$$

从硅酸盐玻璃的整体结构来看，玻璃的网络骨架对膨胀起着重要作用。Si—O 组成三维空间网络，刚性大，不易膨胀。虽然 B—O 的键能比 Si—O 大，但由于 B—O 组成 $[BO_3]$ 层状或链状的网络，因此 B_2O_3 玻璃的热膨胀系数比 SiO_2 玻璃大得多。当 $[BO_3]$ 转变成 $[BO_4]$ 时，又能使硼酸盐玻璃的热膨胀系数降低。同理 R_2O 和 RO 的加入，由于将网络断开使 $\alpha_{玻}$ 上升。Ga_2O_3、Al_2O_3 和 B_2O_3 相仿，在足够的"游离氧"条件下能转变为四面体而参加网络，对断网起到修补作用，使 $\alpha_{玻}$ 下降。此外高键力、高配位离子如 La^{3+}、In^{3+}、Zr^{4+}、Th^{4+} 处于网络空隙中，对周围的硅氧四面体起了积聚作用，因此使 $\alpha_{玻}$ 下降。

在玻璃化温度以下，玻璃热膨胀系数与温度成直线关系，并受外界的影响较小，其主要取决于玻璃网络结构和网络外离子配位状态的统计规则，$\alpha_{玻}$ 大致可以看成各氧化物组分性质的总和（即加和法则），计算公式为：

$$\alpha_{玻} = \alpha_1 p_1 + \alpha_2 p_2 + \cdots + \alpha_n p_n \tag{1-19}$$

式中　p_1，p_2，$\cdots$，p_n——玻璃中各氧化物的质量分数，%；

　　　α_1，α_2，$\cdots$，α_n——各种氧化物组分的热膨胀计算系数（表 1-19）。

表 1-19　玻璃中各组成氧化物的热膨胀计算系数　　单位：$\times 10^{-7}{}^\circ C^{-1}$

组成氧化物	肖特玻璃 (20~100℃)	特纳玻璃 (0~100℃)	瓶罐玻璃 (80~170℃)	器皿玻璃和艺术玻璃
SiO_2	0.267	0.05	0.28	0.1
B_2O_3	0.0333	—	−0.60	0.5
Li_2O	0.667	—	6.56	—
Na_2O	3.33	4.32	3.86	4.9
K_2O	2.83	3.90	3.20	4.2
Al_2O_3	1.667	0.14	0.24	0.4
CaO	—	1.63	1.36	2.0
MgO	0.0333	0.45	0.73	—
ZnO	0.60	0.70	—	1.0
BaO	1.00	1.4	1.03	1.90
PbO	1.00	1.06	—	1.35
CuO	—	—	—	1.0
Cr_2O_3	—	—	—	0.9
CoO	—	—	—	0.9

表 1-19 中的系数，对硅酸盐玻璃可得到较为满意的结果，而对于硼硅酸盐玻璃，由于硼反常现象，误差较大。为此在计算时必须考虑到 B^{3+} 的配位变化，干福熹的计算数据较为合理，见表 1-20。

表 1-20　玻璃组成氧化物的热膨胀计算系数（干福熹）（20~400℃）

氧　化　物	$\alpha/\times10^{-7}℃^{-1}$	氧　化　物	$\alpha/\times10^{-7}℃^{-1}$	氧　化　物	$\alpha/\times10^{-7}℃^{-1}$
Li_2O	260(260)	BaO	200	In_2O_3	-15
Na_2O	400(420)	ZnO	50	La_2O_3	60
K_2O	510(510)	CdO	120	CeO_2	-5
Rb_2O	510(530)	PbO	130~190	TiO_2	-25
BeO	45	B_2O_3	-50~150	ZrO_2	-100
MgO	60	Al_2O_3	-40	HfO_2	-50
CaO	130	Ga_2O_3	2		
SrO	160	Y_2O_3	-20		

注：1. 括号内碱金属氧化物热膨胀计算系数仅用于二元 R_2O-SiO_2 系统中。

2. PbO 平均热膨胀系数的计算：$\bar{\alpha}_{PbO}\times10^7=130+5(\sum R_2O-3)$。

3. B_2O_3 平均热膨胀系数（$\bar{\alpha}_{B_2O_3}$）的计算取决于 SiO_2 的含量（%）及摩尔比 ψ，其中 $\psi=\dfrac{\sum K\times R_mO_n}{B_2O_3}$，式中，$K$ 值见下表。

K 值

K 值	1	0.8	0.6	0.4	0.2	0	-1
组成	Na_2O,K_2O,Rb_2O,Cs_2O	Li_2O,BaO	SrO,CdO,PbO	CaO,La_2O_3	ZnO,MgO,ThO_2	TiO_2,Ga_2O_3,ZrO_2	Al_2O_3,BeO,B_2O_3

根据 SiO_2 含量（%）不同，可分下列几种情况。

① 硼硅酸盐玻璃：

SiO_2含量/%	摩尔比值 ψ	$\bar{\alpha}_{B_2O_3}/\times10^{-7}℃^{-1}$
40~9	$\psi>4$	-50
0~100	$\psi<4$	$12.4(4-\psi)-50$

② 硅硼酸盐玻璃：

SiO_2含量/%	摩尔比值 ψ	$\bar{\alpha}_{B_2O_3}/\times10^{-7}℃^{-1}$
0~40	$\psi>0.2$	$30-0.6w$
	$\psi<0.2$	$150-1.7w$

式中 w 为 SiO_2 的摩尔分数（%）。

③ 硼酸盐玻璃：

摩尔比值 ψ	$\bar{\alpha}_{B_2O_3}/\times10^{-7}℃^{-1}$		
	$R_2O\geqslant RO$	$R_2O\approx RO$	$RO\gg R_2O$
$\psi<0.2$	$(130\sim150)\psi$	$(70\sim200)\psi$	50
$\psi>0.2,K>0.3$	$(55\sim125)\psi$	$(58\sim140)\psi$	30

④ SiO_2 部分性质取决于本身的含量，按下式计算：

SiO_2含量/%	
67~100	$\bar{\alpha}_{SiO_2}\times10^7=35-1.0(w-67)$
34~67	$\bar{\alpha}_{SiO_2}\times10^7=35+0.5(67-w)$
0~34	$\bar{\alpha}_{SiO_2}\times10^7=52$

1.5.1.2　玻璃热膨胀系数与温度的关系

化学组成是影响热膨胀系数的内因，温度则是影响热膨胀系数的重要外因。

玻璃的热膨胀系数随着温度的升高而增大，但从 0℃ 起到退火下限温度，玻璃的热膨胀曲线实际上是由若干线段组成的折线，每一线段只适用于一个狭窄的温度范围。因此，在给出一种玻璃的热膨胀系数时，应当标明是在什么温度范围内测定的，如 $\alpha_{20/100}$ 则表明是 20～100℃ 范围内的热膨胀系数。钠钙硅玻璃在软化点以下的热膨胀系数见表 1-21。

表 1-21　钠钙硅玻璃在软化点以下的热膨胀系数

玻璃成分/%			转变点 T_g/℃	软化点 T_f/℃	热膨胀系数/$\times 10^{-7}$℃$^{-1}$						
SiO_2	CaO	Na_2O			0～75	75～190	190～240	240～310	310～370	370℃～T_g	T_g～T_f
75.25	9.37	15.38	500	560	84.4	87.8	91.8	98.6	101.3	105.9	173.9
75.80	10.21	13.99	518	577	79.6	82.4	85.6	91.3	92.3	107.9	149.6
74.54	10.01	15.45	512	568	85.8	88.7	94.0	100	102.0	111.8	198.6
70.59	14.41	15.00	522	570	87.4	91.8	94.6	97.9	102.8	114.1	167.2

1.5.2　比热容

在某一温度下单位质量的物质升高 1℃ 所需的热量称为该物质的比热容（C），即：

$$C = \frac{1}{m} \times \frac{\mathrm{d}\theta}{\mathrm{d}t} \tag{1-20}$$

式中　m——物质的质量；

　　　$\mathrm{d}\theta$——消耗的热量；

　　　$\mathrm{d}t$——升高的温度。

在实际计算中多采用 t_1～t_2 温度范围内平均比热容 C_m，计算公式为：

$$C_m = \frac{1}{m} \times \frac{\theta}{t_2 - t_1} \tag{1-21}$$

式中，θ 为耗热。比热容的国际单位为 J/(kg·K)，常用的单位为 cal/(g·K) 或 kcal/(kg·K)（1cal≈4.18J）。各种玻璃的比热容介于 335～1047J/(kg·K) 之间。玻璃的比热容常用于熔炉热工中计算燃料消耗量及热利用率等。

1.5.2.1　玻璃的比热容与温度的关系

同其他物质一样，玻璃的比热容在绝对零度时为零。随着温度的升高，玻璃的比热容逐渐增大，在转变区域内比热容开始增长得特别快，这是由于在此区域内，玻璃开始由低温的致密结构转变为高温的疏松结构所致，这种结构的改变需要吸收大量的热量。在熔融状态下，比热容随温度的升高而逐渐增大，如图 1-11 所示。

1.5.2.2　玻璃的比热容与组成的关系

SiO_2、Al_2O_3、B_2O_3、MgO、Na_2O 特别是 Li_2O 能提高玻璃的比热容，含有大量 PbO 或 BaO 的玻璃的比热容较低，其余的氧化物影响不大。通常，玻璃的密度越大则比热容越小，比热容和密度之积近似为常数。

比热容按下式计算：

$$C = \sum P_i C_i \tag{1-22}$$

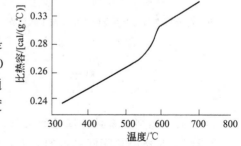

图 1-11　硅酸盐玻璃的比热与温度的关系

式中 P_i——玻璃中某氧化物的质量分数，%；

C_i——玻璃中各氧化物的比热容计算系数（表 1-22）。

表 1-22 比热容计算系数

氧 化 物	温克尔曼系数 C_i (15～100℃)	夏普和金瑟系数(0～1300℃)	
		a_i	C_{0i}
SiO$_2$	0.001912	0.000468	0.1657
B$_2$O$_3$	0.002272	0.000635	0.1980
Al$_2$O$_3$	0.002074	0.000453	0.1765
As$_2$O$_3$	0.002176	—	—
Sb$_2$O$_3$	—	—	—
MgO	0.002439	0.000514	0.2142
CaO	0.001903	0.000410	0.1709
BaO	0.000673	—	—
ZnO	0.001248	—	—
PbO	0.000512	0.000013	0.0490
Li$_2$O	0.005497	—	—
Na$_2$O	0.002674	0.000829	0.2229
K$_2$O	0.001860	0.000335	0.2019
P$_2$O$_5$	0.001902	—	—
Fe$_2$O$_3$	0.001600	—	—
Mn$_2$O$_3$	0.001661	—	—
SO$_3$	—	0.000830	0.1890
误差/%	5～8	2	2

注：为保持原来系数，此处计算的比热容单位为 cal/(g·K)。

或按下式计算 0～t℃的平均比热容：

$$C_m = \frac{at + C_0}{0.00146t + 1} \qquad (1\text{-}23)$$

式中，$a = \sum P_i a_i$，$C_0 = \sum P_i C_{0i}$（系数见表 1-22）。

1.5.3 玻璃的应力

物质内部单位截面上的相互作用力称为内应力。玻璃的内应力根据产生的原因不同可分为三类：因温度差产生的应力，称为热应力；因组成不一致而产生的应力，称为结构应力；因外力作用产生的应力，称为机械应力。

1.5.3.1 玻璃中的热应力

玻璃种的热应力按其存在的特点，分为暂时应力和永久应力两种。

（1）暂时应力 暂时应力是随温度梯度的存在而存在、随温度梯度消失而消失的热应力。

当玻璃处于弹性形变范围内（应变温度 T_s 以下）进行冷却或加热过程时，由于其导热性较差，在其内外层之间必然产生一定的温度梯度，因而在内外层之间产生一定的热应力。也就是说，当玻璃从应变温度 T_s 以下逐渐冷却过程中，由于外表面降温速度快，而玻璃内部因其导热性能差，故沿厚度方向温度场产生了呈抛物线分布的温度梯度。

在冷却过程中外层的温度降低得快，会产生较大的收缩；而内层的收缩较少，外层便受到内层的阻碍，不能自由缩小到正常值而处于拉伸状态，从而产生了张应力。这时玻璃厚度方向的应力变化，是从最外层的张应力（数值最大）连续变化到最内层的压应力（数值最大），在某一层应力为零，该层称为中性层。

玻璃继续冷却，当外表面层温度接近外界温度时，外表面层的温度基本停止下降，体积也几乎不再收缩，但内层的温度仍然很高，将继续降温并伴随体积收缩。这样外层就会受到内层的收缩作用，产生压应力；相反，内层则受到外层的阻碍而产生张应力。这时内外层所产生的应力，刚好同冷却初期玻璃中所产生的应力相反，因此玻璃中的应力减少。当玻璃内层也达到外界温度时，玻璃中就不再存在暂时应力。在玻璃从应变温度 T_s 以下进行加热的过程中，同样也产生暂时应力，应力产生与消失的过程与上述冷却过程相同，只是方向相反而已。如图 1-12 所示是玻璃全部硬化后进行两面对称冷却时所产生的应力分布示意。

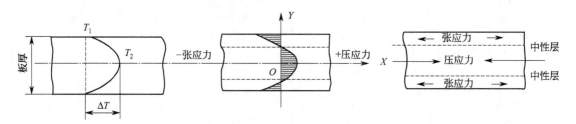

图 1-12　玻璃全部硬化后进行两面对称冷却时所产生的应力分布示意

因为暂时应力是由于内外膨胀（收缩）的速度不一致而产生的，所以，这种应力只存在于弹性变形的温度范围内。暂时应力虽然会随玻璃中温度梯度的消失而消失，但对其数值也需加以控制。如果暂时应力超过玻璃的抗张强度极限，同样也会产生破裂。

（2）永久应力　永久应力是当高温玻璃经过退火后冷却至常温并达到温度均衡后，仍存在于玻璃中的热应力，也称为残余应力或内应力。

在高温（T_g 以上）塑性状态下，因为快速冷却，而使玻璃内部质点不能回到平衡位置所产生的结构上的应力。当玻璃从塑性状态下急剧冷却时，外层首先冷却并硬化至弹性状态，而内部仍处于塑性状态，继续冷却和收缩，这样，外层受到压应力，内层受到张应力，当内层也硬化后，这种应力就随其残留下来，而成为永久应力（或残余应力）。如图 1-13 所示为玻璃尚未全部硬化前进行两面对称冷却时所产生的应力分布。

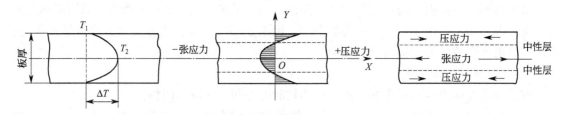

图 1-13　玻璃尚未全部硬化前进行两面对称冷却时所产生的应力分布示意

1.5.3.2　玻璃中的结构应力

玻璃中因化学组成不均匀导致结构上不均匀而产生的应力，称为结构应力。结构应力属永久应力。例如在玻璃的熔制过程中由于熔制均化不良，使玻璃中产生条纹和结石等缺陷，这些缺陷的化学组成与主体玻璃不同，其热膨胀系数也有差异，如硅质耐火材料结石的热膨胀系数为 $6 \times 10^{-6} \, ℃^{-1}$，而一般玻璃为 $9 \times 10^{-9} \, ℃^{-1}$ 左右。在温度到达常温后，由于不同热膨胀系数的相邻部分收缩不同，使玻璃产生应力。这种由于玻璃固有结构所造成的应力，显然是不能用退火的办法来消除的。在玻璃中只要有条纹、结石的存在，就会在这些缺陷的内部及其周围的玻璃体中引起应力。

除上述因熔制不均造成的结构应力外，不同热膨胀系数的两种玻璃间及玻璃与金属间的封接、套料等都会引起结构应力的产生。应力的大小取决于两种相接物的热膨胀系数差异程度。如果差异过大，制品就会在冷却中炸裂。造型不妥引起散热不均，也是产生结构应力的原因之一。

1.5.3.3　玻璃的机械应力

机械应力是指外力作用在玻璃上，在玻璃中引起的应力。它属于暂时应力，随着外力的消失而消失。机械应力不是玻璃体本身的缺陷，只要在制品的生产过程及机械加工过程中所施加的机械力不超过其机械强度，制品就不会破裂。

1.5.3.4　玻璃中应力的表示方法

玻璃中的应力，常用偏振光通过玻璃时所产生的双折射来表示，这种方法便于观察和测量应力。

无应力的优质玻璃是均质体，具有各向同性的性质。光通过这样的玻璃，其各方向上速度相同，折射率也相同，不产生双折射现象。当玻璃中存在应力时，由于受力部位玻璃的密度发生变化，玻璃成为光学上的各向异性体，偏振光进入有应力的玻璃时，就分为两个振动平面相互垂直的偏光，即双折射现象。它们在玻璃中的传播速度也不同，这样就产生了光程差。因此，光程差是由双折射引起的。双折射的程度与玻璃中所存在的应力大小成正比，即玻璃中的应力与光程差成正比。

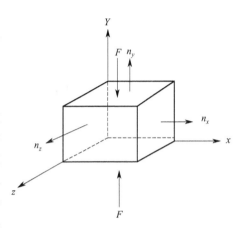

图 1-14　应力玻璃单元体折射率示意

受单向应力 F 的玻璃单元体（图 1-14），当光线沿 z 轴通过时，y 方向的折射率 n_y 与 x、z 方向的折射率 n_x、n_z 不同，因此沿 x 及 z 方向通过的光线即产生双折射，其大小与玻璃中的应力 F 成正比。

$$\Delta n = n_y - n_z = (C_1 - C_2)F = BF \tag{1-24}$$

式中　Δn——通过玻璃两个垂直方向振动光线的折射率差；

　　　B——应力光学常数（布儒斯特常数），当 Δn 以 nm/cm 表示时，B 的单位为布，1 布 $= 10^{-12} \mathrm{Pa}^{-1}$；

　　　F——应力，Pa；

C_1，C_2——光弹性系数。

如果玻璃中某点有三个相互垂直的正应力 F_x、F_y、F_z，光线沿与 F_x、F_y 方向垂直的 z 轴通过，产生的双折射以式(1-25) 表示。

$$\Delta n = B(F_x - F_y) \tag{1-25}$$

当 $F_y = 0$ 时，$\Delta n = BF_x$。

应力 F_z 与光线处于平行方向，对双折射的光程差没有影响。

当 $F_x = F_y$，则 $\Delta n = 0$。

这说明均匀分布的应力对与其垂直的光线不产生双折射。

一些玻璃的应力光学常数见表 1-23。玻璃中的应力与双折射成正比，即与光程差成正比，所以可用测量光程差的办法间接测量应力的大小。

表 1-23　一些玻璃的应力光学常数

玻 璃 种 类	$B/\times 10^{-12}\mathrm{Pa}^{-1}$	玻 璃 种 类	$B/\times 10^{-12}\mathrm{Pa}^{-1}$	玻 璃 种 类	$B/\times 10^{-12}\mathrm{Pa}^{-1}$
石英玻璃	3.46	钠钙玻璃	2.44~2.65	钡燧	3.16
96%二氧化硅玻璃	3.67	硼硅酸盐冕牌玻璃	2.99	中燧	3.18
低膨胀硼酸盐玻璃	3.87	一般冕牌玻璃	2.61	重燧	2.71
铝硅酸盐玻璃	2.63	轻钡冕	2.88	特重燧	1.21
低电耗的硼酸盐玻璃	4.78	重钡冕	2.18		
平板玻璃	2.65	轻燧	3.26		

注：一般玻璃的应力光学常数约为 $2.85\times 10^{-12}\mathrm{Pa}^{-1}$。

设玻璃单位厚度上光程差为 δ(nm/cm)，则：

$$\delta = \frac{v(t_y - t_x)}{d} \tag{1-26}$$

$$t_y = \frac{d}{v_y}, t_x = \frac{d}{v_x} \tag{1-27}$$

式中　δ——玻璃在单位厚度上的光程差，nm/cm；

　　　v——光在空气中的传播速率；

v_y, v_z——光在玻璃中沿 x 及 y 方向的速率；

t_y, t_x——光沿 x、y 方向通过玻璃的时间；

　　　d——玻璃厚度，cm。

因为 $\Delta n = BF$，所以 $\delta = \Delta n = BF$。

$$F = \frac{\delta}{B} \tag{1-28}$$

玻璃中光程差 δ 可用偏光仪测定。按公式(1-28) 求出的应力值，其单位为 Pa；也可以用玻璃单位厚度上光程差 δ 来直接表示，其单位为 nm/cm。

各种玻璃制品用途不同，其允许存在的永久应力值也不同，其数值大约为玻璃抗张极限强度的 1%~5%，表 1-24 是以光程差表示的允许应力值。

表 1-24　以光程差表示的允许应力值

玻 璃 种 类	允许应力/(nm/cm)	玻 璃 种 类	允许应力/(nm/cm)
光学玻璃精密退火	2~5	镜玻璃	30~40
光学玻璃粗退火	10~30	空心玻璃	60
望远镜反光镜	20	玻璃管	120
平板玻璃	20~95	瓶罐玻璃	50~400

1.5.3.5　玻璃内应力的测定方法

(1) 偏光仪观察法　偏光仪是由起偏镜和检偏镜构成的，如图 1-15 所示。光源 1 的白光以布儒斯特角（57°）通过毛玻璃 5 入射到起偏镜 2，由其产生的平面偏振光经灵敏色片 3 到达检偏镜 4。检偏镜的偏振面与起偏镜的偏振面正交。灵敏色片的双折射光程差为 565nm，视场为紫色。如果玻璃中存在应力，当玻璃被引入

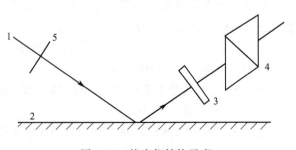

图 1-15　偏光仪结构示意

偏振场中时，视场颜色即发生变化，出现干涉色。根据玻璃中干涉色的分布和性质，可以粗略估计出应力大小和部位。观察转动的玻璃局部有强烈颜色变换时，可推断它存在较大和不均匀应力。颜色变换最多的地方，应力最大。

灵敏色片光程差与玻璃应力产生的光程差相加或相减，可明显观察到玻璃中存在的很小应力。

（2）干涉色法　干涉色法可以进行定量测定。将被测玻璃试样放入偏光仪的正交偏光下使玻璃与水平面成 45°角，这时确定视场中所呈现的颜色，然后向左右两方向转动玻璃，根据两个方向上的最大的颜色变化，按表 1-25 查出其对应的光程差。

表 1-25　正交偏光下视场颜色与光程差的关系

颜色	总光程差（压应力下）/(nm/cm)	颜色	总光程差（张应力下）/(nm/cm)	颜色	总光程差（张应力下）/(nm/cm)
铁灰	50	—	—	红	1030
灰白	200	—	—	紫	1100
黄	300	—	—	蓝绿	1200
橙	422	蓝	640	绿	1300
红	530	绿	740	黄	1400
紫	565（无应力）	黄绿	840	橙	1500
—	—	橙	945		

如果仪器中装有灵敏色片，必须考虑到灵敏色片固有的光程差。一般引起视场呈紫色的灵敏色片，其程差为 565nm。转动玻璃时视场颜色变化为玻璃与灵敏色片的总光程差。

当玻璃的应力为张应力时，视场总光程差为玻璃固有光程差同灵敏色片光程差之和，玻璃的光程差为视场总光程差减去 565nm。当玻璃的应力为压应力时，视场总光程差为灵敏色片光程差同玻璃固有光程差之差，玻璃的光程差为 565nm 减去视场总光程差。

加有灵敏色片时视场颜色与光程差的关系见表 1-26。

表 1-26　加有灵敏色片时视场颜色与光程差的关系

张应力时的颜色	光程差/(nm/cm)	张应力时的颜色	光程差/(nm/cm)
黄	325	红	35
黄绿	275	橙	108
绿	175	淡黄	200
蓝绿	145	黄	265
蓝	75	灰白	330

（3）补偿器测定法　在正交偏光下用补偿器来补偿玻璃内应力所引入的相位差。仪器的检偏器由尼科尔棱镜、旋转度盘及补偿器组成。在测定时，旋转检偏器，使视场呈黑色。放置玻璃后，如有双折射，视场中可看到两条黑色条纹隔开的明亮区。旋转检偏器，重新使玻璃中心变黑，记下此时检偏器的位置，根据检偏角度差 ϕ，按式（1-29）计算玻璃光程差。

$$\delta = \frac{3\phi}{d} \tag{1-29}$$

式中　δ——玻璃的光程差，nm/cm；

ϕ——检偏镜旋转角度差；

d——玻璃中光通过处的厚度，cm。

此法可以测出 5nm 的光程差。

1.5.4　玻璃的热稳定性

玻璃经受剧烈温度变化而不破坏的性能称为玻璃的热稳定性。它是一系列物理性质的综合表现，不仅与玻璃的几何形状和厚度有一定关系，而且热膨胀系数的大小也对其有影响。玻璃的热膨胀系数越小，其热稳定性就越好，玻璃所能承受的温度差也越大。凡是能降低玻璃热膨胀系数的成分都能提高玻璃的热稳定性，如 SiO_2、B_2O_3、Al_2O_3、ZrO_2、ZnO、MgO 等。碱金属氧化物 R_2O 能增大玻璃的热膨胀系数，故含有大量碱金属氧化物的玻璃，热稳定性就差。例如，石英玻璃的膨胀系数很小（$\alpha = 5 \times 10^{-7}℃^{-1}$），因此它的热稳定性极好。透明石英玻璃能承受高达 1100℃ 左右的温度差，即将赤热的石英玻璃投入冷水中而不破裂。而普通钠钙硅玻璃（如瓶罐玻璃、平板玻璃等）由于 Na_2O 的含量较高，热稳定性就较差。

玻璃本身的机械强度对其热稳定性影响也很显著。凡是降低玻璃机械强度的因素，都会降低玻璃的热稳定性；反之则能提高玻璃的热稳定性。尤其是玻璃的表面状态，例如表面上出现擦伤或裂纹以及存在各种缺陷，都能使玻璃的热稳定性降低，当玻璃表面经受火抛光处理后，由于改善了玻璃的表面状况，就能使玻璃的热稳定性提高。

此外，玻璃的热稳定性也与热处理有关，钢化玻璃的热稳定性较高，是因为钢化后玻璃表面形成压应力，受热后热量先用来消除压应力，因而玻璃就不容易破裂。

玻璃强度在长期张力作用下会产生疲劳现象，玻璃的热稳定性也同样存在疲劳现象，温度变化的频率和次数均会引起玻璃的热疲劳，当玻璃经受多次热冲击后，其热稳定性会显著降低。

1.5.5 玻璃的导热性

物质靠质点的振动把热能传递至较低温度方面的能力称为导热性。热导率十分重要，在设计熔炉、设计玻璃成形以及计算玻璃生产工艺的热平衡时，都要首先知道材料的热导率。

物质的导热性以热导率 λ 来表示。玻璃的热导率是用在温度梯度等于 1 时，在单位时间内通过试样单位横截面积上的热量来测定的。其国际单位为 $W/(m \cdot K)$，常用单位为 $cal/(cm \cdot s \cdot K)$。设单位时间内通过玻璃试样的热量为 Q，则：

$$Q = \frac{\lambda S \Delta t}{\delta} \tag{1-30}$$

式中　Q——热量，J；

　　　λ——热导率，$W/(m \cdot ℃)$；

　　　S——截面积，m^2；

　　　Δt——温差，℃；

　　　δ——厚度，m。

热导率表征物质传递热量的难易，它的倒数值称为热阻。玻璃是一种热的不良导体，其热导率较低，介于 $0.712 \sim 1.340 W/(m \cdot K)$ 之间，热导率主要取决于玻璃的化学组成、温度及其颜色等。

1.5.5.1 玻璃热导率与组成的关系

各种玻璃中石英玻璃的热导率最大，其值为 $1.340 W/(m \cdot K)$，硼硅酸盐玻璃的热导率也很大，约为 $1.256 W/(m \cdot K)$，普通钠钙硅玻璃为 $0.963 W/(m \cdot K)$，含有 PbO 和 BaO 的玻璃热导率较低，例如含 50% PbO 的玻璃其 λ 约为 $0.796 W/(m \cdot K)$。因此玻璃中增加 SiO_2、Al_2O_3、B_2O_2、CaO、MgO 等都能提高玻璃的导热性能。低温时热传导系数占主导地位，故化学成分对玻璃导热性能的影响可从化学键强度来分析。键强度越大，热传导性能应越好。因此在玻璃中引入碱金属氧化物会减小热导率。

热导率可按鲁斯的经验公式计算:

$$\lambda = \frac{1}{\sum V_i K_i} \tag{1-31}$$

式中　V_i——$V_i = \dfrac{Pi/\rho_i \times 100}{\sum Pi/\rho_i}$;

　　　P_i——组成氧化物的质量分数,%;

　　　ρ_i——组成氧化物的密度系数。

玻璃的热导率也可用巴里赫尔公式进行计算。

$$\lambda = \sum P_i \lambda_i \tag{1-32}$$

式中　P_i——组成氧化物的质量分数,%;

　　　λ_i——热导率的系数。

K_i、ρ_i、λ_i 值见表 1-27。

表 1-27　计算玻璃热导率的系数

氧化物	鲁斯		巴里赫尔	氧化物	鲁斯		巴里赫尔
	ρ_i	K_i	$\lambda_i/\times 10^{-3}$		ρ_i	K_i	$\lambda_i/\times 10^{-3}$
SiO_2	2.30	3.00	0.0020	BaO	7.10	11.85	0.0100
B_2O_3	2.35	3.70	0.0150	ZnO	5.90	8.65	0.0100
Al_2O_3	3.20	6.25	0.0200	PbO	10.0	11.70	0.0080
Fe_2O_3	3.87	6.55	—	Na_2O	2.90	10.70	0.0160
MgO	3.90	4.55	0.0084	K_2O	2.90	13.40	0.0010
CaO	3.90	8.80	0.0320				

1.5.5.2　玻璃热导率与温度的关系

玻璃内部的导热可以通过热传导和热辐射来进行,即热导率 λ 是热传导系数 $\lambda_导$ 和热辐射系数辐 $\lambda_辐$ 两者之和。低温时 $\lambda_导$ 占主要地位,其大小主要取决于化学组成。在高温下通过热辐射的传热即 $\lambda_辐$ 起主导作用,因此在高温时,玻璃的导热性随着温度的升高而增加。普通玻璃加热到软化温度时,玻璃的导热性几乎增加一倍。图 1-16 表示石英玻璃的热导率与温度的关系。

从图 1-16 中可看出温度较高时,$\lambda_导$ 几乎保持不变,而 $\lambda_辐$ 因与 T^3 成正比关系而迅速增大。

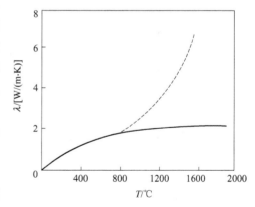

图 1-16　石英玻璃的热导率与温度的关系

1.5.5.3　玻璃热导率与其颜色的关系

玻璃颜色的深浅对热导率的影响也较大,玻璃的颜色越深,其导热能力也越小。这对玻璃制品的制造工艺具有显著的影响。当熔制深色玻璃时,由于它们的导热性比无色透明玻璃差,透热能力低,所以沿熔窑深度方向上,表层玻璃液与底层玻璃液存在着较大的温差。因此对于熔制深色玻璃的熔窑来说,池深一般要求设计得比较浅,否则深层玻璃液得不到足够的热量,使熔制发生困难。而当温度处于析晶温度范围时,还将产生失透等缺陷,严重时在低层甚至形成不动层,造成玻璃液在池底凝结,影响正常生产。

当冷却时，深色玻璃内部的热量又不易散出，导致内外温度差大，使玻璃退火不良，但对钢化却是有利的。熔制有色的玻璃液，其耗热量较低。

1.6 玻璃的电学及磁学性质

1.6.1 玻璃的电学性质

在常温下一般玻璃是绝缘材料，但是随着温度的上升，玻璃的导电性迅速提高，特别是在 T_g 以上，导电性能飞跃增加，当玻璃处于熔融状态时变成良导体。例如，一般玻璃的电阻率在常温下为 $10^{11}\sim10^{12}\Omega\cdot m$，而在熔融状态下为 $3\times10^{-3}\sim10^{-2}\Omega\cdot m$。

利用玻璃在常温下的低电导率，可制造照明灯泡、电真空器件、高压绝缘子、电阻等，玻璃已成为电子工业中的重要材料。导电玻璃可用于光显示。利用玻璃在高温下较好的导电性，可进行玻璃电熔和电焊。

1.6.1.1 玻璃的导电机理

玻璃具有离子导电和电子导电的特性。某些过渡元素氧化物玻璃及硫属化物半导体玻璃具有电子导电的特性，一般的硅酸盐玻璃为离子导电。

离子导电是以离子为载电体，在外电场作用下，载电体由原先无定向的离子热运动纳入电场方向的概率增加，转为作定向移动而显示出导电性。载电体离子通常是玻璃中的阳离子，尤其以玻璃中所含能动度最大的碱金属离子为主（如 Na^+、K^+ 等），二价阳离子能动度要小得多，在能动度相差很大的情况下，全部电流几乎由一种阳离子负载。例如在 Na_2O-CaO-SiO_2 玻璃中，可以认为全部电流都由 Na^+ 传递，而 Ca^{2+} 的作用可以忽略不计。在常温下，玻璃中作为硅氧骨架或硼氧骨架的阴离子团，在外电场作用下几乎没有移动的能力。当温度提高到玻璃的软化点以上时，玻璃中的阴离子开始参加电流的传递，随着温度的升高，参与传递电流的碱离子和阴离子数也逐渐增多。

1.6.1.2 玻璃的电导率

固体材料的电导率是表示通过电流的能力，其大小主要由带电粒子的浓度和它们的迁移率所决定。玻璃的电导率分为体积电导率和表面电导率两种，一般是指体积电导率而言。电导率与材料的截面积成正比，与其长度成反比。玻璃的电导率与玻璃的化学组成、温度及热应力有关。

对于化学组成来说，玻璃导电是离子迁移所致，因此玻璃组成（由于其影响迁移离子数目和迁移离子速率）是影响玻璃电导率的重要因素。对电导率影响显著的是碱金属氧化物。石英玻璃具有良好的电绝缘性，如果在石英玻璃中加入 Na_2O，就会使电阻率迅速下降。对于温度而言，玻璃的电导率随着温度的升高而增大。

1.6.1.3 玻璃的表面电导率

玻璃的表面电导率，是指边长为 1cm 的正方形面积，在其相对两边上测得的电导率。表面电导率主要取决于玻璃的组成、空气的湿度和温度。

玻璃组成对表面电导率的影响为：

① 玻璃中碱金属氧化物含量高时，表面电导率增大，且 K_2O 比 Na_2O 的作用较为显著。

② 在 Na_2O-SiO_2 系统玻璃中，以 CaO、MgO、BaO、PbO、Al_2O_3 等取代 SiO_2 时，若取代量在 12% 以下时，玻璃的表面电导率减小，若超过上述量时，表面电导率反而增加。

③ 以 B_2O_3、Fe_2O_3 取代 Na_2O-SiO_2 系统玻璃中的 SiO_2 时，如果取代量在 20% 以下，玻璃表面电导率将显著降低。

空气中湿度增加，能明显提高玻璃的表面电导率。这是因为玻璃表面吸附空气中的水分，并与玻璃中的 Na^+ 进行离子交换生成 NaOH 或 Na_2CO_3 溶液，最后在玻璃表面形成了一层连续的溶液膜，膜中的 Na^+（和其他离子）具有较高的迁移能力，导致表面电导率的升高。在相对湿度为 30%~80% 时增加的幅度较大。

从室温至 100℃，玻璃的表面电导率不断增高，当温度高于 100℃ 时，表面电导率与体积电导率已无区别。

1.6.2　玻璃的磁学性质

含有过渡金属离子和稀土金属离子的氧化物玻璃一般具有磁性。例如，含 Ti^{3+}、V^{4+}、Fe^{3+}、Co^{3+} 等氧化物的磷酸盐玻璃、硼酸盐玻璃、硅酸盐玻璃、铝硅酸盐或氟化物玻璃都具有磁性，而且是一种强磁性物质。

1.6.2.1　玻璃的磁化率

磁化率可用下式表示：

$$\mu = \frac{I}{H} \tag{1-33}$$

式中　μ——磁化率；

$\quad\quad I$——磁感应强度，$\times 10^{-4}$T；

$\quad\quad H$——磁场强度，Oe（1Oe=79.58A/m）。

如果 μ 值很小，为弱磁性物质。当 μ 为负值（$\mu<0$），称为反磁性物质；当 μ 为正值（$\mu>0$），称为顺磁性物质。另外如果磁感应强度 I 与磁场强度 H 不呈直线关系，而是更复杂的函数关系，且不是单值的，这类物质称为铁磁性物质。

1.6.2.2　玻璃的反磁性

以酸性氧化物构成的酸性玻璃是反磁体，含有不成对电子的稀土离子（如 La^{3+}、Cd^{3+}）的玻璃也为反磁体。反磁性玻璃的磁化率与含有的极化离子的原子数成正比。

1.6.2.3　玻璃的顺磁性

由于玻璃中的基质具有反磁性，故只有当顺磁离子浓度超过定值时整个玻璃才为顺磁体。一般玻璃为弱磁性物质，但含有铁磁性晶体的微晶玻璃具有强磁性。含铁磁物质的玻璃通过快冷就可以得到含 10nm 大小的铁磁颗粒，并通过热处理微晶化的方法控制析出晶相和大小，以改变玻璃的磁性。强磁性微晶玻璃随微晶颗粒的大小不同，可以有不同的磁性。大的微晶粒子属于多畴区，磁畴由畴壁分开，多个磁畴存在于一个颗粒中，这时材料以狭窄的磁滞回线为特征，具有低的矫顽力；较细的晶粒属于单畴区，此时颗粒内没有畴壁形成，每一颗粒是一个磁畴，靠磁畴转动来磁化；颗粒再小达到超顺磁区，这时颗粒也是单畴，但单磁畴很小，使热能可以克服各向异性，并扰乱磁化方向，使小粒子内部的铁磁性和反铁磁性耦合起来，使材料的磁性在"阻塞温度"以上为顺磁性，在此温度以下为铁磁性。

玻璃的磁性与玻璃组成的电子构型有密切的关系。而电子构型对磁性的贡献强烈地受周围电场的影响，这与光的吸收特性极为相似，因此顺磁性和光吸收采用配位场理论可作最好的解释。

第2章 浮法玻璃原料及制备工艺

2.1 浮法玻璃化学成分及原料

2.1.1 浮法玻璃化学成分

浮法玻璃的化学成分主要包括：二氧化硅（SiO_2）、氧化钠（Na_2O）、氧化钙（CaO）、氧化镁（MgO）、氧化铝（Al_2O_3）、氧化铁（Fe_2O_3）等，见表2-1。

表 2-1　浮法玻璃与普通平板玻璃化学成分　　　　　　　单位：%

类别	SiO_2	$Na_2O(K_2O)$	CaO	MgO	Al_2O_3	Fe_2O_3	SO_2
平板玻璃	71.0～73.0	15	6.0～6.5	4.5	1.5～2.0	<0.2	<0.30
浮法玻璃	71.5～72.5	13.4～14.50	7.7～11.8	2.5～4.5	0.1～2.0	<0.1	<0.30

经过人们长时间生产实践得出："高钙、中镁、低铝、微铁"的化学组合成分是生产优质浮法玻璃（特种玻璃、颜色玻璃除外）的条件之一。

(1) 高钙　浮法玻璃拉引速度快，在成形中必须采用硬化速率快的"短"性玻璃成分，即调整 CaO 到 7.7%～11.8%。

(2) 中镁　CaO 含量增加，使玻璃发脆并容易产生硅灰石析晶（$CaO \cdot SiO_2$），因此 MgO 控制在 2.5%～4.5%，以改善玻璃的析晶性能。

(3) 低铝　铝含量高将增加玻璃的黏度，不利于均化和澄清，应将 Al_2O_3 的含量降低到 2.0% 以下。

(4) 微铁　熔制时着色能力强的 Fe^{2+} 被氧化为着色能力弱的 Fe^{3+}，但在锡槽中又被还原成 Fe^{2+}，因此严格限制在 0.1% 以内。

国内外浮法玻璃的化学成分对比见表2-2。

2.1.2 浮法玻璃原料分类

浮法玻璃的化学成分是由各种含有此化学成分的物质混合引入的，这些物质统称为原料。自然界中含有玻璃构成元素的物质很多，为了在生产中得到合理的技术经济指标，通常玻璃原料很少使用纯粹的氧化物，而多使用天然矿物质作为基础原料。

根据用量的不同，浮法玻璃原料可分为主要原料、辅助原料和碎玻璃（熟料）三类。

根据引入氧化物的性质，玻璃原料可分为酸性氧化物原料、碱性氧化物原料、碱土金属和二价氧化物原料、多价氧化物原料。

根据引入氧化物在玻璃结构中的作用，玻璃原料可分为玻璃形成体氧化物原料、玻璃中间体氧化物原料、玻璃网络外体氧化物原料。根据它们的来源又可分为：天然原料（如石英、长石、石灰石等）、化工原料［如碳酸钠（纯碱）、硼砂、硼酸、碳酸钡、铅丹等］、化工或矿副产品（如矿渣等）。

2.1.3 玻璃的主要原料

玻璃的主要原料是形成玻璃结构主体的原料，它们决定着玻璃的基础物理、化学性能。这些原料经熔融、反应后即生成硅酸盐构成玻璃液的主体。浮法玻璃主要原料见表2-3。

表 2-2 国内外浮法玻璃的化学成分对比   单位：%

国家	SiO$_2$	Al$_2$O$_3$	Fe$_2$O$_3$	CaO	MgO	Na$_2$O	K$_2$O	SO$_2$
中国	72.2	1.20	0.08	8.40	4.00	13.92		
	72.05	1.50	0.14	8.05	4.00	14.06		
	72.46	1.40	0.09	8.56	3.98	13.25		
	70.90	1.84	0.09	9.07	3.82	14.07		
	71.90	2.00		8.70	4.00	14.00		0.20
美国	72.33	1.20		9.19	3.00	13.99		
	72.79	1.10	0.10	8.94	3.11	13.35	0.50	
	72.50	1.00	0.09	9.00	3.20	13.30	0.50	0.21
	72.40	1.20	0.13	8.10	3.84	14.00		0.30
	73.20	0.17	0.12	8.50	3.96	13.90	0.01	0.30
	71.82	0.15		11.83	2.56	13.34		
	73.17	0.10		8.86	3.88	13.75	0.02	0.21
日本	72.50	1.60	0.09	7.70	4.00	14.00		
	72.19	1.67	0.10	8.05	3.74	12.52	0.87	
	72.23	1.69	0.12	7.74	3.90	12.62	1.06	
前捷克	72.40	0.97	0.07	8.20	3.60	14.20	0.25	0.30
	72.50	1.00	0.07	8.10	3.90	13.7	0.30	
比利时	71.00	1.90	0.10	12.50		14.50		
法国	73.00	0.10	0.10	8.90	3.90	13.60	0.05	0.30
前苏联	73.00	1.00	0.08	8.60	3.60	13.40		

表 2-3 浮法玻璃主要原料

引入氧化物	引入氧化物的原料	原料特征
SiO$_2$	石英砂(硅砂)	纯净的硅砂为白色，SiO$_2$ 含量在 99% 以上
	砂岩	优质砂岩为白色、淡青色，密度为 2.50～2.65g/cm^3
Al$_2$O$_3$	长石	密度为 2.50～2.70g/cm^3
	瓷土	密度为 2.40～2.60g/cm^3
	蜡石	密度为 2.80～2.90g/cm^3
	氢氧化铝	白色结晶粉末，密度为 3.50～4.10g/cm^3
Na$_2$O	碳酸钠(纯碱)	有重质(白色粉末，密度为 1.50g/cm^3)和轻质(白色粉末，密度为 0.10～1.00g/cm^3)两种，易溶于水
	芒硝	可分为无水芒硝(白色或浅绿色结晶，密度为 2.70g/cm^3)和含水芒硝(使用前需去除结晶水)
	氢氧化钠(苛性钠)	白色结晶脆性固体，易溶于水，有腐蚀性
	硝酸钠(硝石)	无色或浅黄色六角形结晶体，密度为 2.25g/cm^3
K$_2$O	碳酸钾(钾碱)	白色结晶粉末，密度为 2.03g/cm^3
	硝酸钾(钾硝石)	透明的结晶，密度为 2.10g/cm^3
CaO	方解石	外观呈白色、灰色、浅红色或淡黄色
	石灰石	多呈灰色、淡黄色和淡红色，密度为 2.70g/cm^3
	沉淀碳酸钙	生产氯化钙的副产品
MgO	白云石(苦灰石)	呈蓝白色、浅灰色或黑色，密度为 2.80～2.95g/cm^3
	菱镁矿(菱苦土)	外观为白色、浅红色、淡红色或肉红色

2.1.4 玻璃的辅助原料

凡是使玻璃获得某些必要性质和加速熔制过程的原料统称为辅助原料，通常用量较少。

根据作用不同，浮法玻璃的辅助原料可分为澄清剂、着色剂、脱色剂、助熔剂（加速剂）、氧化与还原剂等。

（1）澄清剂 在玻璃配合料或玻璃熔体中，加入一种或几种在高温时本身能分解放出气体以促进玻璃气泡的排除的物质，这种物质称为澄清剂。常用的澄清剂有三氧化二砷、硝酸盐、硫酸盐、氟化物、氯化物、氧化铈、三氧化二锑等。

（2）着色剂　在玻璃配合料或玻璃熔体中，加入一种在高温条件下使玻璃着成一定颜色的物质，这种物质称为玻璃的着色剂。根据着色剂在玻璃中呈现的状态不同可分为离子着色剂、胶体着色剂和硫硒化物着色剂。常用的离子着色剂有锰化合物、钴化合物、镍化合物、铜化合物、铬化合物、钒化合物、铁化合物、硫及稀土元素氧化物、铀化合物等；常用的胶体着色剂有金化合物、银化合物、铜化合物等；常用的硫硒化物着色剂有硒、硫化镉、锑化合物。

（3）脱色剂　无色的浮法玻璃应有良好的透明度。但由于玻璃是由多种原料制得的，原料中含有铁、铬、钛、钒等化合物和有机的有害杂质，从而使玻璃着成不希望的颜色。为消除这种颜色应采取在配合料中加入脱色剂的办法解决。脱色剂按其作用可分为化学脱色剂和物理脱色剂两种。常用的化学脱色剂有硝酸钠、硝酸钾、硝酸钡、白砒、氧化铈、三氧化二锑等；常用的物理脱色剂有二氧化锰、硒、氧化钴、氧化钕、氧化镍等。

（4）助熔剂　凡能促使玻璃熔制过程加快的原料称为助熔剂。常用而有效的助熔剂有氟化合物、硼化合物、钡化合物、硝酸盐等。

（5）氧化与还原剂　玻璃熔制过程中能分解放出氧的原料称为氧化剂；反之，能夺取氧的原料称为还原剂。常用的氧化剂有硝酸盐、三氧化二砷、氧化铈等；常用的还原剂有碳（炭粉、焦炭粉、木炭、木屑等）、锡粉及化合物（氧化亚锡、二氯化锡）、金属锑粉、金属铝粉、酒石酸等。

浮法玻璃中常用辅助原料的使用与所起的作用见表 2-4。

表 2-4　浮法玻璃中常用辅助原料的使用与所起的作用

辅助原料类别			辅助原料的使用及其作用
着色剂	离子着色剂	铁化合物	氧化亚铁:FeO,黑色粉末,使玻璃呈蓝绿色 氧化铁:Fe_2O_3,红褐色粉末,使玻璃呈黄绿色
		锰化合物	二氧化锰:MnO_2,黑色粉末,使玻璃呈淡黄色 高锰酸钾:$KMnO_4$,灰紫色结晶,使玻璃呈绛红色至紫色
		钴化合物	一氧化钴:CoO,绿色粉末,使玻璃呈蓝色 三氧化二钴:Co_2O_3,暗棕色或黑色粉末,使玻璃呈蓝色 钴化合物与铜化合物和铬化合物共同使用,可使玻璃呈色调均匀的蓝色、蓝绿色和绿色；如与锰化合物共同使用可使玻璃呈深红色、紫色和黑色
		镍化合物	一氧化镍:NiO,绿色粉末,使玻璃呈紫色 氢氧化镍:$Ni(OH)_2$,绿色粉末,使玻璃呈紫色 氧化镍:Co_2O_3,黑色粉末,使玻璃呈紫色
		铜化合物	氧化铜:CuO,黑色粉末,在氧化条件下加入1%～2%,使玻璃呈青色,与Cr_2O_3或Fe_2O_3共同使用,使玻璃呈绿色 硫酸铜:$CuSO_4 \cdot 5H_2O$,蓝绿色结晶体,按CuO量计算使用,效果同CuO 氧化亚铜:Cu_2O,红色结晶粉末,按CuO量计算使用,效果同CuO
		铬化合物	重铬酸钾:$K_2Cr_2O_7$,黄绿色晶体 重铬酸钠:$Na_2Cr_2O_7 \cdot 2H_2O$,橙红色晶体 铬酸钾:K_2CrO_4,黄色晶体 铬酸钠:$Na_2CrO_4 \cdot 10H_2O$,黄色晶体。铬酸盐在熔制中分解成Cr_2O_3,在还原条件下玻璃呈绿色,在氧化条件下,因同时存在高价铬氧化物CrO_3,使玻璃着成黄绿色,在强氧化条件下CrO_3数量增多,玻璃呈淡黄色至无色 铬化合物的用量以氧化铬计为配合料的0.2%～1%,在钠钙硅酸盐中加入量为配合料的0.45%。在氧化条件下,氧化铬与氧化铜共同使用可制得纯绿色玻璃
		钒化物	三氧化二钒:V_2O_3;五氧化二钒:V_2O_5 钒的氧化物能使玻璃着成黄色(V^{5+})至绿色(V^{3+}),或蓝色(V^{4+})。在强氧化条件下,用量为配合料的3%～5%

辅助原料类别			辅助原料的使用及其作用
着色剂	胶态着色剂	金化合物	氯化金($AuCl_3$),以王水溶解纯金制成 $AuCl_3$ 溶液,用时可加水稀释。在配料中加入 0.01% 的金就可以制得玫瑰色玻璃,在无铅玻璃中加入 0.02%~0.03% 的金就可以制得红宝石玻璃,在铅玻璃中加入 0.015%~0.02% 的金即可得到金红玻璃
		银化合物	硝酸银($AgNO_3$),是无色晶体。硝酸银在熔制时能析出银的胶体粒子,加热显色后将玻璃着成黄色。银黄玻璃着色剂中银的用量一般为配合料量的 0.06%~0.2%
		铜化合物	胶体铜的微粒使玻璃着成红色,它的着色能力很强。加入配合料量 0.15% 的氧化亚铜就足以制得红色玻璃,因为 CuO 不能完全转变成胶体粒子,故一般使用量为配合料量的 1.5%~50%
	硫硒锑化合物着色剂	硒	单体硒的胶体粒子,使玻璃着成玫瑰红色
		硫化镉	硫化镉(CdS)为黄色粉末。单独使用硫化镉可使玻璃着成浅黄色
		硒化镉与硫化镉共用	硫化镉与硒化镉的固熔体($CdS \cdot nCdSe$)使玻璃着成黄色到红色。100% 的硫化镉可使玻璃呈黄色;硒化镉含量逐渐增加,玻璃由橙色变至红色
		锑化合物	玻璃中引入 Sb_2S_3 或 Sb_2O_3 与硫时能使玻璃着成红色。熔制时要求还原性气体,并在配合料中引入炭作为还原剂。一般也需加热显色。使用硫化锑和炭的锑红玻璃中着色剂(Sb_2O_3)的用量为配合料的 0.1%~3%,硫为 0.15%~1.5%,炭为 0.5%~1.5%。使用 Sb_2S_2 则为 2% 的 Sb_2S_3 和 0.75% 的炭
脱色剂	化学脱色剂		常用的有硝酸钠($NaNO_3$)和硝酸钾(KNO_3),分解温度为 350℃ 与 400℃,三氧化二砷(白砒)和三氧化二锑的脱色作用也是氧化作用 用量视玻璃中铁的含量、玻璃组成、熔制温度以及熔制气氛等而定。通常硝酸钠的用量为配合料的 1%~1.5%,As_2O_5 为 0.3%~0.5%,Sb_2O_3 为 0.3%~0.4%,氧化铈与硝酸盐共用时 CeO_2 为配合料的 0.15%~0.4%,硝酸盐为 0.5%~1.2%,氧化物为 0.5%~1%
	物理脱色剂		常用物理脱色剂有二氧化锰(MnO_2)、硒、氧化钴(CoO)、氧化镍、氧化钕等 用量视玻璃中的含铁量、玻璃组成、玻璃熔制温度气氛等而定,须经常检验调正。如玻璃中含铁量为 0.02%~0.04% 时,若没有引入 As_2O_5、Sb_2O_3,硒引入量为 0.5g(100kg 玻璃),钴引入量为 0.3~0.7g(100kg 玻璃);氧化亚铜的铅晶质玻璃中的用量为 0.3~0.7g(100kg 玻璃)。氧化钕的用量为 1000 质量份砂中 2~5 质量份,硒的称量必须准确到 0.01g。玻璃中含铁量超过 0.1% 时,不能用脱色方法制得无色玻璃
乳浊剂	氟化合物		冰晶石:$3NaF \cdot AlF_3$,白色粉末 硅氟化钠:Na_2SiF_6,白色粉末,使用时引入含 Al_2O_3 的原料 萤石:CaF_2,使用时必须与 Al_2O_3 原料共用。氟化物作为乳浊剂时,使用量一般按引入玻璃中 3%~7% 的氟计算
	磷酸盐		磷酸钙:$Ca_3(PO_4)_3$,白色粉末 骨灰:含 67%~85% 的 $Ca_3(PO_4)_2$,2%~3% 的 $Mg_3(PO_4)_2$,10% 的 $CaCO_3$ 和少量的 CaF_2 磷酸二氢铵:$NH_4H_2PO_4$ 磷酸盐的用量:引入玻璃中 4% 的 P_2O_5 时,可制得适他弱的乳浊玻璃,适合于吹制 2~5mm 的制品;引入 5%~6% 的 P_2O_5 可制得隐约透明的制品;引入 7%~8% 的 P_2O_5 时即产生强烈的乳浊
	锡化合物		SnO_2,白色粉末。二氯化锡($SnCl_2$)为白色粉末。用量为 5% 左右
	氧化砷和氧化锑		砷和锑的氧化物可作铅玻璃的乳浊剂,用量为 7%~12%
助熔剂	氟化合物		常用的氟化物有萤石、硅氟化钠,玻璃中引入 0.5%~1% 的氟,可以提高熔制速率 15%~16%,但氟化物挥发后污染大气
	硼化合物		硼化物主要是硼砂和硼酸,引入 15% 的 B_2O_3,能提高熔制速率 15%~16%,与氟化物共同使用效果好
	硝酸盐		硝酸盐可以和 SiO_2 形成低共熔物,同时还有氧化、澄清作用,可加速玻璃的熔制。一般引入量相当于 Na_2O 或 K_2O 的 10%~15%
	钡化合物		主要是碳酸钡($BaCO_3$)和硫酸钡($BaSO_4$),引入量为 0.15%~0.2%,能提高熔制速率 10%~15%
氧化剂			常用的氧化剂有硝酸盐、三氧化二砷、氧化铈等
还原剂			常用的还原剂有炭(炭粉、焦炭粉、木炭、木屑)、酒石酸($KHC_4H_4O_6$)、锡粉及其化合物(氧化亚锡、二氧化锡)、金属锑粉、金属铝粉等

2.1.5 碎玻璃

碎玻璃又称熟料，是浮法玻璃生产不可缺少的一种辅助原料。这是因为在浮法玻璃生产和加工的各个工艺环节，总会产生一定量的碎玻璃，如生产中的不合格产品及切裁下来的边角料。回收碎玻璃加以重熔不但具有经济上的意义，从工艺上看，也有利于配合料的熔制、澄清、节能降耗、提高产能、降低成本等，而且有利于资源的循环使用，符合环境保护和可持续发展战略。

根据试验证明，每千克碎玻璃熔成1350℃的玻璃熔体，需消耗热能约1465kJ，而相应的配合料熔成1350℃的玻璃熔体，需消耗热能约2512kJ。每增加10%的碎玻璃用量，熔制时消耗可节省2.5%。但碎玻璃的掺入量视玻璃成分而定，对钠钙玻璃一般不超过50%为宜，过多会使玻璃发脆，机械强度降低。对于浮法玻璃生产而言，碎玻璃加入的比例一般占原料总用量的18%~30%。

2.1.5.1 碎玻璃处理

碎玻璃作为一种原料入窑生产必须具有一定的质量保证，尤其是对于外购来的碎玻璃。如果将与该生产线玻璃成分相差较大、颜色较杂、品种较多、颗粒大小不一、含有较多泥土和其他杂质的碎玻璃引入，不但不能提高产量，反而对质量造成较大影响，损害企业的经济效益。因此，碎玻璃在使用前，应先经过必要的处理，以符合生产的要求。

碎玻璃处理一般有三种方法：光学分选、浮选和机械分选。事实证明，机械分选比较适合碎玻璃的分选，分选量可以随意调整，比较经济实用，而且机械分选碎玻璃是由几个工序组合而成的，随时可以分离。对于不同的碎玻璃，可由不同的操作过程来实现。整个系统分清洗、分级、破碎三个工序，其工艺流程如图2-1所示。

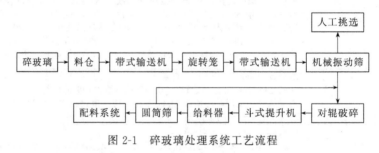

图 2-1 碎玻璃处理系统工艺流程

（1）清洗 通过料仓、带式输送机和旋转笼式喷射管、沉淀池等设备，清除所有的泥砂，使碎玻璃干净、明亮，便于分拣。

（2）分级 通过带式输送机和振动筛，把碎玻璃按不同要求进行分级，大块的进行人工挑选，细颗粒进入下道工序，进行粉碎后最终进入碎玻璃料仓。人工挑选主要对碎玻璃进行归类，如对平板玻璃、压延玻璃、石英玻璃、有色玻璃等进行分类堆放。经过归类后的平板玻璃可以直接使用，而压延玻璃与浮法玻璃成分有显著差别，如果大量使用，必然造成熔制的玻璃与设计成分相差较大，容易引起玻璃的力学性能下降，这就有必要对其成分进行分析，并带入配料系统进行校正。若是石英玻璃必须经过破碎，并且20目筛全通过方可使用。有色玻璃则按颜色进行归类，视公司生产有色玻璃的情况分别投入使用。

（3）破碎 过大块度的碎玻璃，不利于在配合料中的均匀分布，会导致局部集中，给熔化、均化造成负担，也会给碎玻璃的输送带来不便；过细块度的碎玻璃或粉状碎玻璃，比表面积大，吸附气体多，增加玻璃液的澄清负担，且进入熔窑后，会优先与纯碱反应，导致配合料初熔时缺少碳酸钠，减少活性澄清剂，对加速气泡胀大不利，恶化玻璃气泡品质。合适的碎玻璃块度在 20～40mm 之间。在碎玻璃处理系统中，玻璃的破碎是通过对辊、提升机、电磁共振给料器、圆筒筛、除尘器等设备完成的。通过对辊粉碎以后的细粉由提升机提升到圆筒筛，经过筛选后，粗颗粒的碎玻璃重新回到对辊进行二次粉碎，符合要求的细颗粒碎玻璃进入碎玻璃料仓，化验成分后按配方进入配合料。

经过处理系统处理后的碎玻璃，可以确保不带入难熔杂质进入熔窑，避免结石、条纹、疖瘤等缺陷的产生，保证产品质量。

2.1.5.2 使用碎玻璃时的注意事项

① 补充易挥发组分。碎玻璃重熔后，易挥发的组分将产生挥发，而使其含量减少。例如重熔后的 Na_2O 比重熔前平均降低 0.15% 左右。因此在使用碎玻璃时，应及时补充易挥发组分的原料。

② 适当加入氧化剂和脱色剂。当碎玻璃重熔时，其中某些组分会发生热分解并放出氧，使其具有还原性质。对以变价元素为基础的颜色玻璃会引起色泽变化，对于无色玻璃也会因 Fe_2O_3 转变成为 FeO 而使玻璃颜色变深。因此，应适当加入氧化剂和脱色剂。

③ 补充澄清剂。在碎玻璃中含有少量的化学结合气体，在重熔时产生相当于二次气泡那样的小气泡。因此，加入碎玻璃时，应补充加入澄清剂。

④ 碎玻璃要确定合适的粒度。碎玻璃粒度小于 0.25mm 和大于 2mm 时，两者对熔化均有良好效果，在生产中一般采用 2～20mm 粒度为宜。

⑤ 除去杂质。碎玻璃的化学组成应与窑内的玻璃基本相同，否则要对碎玻璃中的杂质进行选筛、冲洗、去除后才能使用。

⑥ 碎玻璃用量应该稳定。一般浮法玻璃中碎玻璃的使用量等于原料总重量的 20%～30% 为宜。

2.2 浮法玻璃原料选择及成分要求

采用什么原料来引入玻璃中的氧化物，是玻璃生产中的关键。原料的选择是否恰当，对原料的加工工艺、玻璃熔制过程、玻璃的质量、产量、生产成本均有影响。

2.2.1 原料选取原则

① 原料的质量必须符合要求，而且稳定。原料的质量要求包括原料的化学成分、原料的结晶状态（矿物组成）及原料的颗粒组成等指标，这些指标要符合质量要求。首先，原料的主要化学成分（对简单组成或矿物也可称为纯度）及杂质应符合要求。有害杂质特别是铁的含量，一定要在规定的范围内。其次，原料的矿物组成、颗粒度也要符合要求。再次，原料的质量要求要稳定，尤其是化学成分要比较稳定，其波动范围是根据玻璃化学成分所允许的偏差值进行确定的。如原料的化学成分变动较大，则要调整配方，以保证玻璃的化学组成。原料的颗粒组成、含水和吸湿性原料对水分也应要求稳定。

② 易于加工处理。选取易于加工处理的原料，不但可以降低设备投资，而且可以减少生产费用。如石英砂和砂岩，若石英砂的质量合乎要求就不用砂岩。因为石英砂一般只要经过筛分和精选处理就可以应用，而砂岩要经过煅烧、破碎、过筛等加工过程。采用砂岩时，其加工处理设备的投资以及生产费用都比较高，所以在条件允许时，应尽量采用石英砂。

有的石灰石和白云石含 SiO_2 多，硬度大。增加了加工处理的费用，应尽量采用硬度较小的石灰石和白云石。白垩质地松软，易于粉碎，如能采用白垩，就可以不用石灰石。

③ 成本低，能大量供应。在不影响玻璃质量要求的情况下，应尽量采用成本低、离场区近的原料。如瓶罐玻璃厂，制造深色瓶时，就可以采用就近的含铁量较多的石英砂等。作为大工业化生产，要考虑原料供应的可靠性，有一定的储量保证。

④ 少用过轻和对人体健康、环境有害的原料。轻质原料易飞扬，容易分层，如能采用重质碳酸钠（纯碱），就不用轻质碳酸钠（纯碱）。再如尽量不用沉淀的轻质碳酸镁、碳酸钙等。对人体有害的白砒（As_2O_3）等应尽量少用，或与三氧化二锑（Sb_2O_3）共用，使用铅化合物等有害原料时要注意劳动保护并定期检查身体。随着人们对环境保护认识的提高以及可持续发展政策的深入，尽量不用或减少使用对环境有害的原料，如含氟或含铅的原料。

⑤ 对耐火材料的侵蚀要小。氟化物，如萤石、氟浮法玻璃等是有效的助熔剂，但它对耐火材料的侵蚀较大，在熔制条件允许不使用时，最好不用。硝酸钠对耐火材料的侵蚀也较大，而且价格较贵，除了作为澄清剂、脱色剂以及有时为了调节配合料气体率少量使用外，一般不作为引入 Na_2O 的原料。

2.2.2 引入二氧化硅的原料

二氧化硅（SiO_2）是形成玻璃的主要氧化物，是玻璃的骨架。其相对分子质量为60.06，密度为 $2.4\sim2.65g/cm^3$。它能降低玻璃的热膨胀系数，提高玻璃的化学稳定性、热稳定性、软化温度、耐热性、硬度、黏度和机械强度等，但它熔点高，含量较多时会造成熔制困难，而且可能引起析晶。

目前国内外硅质原料（以 SiO_2 为主要化学成分和以石英为主要矿物成分的矿物质原料）的质量存在一定的差距，也是制约我国玻璃质量的重要因素。国外硅质原料化学成分见表2-5；国内硅质原料化学成分及水分要求见表2-6；国内硅质原料化学成分波动范围见表2-7；国内硅质原料粒度组成见表2-8。

表 2-5　国外硅质原料化学成分

国　　家	化学成分/%			国　　家	化学成分/%		
	SiO_2	Al_2O_3	Fe_2O_3		SiO_2	Al_2O_3	Fe_2O_3
美国	99.6	0.3	0.03	加拿大	99.6		0.02
俄罗斯	97.0		0.13	德国	98.0		0.02
日本	98.5	0.5	0.06	印度	98.5	1.6	0.08
英国	98.5	0.5	0.03				

表 2-6　国内硅质原料化学成分及水分要求

级　　别		化学成分/%			水分/%
		$SiO_2 \geqslant$	$Al_2O_3 \leqslant$	$Fe_2O_3 \leqslant$	
Ⅰ类	优等品	98.50	0.50	0.05	5
		98.00	1.20		
	一级	98.50	0.70	0.10	
		97.50	1.20		
	二级	98.00	0.70	0.15	
		96.50	1.50		
	三级	98.00	0.70	0.20	
		96.50	1.50		
Ⅱ类	一级	92.00	4.00	0.20	
	二级	90.50	4.50	0.30	

注：Ⅰ类 Al_2O_3 含量低；Ⅱ类 Al_2O_3 含量高。

表 2-7　国内硅质原料化学成分波动范围

级　别		化学成分/%		
		$SiO_2 \geqslant$	$Al_2O_3 \leqslant$	$Fe_2O_3 \leqslant$
Ⅰ类	优等品	± 0.20	± 0.10	± 0.01
	一级	± 0.30	± 0.15	—
	二级		± 0.20	
	三级			—
Ⅱ类	一级			
	二级			

表 2-8　国内硅质原料粒度组成

级　别		粒度组成/%			
		+1mm	$+710\mu m$	$+500\mu m$	$-100\mu m(-125\mu m)$
Ⅰ类	优等品	0(0)	0.5(0.5)	5.0(5.0)	5.0(5.0)
	一级				10.0(5.0)
	二级				20.0(8.0)
	三级				
Ⅱ类	一级				(5.0)
	二级				

注：括号中的值是对天然硅砂产品的要求。

在实际生产中，引入 SiO_2 的原料主要有石英砂、砂岩、石英岩和石英。

2.2.2.1　石英砂

石英砂又称硅砂，它的主要成分是石英，它是石英岩、长石和其他岩石受水与碳酸酐以及温度变化等作用，逐渐分解风化生成。以长石风化为例，其反应式大致如下。

$$K_2O \cdot Al_2O_3 \cdot 6SiO_2 + 2H_2O + CO_2 \longrightarrow Al_2O_3 \cdot 2SiO_2 \cdot 2H_2O + 4SiO_2 + K_2CO_3 \qquad (2\text{-}1)$$
　　　（长石）　　　　　　　　　　　　　　（高岭土）　　　　（石英）

石英砂矿中经常含有黏土、长石、白云石、海绿石等轻矿物和磁铁矿、钛铁矿、硅线石、蓝晶石、赤铁矿、褐铁矿、金红石、电气石、黑云母、蜡石、榍石等重矿物，也常常含有氢氧化铁、有机物、锰、镍、铜、锌等金属化合物的包膜，以及铁和二氧化硅的固溶体。同一产地的石英砂，其化学组成往往波动很大，但就其颗粒度来说，常常是比较均一的。石英砂的化学组成指标及允许波动范围要求见表 2-9。

表 2-9　石英砂的化学组成指标及允许波动范围要求

化学组成	SiO_2	Al_2O_3	Fe_2O_3	TiO_2	Cr_2O_3
波动范围/%	$\geqslant(98.5\pm0.1)$	$\leqslant(0.2\pm0.04)$	$\leqslant(0.050\pm0.001)$	$\leqslant0.01$	<0.0002

2.2.2.2　砂岩

砂岩是石英砂在高压作用下，由胶结物胶结而成的矿岩。根据胶结物的不同，有二氧化硅（硅胶）胶结的砂岩，黏土胶结的砂岩，石膏胶结的砂岩等。砂岩的化学成分不仅取决于石英颗粒，而且与胶结物的性质和含量有关。如二氧化硅胶结的砂岩，纯度较高，而黏土胶结的砂岩则 Al_2O_3 含量较高。一般来说，砂岩所含的杂质较少，而且稳定。其质量要求是含 SiO_2 98%以上，含 Fe_2O_3 不大于 0.2%。砂岩的硬度高，近于莫氏七级，开采比石英砂复杂，而且一般需经过破碎、粉碎、过筛等加工处理（有时还要经过煅烧，再进行破碎、粉碎处理），因而成本比石英砂高。粉碎后的砂岩通常称为石英粉。

2.2.2.3 石英岩

石英岩是石英颗粒彼此紧密结合而成，是砂岩的变质岩，石英岩硬度比砂岩高（莫氏硬度 7），强度大，使用情况与砂岩相同。

不同产地二氧化硅原料的化学成分见表 2-10。

表 2-10 不同产地二氧化硅原料的化学成分　　　　　　　　单位：%

原料产地	SiO_2	Al_2O_3	CaO	MgO	Na_2O	K_2O	Fe_2O_3	灼减
昆明硅砂	99.50	0.46	—	—	—	—	0.006	—
广州硅砂	99.14	0.41	—	—	—	—	0.11	0.43
湘潭硅砂	97.86	1.62	—	—	—	0.3	0.30	—
内蒙古硅砂	86～91	5～7	1.0	—	1～1.5		0.20	—
威海硅砂	91～95	3～6	0.1	—	2～3		0.10	—
南口砂岩	98～99	—	—	—	—	—	0.15	—
潮州石英	98.32	0.96	0.46	0.05	—	—	0.03	0.25
房山石英	99.86	0.18	—	—	—	—	—	—
泪罗石英	99.78	—	—	—	—	—	<0.1	—
海城石英	98～99	0.24	0.24	—	—	—	0.03	—
蕲春石英	99.85	—	—	—	—	—	0.02	—

2.2.3 引入氧化铝的原料

Al_2O_3 属于中间体氧化物，当玻璃中 Na_2O 与 Al_2O_3 的摩尔比大于 1 时，形成铝氧四面体 [AlO_4]，并与硅氧四面体 [SiO_4] 组成连续的结构网。当 Na_2O 与 Al_2O_3 的摩尔比小于 1 时，则形成铝氧八面体 [AlO_6]，其为网络外体而处于硅氧结构网的空穴中。Al_2O_3 能降低玻璃的析晶性能，提高玻璃的化学稳定性、热稳定性、机械强度、硬度和折射率，减轻玻璃液对耐火材料的侵蚀，并有利于氧化物的乳浊。但氧化铝含量过多时，使玻璃黏度提高，从而产生条纹。

引入 Al_2O_3 的原料主要是长石，也可以采用某些含 Al_2O_3 的矿渣和选矿厂含长石的尾矿。常用的是钾长石和钠长石 [$K_2O（Na_2O）\cdot Al_2O_3 \cdot 6SiO_2$]，它们的化学组成波动较大，常含有 Fe_2O_3。长石除引入 Al_2O_3 外，还引入 Na_2O、K_2O、SiO_2 等。由于长石能引入碱金属氧化物，减少了碳酸钠（纯碱）的用量，在一般玻璃中应用甚广。

长石是钾、钠、钙和少量钡等碱金属或碱土金属的铝硅酸盐矿物，其主要成分为 SiO_2、Al_2O_3、K_2O、Na_2O、CaO 等。长石族矿物是地壳上分布最广泛的造岩矿物，约占地壳总重量的 50%，其中 60% 赋存在岩浆岩中，30% 分布在变质岩中，10% 分布在沉积岩中，但只有在相当富集时长石才可能成为工业矿物。自然界中纯的长石矿物很少，多数是以各类岩石的集合体产出，共生矿物有石英、云母、霞石、角闪石、金红石等，其中以云母（尤其是黑云母、角闪石、金红石和铁的化合物等）为有害杂质。

一般情况下，由钾长石和钠长石构成的长石矿物称为钾钠长石或碱性长石；由钠长石和钙长石构成的长石矿物称为斜长石；由钙长石和钡长石构成的长石矿物称为碱土长石；钠长石以规则排列的形式夹杂在钾长石中构成的矿物称为条纹长石。国内外已开采利用的长石矿主要产于伟晶岩中，少数长石产于风化花岗岩、细晶岩、热液蚀变矿床及长石质砂矿。根据矿床的岩石属性、矿脉结构及矿石的物质组分，我国长石矿床的类型见表 2-11。我国长石矿床的分布及其类型和主要化学成分见表 2-12。

表 2-11 我国长石矿床的类型

矿床类型			工 业 用 途	实 例
伟晶岩型	弱分异型	纯长石矿床	以钾长石为主,玻璃、陶瓷、化工、研磨等工业原料	临潼、旺苍
	分异型	白云母-石英-钾长石矿床		闻喜、新泰、海城
	交代型	白云母-石英-钠长石矿床	以钠长石为主,玻璃、陶瓷等工业原料	湖南衡山
岩浆岩型	酸性岩	花岗岩、白岗岩	玻璃、陶瓷代用原料	湖北随州
	中性岩	正长岩、石英正长岩	玻璃、陶瓷代用原料	北京
	碱性岩	霞石正长岩、霞石正长斑岩	玻璃、陶瓷代用原料	凤城、安阳、南江

表 2-12 我国长石矿床的分布及其类型和主要化学成分

矿 床 名 称	矿 床 类 型	主要化学成分及含量
云南个旧白马寨长石矿	燕山期花岗岩、黑云母二长花岗	原矿:SiO_2 76.08%,Al_2O_3 13.00%,Fe_2O_3 1.08%,K_2O 4.21%,Na_2O 3.44%。经磁选获得长石精矿:SiO_2 77.43%,Al_2O_3 12.30%,Fe_2O_3 0.14%,K_2O 4.15%,Na_2O 3.82%
辽宁兴城县大杏山长石	伟晶岩型矿石	K_2O 8.24%～12.4%,Na_2O 2.22%～5.01%,Fe_2O_3 0.08%～0.82%
安徽宿县乾山长石矿	热液蚀变矿床	SiO_2 75.52%,Al_2O_3 13.24%,Fe_2O_3 0.27%,TiO_2 0.08%,K_2O+Na_2O 7.84%,$MgO+CaO$ 0.89%
安徽宿松县凉亭河长石矿	风化花岗岩	SiO_2 74.23%,Al_2O_3 14.87%,Fe_2O_3 0.78%,K_2O 4.11%,Na_2O 1.50%
安徽旌德县金竹千长石	风化壳型	SiO_2 74.76%,Al_2O_3 14.73%,Fe_2O_3 0.98%,TiO_2 0.05%
安徽祁门县伊坑长石矿	风化黏土型	SiO_2 74.70%,Al_2O_3 15.24%,Fe_2O_3 0.05%,TiO_2 0.05%
湖南临湘县团湾长石矿	花岗伟晶岩	Si_2O 64%～66%,Al_2O_3 18%～20%,Fe_2O_3 0.1%,K_2O 12%～14%,$Na_2O<3$%
湖南衡山县石碑长石矿	钠化伟晶岩型	一号矿体:Na_2O 8.89%～10.64%,K_2O 0.09%～0.53% 二号矿体:Na_2O 8.70%～10.65%,K_2O 0.21%～0.70%
新疆库米什长石矿	伟晶岩型	SiO_2 69.25%,Al_2O_3 16.95%,Fe_2O_3 0.92%,K_2O+Na_2O <11%
新疆富温县可可托海长石矿	花岗伟晶岩型	矿石中钠长石占67%,微斜长石占95%～100%。K_2O+Na_2O 15.35%～15.60%,$K_2O:Na_2O=5.5:1$
新疆桑树园子长石矿	伟晶岩型	SiO_2 66.55%,Al_2O_3 17.9%,Fe_2O_3 1.22%
山西闻喜文家坡长石矿	伟晶岩型	SiO_2 62%～65%,Al_2O_3 18%～20%,Fe_2O_3 0.15%～0.88%,K_2O 11%～14%,Na_2O 2%～3.38%
山西盂县上社长石矿	伟晶岩型	SiO_2 70.0%,K_2O 12.0%,Na_2O 2.02%,MgO 0.16%
山西忻县馒首山长石矿	伟晶岩型	K_2O 12.0%,Na_2O 3.5%,Al_2O_3 14%～17%,Fe_2O_3 0.5%
山西忻县彭四家沟长石矿	伟晶岩型	K_2O 12.76%,Na_2O 2.39%,SiO_2 64.94%,Al_2O_3 18.7%,Fe_2O_3 0.15%
甘肃张家川县付家川长石矿	伟晶岩型	矿石平均长石含量70.7%～84.3%。K_2O 10.5%～12.5%,Na_2O 1.85%～2.04%,SiO_2 64.77%～67.79%,Al_2O_3 17.50%～19.0%,Fe_2O_3 0.17%～0.21%
甘肃张家川县陈家庙长石矿	伟晶岩型	矿石中长石平均含量70%～80%。K_2O 10.5%～11.5%,Na_2O 2.36%～2.08%,SiO_2 64.61%～65.59%,Fe_2O_3 0.17%～0.21%
山东新太长石矿	伟晶岩型	K_2O+Na_2O 12%～12.5%,Fe_2O_3 0.03%～0.5%,Al_2O_3 18.7%,SiO_2 67.0%～72.5%
陕西长安县大崖沟长石矿	伟晶岩型	SiO_2 72.5%,MgO 0.03%～0.02%,Al_2O_3 <15.0%,CaO 0.80%
陕西商南县曹营大河长石矿	伟晶岩型	K_2O 10.54%～12.36%,Na_2O 2.49%～3.65%,Al_2O_3 18.42%～19.36%,Fe_2O_3 0.11%～0.18%
陕西临潼县新凯山碾子沟长石矿	伟晶岩型	K_2O 11.85%,Na_2O 2.41%,SiO_2 67.13%,Al_2O_3 17.53%,Fe_2O_3 0.31%

长石的颜色多以白色、淡黄色或肉红色为佳，常具有明显的结晶解理面，莫氏硬度 6～6.5，密度 2.4～2.8g/cm³，在 1100～1200℃之间熔融，含长石的玻璃配合料易于熔制。长石的化学组成及水分要求见表 2-13；长石化学组成波动范围见表 2-14。

表 2-13　长石的化学组成及水分要求

级　别	化学组成/%				水分/%	
	Fe_2O_3	Al_2O_3	Na_2O+K_2O	SiO_2	干法加工	湿法加工
优等品	≤0.10	≥18.00	≥12.00	≤65		
一级品	≤0.20	≥16.00	≥11.00	≤70	≤1	≤5
二级品	≤0.35	≥15.00				
合格品	≤0.50	≥14.00				

表 2-14　长石化学组成波动范围

级　别	化学成分波动值/%		
	Fe_2O_3	Al_2O_3	SiO_2
优等品	±0.05	±0.25	±0.60
一级品	±0.10	±0.50	±1.00

2.2.4　引入氧化钙的原料

氧化钙（CaO），相对分子质量 56.08，密度 3.2～3.4g/cm³。CaO 是二价的网络外体氧化物，在玻璃中的主要作用是稳定剂，即增加玻璃的化学稳定性和机械强度，但含量较高时，能使玻璃的结晶倾向增大，而且易使玻璃发脆。在一般玻璃中，CaO 的含量不超过 12.5%。

CaO 在高温时，能降低玻璃的黏度，促进玻璃的熔制和澄清；但当温度降低时，黏度增加得很快，使成形困难。含 CaO 高的玻璃成形后退火要快，否则易于爆裂。

对于浮法玻璃而言，引入 CaO 的原料主要是石灰石。石灰岩是地壳中分布最广的矿产之一。按其沉积地区，石灰岩又分为海相沉积和陆相沉积，以前者居多；按其成因，石灰岩可分为生物沉积、化学沉积和次生沉积三种类型；按矿石中所含成分不同，石灰岩可分为硅质石灰岩、黏土质石灰岩和白云质石灰岩三种。

石灰岩矿产在每个地质时代都有沉积，各个地质构造发展阶段都有分布，但质量好、规模大的石灰岩矿床往往赋存于一定的层位中。以水泥用石灰岩为例，东北、华北地区的中奥陶系马家沟组石灰岩是极其重要的层位，中南、华东、西南地区多用石炭、二叠、三叠系石灰岩，西北、西藏地区一般多用志留、泥盆系石灰岩，华东、西北及长江中下游的奥陶纪石灰岩也是水泥原料的重要层位。我国石灰岩资源的时空分布见表 2-15。

石灰岩的矿物成分主要为方解石，伴有白云石、菱镁矿和其他碳酸盐矿物，还混有其他一些杂质。其中的镁以白灰石及菱镁矿的形式出现，氧化硅为游离状的石英，石髓及蛋白石分布在岩石内，氧化铝同氧化硅化合成硅酸铝（黏土、长石、云母）；铁的化合物以碳酸盐（菱镁矿）、硫铁矿（黄铁矿）、游离的氧化物（磁铁矿、赤铁矿）及氢氧化物（含水针铁矿）的形式存在；此外还有海绿石，个别类型的石灰岩中还有煤、地沥青等有机质和石膏、硬石膏等硫酸盐，以及磷和钙的化合物，碱金属化合物以及锶、钡、锰、钛、氟等化合物，但含量很低。石灰岩在冶金、建材、化工、轻工、建筑、农业及其他特殊工业部门都是重要的工业原料。

表 2-15　我国石灰岩资源的时空分布

含矿的地质年代	石灰岩分布地区	主 要 岩 性
早元古代	内蒙古、黑龙江、吉林中部、河南南部信阳、南阳一带	大理石
中、晚元古代	辽东半岛、天津、北京、江苏北部、甘肃、青海、福建	硅质灰岩、燧石灰岩
寒武纪	山西、北京、河北、山东、安徽、江苏、浙江、河南、湖北、贵州、云南、新疆、青海、宁夏、内蒙古、辽宁、吉林、黑龙江	鲕状灰岩、纯灰岩、竹叶状灰岩、薄层白云质灰岩
奥陶纪	黑龙江、内蒙古、吉林、辽宁、北京、河北、山西、山东、河南、陕西、甘肃、青海、新疆、四川、贵州、湖北、安徽、江苏、江西	薄层纯灰岩、厚层纯灰岩、白云质灰岩、虎斑灰岩、砾状灰岩等
志留纪	新疆托克逊、青海格尔木、甘肃、内蒙古等	泥质灰岩、硅质灰岩、结晶灰岩等
泥盆纪	广西、湖南、贵州、云南、广东、黑龙江、新疆、陕西、四川	厚层纯灰岩、白云质灰岩、结晶灰岩、薄层灰岩、泥质灰岩等
石炭纪	江苏、浙江、安徽、江西、福建、广西、广东、四川、湖北、河南、湖南、陕西、新疆、甘肃、青海、云南、贵州、内蒙古、吉林、黑龙江	厚层纯灰岩、厚层灰岩夹砂页岩、白云质灰岩、大理石、结晶灰岩等
二叠纪	四川、云南、广西、贵州、广东、福建、浙江、江西、安徽、江苏、湖北、湖南、陕西、甘肃、青海、内蒙古、吉林、黑龙江等	厚层灰岩、燧石灰岩、硅质灰岩、白云岩化灰岩、大理岩
三叠纪	广西、云南、贵州、四川、广东、江西、福建、甘肃、青海、浙江、江苏、安徽、湖南、湖北、陕西	泥质灰岩、厚层灰岩、薄层灰岩
侏罗纪	四川自贡地区	内陆湖相沉积石灰岩
第三纪	河南新乡、郑州郊区	泥灰岩、松散碳酸钙

石灰石的化学组成指标及允许波动范围要求见表 2-16。

表 2-16　石灰石的化学组成指标及允许波动范围要求

级　别	化学组成/%					水分/%
	CaO	Fe_2O_3	MgO	SiO_2	Al_2O_3	
优等品	≥54.00	≤0.10	≤1.50	≤2.00	≤1.00	
一级品	≥53.00	≤0.20	≤2.50	≤3.00	≤1.00	≤1
合格品	≥52.00	≤0.30	≤3.00	≤3.00	≤1.00	

2.2.5　引入氧化镁的原料

氧化镁（MgO），相对分子质量 40.32。MgO 在钠钙硅酸盐玻璃中用网络外体氧化物。玻璃中用 3.5%以下的 MgO 代替部分 CaO，可以使玻璃的硬化速率变慢，改善玻璃的成形性能。MgO 还能降低结晶倾向和结晶速率，增加玻璃的高温黏度，提高玻璃的化学稳定性和机械强度。

引入氧化镁的原料主要是有白云石。白云石又叫苦灰石，是碳酸钙和碳酸镁的复盐，分子式为 $CaCO_3 \cdot MgCO_3$。一般为白色或淡灰色，含铁杂质多时，呈黄色或褐色，密度为 2.8～2.95g/cm³，莫氏硬度为 3.5～4。白云石中常见的杂质是石英、方解石和黄铁矿。各类白云石矿床的地质特征见表 2-17；白云石矿床实例见表 2-18；白云石矿床勘探类型见表

表 2-17　各类白云石矿床的地质特征

矿床类型	矿床特征						典型矿床
	赋存层位	矿体形态	矿体产状	矿石质量	矿床规模	共生矿产	
海相白云石矿床	矿床多产于石灰岩系中	层状或透镜状。矿层厚几米至几十米，长几十米到几百米	与石灰岩沿走向和倾向都可以互相递变	矿石质量好	一般巨大	萤石和天青石	辽宁营口陈家堡子矿床、河北遵化魏家井矿床、江苏南京慕府山矿床、湖南湘乡白云石矿床等
湖相白云石矿床	多产于中生代和第三纪地层内	层状或透镜状	常在石膏或含盐岩层之下或为互层	矿石质量较差	规模小，有工业价值的矿床也很少		

表 2-18　白云石矿床实例

矿床名称	矿床类型	地质特征	矿体特征	矿石特征
江苏南京慕府山矿床	海相沉积矿床	矿层赋存在震旦系上统、寒武系中、下统内	由南至北共有四个矿层，走向 700～1200m，宽 150m，初露宽 150～300m，产状较为稳定。倾向南东，倾角 30°～90°	质量较好，$MgO > 20\%$，$P_2O_5 < 1\%$，$SiO_2 < 2\%$，酸不溶物 $< 4\%$，优质矿石占 50% 以上
辽宁营口陈家堡子矿床		矿床赋存于下元古界辽河群碳酸盐系内	矿层呈层状，走向长数千米，厚度 $> 500m$，倾向南东，倾角 45°左右，顶板为白云质灰岩，底板为千枚岩	质量好，MgO 为 21.1%，CaO 29.5%，SiO_2 为 1.5%，Al_2O_3 为 0.5%，Fe_2O_3 1.1%，烧失量 46.2%（某次分析值）

表 2-19　白云石矿床勘探类型

勘探类型	划 分 依 据	典型矿床
I	矿体规模大，走向长大于 1500m，斜长大于 1000m，形态简单，呈层状、似层状。厚度和质量稳定，矿体内不含或少含不连续夹层。构造简单，一般无大的褶皱，局部有小断层，对矿体影响不大。火成岩脉和岩溶不发育	甘井子、土城子、望山、湖田、明城、井陉等石灰石矿
II	矿体规模大至中等，走向长 1000～1500m，斜长 400～1000m。形态简单至较简单，层状、似层状。厚度和质量较稳定，矿体内不连续夹层较多，局部有因质量变化形成的不可采地段。构造较复杂，有较小的波状褶曲和少数较大断层，对矿体有一定的影响和破坏。火成岩脉和岩溶较发育	船山、乌龙泉、贵定、滦县等石灰石矿
III	矿床规模中、小型，走向长小于 1000m，斜长小于 400m。形态较简单，呈层状、似层状。厚度和质量不稳定，变化大且无规律，局部出现大于平均厚度 5 倍以上的矿层，矿体内不连续夹层多，因质量变化不可采地段较多。构造复杂，呈不规则的波状褶曲和倒转背、向斜，褶曲复杂，断层多，使矿体遭受严重的破坏。火成岩脉和岩溶发育	本溪朴家湾石灰石矿

白云石的化学组成指标及允许波动范围要求见表 2-20。

表 2-20　白云石的化学组成指标及允许波动范围要求

级　　别	化学组成/%					水　　分/%
	MgO	CaO	Fe_2O_3	SiO_2	Al_2O_3	
优等品	≥21.00	≤31.00	≤0.10	≤2.00	≤1.00	≤1
一级品	≥20.00	≤32.00	≤0.20	≤3.00	≤1.00	
合格品	≥18.00	≤34.00	≤0.25	≤3.00	≤1.00	

2.2.6 引入氧化钠的原料

氧化钠（Na_2O），相对分子质量62，密度2.27g/cm³。Na_2O是玻璃网络外体氧化物，钠离子（Na^+）居于玻璃结构网络的空穴中。Na_2O能提供游离氧使玻璃结构中的O/Si比值增加，发生断键，因而可以降低玻璃的黏度，使玻璃易于熔融，是玻璃良好的助熔剂。Na_2O增加玻璃的热膨胀系数，降低玻璃的热稳定性、化学稳定性和机械强度，所以不能引入过多，一般不超过18%。

引入Na_2O的原料主要为碳酸钠（纯碱）和硫酸钠（芒硝），有时也采用一部分氢氧化钠和硝酸钠。

2.2.6.1 碳酸钠（纯碱）

碳酸钠，俗称纯碱，又称苏打，化学式为Na_2CO_3，相对分子质量为105.9。普通情况下为白色粉末，为强电解质。碳酸钠属于盐类物质，具有盐的通性。

碳酸钠按应用领域划分，大致可分工业碳酸钠、食品添加剂碳酸钠、化学试剂无水碳酸钠等。其中工业碳酸钠主要用于化工、玻璃、冶金、印染、合成洗涤剂、石油化工等工业；食品添加剂碳酸钠在食品加工中做酸度调节剂和食品工业用加工助剂；化学试剂无水碳酸钠用于化学检验试剂。玻璃生产采用工业碳酸钠。

工业碳酸钠根据用途分为两类：Ⅰ类为特种工业用重质碳酸钠，适用于制造显像管玻壳、光学玻璃等；Ⅱ类为一般工业用碳酸钠，包括轻质碳酸钠和重质碳酸钠。

无结晶水的碳酸钠的工业名称为轻质碳酸钠，有一个结晶水的碳酸钠的工业名称为重质碳酸钠。所以从外观看，轻质碳酸钠为白色结晶粉末，重质碳酸钠为白色细小颗粒。一般轻质碳酸钠堆积密度为0.45~0.69kg/L，安息角为50°，重质碳酸钠堆积密度为0.8~9.1kg/L，安息角为45°。工业碳酸钠的指标要求见表2-21。

表2-21 工业碳酸钠的指标要求

指 标 项 目		Ⅰ类	Ⅱ类		
		优等品	优等品	一等品	合格品
总碱量（以干基的Na_2CO_3计）[①]/% ≥		99.4	99.2	98.8	98.0
总碱量（以湿基的Na_2CO_3计）/% ≥		98.1	97.9	97.5	96.7
氯化钠（以Cl^-计）/% ≤		0.30	0.70	0.90	1.20
铁（Fe）/% ≤		0.003	0.0035	0.006	0.010
硫酸盐（SO_4^{2-}计）/% ≤		0.03	0.03[②]		
水不溶物/% ≤		0.02	0.03	0.10	0.15
堆积密度[③]/(g/mL) ≥		0.85	0.90	0.90	0.90
粒度[③]（筛余物）/%	180μm ≥	75.0	70.0	65.0	60.0
	1.18mm ≤	2.0			

① 包装时含量，交货时产品中总碱量乘以交货产品的质量再除以交货清单上产品的质量的值不得低于此数值。

② 氨碱产品控制指标。

③ 重质碳酸钠控制指标。

（1）碳酸钠的物理性质

① 性状　碳酸钠为白色粉末或颗粒。无气味，有碱性，是碱性的盐。有吸湿性，露置于空气中逐渐吸收1mol/L水分（约15%）。400℃时开始失去二氧化碳，遇酸分解并泡腾。

相对密度为 2.53。熔点 851℃，沸点 1600℃，比热容（20℃）为 1.042J/(g·℃)。高温下可分解，生成氧化钠和二氧化碳。长期暴露在空气中能吸收空气中的水分及二氧化碳生成碳酸氢钠，并结成硬块。有刺激性。

② 溶解性　碳酸钠易溶于水和甘油，微溶于无水乙醇，不溶于丙醇。水溶液呈强碱性，pH 值为 11.6，在 35.4℃时其溶解度最大，为 49.7g/100mL 水，碳酸钠的溶解度见表 2-22。其水溶液呈碱性，有一定的腐蚀性，能与酸进行中和反应，生成相应的盐并放出二氧化碳。

表 2-22　碳酸钠的溶解度

温度/℃	溶解度/(g/100mL 水)	温度/℃	溶解度/(g/100mL 水)	温度/℃	溶解度/(g/100mL 水)
0	7.0	30	38.8	60	46.4
10	12.5	35.4	49.7	80	45.1
20	21.6	40	48.8	100	44.7
25	33.0	50	47.3		

③ 稳定性　碳酸钠的稳定性比较强，但高温下也可分解，生成氧化钠和二氧化碳。长期暴露在空气中能吸收空气中的水分及二氧化碳，生成碳酸氢钠，并结成硬块。吸湿性很强，很容易结成硬块，在高温下也不分解。含有结晶水的碳酸钠有以下 3 种：$Na_2CO_3 \cdot H_2O$、$Na_2CO_3 \cdot 7H_2O$ 和 $Na_2CO_3 \cdot 10H_2O$。

(2) 碳酸钠的主要化学性质

① 在空气中易风化。碳酸钠晶体在常温时放在干燥的空气里，能逐渐失去结晶水而成为粉末。

② 可以和酸反应，产生钠盐和水合二氧化碳。比如：

$$Na_2CO_3 + 2HCl(过量) \longrightarrow 2NaCl + H_2O + CO_2 \uparrow \qquad (2-2)$$

$$Na_2CO_3 + HCl(少量) \longrightarrow NaCl + NaHCO_3 \qquad (2-3)$$

③ 可以和可溶性盐反应，如氯化钙，产生碳酸钙沉淀。

$$Na_2CO_3 + BaCl_2 \longrightarrow 2NaCl + BaCO_3 \downarrow \qquad (2-4)$$

（碳酸钡为白色沉淀，难溶于水，但可溶于酸）

$$3Na_2CO_3 + Al_2(SO_4)_3 + 3H_2O \longrightarrow 2Al(OH)_3 \downarrow + 3Na_2SO_4 + 3CO_2 \uparrow \qquad (2-5)$$

（氢氧化铝为白色沉淀，难溶于水，可溶于酸、碱）

④ 可以和可溶性碱反应，如氢氧化钙，产生碳酸钙沉淀。

$$Na_2CO_3 + Ca(OH)_2 \longrightarrow 2NaOH + CaCO_3 \downarrow \qquad (2-6)$$

（碳酸钙为白色沉淀，难溶于水，但可溶于酸）

⑤ 可以和酸性气体反应，如二氧化碳，产生碳酸氢钠。

$$Na_2CO_3 + H_2O + CO_2 \longrightarrow 2NaHCO_3 \qquad (2-7)$$

（于碱性环境中沉淀析出）

2.2.6.2　天然碱

天然碱有时也作为碳酸钠（纯碱）的代用原料。天然碱是干涸碱湖的沉积盐，我国内蒙古、青海等地均有出产。它常含有黄土、氯化钠、硫酸钠和硫酸钙等杂质，而且还含有大量的结晶水。较纯的天然碱，含碳酸钠大约为 37%。天然碱对熔炉耐火材料侵蚀较快，而且其中的硫酸钙、硫酸钠分解困难，易形成硫酸盐气泡。天然碱还易产生"硝水"，脱水的天然碱可以直接使用。含结晶水的天然碱，一般先溶解于热水，待杂质沉淀后，再将溶液加入配合料中。几种天然碱的化学成分见表 2-23。

表 2-23　几种天然碱的化学成分　　　　　　　　单位：%

类　别	SiO_2	Na_2CO_3	Fe_2O_3	NaCl	Na_2SO_4	不溶物	水分
赛拉	—	33.8	—	0.3	—	—	—
乌杜淖	2.3	68.5	0.3	0.0	17.4	1.0	50~60
哈马湖	8.4	60.0	0.3	4.5	24.5	—	—
海勃湾	5.7	58.0	0.02	6.5	27.8	—	—

2.2.6.3　硫酸钠

硫酸钠，无机化合物，又名无水芒硝，化学式是 Na_2SO_4，相对分子质量 142.06，为白色、无臭、有苦咸味的结晶或粉末，有吸湿性。外形为无色、透明、大的结晶或颗粒性小结晶。常以水合物形式存在，如十水合物 $Na_2SO_4 \cdot 10H_2O$，自然界有矿。溶于水，不溶于乙醇。加热至 100℃失去结晶水，或在空气中迅速风化，转变为无水白色粉末。七水合物 $Na_2SO_4 \cdot 7H_2O$ 为白色正交或四方晶体，是一种介稳化合物，于 24.4℃时转为无水物，无水硫酸钠俗称元明粉、玄明粉或毛硝等。

按结构形态划分，硫酸钠（芒硝）可分为天然硫酸钠、无水硫酸钠和含水硫酸钠多种。其中无水硫酸钠又分为工业无水硫酸钠、化学试剂无水硫酸钠等。玻璃生产采用工业无水硫酸钠。

工业无水硫酸钠按用途分为三类：Ⅰ类主要用于印染、合成洗涤剂、维尼纶；Ⅱ类主要用于玻璃、染料、造纸等工业；Ⅲ类主要用于无机盐等工业原料等。

工业无水硫酸钠的指标要求见表 2-24。

表 2-24　工业无水硫酸钠的指标要求

项　　目		指　　标					
		Ⅰ类		Ⅱ类		Ⅲ类	
		优等品	一等品	优等品	合格品	优等品	合格品
硫酸钠（Na_2SO_4）/%	≥	99.3	99.0	98.0	97.0	95.0	92.0
水不溶物/%	≤	0.05	0.05	0.10	0.20	—	—
钙镁（以 Mg 计）/%	≤	0.10	0.15	0.30	0.40	0.60	—
氯化物（以 Cl^- 计）/%	≤	0.12	0.35	0.70	0.90	2.0	—
铁（Fe）/%	≤	0.002	0.002	0.010	0.040	—	—
水分/%	≤	0.10	0.20	0.50	1.0	1.5	—
白度（R457）/%	≥	85	82	82	—	—	—

工业无水硫酸钠的物理性质：外观为白色结晶颗粒，有苦咸味，具有吸湿性。相对密度 2.68，熔点 884℃，沸点 1404℃。在空气中易风化而表面被一层无水硫酸钠白色粉末覆盖。

（1）硫酸钠的化学性质

① 溶于水，溶液呈碱性，不溶于乙醇。其溶解度见表 2-25。

表 2-25　硫酸钠的溶解度

温度/℃	溶解度/(g/100mL 水)	温度/℃	溶解度/(g/100mL 水)	温度/℃	溶解度/(g/100mL 水)
0	4.9	30	40.8	80	43.7
10	9.1	40	48.8	90	42.7
20	19.5	60	45.3	100	42.5

② 硫酸钠与碳在高温反应时被还原为硫化钠。一般而言，硫酸钠的热分解温度在1120～1220℃之间。但在还原剂的作用下，其分解温度可以降低到500～700℃，反应速率也相应地加快。还原剂一般使用炭粉，也可以使用焦炭粉、锯末等。为了促使 Na_2SO_4 充分分解，应当把芒硝与还原剂预先均匀混合，然后加入配合料内。还原剂的用量，按理论计算是 Na_2SO_4 质量的 4.22%，但考虑到还原剂在未与 Na_2SO_4 反应前的燃烧损失以及熔炉气氛的不同性质，根据实际情况进行调整，实际上为 4%～6%，有时甚至在 6.5% 以上。用量不足时 Na_2SO_4 不能充分分解，会产生过量的"硝水"，对熔炉耐火材料的侵蚀较大，并使玻璃制品产生白色的芒硝泡。用量过多时会使玻璃中的 Fe_2O_3 还原成 FeS 和生成 Fe_2S_3，与多硫化钠形成棕色的着色团——硫铁化钠，从而使玻璃着成棕色。

$$2Fe_2O_3 + C \longrightarrow 4FeO + CO_2 \tag{2-8}$$

$$Fe_2O_3 + 3Na_2S \longrightarrow Fe_2S_3 + 3Na_2O \tag{2-9}$$

$$Na_2SO_4 + 2C \longrightarrow Na_2S + 2CO_2 \tag{2-10}$$

$$Na_2S + Fe_2S_3 \longrightarrow 2NaFeS_2 \tag{2-11}$$

$$Na_2S + FeO \longrightarrow FeS + Na_2O \tag{2-12}$$

$$2Na_2S + 2FeS \longrightarrow 2Na_2FeS_2 \tag{2-13}$$

硝水中除 Na_2SO_4 外，还有 NaCl 与 $CaSO_4$。为了防止硝水的产生，芒硝与还原剂的组成最好保持稳定，预先充分混合，并保持稳定的热工制度。

(2) 硫酸钠（芒硝）的优缺点

① 硫酸钠（芒硝）的分解温度高，二氧化硅与硫酸钠之间的反应要在较高的温度下进行，而且速率慢，熔制玻璃时需要提高温度，耗热量大，燃料消耗多。

② 硫酸钠（芒硝）蒸气对耐火材料有强烈的侵蚀作用，未分解的芒硝，在玻璃液面上形成硝水，也加速对耐火材料的侵蚀和使玻璃产生缺陷。

③ 硫酸钠（芒硝）配合料必须加入还原剂，并在还原气氛下进行熔制。

④ 硫酸钠（芒硝）较碳酸钠（纯碱）含 NaO 量低，在玻璃中引入同样质量的 NaO 时，所需芒硝的量比碳酸钠（纯碱）多34%，相对地增加了运输和加工储备等生产费用。

由碳酸钠（纯碱）引入 Na_2O 较芒硝为好。但在碳酸钠（纯碱）缺乏时，用芒硝引入 Na_2O 也是一个解决办法。由于芒硝除引入 Na_2O 外，还有澄清作用，因而在采用碳酸钠（纯碱）引入 Na_2O 的同时，也常使用部分芒硝（2%～3%）。芒硝能吸收水分而潮解，应储放在干燥、有屋顶的堆场或库内，并且要经常测定其水分。

2.2.7 引入氧化钾的原料

氧化钾（K_2O），相对分子质量为 94.2，密度为 $2.32g/cm^3$。K_2O 也是网络外体氧化物，它在玻璃中的作用与 Na_2O 相似。钾离子（K^+）的半径比钠离子（Na^+）的大，钾玻璃的黏度比钠玻璃大，能降低玻璃的析晶倾向，增加玻璃的透明度和光泽等。引入 K_2O 的原料，主要为钾碱（碳酸钾）和硝酸钾。

2.2.7.1 碳酸钾

碳酸钾，俗称钾碱、珍珠灰，化学式为 K_2CO_3，相对分子质量为 138.19，相对密度为 2.043。普通情况下为无色结晶或白色颗粒，有刺激性。

碳酸钾按应用领域划分，大致可分工业碳酸钾、食品添加剂碳酸钾、化学试剂无水碳酸钾等。其中工业碳酸钾主要用于玻璃、印染、肥皂、搪瓷、制备钾盐、合成氨脱羰、彩色电视机工业以及食品中作膨松剂；作气体吸附剂、干粉灭火剂、橡胶防老剂等；用于已曝光的感光材料的冲洗加工。也用于电子工业显像管玻壳的制造、化肥生产脱碳。食品添加剂碳酸钾在食品加工中做酸度调节剂和食品工业用加工助剂，比如碱性剂和面团改良剂，且可抑制面条发酸，可用于面制食品。化学试剂无水碳酸钾用于分析试剂、基准试剂及熔融硅酸盐和不溶性硫酸盐的助熔剂等。玻璃生产采用工业碳酸钾。

工业碳酸钾根据用途分为两类：Ⅰ型为一般工业用；Ⅱ型主要用于制造显像管玻壳。工业碳酸钾指标要求见表 2-26。

表 2-26　工业碳酸钾指标要求

项　　目		Ⅰ 型			Ⅱ 型
		优等品	一等品	合格品	
碳酸钾(K_2CO_3)/%	≥	99.0	98.5	98.0	99.0
氯化物(以 Cl^- 计)/%	≤	0.01	0.10	0.20	0.03
硫酸盐(以 SO_4^{2-} 计)/%	≤	0.01	0.10	0.15	0.04
铁(Fe)/%	≤	0.001	0.003	0.010	0.001
水不溶物/%	≤	0.02	0.05	0.10	0.04
灼烧失量/%	≤	0.60	1.00	1.00	0.80

注：灼烧失量指标仅适用于产品包装时检验用。

碳酸钾的理化性质：密度为 $2.428g/cm^3$，熔点为 891℃，沸点时分解。溶于水，水溶液呈碱性，不溶于乙醇、丙酮和乙醚。吸湿性强，暴露在空气中能吸收二氧化碳和水分，转变为碳酸氢钾。水合物有一水物、二水物、三水物。

2.2.7.2　硝酸钾

硝酸钾俗称火硝或土硝，化学分子式为 KNO_3，相对分子质量为 101.10，无色透明斜方或菱形晶体白色粉末。

硝酸钾按应用领域划分，大致可分农业用硝酸钾、工业用硝酸钾、化学试剂无水硝酸钾、食品添加剂硝酸钾等。其中农业用硝酸钾是一种可溶性的高效复合肥，广泛用于烟草、茶叶、棉花、果蔬及花卉等经济作物；其特点是高效、无公害、无残留、改良土壤。具有极强的水溶性，是生产滴灌肥、叶面肥的主要原料。工业用硝酸钾主要用于黑火药、导火索、光学玻璃、氨催化剂、金属热处理等方面，也适用于瓷釉及医药工业用原料等。化学试剂无水硝酸钾用于化学试剂硝酸钾的检验。玻璃生产采用工业用硝酸钾，硝酸钾除往玻璃中引入 K_2O 外，也是氧化剂、澄清剂和脱色剂。工业用硝酸钾指标要求见表 2-27。

表 2-27　工业用硝酸钾指标要求

项　　目		优等品	一等品	合格品
硝酸钾(KNO_3)/%	≥	99.7	99.4	99.0
水分/%	≤	0.10	0.20	0.30
碳酸盐(以 K_2CO_3 计)/%	≤	0.01	0.01	—
硫酸盐(SO_4^{2-} 计)/%	≤	0.005	0.01	—
氯化物(以 Cl^- 计)/%	≤	0.01	0.02	0.10
水不溶物/%	≤	0.01	0.02	0.05
吸湿率/%	≤	0.25	0.30	—
铁(Fe)/%	≤	0.003	—	—

注：铵盐含量根据用户要求进行测定。

硝酸钾的物理性质主要：水溶液 pH＝7，味辛辣而咸，有凉感；微吸湿，吸湿性比硝酸钠小；相对密度为 2.109，熔点为 334℃；易溶于水，溶于水时吸热，溶液温度降低；不溶于无水乙醇、乙醚。

硝酸钾的化学性质主要有以下几种。

① 可参与氧化还原反应。

$$S+2KNO_3+3C \longrightarrow K_2S+N_2\uparrow+3CO_2\uparrow \qquad (2\text{-}14)$$

（黑火药反应）

注意该反应硫和硝酸钾是氧化剂。

② 酸性环境下具有氧化性。

$$6FeSO_4+2KNO_3+4H_2SO_4 \longrightarrow K_2SO_4+3Fe_2(SO_4)_3+2NO\uparrow+4H_2O \qquad (2\text{-}15)$$

③ 加热分解生成氧气。

$$2KNO_3 \xrightarrow{\text{加热}} 2KNO_2+O_2\uparrow \qquad (2\text{-}16)$$

$$4KNO_3 \xrightarrow{\text{加热}} 2K_2O+2N_2\uparrow+5O_2\uparrow \qquad (2\text{-}17)$$

④ 与有机物或硫、磷等摩擦或撞击会燃烧或爆炸。

2.2.8 原料颗粒度控制

浮法玻璃生产过程中，原料的颗粒度控制明显影响到玻璃的熔制过程。

2.2.8.1 原料颗粒度控制内容

原料颗粒度的控制包括三个方面内容。

① 颗粒上限：即允许原料中最大颗粒的尺寸，超过上限尺寸的就称为大颗粒。大颗粒的存在会对熔制质量产生不良影响。

② 颗粒下限：即允许粉料中最细颗粒的尺寸，小于下限尺寸的往往就称为细粉。

③ 颗粒级配：指在原料中各种不同尺寸级别的颗粒所占的比例。

2.2.8.2 国内外对玻璃原料颗粒度要求

我国浮法玻璃所使用原料颗粒粒度控制范围见表 2-28；国外对玻璃用硅质原料颗粒度的要求见表 2-29。

表 2-28　我国浮法玻璃所使用原料颗粒粒度控制范围

原料名称	粒度范围/mm	质量分数/%	含水率/%
硅砂	≥0.71	0	≤5
	0.71～0.50	≤5.0	
	0.50～0.106	≥91.0	
	<0.106	≤4.0	
白云石	≥2.0	0	粉料的含水率≤0.5
	2.0～0.106	≥92.0	
	<0.106	≤8.0	
石灰石	≥2.0	≥92.0	粉料的含水率≤0.5
	2.0～0.106	≤8.0	
	<0.106	0	
长石	≥0.63	0	粉料的含水率≤0.5
	0.63～0.50	≤4.0	
	0.50～0.106	≥78.0	
	<0.106	≤18.0	
纯碱	≥1.18	≤2	≤0.7

表 2-29　国外对玻璃用硅质原料颗粒度的要求

国　家	大颗粒度砂要求	小颗粒度砂要求	国　家	大颗粒度砂要求	小颗粒度砂要求
美国	>0.42mm；<4%	<0.1mm；<1%	俄罗斯	>0.5mm；<5%	<0.1mm；<8%
英国	>0.5mm；<5%	<0.125mm；<4%	德国	>0.5mm；<5%	<0.1mm；<1%
日本	—	<0.2mm；<3%	前捷克	>0.6mm；<2%	<0.1mm；<1%
比利时	>0.4mm；<4%	<0.12mm；<4%			

2.2.8.3　原料颗粒度测定

（1）测定原理　根据试样粒径不同，通过振筛机摇动试验筛将试样分成不同粒级，然后称量计算出每一粒级的产率。

（2）仪器与设备　原料颗粒度测定仪器与设备见表 2-30。

表 2-30　原料颗粒度测定仪器与设备

名　称	基　本　要　求
振筛机	偏心振动式振筛机，摇动次数不少于 220 次/min，振击次数不少于 140 次/min
试验筛	符合 GB/T 6003.1—2012 规定的试验筛，筛框规格为 ϕ200mm，并备有下列筛孔尺寸的筛子：2.5mm、1mm、800μm、710μm、600μm、500μm、400μm、300μm、200μm、160μm、100μm 和 71μm
天平	精度为 0.1g，当称量少量物料时，选用精度为 0.01g 的天平

（3）试样制备　将样品在 105℃下烘干，用四分法缩量取试样，当样品最小粒度小于 1mm 时，每份试样最小质量为 100~150g，当样品最小粒度大于 1mm 时，每份试样最小质量为 400g，同时留出副样，以备检查。

（4）测定步骤　称取试样，精确至 0.1g，将选定的筛子按顺序套好，大孔径筛在上部。将称好的试样放入顶部筛子并加盖。将筛子放在振筛机上，开动振筛机至要求时间。取出每一个筛子，将物料倾至一边，倒在一张光滑纸上，在将筛子翻置在纸上轻轻敲打，并用毛刷扫刷筛面至干净。如果试样超过 150g，应分次筛分，每次筛分不得超过 150g，以防筛子过负荷。将每一粒级的物料移至天平上称量，精确至 0.1g，微量物料的称量，精确至 0.01g，记录称量结果。

试样一般筛分 15min，如需要检查是否达到筛分终点，可按下列步骤进行，将经过振筛机筛分的试样，每一粒级筛 1min，手筛通过筛子的物料量与原始试样量之比小于 0.1%，则认为筛分已到达终点，否则应延长筛分时间。

（5）结果计算　筛分得到的某一粒级的产率按式(2-18)计算（i 代表某一粒级，若套筛有 P 个筛子，则有 $n=P+1$ 个粒级），精确至 0.1%，当产率微量时，精确至 0.01%，同一试样独立进行两次测定，取其算术平均值作为测定结果。

$$\gamma_i = \frac{m_i}{\sum_{i=1}^{n} m_i} \times 100\% \tag{2-18}$$

式中　m_i——某一粒级的物料质量，g；

$\sum_{i=1}^{n} m_i$——所有粒级物料的总质量，g；

　　γ_i——某一粒级物料的产率，%。

2.3 原料的加工及加工设备

2.3.1 原料加工流程

玻璃原料分为天然矿物和化工产品两大类。为了加快浮法玻璃熔制过程的反应速率，必须将块状的天然原料加工成合格粒度的粉料才能使用；化工产品在储运过程中会混进一些杂质或吸收结块，需要经过加工处理成合格粒度的粉料才能使用。原料加工后提高熔制能力，有利于运输、储存、称量、混合和投料作业。实际应用中，各种原料加工流程分别为：

① 石英砂→精筛→干燥→电磁除铁→粉料仓；

② 砂岩→精筛→破碎→轮辗→干燥→筛分→除铁→粉料仓；

③ 白云石→干燥→破碎→粉碎→筛分→除铁→粉料仓；

④ 石灰石→干燥→破碎→粉碎→筛分→除铁→粉料仓；

⑤ 碳酸钠（纯碱）→粉碎→筛分→粉料仓；

⑥ 芒硝→干燥→粉碎→筛分→粉料仓；

⑦ 碎玻璃→精选→破碎→除铁。

2.3.2 原料粉碎

为了有利于配合料的混合均化，提高物料流动性和熔制速率，生产玻璃的各种物料大都需要经过粉碎过程。用力学方法克服固体物料内部凝聚力而将其分裂，使其粒度减小的过程，称为粉碎。

2.3.2.1 粉碎分类

粉碎的分类见表 2-31。

表 2-31　粉碎的分类

破碎	粗碎：颗粒度由 300～500mm 碎至 100mm		粉磨	粗磨：颗粒度由 3mm 碎至 0.1mm
	中碎：颗粒度由 100mm 碎至 30mm			细磨：颗粒度由 0.1mm 碎至 0.06mm
	细碎：颗粒度由 30mm 碎至 3mm			超细磨：颗粒度由 0.06mm 碎至 0.001mm 或更小

2.3.2.2 粉碎方法

（1）压碎　物料置于两个平面之间，物料受到缓慢增长的压力作用而被粉碎，如图 2-2（a）所示。

用途：粉碎大块、硬质、脆性物料。

设备：颚式、辊式、圆锥式、立磨。

（2）击碎　物料受到外来的足够大的冲击力作用而被粉碎，如图 2-2（b）所示。

用途：粉碎硬质、脆性物料。

设备：锤式、反击式、冲击式、球磨机。

（3）磨碎　物料在两个相对滑动的工作面之间或在研磨体之间的摩擦作用、剪切力作用而被粉碎，如图 2-2（c）所示。

用途：小颗粒物料的细磨。

设备：球磨机、振动机、立磨。

（4）劈碎　物料在两个尖棱状物体之间，受到剪切力作用而被粉碎，如图 2-2（d）所示。

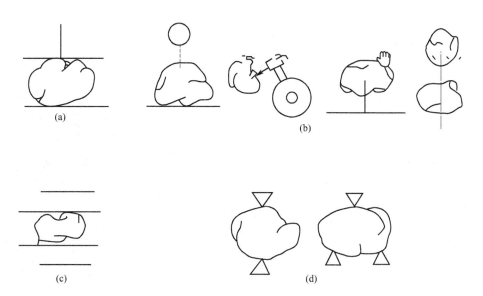

图 2-2 原料粉碎方法示意

用途：粉碎脆性物料。

设备：齿轮破碎比。

2.3.2.3 粉碎计算

① 粉碎比　粉碎前后物料的平均粒度之比，表示物料粉碎过程中的缩小程度。

$$i = \frac{D}{d} \tag{2-19}$$

式中　i——粉碎比；

　　　D——粉碎前物料的最大尺寸，mm；

　　　d——粉碎后物料的最大尺寸（破碎机出口尺寸），mm。

② 公称粉碎比　粉碎设备的最大进料口尺寸与出料口尺寸之比。一般破碎设备 $i=3\sim 50$；粉磨设备 $i=300\sim 700$。

③ 总粉碎比　进料平均粒度与出料平均粒径之比，等于各级粉碎比的乘积。

$$i_{总} = \frac{D_{1进}}{d_{末出}} = i_1 \times i_2 \times \cdots i_n$$

④ 粉碎段数 $= \dfrac{总粉碎比}{粉碎设备公称粉碎比}$。

2.3.2.4 粉碎设备

(1) 设备选择原则　在选择破碎机的种类、规格、型号时应充分考虑以下因素，以保证选型达到最佳效果，满足生产要求。

① 原料性质：硬度、密度、易碎性。

② 原料的状态：温度。

③ 原料的尺寸：小于破碎机进料口尺寸。

④ 处理能力：满足生产要求。

⑤ 破碎方式：流程、段数。

⑥ 投资大小。

（2）颚式破碎机　颚式破碎机俗称颚破，由动颚和静颚两块颚板组成破碎腔，模拟动物的两颚运动而完成物料破碎作业的破碎机。

颚式破碎机的工作部分是两块颚板：一块是固定颚板（定颚），垂直（或上端略外倾）固定在机体前壁上；另一块是活动颚板（动颚），位置倾斜，与固定颚板形成上大下小的破碎腔（工作腔）。活动颚板相对固定颚板做周期性的往复运动，时而分开，时而靠近。分开时，物料进入破碎腔，成品从下部卸出；靠近时，使装在两块颚板之间的物料受到挤压、弯折和劈裂作用而破碎，如图 2-3 所示。

颚式破碎机按照活动颚板的摆动方式不同，可以分为简单摆动式颚式破碎机（简称简摆颚式破碎机）、复杂摆动式颚式破碎机（简称复摆颚式破碎机）、综合摆动式颚式破碎机和液压颚式破碎机四种类型。常用颚式破碎机技术参数见表 2-32。

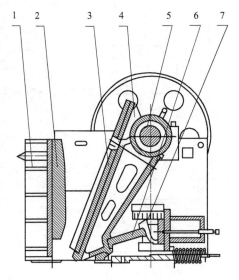

图 2-3　颚式破碎机

1—机架；2—固定颚板；3—活动颚板；4—动颚；
5—偏心轴；6—肘板；7—调整座

表 2-32　常用颚式破碎机技术参数

型 号 规 格	进料口尺寸 /mm	最大给料粒径 /mm	排料口调整范围 /mm	处理能力 /(t/h)	电机/kW	重量/t
PE-250×400	250×400	210	20～60	3～13	15	2.8
PE-400×600	400×600	340	40～100	10～35	30	6.5
PE-500×750	500×750	425	50～100	25～60	55	10.6
PE-600×900	600×900	500	65～180	30～85	55～75	15.5
PE-750×1060	750×1060	630	80～180	72～150	90～110	28
PE-800×1060	800×1060	680	100～200	85～143	90～110	30
PE-870×1060	870×1060	750	170～270	145～235	90～110	30.5
PE-900×1060	900×1060	780	200～290	170～250	90～110	31
PE-900×1200	900×1200	780	95～255	100～240	110～132	49
PE-1000×1200	1000×1200	850	195～280	190～275	110～132	51
PE-1200×1500	1200×1500	1020	150～300	250～500	160	100.9
PEX-150×750	150×750	120	18～48	5～16	15	3.5
PEX-250×750	250×750	210	25～60	8～22	22	4.9
PEX-250×1000	250×1000	210	25～60	10～32	30～37	6.5
PEX-250×1200	250×1200	210	25～60	13～38	37	7.7
PEX-300×1300	300×1300	250	20～90	10～65	75	11

颚式破碎机在运行过程中承受力矩或振动较大，常会造成传动系统故障，常见的有：皮带轮与轴头部位产生间隙造成的轴头与轮毂磨损，偏心轴受力造成的轴承位磨损等，设备常

见故障和处理方法见表2-33。

表 2-33 设备常见故障和处理方法

故　　障	产 生 原 因	排 除 方 法
飞轮旋转但动颚停止摆动	①推力板折断 ②连杆损坏 ③弹簧断裂	①更换推力板 ②修复连杆 ③更换弹簧
齿板松动、产生金属撞击	齿板固定螺钉或侧楔板松动或松动	紧固或更换螺钉或侧楔板
轴承温度过高	①润滑脂不足或脏污 ②轴承间隙不适合或轴承接触不好或轴承损坏	①加入新的润滑脂 ②调整轴承松紧程度或修整轴承座瓦或更换轴承
产品粒度变粗	齿板下部显著磨损	将齿板调头或调整排料口
推力板支承垫产生撞击声	①弹簧拉力不足 ②支承垫磨损或松动	①调整弹簧力或更换弹簧 ②紧固或修正支承座
弹簧断裂	调小排料口时未放松弹簧	排料口在调小时首先放松弹簧,调整后适当地拧紧拉杆螺母
机器跳动	地脚紧固螺栓松弛	拧紧或更换地脚螺栓

（3）对辊式破碎机　对辊式破碎机常用于砂岩等坚硬物料的细碎。主要由辊筒、辊筒支撑轴承、压紧和调节装置以及驱动装置等部分组成，如图2-4所示。第一个辊筒3固定在机轴2上，轴由固定在机座上的轴承支承。第二个辊筒5装在机轴4上，轴被支承在可在机座上前后移动的轴承上，这一对轴承被压力弹簧6压紧，在可移动的轴承和固定轴承之间装有支撑架和可拆卸的钢质垫片，用来调整两个辊筒的间隙。

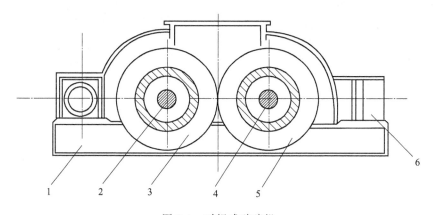

图 2-4　对辊式破碎机
1—固定轴承；2,4—机轴；3,5—辊筒；6—压力弹簧

工作时，电动机带动皮带轮，使两个辊筒作相对回转。这时物料从两个辊筒间的加料口加入，靠摩擦力及辊齿把物料引入两辊之间，受到挤压而破碎卸出。

当不能破碎的硬质物料或金属块落入时，弹簧被压缩，辊筒5向后移动，使硬物料卸出，然后靠弹簧再使辊筒恢复原位。为了在入料粒度或硬度改变时，保持出料粒度均匀不变，可及时调整螺栓。常用对辊破碎机技术参数见表2-34。

（4）锤式破碎机　锤式破碎机是直接将最大粒度为600～1800mm的物料破碎至25mm或25mm以下的一段破碎用破碎机。锤式破碎机分为：单段锤式破碎机、高效锤式破碎机、打砂机、立轴锤式破碎机、可逆锤式破碎机。

表 2-34　常用对辊破碎机技术参数

型号规格	给料粒度/mm	出料粒度/mm	处理能力/(t/h)	电机功率/kW	机重/kg
2PG-400×250	≤25	1～8	5～10	11	1500
2PG-400×500	≤30	1～15	10～20	22	2600
2PG-610×400	≤40	1～20	13～35	30	4500
2PG-750×500	≤40	2～20	15～40	37	12250
2PG-900×500	≤40	3～40	20～50	44	14000

锤式破碎机的主要工作部件为带有锤子（又称锤头）的转子。转子由主轴、圆盘、销轴和锤子组成。电动机带动转子在破碎腔内高速旋转。物料自上部给料口给入机内，受高速运动的锤子的打击、冲击、剪切、研磨作用而粉碎。在转子下部设有筛板，粉碎物料中小于筛孔尺寸的粒级通过筛板排出，大于筛孔尺寸的粒级阻留在筛板上继续受到锤子的打击和研磨，最后通过筛板排出机外，单锤式破碎机结构如图 2-5 所示。常用锤式破碎机技术参数见表 2-35。

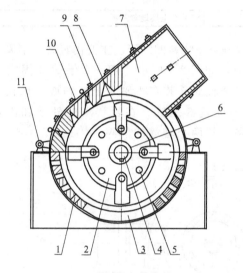

图 2-5　单锤式破碎机结构示意

1—筛板；2—转子盘；3—出料口；4—中心轴；

5—支撑杆；6—支撑环；7—进料口；8—锤头；

9—反击板；10—弧形内衬板；11—连接机构

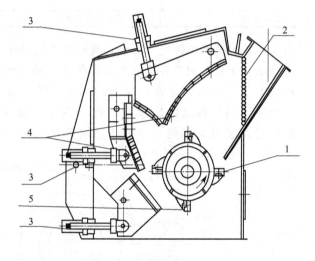

图 2-6　反击式破碎机结构示意

1—高速转子；2—链幕；3—调节器；

4—反击板；5—板锤

表 2-35　常用锤式破碎机技术参数

型号	进料粒度/mm	出料粒度/mm	产量/(t/h)	转子转速/(r/min)	电动机 型号	电动机 功率/kW	重量/t	外形尺寸/mm
PCH0402	≤200	≤30	8～12	960	Y132M2-6	5.5	0.8	810×890×560
PCH0404	≤200	≤30	16～25	970	Y160L-6	11	1.05	980×890×570
PCH0604	≤200	≤30	22～33	970	Y180L-6	15	1.43	1050×1270×800
PCH0606	≤200	≤30	30～60	980	Y225M-6	30	1.77	1350×1270×1080
PCH0808	≤200	≤30	70～105	740	Y280M-8	45	3.6	1750×1620×1080
PCH1010	≤300	≤30	160～200	740	Y315M2-8	90	6.1	2100×2000×1340
PCH1016	≤300	≤30	300～350	740	JS-128-8	155	9.2	2700×2000×1350
PCH1216	≤350	≤30	620～800	740	Y450-8	355	15.0	4965×2500×1600
PCH1322	≤400	≤30	800	595	Y450L-8	400	24.9	6333×3295×2505

（5）反击式破碎机　反击式破碎机是一种利用冲击能来破碎物料的破碎机械。机器工作时，在电动机的带动下，转子高速旋转，物料进入板锤作用区时，与转子上的板锤撞击破碎，然后被抛向反击装置上再次破碎，又从反击衬板上弹回到板锤作用区重新破碎，此过程重复进行，物料由大到小进入一、二、三反击腔重复进行破碎，直到物料被破碎至所需粒度，由出料口排出。调整反击架与转子之间的间隙可达到改变物料出料粒度和物料形状的目的。石料由机器上部直接落入高速旋转的转盘；在高速离心力的作用下，与另一部分以伞形方式分流在转盘四周的飞石产生高速碰撞与高密度的粉碎，石料在互相撞击后，又会在转盘和机壳之间形成涡流运动而造成多次的互相撞击、摩擦、粉碎，从下部直通排出。形成闭路多次循环，由筛分设备控制达到所要求的粒度，反击式破碎机的结构如图2-6所示。PF系列反击式破碎机主要技术参数见表2-36。

表 2-36　PF 系列反击式破碎机技术参数

型　　号	规格/mm	进料口尺寸/mm	最大进料粒度/mm	产量/(t/h)	电机功率/kW	外形尺寸/mm	重量/t
PF-0807	850×700	400×730	300	15～30	30～45	2210×1490×2670	8.1
PF-1007	1000×700	400×730	300	30～50	37～55	2400×1558×2660	9.5
PF-1010	1000×1050	400×1080	350	50～80	55～75	2400×2250×2620	12.2
PF-1210	1250×1050	400×1080	350	70～120	110～132	2690×2338×2890	14.9
PF-1214	1250×1400	400×1430	350	130～180	132～160	2690×2688×2890	18.6
PF-1310	1300×1050	490×1170	400	80～140	110～160	2780×2478×2855	16.2
PF-1315	1320×1500	860×1520	500	160～250	180～260	3096×3273×2667	19.3
PF-1415	1450×1500	1145×1520	950	220～450	220～315	3745×3022×3519	27
PF-1520	1520×2000	830×2050	700	300～550	315～440	3581×3560×3265	38.7
PF-1818	1800×1800	1600×1850	1000	600～850	650～900	4180×4200×4900	75

（6）圆锥式破碎机　圆锥式破碎机适用于各种硬度矿石的粗碎、中碎和细碎。圆锥式破碎机的结构主要由机架、水平轴、动锥体、平衡轮、偏心套、上破碎壁（固定锥）、下破碎壁（动锥）、液力偶合器、润滑系统、液压系统、控制系统等几部分组成，如图2-7所示。

工作时，电动机的旋转通过皮带轮或联轴器、传动轴和圆锥部在偏心套的驱动下绕一个固定做旋摆运动，从而使圆锥破碎机的破碎壁时而靠近又时而离开固装在调整套上的轧臼壁表面，使矿石在破碎腔内不断受到冲击、挤压和弯曲作用而实现矿石的破碎。常用圆锥式破碎机主要技术参数见表2-37。

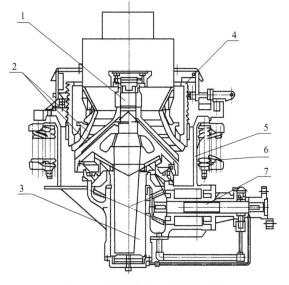

图 2-7　圆锥式破碎机结构示意
1—主轴；2—破碎壁；3—偏心轴套；4—调整套；
5—主机架；6—弹簧；7—传动轴

表 2-37 常用圆锥式破碎机主要技术参数

型号	破碎头底部直径/mm	最大进料料度/mm	出料调整范围/mm	破碎产量/(t/h)	电机功率/kW	偏心轴转速/(r/min)	重量/t	外形尺寸/mm
PYB900	900	115	15～50	50～90	55	333	11.2	2692×1640×2350
PYZ900	900	60	5～20	20～65	55	333	11.2	2692×1640×235
PYD900	900	50	3～13	15～50	55	333	11.3	2692×1640×235
PYB1200	1200	145	20～50	110～168	110	300	24.7	2790×1878×2844
PYZ1200	1200	100	8～25	42～135	110	300	25	2790×1878×2844
PYD1200	1200	50	3～15	18～105	110	300	25.3	2790×1878×2844
PYB1750	1750	215	25～50	280～480	160	245	25.3	3910×2894×3809
PYZ1750	1750	185	10～30	115～320	160	245	25.3	3910×2894×3809
PYD1750	1750	85	5～13	575～230	160	245	50.2	3910×2894×3809
PYB2200	2200	300	30～60	590～1000	280	220	80	4622×3302×4470
PYZ2200	2200	230	10～30	200～580	280	220	80	4622×3302×4470

(7) 粉磨设备 粉磨设备主要有笼形碾、辊压磨、自磨机、棒磨机和雷蒙磨等,其各自特点见表 2-38。常用自磨机技术性能见表 2-39。常用棒磨机技术性能见表 2-40。

表 2-38 粉磨设备

设备名称	设备特点	应用范围
笼形碾	体积小、重量轻、结构简单、维修方便、粉碎比一般为 30～40,生产能力大、容易密封以及对物料的湿度反应小	单转子笼:粉碎结块的碳酸钠(纯碱)、芒硝 双转子笼式:粉碎砂岩、苦石灰等
辊压磨	喂料粒度<75mm,水分<5%,温度<150℃。粉磨效率高,增产节能,损耗少,噪声小,体积小,重量轻	适用于脆性、硬性物料的细碎、细磨;不适宜软质物料(黏土、石灰石)
自磨机	不需要研磨介质,靠被加工矿石自身作用达到粉碎的目的。工艺流程简单,破碎比可达 4000～5000,设备磨损轻,机械含铁量低	砂岩
棒磨机	节省动力,设备过磨现象少,出料粒度均匀可调,产量高,破碎比可达 300 以上	砂岩
雷蒙磨粉机	效率高、电耗低,占地面积小,一次性投资少。当磨辊、磨环磨损到一定厚度时,不影响成品的产量与细度。粉尘少,操作车间清洁,环境无污染	砂岩

表 2-39 常用自磨机技术性能

规格/mm	给料粒度/mm	产量/(t/h)	主电机				减速机
			型号	功率/kW	转速/(r/min)	电压/V	速比
φ4000×1400(干式)	<500	30～35	JR148-8	240	735	6000	4.5
φ4000×1400(湿式)	<350	28～33	JR138-8	245	735	380	5.6
φ5500×1800(湿式)	<400	78～90	TDMK800-36	800	167	3000/6000	—
φ7500×2500(湿式)	≤500	180～230	TM2500-16/2150	2500	375	6000	7.8
φ7500×2800(湿式)	<400	210～245	TM2500-16/2150	2500	375	6000	4

表 2-40　常用棒磨机技术性能

规格/mm	筒体有效面积/m²	最大装棒量/t	转速/(r/min)	主电机		减速机 型号	机器重量/t
				型号	功率/kW		
φ900×1800	0.9	2.5	35.4	JQ81-8	20	ZD-20	5.4
φ900×2400	1.2	3.3	35.4	JQ82-8	28	ZD-20	5.9
φ1500×3000	4.4	13	26	JR125-8	95	ZD-35	17
φ2400×3000	9	25	20.9	JR137-8	210	ZD50-8	41.4
φ2700×3600	18	50	18	JDMK400-32	400	—	73
φ3200×4500	31	85	16	JDMK8400-36	800	—	127
φ3600×4500	43	110	14.7	JDMK1250-40	1250	—	160
φ2100×3600 (湿式中间排矿)	11	27	20.9	JR137-8	210	ZD50-8	
φ2100×3000 (干式中间排矿)	9	25	20.9	JR137-8	210	ZD50-8	

2.3.3　原料筛分

将颗粒大小不同的物料，通过单层或多层筛子而分成若干个不同粒度级别的过程称为筛分。

2.3.3.1　筛网与筛孔

原料粒度的大小由筛孔直径大小决定，筛孔表示方法通常有两种：一种是英制，以每英寸筛网长度上筛孔的数量表示，单位是目/in；另一种是公制，以每平方厘米筛网面积上筛孔的数量表示，单位是孔/cm²。其换算关系为：

$$孔/cm^2 = [(目/in)/2.54]^2 \qquad (2-20)$$

如 20 目/in 的筛网相当于 $(20/2.54)^2 \approx 64$ 孔/cm²。常用筛网的规格见表 2-41，各种原料的筛孔要求见表 2-42。

表 2-41　常用筛网的规格

目数/(目/in)	孔径/mm	目数/(目/in)	孔径/mm	目数/(目/in)	孔径/mm
5	4.16	30	0.61	90	0.17
6	3.52	32	0.56	100	0.15
8	2.62	35	0.48	120	0.13
10	1.98	40	0.45	140	0.11
12	1.61	45	0.40	150	0.10
16	1.21	50	0.36	170	0.09
18	1.00	55	0.32	190	0.08
20	0.89	60	0.30	200	0.076
24	0.78	65	0.25	250	0.06
26	0.71	70	0.22	300	0.05
28	0.63	80	0.20	320	0.048

表 2-42　各种原料的筛孔要求

原　　料	筛孔范围/(目/in)
砂石	20～24
长石	24～28
蜡石、高岭石	32～40
白云石、石灰石、菱镁石	8～16
芒硝、碳酸钠(纯碱)、碳粉	8～12
硅砂	因含水多又无大颗粒，故只过 8～12 目/in 筛

2.3.3.2 筛分效率

筛分效率是衡量筛分设备性能指标之一。筛分时，筛下级别不可能全部透过筛孔而随筛上物排出，只用一部分筛下级别透过筛孔，透过筛孔的数量越多，筛分效率就越高。

总筛分效率是实际得到的筛下物质量与入筛物料中所含同一级别物料质量之比，计算公式如下。

$$\varepsilon = \frac{\alpha - V}{\alpha(100 - V)} \times 100\% \tag{2-21}$$

式中　ε——筛分效率，%；

　　　α——入筛物料筛下级别含量，%；

　　　V——筛上物筛下级别含量，%。

影响筛分效率的主要因素见表 2-43。

表 2-43　影响筛分效率的主要因素

影响因素		具 体 因 素
物料性质		物料粒度的组成；物料是否为颗粒形状；物料的含水量
筛分机械	运动特性	筛面固定不动的筛机，筛分效率低；筛面物料做垂直运动，筛分效率高；筛面物料平行于筛面运动,筛分效率中等
	筛孔形状大小	方形孔效率大于圆形孔；长方形孔效率大于正方形孔；但正方形筛孔筛分精度最佳
	筛面及筛子参数	筛面宽度决定生产率(产量)；筛面长度决定筛分效率
	筛面倾角	倾角太小,产量低,筛分效率低；倾角太大,物料流速快,筛分效率高
操作条件	加料的均匀性	加料量均匀,沿筛面内宽度分布均匀
	料层厚度	料层厚,易堵塞,透过料层时间长,筛分效率低

2.3.3.3 筛分机械

（1）筒形筛　筒形筛的筛面形状有圆柱形、圆锥形、角柱筛及角锥形几种，其中角柱筛中以六边形截面为多，常称六角筛，圆筒筛通常由传动装置、回转筛箱、外罩、抽尘口、入料管、排料口、排渣溜子和储渣箱组成，结构示意如图 2-8 所示。

筒形筛的工作原理为电动机经减速器带动筛机的中心轴，从而使筛面作等速旋转，物料在筒内由于摩擦力作用而被升举至一定高度，然后因重力作用向下滚动，随之再被升举，这样一边进行筛分，一边沿着倾斜的筛面逐渐从加料端移到卸料端，细粒通过筛孔进入筛下，粗粒在筛筒的末端被收集卸出。

筒形筛的优点是工作转速很低，又作连续旋转，因此工作平稳。所以它可被安装在建筑物的上层，但筒形筛的缺点很多，筛孔容易堵塞，筛分效率也低。筛面利用率不高（往往只有 1/8～1/6 筛面参与工作），且机器庞大，金属用量大。筒形筛技术参数见表 2-44。

表 2-44　筒形筛（六角筛）技术参数

型　号	生产率/(m³/h)	辊筒直径/mm	辊筒转速/(r/min)	功率/kW
S4220	20	900	23	2.2
S4240	40	1000	20	3
S4280	80	1360	16	7.5
S42120	120	1500	13	11

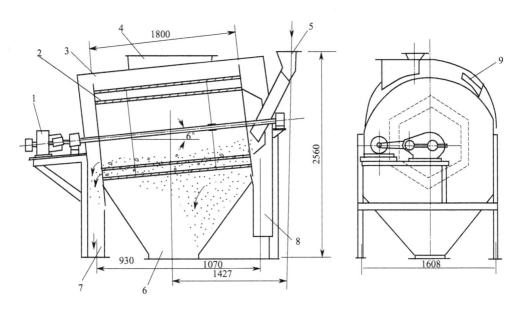

图 2-8　筒形筛（六角筛）结构示意

1—传动装置；2—回转筛箱；3—外罩；4—抽尘口；5—入料口；

6—排料口；7—排渣溜子；8—储渣箱；9—操作口

（2）平面摇筛　平面摇筛适用于筛分含水量较高的物料，如硅砂、长石粉等，它结构简单（图 2-9）、运行平稳、噪声小。

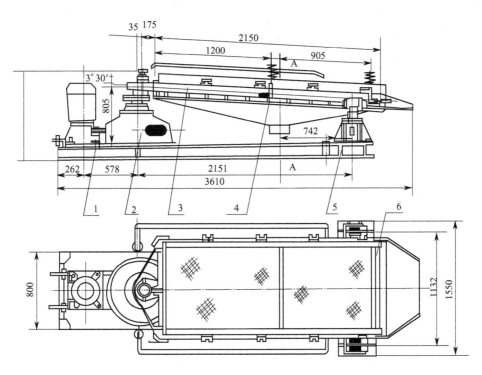

图 2-9　平面摇筛结构示意

1—底架；2—传动装置；3—筛体；4—中间闸板；5—滑块支撑；6—闸板

筛体有 3°30′ 的倾斜角。电机经三角带使主轴偏心盘转动，带动筛体平面摇动。物料在筛面上做椭圆运动，借助物料自重作用，强制合格颗粒透过筛网。在筛面上设置木闸板，用来隔断被筛分的物料，使其保持一定的料层厚道，进行强制过筛。筛过一段后，根据情况打开闸板，使不合格的大颗粒沿筛面从尾端排出。

（3）振动筛　振动筛是一种适合潮湿细粒级难筛物料干法筛分的振动筛分机械设备。具有大振幅、大振动强度、较低频率和弹性筛面的工艺特点。

振动筛的工作原理是通过振动器使筛面上下振动，加剧物料颗粒之间，颗粒与筛面之间的相对运动，增加颗粒通过筛孔的机会。

振动筛按振动器的型式可分为单轴振动筛（图 2-10）、多层振动筛（图 2-11）和电磁振动筛等。

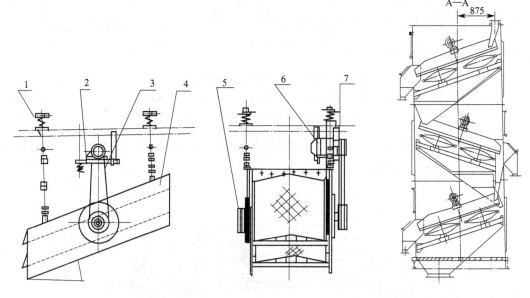

图 2-10　单轴振动筛示意　　　　　　图 2-11　多层振动筛示意
1—吊挂装置；2—电动机架；3—三角皮带；4—筛箱；
5—振动器；6—电动机；7—皮带轮

① 单轴振动筛　利用单不平衡重激振使筛箱振动，筛面倾斜，筛箱的运动轨迹一般为圆形或椭圆形。具有构造简单、造价低、使用寿命长、维修方便等特点，广泛用于筛分砂岩、白云石、石灰石等。

② 多层振动筛　由电机上、下端安装的重锤（不平衡重锤），将电机的运动转变为水平、垂直和倾斜的三次元运动，再把这个运动传递给网面。改变电机上、下重锤的相位角可以改变原料的运动方向。

③ 电磁振动筛　利用电磁振动器来使筛面振动。振动器通入交流电时，衔铁和电磁铁的铁芯交替相互吸引和排斥，使两机体产生振动。

ZSG 系列振动筛技术参数见表 2-45。

2.3.3.4　筛分机常见故障、原因及消除措施

筛分机在工作中常见的故障、原因及消除措施见表 2-46。

表 2-45　ZSG 系列振动筛技术参数

型号	筛面规格 (长×宽)/mm	层数 /层	筛孔 尺寸 /mm	进料 粒度 /mm	处理量 /(t/h)	电机 功率 /kW	重量 /kg	振频 /Hz	双振 幅 /mm	筛面 倾角 /(°)	外形尺寸 (长×宽×高)/mm
ZSG1237	3700×1200	1	4~50	≤200	10~100	5.5×2	1750	16	6~8	15	3800×2050×1920
2ZSG1237	3700×1200	2	4~50	≤200	10~100	5.5×2	2345	16	6~8	15	3800×2050×2200
ZSG1443	4300×1400	1	4~50	≤200	10~150	5.5×2	4100	16	6~8	15	4500×3040×2500
2ZSG1443	4300×1400	2	4~50	≤200	10~150	5.5×2	4900	16	6~8	15	4500×3040×2700
3ZSG1443	4300×1400	3	4~50	≤200	10~150	5.5×2	5270	16	6~8	15	4500×3040×2820
2ZSG1548	4800×1500	2	5~50	≤200	15~200	7.5×2	5336	16	8~10	15	4800×3140×2814
3ZSG1548	4800×1500	3	5~50	≤200	15~200	7.5×2	5900	16	8~10	15	4799×3140×3014
2ZSG1848	4800×1800	2	5~50	≤300	50~500	7.5×2	6189	16	8~10	15	4799×3440×2814
3ZSG1848	4800×1800	3	5~50	≤300	50~500	7.5×2	6750	16	8~10	15	4799×3440×3014
4ZSG1848	4800×1800	4	5~50	≤200	50~500	11×2	7000	16	8~10	15	4799×3440×3503

表 2-46　筛分机在工作中的常见故障、原因及消除措施

常见故障	原　　因	消除措施
筛分质量不好	(1)筛孔堵塞 (2)原料的水分高 (3)筛子给料不均匀 (4)筛上物料过厚 (5)筛网不紧	(1)停机清理筛网 (2)对振动筛可以调节倾角 (3)调节给料量 (4)减少给料量 (5)拉紧筛网
筛子的转数不够	传动胶带过松	张紧传动胶带
轴承发热	(1)轴承缺油 (2)轴承弄脏 (3)轴承注油过多或油的质量不符合要求 (4)轴承磨损	(1)注油 (2)洗净轴承并更换密封环,检查密封装置 (3)检查注油状况 (4)更换轴承
筛子的振动力弱	飞轮上的重块装得不正确,或过轻	调节飞轮上的重块
筛箱的振动过大	偏心量不同	找好筛子的平衡
筛子轴转不起来	轴承密封被塞住	清扫轴承密封
筛子在运转时声音 不正常	(1)轴承磨损 (2)筛网未拉紧 (3)固定轴承的螺栓松动 (4)弹簧损坏	(1)换轴承 (2)拉紧筛网 (3)拧紧螺栓 (4)换弹簧

2.4　粉料储存与均化

2.4.1　粉料的储存

2.4.1.1　储存要求

浮法玻璃的熔制和成形是连续进行的,为了确保向熔窑投入优良的配合料,要求各种原料必须有足够的储存量和良好的储存条件。

第一,运输各种原料的车辆、船只在装运前必须将车厢清扫干净,严禁杂物混入原料。装卸时,严禁杂物带入原料造成污染。运输途中,需搭盖篷布,防止雨淋和灰尘污染。厂区内转运原料,应避免散落。

第二,进厂原料要实行分堆码垛、挂牌,标明原料名称、产地、进厂日期、标识(分四种标识:待检、已检待判、合格、不合格)和使用状态(正在使用、待用)。

不同产地的原料不能混堆,同种类不同批次的原料也不能混堆、混放;要保证原料进出

库现场清洁，堆场内禁止无关车辆通行；确保原料库区、垛位周边无杂物、散料、泥土，保证原料不污染。

第三，原料在更换产地时，库底或堆场应清理干净，避免因批次成分的波动而造成错料。

2.4.1.2 储存量（期）

为了避免由于外部采购和运输的不均衡、设备生产能力之间的不平衡、上下工序间生产班制的不同以及由于其他原因造成物料供应的中断，保证工厂正常地进行生产，要求各种原材料、燃料、半成品、成品在工厂内部都要有一定的储存量。某物料的储存量所能满足工厂生产需要的天数，称为该物料的储存期。储存期的计算均以熔制车间的生产能力为基准。

（1）影响物料储存期的主要因素

① 物料供应点离工厂的远近、供应情况、运输周期（与运输条件、运输工具等有关）。例如：砂岩矿点若离厂较近，又自行开采运输，能保证供应，储存期就可短一些；离厂较远，运输周期又较长的芒硝，储存期就应适当长些。

② 物料来料批量大小、原料成分稳定程度等。用量较小，但来料批量又较大的（如长石），则储存期可适当长些。

③ 地区气候的季节影响程度，如我国东南台风影响，以及雨季对纯碱、芒硝运输的影响；北方风雪严寒封冻的影响等。

④ 确定半成品、成品的储存期以及对物料进行成分分析，必须满足物料质量检验和调整所需要的时间。

⑤ 援外设计时，受援国有些物料需进口，则设计时必须满足受援国对储存期的要求。此外，在确定物料储存期时，尚需考虑生产工艺线的数目、工厂的规模、物料供应紧张程度、物料用量的多少、生产管理和质量控制的水平以及装卸机械化的程度等因素的影响。

（2）储存期的一般设计定额

① 大量使用的原料（砂岩、硅砂、白云石），储存期应能满足运输周期再加15～20d。

$$A=(15\sim20)+s+s_1 \tag{2-22}$$

式中　A——储存期，即储存天数，d；

　　　s——运输天数，d；

　　　s_1——质量控制、化验分析（取样、制样、分析、改料方）天数，d，一般按7d考虑。一般分3堆储存，每堆存10～15d，共计30～45d。

② 小量使用的原料如长石、石灰石、萤石等，根据情况分3堆（或2堆），每堆存10d左右，总计20～30d，如运输周期较长，应考虑储存期适当加大。

③ 纯碱、芒硝储存期为运输周期再加20d，一般采用30～40d。

④ 在考虑储存期时，应按堆放在库内或堆场中的物料的实际量计算，亦即不包括运途的损耗及库存损耗量。

物料储存期的长短要适当，过短将影响生产，过长则会增加基建投资和经营费用。纯碱、芒硝是化工原料，因它们易吸潮结块，既要考虑适当库存，储存时间又不要太长。

2.4.2 粉料的均化

2.4.2.1 均化概述

原料进厂后，都有一定时间的储存，在原料储存与取用的过程中，同时完成均化任务。

对于生产规模大、自动化程度高的浮法玻璃厂，进厂或破碎后的细粒状的原料，可采用均化库进行均化。采用均化库（又称预均化库），其均化效果可使原料成分波动缩小到原来的 $1/15 \sim 1/10$，原料中某些成分，在未均化前波动为 $\pm 10\%$，均化后，波动可降低到 $\pm 1\%$。均化效果的优劣取决于堆料方法和取料方法。从理论上分析，堆料料层平行重叠层数多，且料层厚薄均匀，取料时切割的料层也多，均化效果就好。预均化库为大型玻璃厂的原料储存开辟了新的途径，在储存的同时实现原料均化，满足了稳定、优质生产的需要，并为玻璃工业扩大应用低品位原料创造了条件。目前，白云石、石灰石和长石大都采取袋装合格粉进厂，无需均化。硅质粉料基本采用散装进厂、散装储存。因此对于厂内均化来说，主要考虑硅质粉料的均化问题。

2.4.2.2　均化库工作流程

均化库工作流程如图 2-12 所示。其堆料工艺过程是使连续输送来的物料自矩形库纵向边部一侧开始，按物料自然安息角的方向斜向往上推送，同时做纵向往复运动。每当物料到达料堆的瞬时顶峰时，即按自然安息角的规则滑向另一侧，形成由一层层互相重叠而且向同一侧倾斜的料层所组成的料堆，如此连续进行下去，随着料层的增加，两侧斜坡同时逐渐扩大。顶峰逐渐内移并且升高，直至达到预定的高度，全部料层倾斜的方向基本上符合物料自

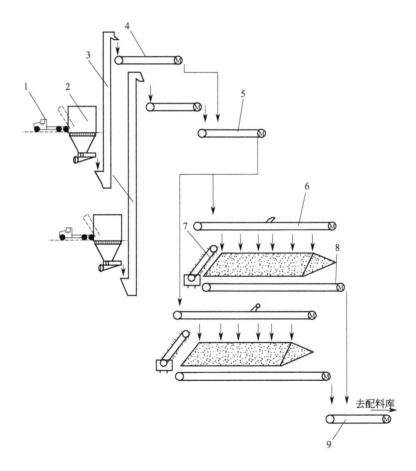

图 2-12　均化库流程示意

1—运砂车；2—料斗；3—斗式提升机；4,5,8,9—带式输送机；

6—移动小车带式输送机；7—门式耙料机

然安息角的规则，即对称于往上推送物料的方向。显然，这一堆料工艺过程是由移动小车、带式输送机撒料，由刮板输送机（耙料机）来实现均化的。

取料过程自矩形库纵向料堆的一端开始，逐渐推进。理想的取料状态仍然是按自然安息角的规则一层层地取走。此时每一层呈三角形的取料料层，也基本上包容了全部堆料料层，而这一取料工艺过程，可由用于堆料的同一套刮板输送机反转来完成，即沿料堆的一个侧面自上而下依次将一层层呈三角形的料层刮落到一条平行于料堆的带式输送机上运出。

2.5 配合料制备

玻璃工业中，把原料按照一定比例经混合均匀后的混合料叫做玻璃配合料。原料的混合均匀过程称为配合料的制备，包括料单的计算、上料、称量、混合、输送等工艺过程，配合料制备的好坏将直接影响玻璃的质量。通过长期生产实践，玻璃配合料的制备工艺原则为：各种原料要称准，充分混合要均匀。实际生产中配合料制备的工艺流程如图 2-13 所示。

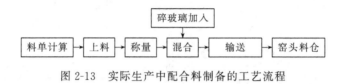

图 2-13 实际生产中配合料制备的工艺流程

2.5.1 料单计算

配合料料单的计算，是以构成玻璃的氧化物组成和原料的化学成分为基础，计算出熔制 100kg 玻璃液所需的各种原料的用量，然后再算出每副配合料实际所要称取的各种原料的用量。当进厂原料的成分有较明显的变化时，或因生产中的某些原因需要进行调整玻璃成分或进行工艺参数调整时，都需要变更配合料料单，也就是说要重新进行料单计算。

2.5.1.1 料单计算方法及要求

对配合料料单计算要求精确，不能有差错，否则对生产的影响是非常大的。其计算方法主要分为手工计算和计算机辅助计算两种。以往由于条件的限制，只能由手工进行料方计算，随着计算机的快速发展，借助计算机进行计算，不仅大大缩短了计算周期，而且也提高了计算精度和可靠性。不管是手工计算还是计算机辅助计算，均要求：

① 要对使用的各种原料所引入的各氧化物的含量进行分析，得到一个比较准确的成分数据，这将直接影响配合料的计算准确度；

② 考虑各种因素对玻璃成分的影响，例如氧化物的挥发、耐火材料的熔解、原料的飞散、碎玻璃的成分等，以便在计算时对某些组分做适当的调整，保证合理设计成分。

2.5.1.2 料单计算基本参数

对于浮法玻璃配合料料单来说，需要计算碳酸钠（纯碱）挥散率、芒硝含率、炭粉含率、碎玻璃掺入率以及玻璃获得率等基本参数。

（1）碳酸钠（纯碱）挥散率 碳酸钠（纯碱）挥散率指碳酸钠（纯碱）中未参与反应而挥发、飞散量与总用量的比值，即：

$$\text{纯碱挥散率} = \frac{\text{纯碱挥散量}}{\text{纯碱总用量}} \times 100\% \qquad (2\text{-}23)$$

它是一个经验值，与加料方式、熔制方法、熔制温度、碳酸钠（纯碱）的类型（重碱或轻碱）等有关。计算中，碳酸钠（纯碱）挥散率一般取 0.2%～3.5%。

（2）芒硝含率　芒硝含率指由芒硝引入的 Na_2O 与芒硝和碳酸钠（纯碱）引入的 Na_2O 总用量的比值，即：

$$\text{芒硝含率} = \frac{\text{芒硝引入的 } Na_2O}{\text{芒硝引入的 } Na_2O + \text{纯碱引入的 } Na_2O} \times 100\% \qquad (2\text{-}24)$$

芒硝含量随原料供应和熔制情况而变，在生产上，一般取 5%～8%。

（3）炭粉含率　炭粉含率指由炭粉引入的固定碳与芒硝引入的 Na_2SO 的比值，即：

$$\text{炭粉含率} = \frac{\text{炭粉} \times \text{C 含量}}{\text{芒硝} \times Na_2SO \text{ 含量}} \times 100\% \qquad (2\text{-}25)$$

理论的炭粉含率应为 4.2%。一般根据火焰性质、熔制方法来调整炭粉含率。在生产中一般取 3%～5%。

（4）碎玻璃掺入率　碎玻璃掺入率指配合料中碎玻璃用量与配合料总量的比值，即：

$$\text{碎玻璃掺入量} = \frac{\text{碎玻璃量}}{\text{生料量} + \text{碎玻璃量}} \times 100\% \qquad (2\text{-}26)$$

它随熔制条件和碎玻璃的储存量而增减，在正常情况下，一般取 20%～30%。

（5）玻璃获得率　玻璃获得率又称熔成率，是指 100kg 配合料经高温熔制反应生成的玻璃量。配合料中所含的气体一般在 18%，不同性质配合料气体含量不同，熔成率也不相同。

$$\text{玻璃获得率} = \frac{100\text{kg 玻璃液}}{\text{制备 } 100\text{kg 玻璃液所需配合料的量}} \times 100\% \qquad (2\text{-}27)$$

玻璃获得率一般在配料表基本完成后计算得出。

2.5.1.3　料单计算步骤

（1）进行粗算　即假定玻璃中全部 SiO_2 和 Al_2O_3 均由砂岩及长石引入；CaO 和 MgO 均由白云石及石灰石引入；Na_2O 由碳酸钠（纯碱）和芒硝引入。在进行粗算时，可选择含氧化物种类最少或用量最多的原料开始计算。

（2）进行校正　例如，进行粗算时，在砂岩和长石用量中没有考虑其他原料所引入的 SiO_2 及 Al_2O_3，所以应进行校正。

（3）把计算结果换算成实际配料单　通常计算过程中均以干基进行计算，但实际配合料中各组分均含有水分，故还需将其转换为湿基配料单。

2.5.1.4　计算实例

某浮法玻璃厂根据用户对浮法玻璃的物理化学性能要求和该厂的熔制条件等具体操作情况设计的浮法玻璃组成见表 2-47，所选用的各种原料的化学组成见表 2-48。

表 2-47　某厂浮法玻璃设计的玻璃成分　　　　　　　　　　　单位：%

SiO_2	Na_2O	CaO	MgO	Al_2O_3	Fe_2O_3	总计
71.90	13.70	9.00	3.75	1.50	≤0.15	100

表 2-48　所选用的各种原料的化学组成

原料名称	化学组成/%								
	SiO_2	Al_2O_3	Fe_2O_3	CaO	MgO	Na_2O	Na_2CO_3	Na_2SO_4	C
硅砂	80.75	5015	0.13	0.49	0.08	4.10	—	—	—
砂岩	98.69	0.51	0.08	0.41	0.02	0.17	—	—	—
白云石	1.00	0.12	0.11	30.40	21.20	—	—	—	—
石灰石	0.69	0.04	0.12	550.31	0.36	—	—	—	—
碳酸钠(纯碱)	—	—	—	—	—	58.28	99.50	—	—
芒硝	0.12	—	—	—	—	42.93	—	98.37	—
炭粉	—	—	—	—	—	—	—	—	84.30

配合料工艺参数与所设数据如下。

碳酸钠(纯碱)挥散率 3.1%；芒硝含率 4%；炭粉含率 4.7%；碎玻璃掺入率 22%；玻璃获得率 82.4%。计算基础为 100kg 玻璃液，计算精度为 0.01。

解：① 芒硝用量　设芒硝用量为 $x$kg，则：

$$\frac{x \times 0.4293}{0.137} = 4\% \qquad (2\text{-}28)$$

得 $x = 1.28$kg，由芒硝引入 Na_2O 为 0.55kg。

② 炭粉用量　设炭粉用量为 $x$kg，已知炭粉含率 4.7%，则：

$$\frac{x \times 0.843}{1.28 \times 0.9837} = 4.7\% \qquad (2\text{-}29)$$

得 $x = 0.07$kg。

③ 硅砂和砂岩用量　设硅砂用量为 $x$kg，砂岩用量为 $r$kg，则：

SiO_2　　　　　　　$0.8975x + 0.9869r = 71.9$(kg)　　　(2-30)

Al_2O_3　　　　　　$0.0515x + 0.0051r = 1.5$(kg)　　　(2-31)

$$x = \frac{\begin{vmatrix} 71.900 & 0.9869 \\ 1.5000 & 0.0051 \end{vmatrix}}{\begin{vmatrix} 0.8975 & 0.9869 \\ 0.0515 & 0.0051 \end{vmatrix}} = 24.03\,(\text{kg}) \qquad (2\text{-}32)$$

$$r = \frac{\begin{vmatrix} 0.8975 & 71.900 \\ 0.0515 & 1.5000 \end{vmatrix}}{\begin{vmatrix} 0.8975 & 0.9869 \\ 0.0515 & 0.0051 \end{vmatrix}} = 51.01\,(\text{kg}) \qquad (2\text{-}33)$$

由硅砂和砂岩引入的各氧化物量见表 2-49。

表 2-49　由硅砂和砂岩引入的各氧化物量　　　　　　　　　单位：kg

原料名称	SiO_2	Na_2O	CaO	MgO	Al_2O_3	Fe_2O_3
硅砂	21.57	0.99	0.12	0.02	1.24	0.03
砂岩	50.34	0.09	0.07	0.01	0.26	0.04

④ 白云石、石灰石用量　设白云石用量为 $x$kg，石灰石用量为 $r$kg，则：

CaO　　　　　　　$0.3040x + 0.5531r = 9 - 0.12 - 0.07 = 8.81$(kg)　　　(2-34)

MgO　　　　　　　$0.2120x + 0.0036r = 3.75 - 0.02 - 0.01 = 3.72$(kg)　　　(2-35)

$$x = \frac{\begin{vmatrix} 8.8100 & 0.5531 \\ 3.7200 & 0.0036 \end{vmatrix}}{\begin{vmatrix} 0.3040 & 0.5531 \\ 0.2120 & 0.0036 \end{vmatrix}} = 17.43 (\text{kg}) \qquad (2\text{-}36)$$

$$r = \frac{\begin{vmatrix} 0.3040 & 0.8100 \\ 0.2120 & 3.7200 \end{vmatrix}}{\begin{vmatrix} 0.3040 & 0.5531 \\ 0.2120 & 0.0036 \end{vmatrix}} = 6.36 (\text{kg}) \qquad (2\text{-}37)$$

由白云石、石灰石引入的各氧化物量见表 2-50。

表 2-50　由白云石、石灰石引入的各氧化物量　　　　　　　单位：kg

原料名称	SiO_2	CaO	MgO	Al_2O_3	Fe_2O_3
白云石	0.17	5.30	3.70	0.02	0.02
石灰石	0.04	3.52	0.02	—	—

⑤ 校正硅砂、砂岩用量　因第三步计算没考虑白云石和石灰石等原料带入 SiO_2，所以必须校正。设硅砂用量为 x kg，砂岩用量为 r kg，则：

SiO_2　　　　$0.8975x + 0.9869r = 71.9 - 0.17 - 0.04 = 71.69 (\text{kg})$ 　　(2-38)

Al_2O_3　　　　$0.0515x + 0.0051r = 1.5 - 0.02 = 1.48 (\text{kg})$ 　　(2-39)

$$x = \frac{\begin{vmatrix} 71.690 & 0.9869 \\ 1.4800 & 0.0051 \end{vmatrix}}{\begin{vmatrix} 0.8975 & 0.9869 \\ 0.0515 & 0.0051 \end{vmatrix}} = 23.68 (\text{kg}) \qquad (2\text{-}40)$$

$$r = \frac{\begin{vmatrix} 0.8975 & 71.690 \\ 0.0515 & 1.4800 \end{vmatrix}}{\begin{vmatrix} 0.8975 & 0.9869 \\ 0.0515 & 0.0051 \end{vmatrix}} = 51.12 (\text{kg}) \qquad (2\text{-}41)$$

由硅砂和砂岩引入的各氧化物量见表 2-51。

表 2-51　由硅砂和砂岩引入的各氧化物量　　　　　　　单位：kg

原料名称	SiO_2	Na_2O	CaO	MgO	Al_2O_3	Fe_2O_3
硅砂	21.25	0.99	0.11	0.02	1.22	0.03
砂岩	50.44	0.09	0.07	0.01	0.26	0.04

从校正硅砂、砂岩引入的 CaO、MgO 量与第三步设计相比差别不大（小于 0.01），不必再对白云石和石灰石进行校正，否则必须再校正。

⑥ 碳酸钠（纯碱）及挥散量的计算　设碳酸钠（纯碱）用量为 x kg，则：

$$0.5828x = 13.7 - 0.55 - 0.99 - 0.09 = 12.07 \qquad (2\text{-}42)$$

得 $x = 20.71$ kg。

设挥散量为 r，已知挥散率为 3.1%，则得：

$$\frac{r}{20.71 + r} = 0.031 \qquad (2\text{-}43)$$

得 $r = 0.66$ kg。

将上述的计算结果汇总成原料用量表（表 2-52）。

表 2-52　原料用量

原料名称	用量/kg	质量分数/%	SiO_2/%	Al_2O_3/%	Fe_2O_3/%	CaO/%	MgO/%	Na_2O/%
硅砂	23.68	19.52	21.25	1.22	0.03	0.11	0.02	0.99
砂岩	51.12	42.13	50.44	0.26	0.04	0.07	0.01	0.09
白云石	17.43	14.36	0.17	0.02	0.02	5.30	3.70	—
石灰石	6.36	5.24	0.04	—	—	3.52	0.02	—
芒硝	1.28	1.06	—	—	—	—	—	0.55
碳酸钠(纯碱)	20.74	17.09	—	—	—	—	—	12.07
挥散量	0.66	0.54	—	—	—	—	—	—
炭粉	0.07	0.06	—	—	—	—	—	—
合计	121.34	100	71.90	1.50	0.09	9.00	3.75	13.70
玻璃设计组成			71.90	1.50	0.09	9.00	3.75	13.70

⑦ 玻璃获得率的计算

$$玻璃获得率 = \frac{100}{121.34} \times 100\% = 82.41\% \tag{2-44}$$

⑧ 气体含率

$$气体含率 = 100\% - 82.41\% = 17.59\% \tag{2-45}$$

⑨ 配料单的计算　表 2-55 中的原料用量比例为干基,但原料含有水分故需换算成湿基,可按式(2-46)计算。

$$原料用量(湿基) = \frac{原料用量(干基)}{1 - 原料的含水率(\%)} \tag{2-46}$$

已知:配合料掺水率为 4%,混合机混料量为 1200kg(干基),各种原料的含水量见表 2-53。

表 2-53　配料表

原料名称	水分/%	干基量/kg	湿基量/kg	原料名称	水分/%	干基量/kg	湿基量/kg
硅砂	1.2	234.24	237.01	碳酸钠(纯碱)	3.0	211.56	218.10
砂岩	1.0	505.56	510.67	芒硝	3.0	12.72	13.11
白云石	0.6	172.32	173.36	炭粉	2.0	0.72	0.73
石灰石	0.5	62.88	63.20	合计	11.3	1200.00	1216.18

⑩ 含水量的计算　已知含水率为 4%,则:

$$\frac{1200}{1 - 4\%} = 1250(kg) \tag{2-47}$$

$$加水量 = 1250 - 1216.18 = 33.82(kg) \tag{2-48}$$

所以每混合一次配合料加水 33.82kg。

⑪ 计算碎玻璃用量　已选定碎玻璃掺入率为 22%,则:

$$碎玻璃用量 = 1200 \times 22\% = 264(kg) \tag{2-49}$$

在生产时将加水量和碎玻璃加入量抄到料单上送配料部门使用。

2.5.2　上料系统

上料是配合料制备系统中重要的环节,起着承上启下的作用。在浮法玻璃生产过程中,合理布置上料系统、选择合适的上料设备是实现自动控制的重要环节。

2.5.2.1　上料方式

在实际生产中,硅砂、白云石、碳酸钠(纯碱)一般采用提升机、带式输送机相结合的方式；长石、芒硝、石灰石与硅砂相同，可采用提升机，也可采用气力方式输送；小料（添加剂或小剂量原料的统称）、炭粉一般采用电梯或电葫芦输送至粉料库顶，人工倒料入库。

（1）硅砂上料系统 硅砂属于湿质原料，含水率为 4%～5%。一般采用铲车、提升机、溜管和带式输送机相结合的输送方式。铲车把硅砂从均化库中铲到下面加有筛分设备的料斗，通过振动给料机把硅砂均匀地加到振动筛上，筛去杂物后喂入上料提升机中，提升到库顶，从溜子进入粉料库中。如果料仓有两个或多个，就要用分叉溜子或者库顶可逆带式输送机进行分料。上料流程如下：

铲车→提升机→溜子或带式输送机→可逆带式输送机或分叉溜子→粉料库

（2）白云石、石灰石上料系统 白云石和石灰石一般多为袋装进厂，属干质、粒度较大的原料，一般采用提升机、溜管及带式输送机相结合的方式上料。白云石和石灰石粉料经储库运至上料现场，进行拆袋，由人工倒料进行提升，为防止碎袋、绳头等杂物入内，在倒料口设置格筛对杂物进行过滤，然后经提升机、带式输送机送至粉料库顶。上料流程如下：

人工倒料→提升机→溜子或带式输送机→可逆带式输送机或分叉溜子→粉料库

（3）长石上料系统 长石为袋装进厂，属干质、粒度较小的原料，一般也采用提升机、溜管及带式输送机相结合的输送方式。长石粉料经储库运至上料现场，进行拆袋，由人工倒料进行提升，为防止碎袋、绳头等杂物入内，在倒料口设置格筛对杂物进行过滤，然后经提升机、带式输送机送至粉料库顶。由于长石的用量较小，大多设一个料仓，故不需要进行粉料。上料流程如下：

人工倒料→提升机→溜子或带式输送机→粉料库

（4）碳酸钠（纯碱）上料系统 浮法玻璃生产主要使用袋装重质碳酸钠和散装碳酸钠，其上料系统也有所不同。袋装碳酸钠采用提升机与带式输送机相结合的输送方式。但为防止碳酸钠在储存过程中结块而进入粉料库，需经过一级提升，进入筛分设备进筛分，合格的纯碱进入二级提升至库顶，如设有多个料仓，可采用分叉溜子或可逆带式输送机进行粉料；结块的纯碱进入小型料团破碎设备中进行粉碎，粉碎之后的纯碱再进入一级提升机至筛分设备进行筛分。上料流程如下：

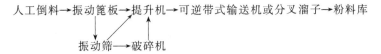

（5）芒硝、炭粉上料系统 芒硝为袋装粉料进厂，粒度小，水分少，人工倒料筛分后经气力输送进入粉料库。炭粉因使用量较小，而且粒度小，水分小，易飞散，因此采用电葫芦吊至粉料库顶，人工倒料入库。

（6）小料上料系统 小料是指用量较少的物料，粒度一般较小，有些生产线是人工使用天平进行称量后直接加入集料皮带上，较先进的生产线则使用电子秤进行称量。小料的上料方式与芒硝和炭粉相同，采用电动葫芦或电梯把小料运至粉料库顶，人工倒料入库。

2.5.2.2 上料设备

浮法玻璃原料系统使用的主要上料设备有提升机、带式输送机、可逆带式输送机、振动给料机、振动篦板、振动筛、上料溜子、圆筒筛、笼形碾和单仓泵等，如图 2-14 所示。

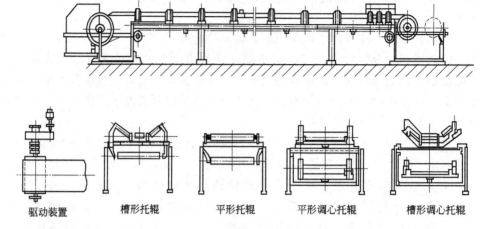

驱动装置　　　槽形托辊　　　平形托辊　　　平形调心托辊　　　槽形调心托辊

图 2-14　带式输送机的结构示意

（1）带式输送机　带式输送机又称胶带输送机，俗称"皮带输送机"，简称"皮带机"，是由驱动装置拉紧输送带，中部构架和托辊组成输送带作为牵引和承载构件，借以连续输送散碎物料或成件品的机械装置。应用它，可以将物料在一定的输送线上，从最初的供料点到最终的卸料点间形成一种物料的输送流程。主要由两个端点辊筒及紧套其上的闭合输送带组成。带动输送带转动的辊筒称为驱动辊筒（传动辊筒）；另一个仅在于改变输送带运动方向的辊筒称为改向辊筒。驱动辊筒由电动机通过减速器驱动，输送带依靠驱动辊筒与输送带之间的摩擦力拖动。驱动辊筒一般都装在卸料端，以增大牵引力，有利于拖动。物料由喂料端喂入，落在转动的输送带上，依靠输送带摩擦带动运送，由卸料端卸出。

带式输送机的工作环境温度一般在 −10～40℃ 之间，要求物料温度不超过 70℃；耐热橡胶带可输送 120℃ 以下的高温物料，物料温度更高时则不宜采用带式输送机，主要技术参数见表 2-54。

表 2-54　带式输送机主要技术参数

皮带宽度/mm	输送长度(m)/功率(kW)			输送速度/(m/s)	输送量/(t/h)
400	≤12/1.5	12～20/2.2～4	20～25/4～7.5	1.3～1.6	40～80
500	≤12/3	12～20/4～5.5	20～30/5.5～7.5	1.3～1.6	60～150
650	≤12/4	12～20/5.5	20～30/7.5～11	1.3～1.6	130～320
800	≤6/4	6～15/5.5	15～30/7.5～15	1.3～1.6	280～540
1000	≤10/5.5	10～20/7.5～11	20～40/11～22	1.3～2.0	430～850
1200	≤10/7.5	10～20/11	20～40/15～30	1.3～2.0	655～1280

实际生产中，带式输送机的基本布局形式可采用五种，如图 2-15 所示。

根据工艺布置要求的不同采用不同的布置形式。水平输送时采用水平布置，当要求将物料提升时采用倾斜布置。带有凸弧线段布置用于先倾斜后水平的输送，而带有凹弧线段布置则用于先水平后倾斜的输送。兼有凹弧和凸弧线段的布置用于水平-倾斜-水平的输送。

当采用带式输送机倾斜向上输送时，一般倾斜角度为 15° 左右；倾斜向下输送时，最大允许倾斜角度为向上输送角度的 80%。

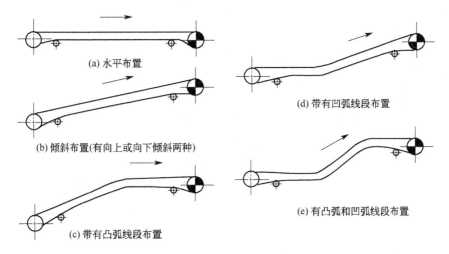

(a) 水平布置

(d) 带有凹弧线段布置

(b) 倾斜布置(有向上或向下倾斜两种)

(e) 有凸弧和凹弧线段布置

(c) 带有凸弧线段布置

图 2-15　带式输送机的基本布局形式示意

（2）斗式提升机　斗式提升机是一种在带式输送机的基础上发展起来的散状物料垂直提升用的连续式输送机。其工作原理是：料斗把物料从下面的料槽中舀起，随着输送带或链提升到顶部，绕过顶轮后向下翻转，将物料倾入接受槽内。

① 组成　斗式提升机一般由壳体、皮带、料斗、上辊筒、下辊筒、张紧装置、加料口（入料口）和卸料口（出料口）等组成，如图 2-16 所示。

② 装料方式　斗式提升机的装料方式主要有掏取式和流入式两种。

a. 掏取式　物料从加料口加入后，大部分物料先落在提升机的底部，再用斗子挖取。主要用于输送粉状、粒状、小块状无磨琢性或磨琢性较小的散料。掏取式料斗运行速度可达 0.8～2m/s，斗式提升机通常与离心式卸料配合应用。

b. 流入式　物料直接在机壳下部进料口处流入料斗内。主要用于输送大块或磨琢性强的物料以及在输送过程中不允许产生破损的颗粒物料。为了防止物料在装料时撒落，料斗应连续密集布置。通常料斗运行速度不超过 1m/s。

③ 卸料方式　斗式提升机的卸料方式主要由料斗运行的速度决定，当运行速度高时，卸料端料斗里的物料受到的离心力就大；运行速度低时，离心力就小。根据离心力的不同可分为离心式卸料、重力式卸料和混合式卸料三种形式。

离心式卸料是当离心力远大于重力时，料斗里的物料将沿着斗的外壁被抛出去，适用于输送粉状、粒状、小块状等磨琢性小的物料；重力式卸料是当重力大于离心力时，物料将沿料斗的里侧内壁运动，适用于输送块状、密度较大、磨琢性大的物料，如石灰石、熟料等；混合式卸料兼有上述两

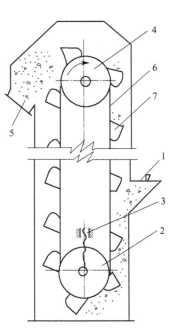

图 2-16　斗式提升机结构示意
1—加料口；2—下辊筒；3—张紧装置；
4—上辊筒；5—卸料口；
6—皮带；7—料斗

者作用，常用于输送流动性差的粉状物料和含水物料。斗式提升机主要技术参数见表 2-55。

表 2-55　斗式提升机技术参数

规　　格	提升最大高度/m	输送量/(m³/h)	斗距/mm	电机功率/kW
160 型	28	3～8	500	3～7.5
200 型	31.5	6～15	500	3～7.5
250 型	30.16	10～25	500	4～11
300 型	30.16	25～35	500	5.5～15
350 型	31	19～40	600	7.5～18.5
400 型	32	35～50	600	7.5～22
450 型	32.7	42～60	600	7.5～22

④ 设备常见故障及处理方法　设备常见故障及处理方法见表 2-56。

表 2-56　设备常见故障及处理方法

设备故障	原因及处理方法
料斗带打滑	①斗式提升机是利用料斗带与头轮传动轴间的摩擦力矩来进行升运物料的,回料斗带张力不够,将导致料斗带打滑。这时,应立即停机,调节张紧装置以拉紧料斗带。若张紧装置不能使料斗带完全张紧,说明张紧装置的行程太短,应重新调节。正确的解决方法是:解开料斗带接头,使底轮上的张紧装置调至最高位置,将料斗带由提升机机头放入,穿过头轮和底轮,并首尾连接好,使料斗带处于将要张紧而未张紧的状态。然后使张紧装置完全张紧,此时张紧装置的调节螺杆尚未利用的张紧行程不应小于全行程的 50% ②提升机超载。提升机超载时,阻力矩增大,导致料斗带打滑。此时应减小物料的喂入量,并力求喂料均匀。若减小喂入量后,仍不能改善打滑,则可能是机座内物料堆积太多或料被异物卡住,应停机检查,排除故障 ③头轮传动轴和料斗带内表面过于光滑。头轮传动轴和料斗带内表面过于光滑,使两者间的摩擦力减小,导致料斗带打滑。这时,可在传动轴和料斗带内表面涂一层胶,以增大摩擦力 ④头轮和底轮轴承转动不灵。头轮和底轮轴承转动不灵,阻力矩增大,引起料斗带打滑。这时可拆洗加油或更换轴承
料斗带跑偏	①头轮和底轮传动轴安装不正。头轮和底轮传动轴安装不正主要体现在以下几个方面:一是头轮和底轮的传动轴在同一垂直平面内且不平行;二是两传动轴都安装在水平位置且不在同一垂直平面内;三是两传动轴平行,在同一垂直平面内且不水平。这时,料斗带跑偏,易引起料斗与机筒的撞击、料斗带的撕裂。应立即停机,排除故障。做到头轮和底轮的传动轴安装在同一垂直平面内,而且都在水平位置上,整机中心线在 1000mm 高度上垂直偏差不超过 2mm,积累偏差不超过 8mm ②料斗带接头不正。料斗带接头不正是指料斗带结合后,料斗带边缘线不在同一直线上。工作时,料斗带一边紧一边松,使料斗带向紧边侧向移动,产生跑偏,造成料斗盛料不充分,卸料不彻底,回料增多,生产率下降,严重时造成料斗带卡边、撕裂。这时应停机,修正接头并接好
回料过多	①料斗运行速度过快。提升机提升不同的物料,料斗运行的速度有区别:一般提升干燥的粉料和粒料时,速度为 1～2m/s;提升块状物料时,速度为 0.4～0.6m/s;提升潮湿的粉料和粒料时,速度为 0.6～0.8m/s。速度过大,卸料提前,造成回料。这时应根据提升的物料,适当降低料斗的速度,避免回料 ②机头出口的卸料舌板安装不合适。舌板距料斗卸料位置太远,会造成回料。应及时地调整舌板位置,避免回料
料斗脱落	①进料过多。进料过多会造成物料在机座内的堆积,升运阻力增大,料斗运行不畅,是产生料斗脱落、变形的直接原因。此时应立即停机,抽出机座下插板,排出机座内的积存物,更换新料斗,再开车生产。这时减小喂入量,并力求均匀 ②进料口位置太低。一般提升机在生产时,料斗自行盛取从进料口进来的物料。若进料口位置太低,将导致料斗来不及盛取物料,而物料大部分进入机座,造成料斗舀取物料。而物料为块状,就很容易引起料斗变形、脱落。这时,应将进料口位置调至底轮中心线以上 ③料斗材质不好,强度有限。料斗是提升机的承载部件,对它的材料有着较高的要求,安装时应尽量选配强度好的材料。一般料斗用普通钢板或镀锌板材焊接或冲压而成,其边缘采用折边或卷入铅丝以增强料斗的强度 ④开机时没有清除机座内的积存物。在生产中,经常会遇到突然停电或其他原因而停机的现象,若再开机时,没有清除机座内的积存物,就易引起料斗受冲击太大而断裂脱落。因此,在停机和开机之间,必须清除机座内的积存物,避免料斗脱落。另外,定期检查料斗与料斗带连接是否牢固,发现螺钉松动、脱落和料斗歪斜、破损等现象时,应及时检修或更换,以防更大的事故发生
料斗带撕裂	提升机料斗带通常为帆布带,有时也采用胶带和链条。在各种故障的综合作用下,帆布带和胶带容易产生撕裂,这是最严重的故障之一。一般料斗带跑偏和料斗的脱落过程最容易引起料斗的撕裂。应及时全面地查清原因,排除故障。另外,物料中混入料尖棱的异物,也会将料斗带划裂。因此,生产中,应在进料口装钢丝网或吸铁石,严防大块异物落入机座

（3）振动给料机　振动给料机又称振动喂料机。振动给料机利用共振原理，在生产流程中，可把块状、颗粒状物料从储料仓中均匀、定时、连续地给到受料装置中去。振动给料机分为两种：一种是电磁振动给料机；另一种是电机振动给料机。

① 电磁振动给料机　电磁振动给料机结构简单，操作方便，不需润滑，耗电量小；可以均匀地调节给矿量，一般用于松散物料。根据设备性能要求，配置设计时应尽量减少物料对槽体的压力，按制造厂要求，仓料的有效排口不得大于槽宽的 1/4，物料的流动速度控制在 6～18m/min。对给料量较大的物料，料仓底部排料处应设置足够高度的拦矿板；为不影响给料机的性能，拦矿板不得固定在槽体上。为使料仓能顺利排出，料仓后壁倾角最好设计为 55°～65°。

GZ 系列电磁振动给料机技术性能见表 2-57。

表 2-57　GZ 系列电磁振动给料机技术性能

型号	给料能力 /(t/h)	物料最大允许粒度/mm	功率 /W	电压 /V	电流 /A	双振幅 /mm	间隙 /mm	外形尺寸 /mm
GZ_0	0～2	30	12	220	0.19	1.5	1.8～2.1	656×229×298
GZ_1	0～5	50	60	220	0.95	1.75	1.8～2.1	855×335×372
GZ_2	0～10	60	150	220	2.14	1.75	1.8～2.1	1155×442×536
GZ_3	0～25	75	200	220	3.4	1.75	1.8～2.1	1370×580×624
GZ_4	0～50	100	450	220	6.5	1.75	1.8～2.1	1607×665×756
GZ_5	0～100	125	650	220	10	1.75	1.8～2.1	1770×760×970
GZ_6	0～250	220	1500	380	16.4	1.75	1.8～2.1	2400×1090×1092

电磁振动给料机一般故障及处理方法见表 2-58。

表 2-58　电磁振动给料机一般故障及处理方法

故障现象	原因	处理方法
接通电源后,机器不振动	①熔断器断路 ②线圈短路 ③接头处断头 ④整流器开路	①接好熔断器 ②更换线圈 ③接好接头处 ④调整整流器
振动微弱,调电位器旋钮对振幅反应小或不起作用	①整流器短路 ②间隙堵塞 ③弹簧钢板有杂物卡住	①更换整流器 ②疏通间隙 ③清理弹簧钢板处杂物
机器噪声大,调电位器旋钮后,反应不规则,有猛烈的撞击	①弹簧钢板有断裂 ②料槽与连接叉的连接螺钉松动或损坏	①更换弹簧钢板 ②拧紧螺钉或更换
机器受料仓压力,振幅减少	料仓排口设计不合理,使料槽承受过大的压仓	合理设计料仓排口
产量正常,但电流过大	间隙太大	调整合适间隙

② 电机振动给料机　电机振动给料机振动平稳、工作可靠、寿命长；可以调节激振力，可随时改变和控制流量，调节方便稳定；振动电机为激振源，噪声低、耗电小、调节性能好，无冲料现象。结构简单、运行可靠、调节安装方便、重量轻、体积小、维护保养方便。按其结构和用途可分 GZD 型振动给料机、ZSW 型振动给料机等。

GZD 型振动给料机（图 2-17）由于振动电动机的启动，使机架在支承弹簧上做强制振动，物料则以此振动为动力，在料槽上做滑动及抛掷运动，从而使物料前移而达到给料目的。技术参数见表2-59。

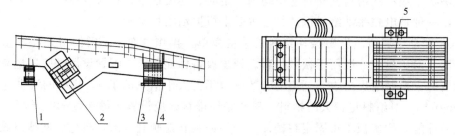

图 2-17　GZD 型振动给料机结构示意

1—机体；2—振动电机/激振器；3—弹簧；4—弹簧底座；5—筛条

表 2-59　GZD 型振动给料机技术参数

型号	最大进料边长/mm	处理能力/(t/h)	电动机功率/kW	电动机数量/台	外形尺寸/mm	重量/t	料槽尺寸/mm
GZD-300×90	425	40～100	2×2.2	2	3307×1430×1450	2.55	900×3000
GZD-380×96	550	80～150	2×(3～3.7)	2	3870×1860×1190	3.24	960×3800
2GZD-380×96	550	80～160	2×5.5	2	3870×1500×1200	3.8	960×3800

　　ZSW 型振动给料机主要由振动机架、弹簧、振动器、电机振动架及电机等组成（图2-18）。振动器由两个特定位置的偏心轴以齿轮相啮合组成，装配时必须使两齿轮按标记相啮合，通过电机驱动，使两偏心轴旋转，从而产生巨大合成的直线激振力，使机体在支承弹簧上做强制振动，物料则以此振动为动力，在料槽上做滑动及抛掷运动，从而使物料前移而达到给料目的。当物料通过槽体上的筛条时，较小的料可通过筛条间隙而落下，可不经过下道破碎工序，起到筛分的效果。技术参数见表2-60。

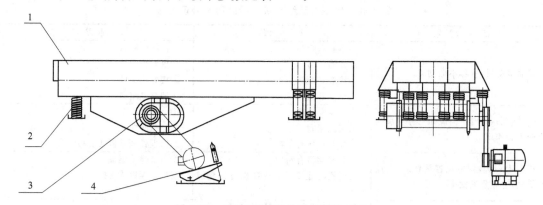

图 2-18　ZSW 型振动给料机结构示意

1—振动机架；2—弹簧；3—振动器；4—电机及电机架

表 2-60　ZSW 型振动给料机技术参数

型　　号	最大进料边长/mm	处理能力/(t/h)	偏心轴转速/(r/min)	电动机功率/kW	电动机数量/台	外形尺寸/mm	重量/t	料槽尺寸/mm
ZSW-380×96	550	80～150	500～720	11	1	3882×1700×1350	4.36	960×3800
ZSW-490×110	630	120～280	500～800	15	1	4957×1850×1350	5.3	1100×4900
ZSW-590×110	700	200～350	500～800	22	1	6000×1840×1400	6.3	1100×5900
ZSW-600×130	750	400～560	500～800	22	1	6082×2000×1450	7.8	1300×6000

（4）振动篦板　振动篦板由振动体、振动电机、支承弹簧、弹簧支座等组成（图2-19）。振动篦板是一个高频振动的格栅，将其放置在料槽上部，可防止因冻结或锈结成大团的屑状或块状物料进入料槽，否则大块物料会在料槽下部造成堵塞。由于格栅的高频振动，在防止大块物料进入料槽的同时，屑状、块状的正常粒度物料能迅速落入料槽，不会在格栅上堆积，对一些粘接强度不大的结块还能起松散、碎块作用，是较为理想的上料设备。

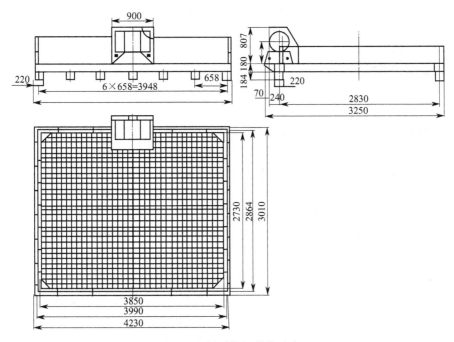

图 2-19　振动篦板结构示意

篦板为焊接结构，篦孔尺寸根据物料种类和用户要求而定。篦板的支承弹簧为橡胶弹簧，根据现场的安装环境，橡胶弹簧或者布置在篦板的两个侧边下部，或者布置在篦板的四个边的下部。篦板一般采用一台振动电机激振。技术参数见表2-61。

表 2-61　振动篦板技术参数

型　　号	篦板尺寸/mm	篦孔尺寸/mm	配用振动电机			外形尺寸/mm	重量/t
			型　号	功率/kW	数量/台		
JZB320-300	3200×3000	100×100	TZD-61-8C	3.7	750	3620×3400×1171	4400
JZB270-385	2730×3850	150×150	TZD-61-6C	3.7	960	4168×3250×1171	4460
JZB340-400	3400×4000	100×100	TZD-61-6C	3.7	960	4420×4020×1170	4509
JZB450-590	4500×5900	30×30	TZD-71-6C	2×5.5	960	5960×4500×1220	7037

（5）上料溜子　上料溜子也称溜管，结构十分简单，是截面一般为圆形或矩形的钢铁长管。上料溜子具有一定的倾斜角度。物料借助本身重力作用而滑溜通过，从上至下传送，由于装置简单，不需要动力，所以在玻璃企业原料系统和碎玻璃系统应用很多。

2.5.3　原料的称量

在配料过程中，物料的称量要求既快又准确，如称量错误就会使配合料或玻璃液报废。称量精度是保证配合料质量的重要因素，其精度取决于秤的精度、称料量的多少和误差。称量原料接近秤的全量程时，配合料的称量精度就接近秤本身标定的精度，即误差最小；反之则大。因此量大用大秤，量小用小秤。对称量精度的要求一般在1/500，精确称量时为1/1000；人工称量用磅秤或台秤，称量时最好一人称量一人复称，以免误差。

2.5.3.1　称量原则

① 熟悉称量器的使用方法和维护细则，经常保持称量器刀口、触点、支点、传感器等处的清洁，避免有腐蚀性物料，如纯碱、碳酸钾等积尘。

② 定期用砝码校验衡器。

③ 称量前检查称量料斗、卸料门的闭合密封，以确保无漏料现象。

④ 提高称量的准确度与精确度。

⑤ 在称量进行的全过程中必须注意力集中，杜绝过失误差。

2.5.3.2　称量方法

（1）累计称量法　用一台秤，依次称量各种原料，然后一次卸料的称量方式。这种称量方式的特点是称量集中，占地面积小；缺点是有累计误差且不易处理。

（2）增量称量法　该方法是通过给料机将原料从料仓加到称斗中，达到设定值时停止加料，料斗下有一个闸门，开启闸门放出所有已称好的原料并输送到混合机。这种称量方法要求原料不吸附在称斗壁上，否则实际放出的原料量不等于称量值，会明显降低称量精度。称斗下闸门如果控制不好，容易发生漏料现象而严重影响配合料的化学组分均匀性。

（3）减量称量法　假定要称量 x kg原料，先通过给料机向称斗加料到 A kg，然后由称斗出料口处的给料机往外排料，直到秤斗中还残留 B kg料时停止排料，使 $x=A-B$。秤斗中残留的数量一般为额定称量的 $1/5\sim1/4$。这种称量方法可以使吸附在称斗壁上的料被包括在残留料量内，不会影响称量精度，减量称量法比一次称量法多用了一台给料机，但却能保证达到很高的称量精度。因此，减量称量法被现代浮法玻璃生产企业广泛采用。

2.5.3.3　称量流程

由于塔库与排库的结构不同，称量流程有所不同。根据每种原料称量的量选择电子秤的称量精度，选择合适的称量及放料顺序。塔库的结构比较紧凑，一般根据原料的用量分为几个秤斗进行称量，称量后进入中间仓，待所有原料称量完成后直接进入混合机进行混合；排库结构较为宽松，可以选择每种原料使用一台电子秤，也可以根据用量大小选择几种原料共用一台电子秤进行称量，称量后根据先放大料后放小料的原则将称量好的原料卸放到集料皮带上，并保证小料铺在大料上，通过带式输送机把各种原料输送到混合机中进行混合。需要注意的是芒硝和炭粉称量后一般需要进行预混合，然后再卸放到带式输送机上，以保证芒硝与炭粉充分混合，更好地发挥芒硝的澄清作用。

（1）放料顺序

① 排库的放料：将已称量过的原料从秤斗放到集料皮带上，要保证各种原料能够叠加到一起，类似"三明治"的效果，这样可使原料进入混合机之前，达到预混的目的。为此，按照料仓的排放顺序，从秤斗放料要遵循以下原则：先放硅砂，等硅砂走到纯碱秤下面时，放纯碱，纯碱和硅砂走到长石秤下面时，再放长石，直至硅砂、纯碱、长石、白云石、石灰石一起走到芒硝、炭粉预混机下面时，放出芒硝和炭粉，然后再一起进入

混合机。

氧化铁红等小料的用量很少，为增加混合均匀性，必须与一定量的其他干料预先混合，在放料过程中加到集料皮带料面上，绝对不允许加到空皮带上。

通过调节各种原料的排料速度，尽量使所有原料的料头和料尾基本重合。

这种放料顺序的优点是：各种原料在皮带上已形成粗略比例的夹层。相当于进行了横码竖切的预均化；较干燥、松散的硅质原料放在最底层，减少了皮带粘料的可能性。碎玻璃不进入混合机，提高了配合料的均匀性和混合机的混合效率。

② 塔库的放料：塔库的放料比较简单，一般先放大料（硅砂、纯碱、白云石、石灰石、长石），再放小料（芒硝、炭粉、铁粉等）。

(2) 芒硝、炭粉的预混合　在浮法玻璃生产中芒硝主要用来作为澄清剂使用，其分解温度较高（1288～1326℃之间），为了确保熔制质量，还要适当加一部分炭粉起助熔作用，在炭粉（还原剂）的作用下，其分解温度可降低到 800～900℃，使一部分芒硝提前分解，起到助熔作用。生产中芒硝和炭粉的用量都较少，如果炭粉混合不均，会造成局部过还原，起不到还原剂的作用，为了充分使其混合，在进入混合机之前，要进行预混合。芒硝、炭粉的混合时间约为 1min。芒硝、炭粉预混合机同时作为芒硝秤进行称量。

2.5.3.4　称量设备

原料的称量系统包括料仓、喂料器、秤、控制系统以及把已称量好的原料送到混合机的输送设备。输送设备通常采用带式输送机，因此又叫集料皮带。在连续批量称量的工业性生产中，应把料仓、喂料器和秤视为一个有机的整体，而不能认为只有好的秤就行。料仓必须均衡供料，不结拱，没有断续性塌料及随之而来的涌流；喂料器必须要保证额定称量精度所需的过送量；秤必须有足够的静态精度，而且微机控制系统应具有自动补偿功能和对原料水分变化自动校正功能。

(1) 料仓系统　现代的料仓不仅是储放散状玻璃原料或配合料的容器，更需要具备容纳规定数量的储存量；有足够的强度来承受料仓内原料或配合料所产生的压力及外界自然环境可能施加在料仓上的力；料仓卸料（玻璃原料或配合料）时，玻璃原料或配合料能通畅而均衡地从料仓出口流出，仓内不形成管斗，料仓出口附近不结拱，出料速率均匀可控等。

为保证料仓以上功能，尤其是保证料仓卸料功能的实现，在料仓上添加了料仓助流装置，主要包括仓壁振动器和振动料斗（活化料斗），应根据实际情况有选择地使用。

(2) 给料机　常用的给料机主要有振动给料机、螺旋给料机和皮带给料机三种。为保证原料称量精度，给料机要求给料的速率稳定，可调可控；过送量应小而恒定；要处理好给料机与料仓出口之间的衔接部分，接口必要让物料从料仓整个出口均衡卸出。

(3) 秤　秤可分为两大类：静态秤和动态秤。静态秤在称量物料重量时，是等物料重量与测量重砣完全达到平衡后，以加重砣的指示重量表示被称物料的重量。动态电子称量系统不仅能显示所称物料的重量，还可以根据预先编制的程序进行控制，完成自动校正、自动调零、自动逻辑判断、自动存取并更改调节以及自动完成重量测量，还能搜集和处理所得到的数据按误差理论进行误差计算，求出传感器非线性误差，并对测量结果进行修正。秤的准确度应当定期用标准砝码或适当方法进行校正；秤的各个部位尤其是杠杆的刀口、传感器的支撑应保持经常清洁。

某浮法生产线各种原料的称量量程及秤的台数见表 2-62。

表 2-62 某浮法生产线各种原料的称量量程及秤的台数

项 目	原 料 名 称						
	硅砂	纯碱	长石	白云石	石灰石	芒硝	炭粉
量程/kg	3000	900	500	1000	500	50	2
电子秤/台	1	1	1	2	1	1	1
负荷传感器/台	3	3	3	6	3	3	0
称量误差/kg	±1	±0.5	±0.2	±0.5	±0.2	±0.02	±5g

2.5.4 原料的混合

原料的混合是指多种原料在外力作用下通过运动速率和方向发生变化,使各种原料颗粒得以均匀分布的操作,是使多种不同物料彼此相互分散达到均匀混合的操作。

2.5.4.1 混合方式

根据促使固体粒子混合力的作用原理不同,混合方式可分为扩散混合、对流混合和剪切混合三种,混合机理如图 2-20 所示。

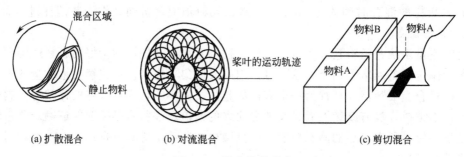

(a) 扩散混合   (b) 对流混合   (c) 剪切混合

图 2-20　混合机理示意

(1) 扩散混合　相邻粒子间产生无规则运动时互相交换位置,而进行的局部混合。

(2) 对流混合　粉料在外力作用下,位置发生移动,所有粒子在混合机中的流动产生整体混合。

(3) 剪切混合　物料群体中的粒子相互间的滑移和冲撞引起的局部混合。

在实际的工业性混合中,这三种混合机理不好截然分开,只能说是以哪一种或哪两种为主。

2.5.4.2 混合设备

(1) 混合机　按结构不同可分为转动式、盘式和桨叶式三大类。转动式混合机有箱式、转鼓式、V 式等;盘式混合机有爱立许式(动盘式)和 QH 式(定盘式)。转动式混合机中,以扩散混合为主,剪切混合次之,对流混合又次之;QH 式混合机中以对流混合为主,剪切混合次之,扩散混合又次之。

① QH 型强制式混合机　工作原理主要是采用涡浆及桨叶与混合盘底存在特殊的角度,使靠近内筒体的物料快速并强制性地不断向外运动,而靠近外筒体的物料被快速并强制性地连续不断向内筒方向运动,使物料在内外筒之间被强制性地不断做碰撞和剪切运动,同时物料被不断地上下翻动,从而达到快速有效地混合物料的目的。机理上是以对流为主,剪切与扩散次之。它属于桨叶式混合机,在横向圆筒内,中间主轴旋转,带动焊在其上的刮板回转,使配合料搅拌混合,其结构简单,维修方便,密封性好,不易产生粉尘,混合均匀度可

达98.4%（图2-21）。

② 爱立许式混合机 爱立许式混合机设计先进，结构合理，可靠的控制系统更是该设备的技术核心。就混合原理而言，其属于强对流混合，混合效果非常好。此类混合机具有2个带刮铲的低速转子和1个带桨叶的高速转子进行各自独立的顺时针转动，底盘进行反方向转动。刮铲与底盘呈倾斜和沿径分布。混合料同时受重力、剪切力和摩擦力的作用，在混合运行中形成了复杂的空间运动轨迹。由于2个带刮铲的低速转子采用了行星式的运转，使混合料混合时减少了死区，高速转子运转速度达1000r/min，可以有效地打碎料蛋，混合均匀度可达98.7%～99.5%，是目前玻璃行业中混合均匀度最高的一种混合设备（图2-22）。

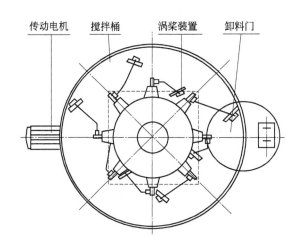

图2-21　QH型强制式混合机结构示意

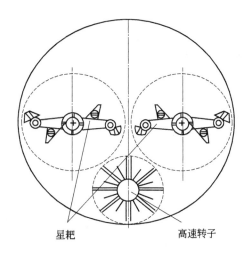

图2-22　爱立许式混合机结构示意

（2）混合控制系统 混合过程的控制总是与称量和配料过程交叉进行的，其程序控制过程包括混合机加料、混合、将混好的配合料输送到窑头料仓。

（3）混合机加水设备 在混合过程中，为了保证配合料所要求的湿度和温度，通常要加入适量的温水或蒸汽。混合机加水方式分为定时加水和定量加水，定时加水因容易受水压等因素影响而造成加水不准确，为了保证加水量的准确性，一般多选择定量加水方式。

2.5.4.3　混合操作

（1）加料次序 混合操作时，各种粉料必须按照放料次序依次加入混合机中，以防止原料散失和污染。一般放料次序为：首先放硅质原料并同时加水，使其表面充分湿润，形成水膜，然后或按长石、石灰石、白云石、纯碱、芒硝和澄清剂等次序，或按纯碱、芒硝、长石、石灰石、小原料的次序加料。在芒硝加入前必须预先将芒硝和煤粉充分混合，以保证煤粉使芒硝充分还原。如果碎玻璃参加混合，通常在放料前加入，这样既能降低装填料量，又能减少碎玻璃对混合机的磨损。

（2）装填量控制 混合操作时，混合机的控制指标是装料比。所谓装料比是装入料的体积占混合机容积的百分数，又称填充系数。设装入混合机物料体积为F，混合机容积为V时，装料比为F/V。在一定的转速下，随着装料量的增加，径向混合将会减少，故装料比不能过大，一般情况下装料比为30%～50%。

（3）加水量控制 在混合过程中加水是为了能使砂粒表面湿润，形成水膜，加强对助熔剂的熔解和黏附能力，从而加速熔制；加水后增加了配合料黏附性，从而使得颗粒之间的位置相对稳定，易调和均匀，减少分层现象；加水可减少粉尘飞扬，有利于改善操作环境，保障操作人员健康；水分在熔制时受热变成水蒸气逸出，对玻璃起搅拌作用，带出玻璃液中的小气泡，促使玻璃液的澄清和均化；加水的混合料投入池窑后，可减少飞料，从而减少对熔窑耐火材料和废热利用装置的腐蚀。

为了保证混合料的温度，加水温度应在 35℃ 以上，或向混合机中通入水蒸气。这是因为芒硝和纯碱在 32℃ 以下时，纯碱水化成含 10 个结晶水（$Na_2CO_3 \cdot 10H_2O$）；在 32℃ 时纯碱水化成含 7 个结晶水（$Na_2CO_3 \cdot 7H_2O$）；在 35.1℃ 时含 7 个结晶水的纯碱分解成单水碳酸钠（$Na_2CO_3 \cdot H_2O$）。芒硝也有此类问题，在 32.4℃ 以下，硫酸钠与水结合成稳定的 10 个结晶水的碳酸钠（$Na_2SO_4 \cdot 10H_2O$）。在温度较高时，变成无水芒硝（Na_2SO_4）。

加水方式也要合理，通常是使水呈雾状分散加入，否则水流局部集中，会使纯碱、芒硝遇水结成料团，影响配合料的质量。

（4）混合机转速控制　混合是物料在容器内受重力、离心力、摩擦力作用产生流动的结果。当重力和离心力平衡时，物料便随容器以同样速度旋转，物料间失去相对流动而不发生混合作用，这时的回转速度叫临界转速。临界转速不能使物料混合，所以必须小于临界速度。通过实验发现最佳转速与容器最大回转半径间有以下关系，即最大回转半径大则最佳转速就小；反之最佳转速就大。

（5）混合时间控制　混合时间是混合操作中最重要的参数，也是影响配合料均匀性的重要参数。一般通过化学分析法测定不同混合时间所制得配合料的均匀度来进行优选，只要均匀度的波动幅度在允许范围内，其混合时间就是合理的，它的最佳值应由实验决定，一般为 3～6min。

配合料混合时间过长则不利于混合。这是因为在混合过程中，同时存在着混合和分层两种作用。开始时，混合作用大于分层作用，所以混合均匀度逐步提高，随着混合时间的延长，混合作用逐步减弱。当两种作用相同时，再延长混合时间也不会提高均匀度，而热切混合时间过长，不但不能提高均匀度，反而降低了效率，使机械磨损增加，而且配合了摩擦生热，使水分蒸发引起配合料分层，所以说，混合时间过长不利于混合。

2.5.4.4　碎玻璃加入方式

① 碎玻璃单独加入，窑头设有专用的碎玻璃料仓，使用单独的碎玻璃投料机，使加入的碎玻璃均匀覆盖在配合料上，减少配合料受火焰影响造成的飞散损失。

② 碎玻璃与原料同时进入混合机，混合均匀后再进入窑头料仓。虽然可以使配合料的料蛋几乎全部消失，但这样会减少混合机的有效空间，降低混合效率，还增加设备磨损。

③ 碎玻璃直接在窑头经称量后，加在配合料输送皮带上，同配合料一同加入窑头料仓。目前浮法玻璃生产企业多采用该加入方式，此方法可保证碎玻璃与原料均匀加入，既简单又易于操作。

2.5.5　配合料输送和储存

2.5.5.1　配合料输送

如果配合料输送方式不正确，就会产生分层现象，进而影响玻璃的熔制效果。为把分层现象降到最低限度，在输送时，应选取最短距离，尽量防止振动，严禁溜放，避免敞开式作业，并力求降低从一处转移至另一处的落差。输送方式通常有以下几种。

(1) 皮带输送　这是目前玻璃生产企业使用最广泛的一种方法。混合好的配合料卸到带式输送机上，当输送到窑头料仓顶部时，由螺旋输送机将配合料输送到窑头料仓口下，螺旋输送机能起到搅拌作用，从而促使配合料进一步均化。由于带式输送机在运行中没有使配合料多次转移，只要设计合理，就能防止振动，克服分料现象。其优点是：结构简单、操作方便、便于维修、适合自动控制，有利于实行系统的联锁联动，但带式输送机是连续输送，一旦发现问题，往往来不及处理，配合料已进入窑头料仓。

(2) 料罐输送　这是通过一个圆柱或方形底部有放料门的钢板罐装料，装料后用电葫芦或轨道输送车将料罐吊至窑头并卸入窑头料仓的配合料输送方式。其优点是：每混合一次料放进一个罐里，便于分析检查。如发现问题，可放到一边暂缓使用，避免不合格的料投入窑头料仓。缺点是占用料罐多，存放占地面积大，不利于防尘和实现自动控制。

2.5.5.2　配合料储存

为了在生产工艺出现问题及设备出现故障时不影响生产，必须储备一定数量的配合料，配合料一般储存在窑头的料仓中。配合料储存时间过长会因投料区环境温度较高，而引起水分迅速蒸发。另外，轻质料容易飞扬或被气流带走，而密度大，粒径略粗的颗粒会聚集，使配合料的均匀性破坏。因此，配合料一般储备 2h 的用量，最多不能超过 4h。

2.6　配合料质量检验及常见事故处理

2.6.1　配合料质量检验

2.6.1.1　配合料质量要求

在配合料制备过程中称量准确和混合均匀是衡量配合料质量的两个主要标准。但要使配合料经熔融后获得满意的制品质量还必须注意下列 5 个要点。

(1) 适度的润湿性　对配合料进行适度的润湿可使原料颗粒表面增加吸附性，易于混合均匀，减少在传送过程中的分层和粉料飞扬，有利于改善操作环境和延长熔窑的寿命。同时含有适量的水分可使配合料在熔制过程中加速物料间的固相反应，有利于加速玻璃的熔制过程，润湿程度以含 2%～4% 的水分为宜。由于原料批量大，水分波动大，容易导致称量不准，造成组成波动，故应尽量采用干基原料，然后在混料过程中注入定量的水分。

(2) 适量的气体率　为使玻璃易于澄清和均化，配合料中必须含有适量的、在受热分解后释放出气体的原料，如碳酸盐、硝酸盐、硫酸盐、硼酸等。一般在配方计算时，都对配合料的气体率进行计算。气体率过高会造成玻璃液翻腾过于剧烈，延长澄清和均化时间；气体率过低又使玻璃液澄清和均化不完全。对钠钙硅系统玻璃，气体率一般控制在 15%～20%，一些硬质耐热玻璃的配合料气体率都较低，故应设法多用气体率高的原料，有条件的工厂可在熔窑底部安装鼓泡装置，以弥补配合料气体率不足的缺点。

(3) 较高的均匀度　混合不均匀的配合料容易造成在熔制过程中分层，含易熔氧化物的区域先熔制，而使富含难熔物质的区域熔制时发生困难，从而导致制品容易产生条纹、气泡、结石等缺陷。

(4) 避免金属和其他杂质的混入　在整个配合料的制备过程中可能会混入各种金属杂质，如机器设备的磨损或部件中螺栓、螺母、垫圈等的掉落，原料拆卸过程中的包装材料及其他不应有的氧化物原料混入等。这些都会影响配合料的熔制质量，造成熔融玻璃澄清困难或制品色泽的改变。

（5）选择适当的碎玻璃比率　碎玻璃配比合适，质量符合使用要求，是保证配合料质量的重要环节。在配合料中加入适量的碎玻璃，无论从经济角度还是从工艺角度都是有利的，但若控制不当也会对玻璃组成控制和制品质量带来不利的影响。

2.6.1.2　配合料的质量检验

配合料的质量检验通常包括含水量的检验和混合均匀度的检验两方面内容。

（1）含水量的检验　检验的方法是选择有代表性的几个点，正确取样（配合料）2～3g，放入称量瓶中称量，然后送进烘箱中干燥至质量不再减少，在干燥器中冷却后，再称量其质量。两者之差，即配合料的含水量，按式(2-50)计算。

$$水分 = \frac{湿配合料质量 - 干配合料质量}{湿配合料质量} \times 100\% \tag{2-50}$$

配合料中水分允许的波动范围是±0.5%；检验次数应以每班两次为宜。

（2）混合均匀度的检验　混合均匀性一般采用滴定法检验，取试样三个，每个试样 2g 左右，溶于热水，过滤，用标准试剂滴定，将总碱度换算成以 Na_2CO_3 表示，将三个量的结果加以比较，如平均偏差不超过 0.5% 以上为均匀度合格，检验次数应以每班两次为宜。

2.6.2　配合料制备过程中常见事故及处理方法

配合料事故是指在生产工艺流程中，操作人员不遵守岗位责任制和操作规程，违章作业，严重影响配合料的产量和质量，最终造成生产不能正常进行或配合料质量出现偏差，给玻璃生产造成产量和质量损失的事件。常见的配合料事故有：原料工艺参数（颗粒大、细粉多）不合理、配合料工艺参数（炭粉含率、芒硝含率、碎玻璃加入量、水分含量、料温等）不合理、配合料混合不均匀以及一些相关设备故障等。

2.6.2.1　原料颗粒大

所有超出正常粒度标准的原料大颗粒均能引起玻璃缺陷，但影响较为严重的为硅质原料和铝硅质原料。

（1）硅质原料大颗粒　硅质原料是玻璃配合料中较难熔制的物料，在熔窑中完全熔制和充分扩散需要较长时间，通常把粒径大于原料粒度标准上限的颗粒称为大颗粒。一旦大颗粒原料进入熔窑，几乎来不及熔制或没有时间充分扩散就被带入成形流，往往在玻璃中形成结石和条纹。

采取的措施是严格控制硅质原料上限粒度范围、避免大颗粒出现；加强原料管理，制定满足工艺要求的质量标准及质量检验标准，严格进厂质量检验，避免不合格原料进厂。

（2）铝硅质原料大颗粒　钠钙硅玻璃中的铝硅质原料大颗粒，是长石在生产过程中所产生的，同硅质原料大颗粒一样也会产生条纹、霞石、疖瘤。

采取的措施是严格控制铝硅质原料上限粒度范围，避免大颗粒出现；严格进厂质量检验，避免不合格原料进厂，杜绝含铝硅质、高铝质夹杂物的引入；避免原料或碎玻璃中混入黏土等高铝的废砖残渣，如果混入，应作为废料处理。

2.6.2.2　原料细粉过多

（1）硅质原料细粉过多　会造成细粉结团或配合料分层现象，结团的细粉内部与助熔剂的接触机会减少，难以熔制，将会形成结石缺陷。

采取的措施是严格控制硅质原料的细粉含量，减少配合料在窑内的飞散；加强原料管理，严格执行进厂原料检验标准。

（2）长石细粉过多 可能在玻璃熔体中形成霞石结石或铝含量较高的疖瘤。

在生产中，长石用量虽然较少，但是对细粉的控制应更加严格，每次上料前都应认真检查，细粉超标的长石绝对禁止使用。

（3）其他原料细粉过多 包括纯碱、白云石、石灰石等细粉含量高，在储存、运输过程中，受振动和成堆作用的影响，与粗颗粒产生强烈的离析，从而使其化学成分处于不稳定状态，造成配合料混合不均匀。白云石、石灰石粒度过细，会阻滞初生液相对硅砂颗粒的润湿包围，降低硅酸盐的反应速率。而且细小的颗粒在熔制初期反应很快，气泡产生剧烈，在颗粒的周围形成一层泡沫层，颗粒越小，泡沫越多，使热辐射不易进入玻璃液内部，气泡排出非常困难，从而在玻璃板中形成气泡缺陷。

采取的措施是严格控制各种原料细粉含量，减少配合料在窑内的飞散；加强原料管理，严格执行进厂原料标准。发现细粉超标，不予进厂使用。

2.6.2.3 配合料工艺参数不合理

配合料工艺参数的不合理，一般发生在新线投产的初期，多数情况下都会造成玻璃缺陷。

（1）炭粉含率工艺参数不合理 在芒硝含率一定的情况下，如果炭粉含率过高，在熔制初期，大量的炭粉与芒硝反应，使芒硝提前分解过多，造成后期澄清不良，产生澄清气泡或液珠泡；炭粉含率太高时，还会出现硫炭着色，使玻璃呈棕色。如果炭粉含率过低，炭粉过快地消耗，造成芒硝过剩形成"硝水"，容易造成玻璃表面芒硝斑和玻璃中芒硝结石。

采取的措施是适当调整炭粉含率，结合炭粉含率，调整火焰气氛，控制燃料中的硫含量，使玻璃成品中 SO_3 含量保持在控制范围内。

（2）芒硝含率工艺参数不合理 芒硝含率过高与炭粉含率过低对玻璃的影响相近。在玻璃板面产生白色实心的"芒硝泡"。过量的芒硝以液态的硫酸钠形式存在于玻璃熔体中，冷却后部分凝固成晶体，形成芒硝结石。澄清过程中，分解的气体量少，漂浮上移力量小，使气体残留在玻璃中，形成大量的未澄清气泡。

采取的措施是调整芒硝含率，控制芒硝加入量，校核芒硝秤，确保称量的精度；校核输入的料方，如有错料应及时调整；检查芒硝、炭粉预混系统，确保正常运行；严禁在熔窑部位外加芒硝；控制燃料中硫的含量，如果重油中含硫量过高，应对料方做适当调整。

（3）碎玻璃加入量工艺参数不合理 碎玻璃的最佳加入范围为 18%～35%，通常加入量为 20%～30%。碎玻璃过多，玻璃成品发脆，玻璃原板微气泡增多。在硅酸盐反应初期，它会消耗部分纯碱，使砂粒在后期熔制时，可用的纯碱不足，熔制困难，而且整个配合料的气体比率降低，给澄清均化也带来困难，容易形成气泡和条纹缺陷。碎玻璃加入量过低时，玻璃熔制困难，容易形成结石和细小条纹。

采取的措施是采用合理的碎玻璃比率，保证碎玻璃与配合料均匀混合后入窑；严格碎玻璃管理，避免与配合料化学成分差异较大的碎玻璃入窑，避免较大块度及过细的碎玻璃入窑。

（4）配合料水分工艺参数 水分含量过高时，粉料黏结成团，不利于熔制，易在玻璃中形成未熔物结石和条纹。硅质原料水分偏大造成硅质原料结团以及熔制不良等，最终产生硅质结石。水分含量低时，配合料在输送过程中易分层，造成成分不均，粉料飞扬严重，进入熔窑后，热气流把易挥发组分吹入对面的蓄热室，加剧耐火材料的侵蚀，造成蓄热室堵塞。

采取的措施是严格控制配合料的含水率，硅质原料的含水率要在可控范围内；调整加水量，校核在线水分测试仪和水秤，使其处于可控范围内。

2.6.2.4 料温偏低

配合料到达窑头料仓合适的温度一般为 37℃。若低于这个温度，则配合料中的水由游离水变为纯碱和芒硝的结晶水，造成配合料偏干，形成分层和飞料。与配合料水分含量低造成的缺陷一样，在玻璃中产生条纹、平整度差以及其他缺陷。

采取的措施是合理控制加水温度，若水温过低，应在配合料中通入一定量的热蒸汽，尤其是寒冷的冬季应对带式输送机走廊进行密封保温。

2.6.2.5 配合料混合不均匀

在生产中，由于原料成分和水分发生波动而配料单未做及时调整、料单输入错误、称量不准确、碎玻璃成分发生变化、加水温度不合适、干湿混时间不合理、混合机漏料、混合机故障、配合料输送分层、生熟料混合不均等都会引起配合料不匀。配合料均匀度的偏差，会导致玻璃性能和质量发生变化，造成玻璃结石和条纹等缺陷。

采取的措施是根据具体情况，采取相应的解决方法。如调整好干湿混时间，保证配合料的均匀度达到要求；保证配合料的水分、温度，减少配合料的分层现象；严格控制各种原料的称量精度，保证入窑配合料的均匀性。

2.7 主要岗位及操作规程

对于比较现代的浮法玻璃生产企业来说，配合料工区主要设有配料工、混合机工、带式输送工等岗位。其中配料工主要负责各种原料的配料以及水分的控制；混合工主要负责原料的均匀混合；带式输送工主要负责配合料的输送。

原料工区所有岗位都应做到"四懂、三会、三勤"。"四懂"是懂生产技术原理，懂安全生产规章制度，懂机械设备的结构、性能和原理，懂尘毒危害和防护措施。"三会"是会操作，会维护保养机器设备，会排除故障和处理事故，正确使用防护器材和消防器材等。"三勤"是勤检查、勤调节、勤联系。

2.7.1 配料工的操作规程

（1）上岗

① 配料是关键工序，持上岗证上岗，工作时必须穿戴好劳保用品。

② 按时接班，向上一班次了解生产和设备运行情况，并核对记录。

（2）生产准备

① 接班后检查配料生产日志，称量仪表及计算机显示是否正常，现场设备有无异常。

② 检查程序与方法。检查计算机配方表与最近的原料配合通知单是否一致，不一致时上报值班主任，值班主任与化验站联系核准并下达新料单，依新料单修改配方表。检查称量仪表显示状态是否正常，检查仪表值是否与计算机对应一致，不正常或不一致时报值班主任派人处理。检查现场 7 台秤的喂料器吊挂、传感器吊挂是否正常，不正常时报值班主任派人处理。

（3）生产操作

① 接到可逆带式输送机工要料指示及确认可逆带式输送机已经运行后，报告班长并与

调和工联系，方可开车。

② 开车程序：原料带式输送机→混合机→配料带式输送机→称量（与配合循环）。

③ 生产过程跟踪监视。监视计算机与仪表显示状态及数值是否正常，异常时停车报值班主任派人修理。随时核对化验单与三项指标的相符情况，必要时随时调整。监视运行模拟盘信号灯，异常时通知相关部门检查处理。对现场称量设备每0.5h巡查一次，如设备异常，停车报值班主任派人修理。

④ 生产中接到原料配合通知单后，及时修改计算机配方表，一人输入数据，一人校对、复核。由化验站送料单人员校对后，进入正常操作过程。

⑤ 化验站通知配合料为轻微不合格时，如设备无异常则应进行观察生产，异常时报班长处理；通知配合料为一般不合格时，停车后，通知值班主任，并协助班长及有关人员检查生产设备。值班主任通知配料时，方可再开车。

⑥ 接到可逆带式输送工停车指示或其他岗位异常停车通知时，及时停车，并通知班长和调和工。

⑦ 设备异常造成配合料质量无法确定时，按自检不合格配合料放入废料仓。

⑧ 停车时按程序进行，（与配合循环）→配料带式输送机→混合机→原料带式输送机，并检查设备有无异常，异常时报告班长及值班主任。

（4）下班前工作

① 完善记录，上报值班主任含水、含碱情况及打料车数。

② 清理卫生，保持设备清洁。

（5）记录要求

① 记录填写在配料生产日志表中。

② 设备异常时做维修记录，并写明维修人姓名。

③ 修改配方做记录，写明修改时间、秤名、修正值及操作人。

④ 化验站通知配合料不合格时及自检不合格时做好名称、时间、数量、原因及处理情况记录。

⑤ 其他按记录表要求填写，格式内容不填写时划"/"。

（6）接口工作要求

① 维修工维修设备时应予以配合。

② 生产和设备异常情况及处理结果及时通知班长和上报值班主任。

③ 工序联系及时准确。

2.7.2 上料工的操作规程

（1）上岗　穿戴好劳保用品，按时接班。

（2）生产准备

① 检查生产设备提升机、笼形碾、除尘器等有无异常现象，筛网破损时，及时更换，其他异常上报值班主任派人处理。

② 查看库存情况，并上报运行主任，根据库存情况确定上料数量。

③ 设备正常时，通知搬运工搬运料，组织倒料工进入现场。

（3）生产操作

① 启动设备：除尘器→螺旋输送机→入库存提升机→圆筒筛（六角筛）。

② 启动过程中注意观察设备运行电流表和指示灯。

③ 设备运转正常后，通知倒料工开始上料。

④ 生产中每 0.5h 巡视现场一次，巡视时不得触及设备转动部位，发现除尘袋破、圆筒筛（六角筛）筛网破损、堵料等异常现象时，及时停车处理，仓满时跑空车后停车。同时检查设备有无异常，异常时报主任派人处理。

⑤ 关停设备。关停设备与启动顺序相反。停车后检查设备有无异常，异常时报告主任派人处理。

（4）下班前工作

① 完善记录，报运行主任库存情况。

② 清理卫生，保持设备清洁。

（5）记录要求

① 记录填写在生产（设备）运行记录表中。

② 其他按记录表要求填写，格式内容不填写时划"/"。

（6）接口工作要求

① 维修工维修设备时应予以配合。

② 生产和设备异常情况及处理结果及时上报值班主任。

③ 工序联系要及时准确。

2.7.3　混合工操作规程

（1）上岗

① 混合是关键工序，持上岗证上岗，工作时必须穿戴好劳保用品。

② 按时接班，向上一班次了解生产和设备运行情况，并核对记录。

（2）生产准备

① 接班后，查看生产记录，确认所使用的混合机，检查混合操作柜按钮状态，混合机现场情况及除尘设备有无异常。

② 检查程序与方法。检查电源指示是否正常，控制柜控制按钮位置是否正确，异常时予以纠正或报值班主任派人处理。检查混合机的安全门、卸料门是否关着，混合机上有无异常，若有异常报值班主任派人处理。

（3）生产操作

① 接到配料开车通知后，应先开启除尘器，注意观察设备启动指示灯及设备电流指示表。

② 生产过程中每 0.5h 检查一次配合料质量情况（如含水率、均匀度、成分、比例）及混合机运转情况，异常时及时停车，报值班主任派人处理。

③ 在检查发现或接到化验站通知水分指标异常时，及时通知配料工序，调整加水值，并注意观察下一批次粉料情况，直至正常为止。

④ 化验站通知配合料为轻微不合格时，如设备无异常则进行观察生产，异常时报班长处理；化验站通知配合料为一般不合格时，停车后，通知值班主任，并协助班长及有关人员检查生产设备。

⑤ 设备异常造成配合料质量无法确定时，通知值班主任按自检不合格放入废料仓。

⑥ 接到配料停车通知后，注意观察指示灯状况直到设备完全停止，并关停除尘器。

（4）下班前工作

① 完善记录。

② 清理卫生，保持设备清洁。

（5）记录要求

① 记录填写在混合配料带式输送机运行记录表中。

② 设备异常时做好维修记录，由维修人员指导填写，并写明维修人姓名。

③ 化验站通知配合料不合格及自检不合格时，做好名称、时间、数量、原因、处理情况等记录。

④ 检查配合料质量（含水率、均匀度、成分、比例）并做记录，其他按记录表要求填写，不填写时划"/"。

（6）接口工作要求

① 维修工维修设备时应予以配合。

② 生产和设备异常情况及处理结果及时通知班长并上报值班主任。

③ 工序联系应及时准确。

2.7.4　带式输送工操作规程

（1）上岗　上岗工作时必须穿戴好劳保用品。按时接班，向上一班次了解生产情况和设备运行情况，并核对记录。

（2）生产准备　接班后，检查带式输送机有无异常（皮带跑偏、划伤、皮带托辊缺损等），如有异常，报值班主任派人处理。

（3）生产过程

① 接到开车通知后，进入工作现场手动启动或等待自动启动带式输送机，并观察设备启动时带式输送机的运转情况。

② 生产过程中随时观察进出口的过料情况，确保不积料。

③ 生产过程中随时巡视带式输送机的运行情况，皮带有跑偏、挡带破损漏料或皮带划伤时，通知相关岗位及时停车，或按下紧急停车按钮，并报值班主任协调处理。

④ 按到停车通知后，确认前道工序过完料，手动停车或等待自动停车，同时检查设备有无异常，异常时报告班长及值班主任。

（4）下班前工作

① 完善记录。

② 清理卫生，保持设备清洁。

（5）记录要求

① 认真填写班中记录。

② 设备异常时做维修记录，并写明维修人员姓名。

③ 其他按记录表要求填写，格式内容不填写时划"/"。

（6）接口工作要求

① 维修工维修设备时应予以配合。

② 生产和设备问题，班长及时组织处理或汇报主任派人处理。

③ 工序联系应及时准确。

第3章 浮法玻璃熔窑及熔制工艺

3.1 浮法玻璃熔窑

3.1.1 玻璃熔窑分类

玻璃熔窑是指用耐火材料砌成的、用以熔制浮法玻璃配合料的固体浮法玻璃生产热工设备。可用于玻璃生产的窑炉（池窑）有各种类型，按其特征可分为以下几类。

(1) 按使用的热源分

① 火焰窑　以燃烧燃料为热能来源。燃料可以有煤气、天然气、重油、煤等。

② 电熔窑　以电能作热能来源。它又可分为电弧炉、电阻炉及感应炉。

③ 火焰-电熔窑　以燃料为主要热源，电能为辅助热源。

(2) 按熔制过程的连续性分

① 间歇式窑　把配合料投入窑内进行熔化，待玻璃熔液全部成形后，再重复上述过程。它是属于间歇式生产，所以窑的温度是随时间变化的。

② 连续式窑　投料、熔化与成形是同时进行的。它是属于连续生产，窑温是稳定的。

(3) 按废气余热回收分

① 蓄热式窑　由废气把热能直接传给格子体以进行蓄热，而后在另一个燃烧周期开始后，格子体把热传给助燃空气与煤气，回收废气的余热。

② 换热式窑　废气通过管壁把热量传导到管外的助燃空气，达到废气余热回收的目的。

(4) 按窑内火焰流动走向分

① 横焰窑　火焰的流向与玻璃熔液的走向呈垂直向。

② 马蹄焰窑　火焰的流向是先沿窑的纵向前进而后折回呈马蹄形。

③ 纵焰窑　火焰沿玻璃熔液流动方向前进，火焰到达成形区前由吸气口排至烟道。

目前，我国大多数浮法玻璃生产企业采用以重油、煤气为燃料，以横焰蓄热式连续火焰池窑作为熔窑来熔制玻璃。

3.1.2 浮法玻璃熔窑整体结构

目前世界上浮法玻璃熔窑日熔化量最高可达到1100t以上。浮法玻璃熔窑的结构主要包括投料系统、熔制系统、热源供给系统、废气余热利用系统、排烟供气系统等。如图3-1所示为浮法玻璃熔窑平面图，如图3-2所示为其立面图。

3.1.3 投料系统

投料系统由投料机和投料池组成。投料是熔制过程中的重要工艺环节之一，影响到配合料的熔制速率、熔制区的位置、熔制温度及液面的稳定，从而影响熔制率、玻璃质量和燃料消耗量等指标。操作要求料层薄、连续不间断，尽可能覆盖面大，以使配合料在熔制区的液面上既能最大限度地吸收上部火焰的辐射热，又能充分接收下部高温玻璃液所传递的热量。

3.1.3.1 投料池

投料池也叫加料口，是突出于熔窑外面与窑池相通的矩形小池，配合料由此投入窑内，

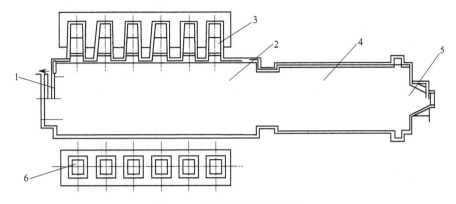

图 3-1　浮法玻璃熔窑平面图

1—投料口；2—熔制系统；3—小炉；4—冷却部分；5—流料口；6—蓄热室

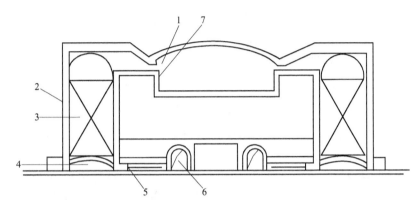

图 3-2　浮法玻璃熔窑立面图

1—小炉口；2—蓄热室；3—格子体；4—底烟道；

5—连通烟道；6—支烟道；7—燃油燃烧器

同时还起到一个预熔的作用。传统的投料池宽是熔化池的 85% 左右，投料池的池壁与池窑的上平面相齐，投料池池壁使用的耐火材料与熔制系统池壁材料相同。在实际生产中，投料池侵蚀严重，尤其在投料池的拐角处，两面受热，散热面积小，冷却条件差，受配合料的化学侵蚀和机械磨损共同作用，非常容易损毁。因此，现代浮法熔窑很多已采用与熔制系统等宽的加料池，使得料层更薄，并能防止偏料，更避免了因拐角砖损毁带来的热修麻烦。随着投料池宽度的不断增大，大型斜毯式投料机也应运而生，熔化池和投料池宽度均在 11m 的熔窑，采用两台斜毯式投料机即可满足生产和技术要求。

此外，由于投料池对配合料起预熔作用，即配合料从加料口入窑后，受火焰空间和玻璃液传来的热量的影响，在投料口处配合料部分熔融。因此，适当延长投料池长度，有利于配合料的预熔，减少飞料和飞料对熔窑耐火材料的侵蚀，延长窑龄，同时还可改善投料口处的操作环境。

3.1.3.2　投料机

投料机的主要作用是负责向熔窑中添加配合料。主要种类有螺旋式投料机、垄式投料机、摆动式投料机、柱塞式投料机、振动式投料机、斜毯式投料机等。目前，我国浮法玻璃生产企业多数采用斜毯式投料机。

（1）螺旋式投料机　螺旋式投料机（图 3-3）是利用螺旋的轴向推力来移动配合料进入熔窑的设备。即带有螺旋片的转动轴在一个封闭的料槽内旋转，使装入料槽的物料由于本身的重力及其对料槽的摩擦力的作用，而不和螺旋一起旋转，只沿料槽向前移动。

螺旋式投料机的主要特征是：结构比较简单、紧凑，工作可靠，成本低廉，维修比较容易；因料槽是封闭状的，所以较适合于易飞扬的粉料；一台投料机可以同时向两个方向给料，也可以由两个方向向一处给料。

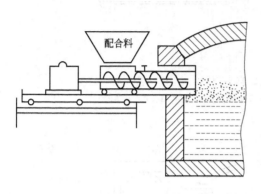

图 3-3　螺旋式投料机示意　　　　　　图 3-4　垄式投料机示意

（2）垄式投料机　垄式投料机（图 3-4）是常见的玻璃生产投料专用设备，其工作原理是：电动机经减速器减速后，通过轴带动偏心盘转动，偏心盘通过连杆使投料槽做往复运动，投料槽在托辊上滑动，托辊固定在机架上。

当投料槽向熔窑投料口方向运动时，借助配合料与槽体的摩擦力和槽体后壁的推动，使料与槽体一同向前移动。与此同时料仓卸料斗中的配合料通过闸门（在重力作用下）落入投料槽内。当投料槽返回时，配合料因被料仓中物料所阻挡，不能随槽体一道返回，而通过投料机嘴落入池炉的投料口中。

投料机嘴在炉的投料口上工作，设有水套，通水冷却，加以保护。调节下料厚度，可扳动扳手使闸门升起或落下，投料槽的料层厚度为 50～150mm。

垄式投料机使用、维护时需注意以下几点。

① 检查密封装置，如卸料溜子顶端与料仓接口应封闭，无漏料现象；橡胶挡板磨损较大时应进行调整或更换，以防物料后逸。检查托辊、导轮等转动零部件的磨损情况，如有阻卡、轮面磨偏应及时修复或更换。

② 投料台前端的铸铁阻板，如表面严重侵蚀或出现裂纹、剥落需换。投料机离熔炉很近，润滑剂极易干燥，因此要求托辊、导轮和闸门升降丝杠必须保持充足的钠基润滑脂。减速箱应加注黏度较大的齿轮油，每半年清洗、换油一次。如发现闸门升降用的丝杠锈蚀或螺纹严重磨损、连杆两端的柱销磨损、弹性联轴器的弹性橡胶圈变形或开裂、柱销变形、螺纹滑牙等应及时更换。

③ 当电动机温升过高，减速器漏油或有异常声响，蜗轮、蜗杆的啮合间隙和接触面积超出允许范围时应及时修理。

（3）摆动式投料机　摆动式投料机（图 3-5）是玻璃生产中向熔窑投料时使用较广泛的专用设备。其工作原理是：电动机经减速器减速后，通过轴带动偏心盘转动，偏心盘通过连杆使推料板做往复运动。

图 3-5　摆动式投料机外观

当投料板向熔窑投料口方向运动时，将配合料推入熔窑的投料口内。当投料板向前运动时，将投料机前浮在液面上的物料往前推进，并且压入液面下一部分，在投料机前表面覆盖一层熔融体，使配合料同窑内的燃烧气流隔开，减少粉料飞扬，同时，料仓内的物料受闸门开度控制，在投料台上铺展成所要求的薄层厚度。完成投料，投料板返回。投料机的投料板在熔窑内出入，应通水冷却，加以保护。

（4）柱塞式投料机　柱塞式投料机是玻璃生产中向熔窑加入配合料时使用的专用设备。它可以与熔窑的玻璃液面控制系统联锁，实现投料和液面控制自动化。

柱塞式投料机的工作原理是：电动机经减速器带动主轴转动，主轴上的可调偏心轮带动连杆将回转运动改变为往复运动，推动柱塞实现投料动作。配合料由料仓卸料口落下后由柱塞推动至投料嘴处，靠自身的重力落入池炉投料口中。偏心轮的偏心距可以调节，由此改变柱塞的行程，达到调节投料量的目的。投料机由 4 个车轮支承，车轮可在角钢导轨上滚动，便于在调试或检修时离开投料口。该机投料能力不大，适用于小型池炉。

（5）振动式投料机　振动式投料机（图 3-6）根据振动源不同分为电磁振动投料机和电机振动投料机两种，并且电机振动投料机将逐步取代电磁振动投料机。一般由振动投料器和送料槽两部分组成。

振动式投料机的振动电机安装在给料槽的尾部，它属于将动力源与振动源合为一体的电动旋转式激振源。激振力强且稳定，激振力可以无级调节。振动电机是由特制电机及安装在轴两端的可以调节角度的两块偏心块，外加两个防护罩封闭组成。振动电机本身带地脚。通电后振动电机

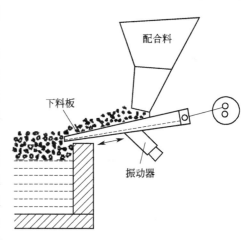

图 3-6　振动式投料机示意

产生激振力，由于本身振动而带动给料槽做往复振动，给料槽中的物料粒子在激振力的作用下，间歇地向前做抛物线运动，由于振动频率较高，为 1000～3000 次/min，所以看起来是连续的运动，物料在振动中不断地运动到槽口卸掉。

振动式投料机在调试、日常使用与维护时应注意以下几点。

① 日常使用与调试　振动电机在使用前必须用 50V 以上的兆欧表来测量其绝缘电阻，其值不小于 0.5Ω。仔细检查各零部件是否由于运输而受到损伤或裂纹，紧固件是否松动。振动电机是通过地脚螺栓与振动机械（给料槽）牢固连接并输出激振力的，振动电机的接合面应进行机械加工，粗糙度为 $R_a 2.5 \mu m$，并有足够的刚度。振动电机应妥善接地。振动电机应进行试运转，观察转动是否灵活而无碰撞声，并根据需要调整偏心块到最佳激振力后再投入运转。

② 维修与存放　振动电机在运转中如发现有不正常的响声，应立即停车进行检查，故障未经清除切勿再进行启动运转。为保证振动电机正常运行及防止故障的发生，振动电机必须每隔两个月小检修一次，每年大检修一次。小检修应清除机内积尘、污垢，更换新的润滑脂，检查线圈绝缘电阻、接头、接地，各紧固件及偏心块是否有松动，并及时消除。大检修除进行小检修的项目外，还要注意清洁线圈，检查线圈绝缘是否完好，检查轴承磨损情况并更换新的润滑脂。更换润滑脂时要将轴承净洗，注入钙基润滑脂至轴承内外腔的 $1/5 \sim 1/4$ 为宜。振动电机不用时，必须存放在通风干燥的仓库内。仓库内不应有腐蚀性气体。对储存的振动电机应定期检查有无受潮、受冻、生锈及润滑脂变质等情况。

（6）斜毯式投料机　斜毯式投料机（图 3-7）的特点是可将碎玻璃和配合料混合在一起加入玻璃熔窑中，且加料连续、层薄；布料均匀；覆盖面大。

斜毯式投料机工作时，混合均匀的配合料由料仓进入投料机送料板，送料板依靠托辊支撑，在传动系统带动曲柄、连杆、摇杆的作用下做往复运动，将配合料送入玻璃熔窑，技术参数见表 3-1。

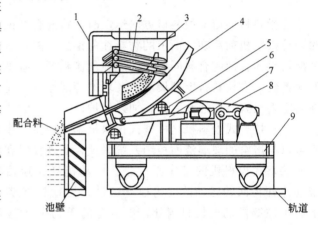

图 3-7　斜毯式投料机示意

1—防热板；2—调节闸板；3—料斗；4—弧形投料台；
5—支撑轮；6—连杆；7—曲柄；8—传动装置；9—机架

表 3-1　斜毯式投料机技术参数

项　目	XTC-1500 型	XTC-2000 型	XTC-3000 型	XTC-5500 型
加料口宽度/mm	1500	2000	3000	5500
正常加料量/(t/d)	353	425	658	1100
推料行程/mm	220~350	220~350	220~350	220~350
加料台往返次数/(r/min)	6	6	6	6
电机功率/kW	2×1.5	2×1.5	2×2.2	2×3

3.1.4　熔制系统

熔制系统主要由前脸墙、熔化部、分隔设备、冷却部等部分组成。

3.1.4.1　前脸墙

前脸墙是熔化部火焰空间的前部端墙，作用是阻挡熔窑前端投料处的火焰。前脸墙受到火焰烧损和料粉侵蚀容易损坏，并且热风烤窑时容易变形，为此目前大多数浮法玻璃生产企业采用 L 形吊墙，L 形吊墙结构如图 3-8 所示。

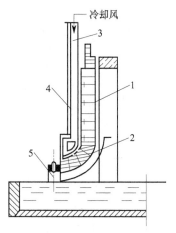

图 3-8　L 形吊墙结构示意
1—垂直墙区；2—下鼻区；3—吊杆；
4—钢壳；5—水冷门

L 形吊墙与以往的多幅碹相比具有延长前脸墙使用寿命、增强节能效果、改善现场环境、保护投料机、提高熔化速率、减少粉料飞扬、提高格子体的寿命等特点。在前脸墙的安装过程中，应注意合理选择与熔化部 1# 小炉中心线的距离。距离过小会造成加速前脸墙的烧损，减小配合料的预熔效果，增加 1#、2# 小炉烧损及堵塞等弊病；距离过大又会造成投料池温度过低，料堆熔化、前进困难等缺陷，目前国内浮法生产线距离范围在 3.2～4.3m 之间。

3.1.4.2　熔化部

熔化部（图 3-9）是位于前脸墙与分隔设备卡脖之间的部分，主要作用是熔化配合料，使玻璃液澄清、均化。由熔化区和澄清区组成；上、下又分为上部空间和下部窑池。其中上部空间又称为火焰空间，是由前脸墙、玻璃液表面、窑顶的大碹与窑壁的胸墙所围成的充满火焰的空间；下部池窑由池底和池壁组成。

（1）火焰空间　火焰空间内充有来自热源供给部分的灼热火焰气体，火焰气体将自身热量用于熔化配合料，同时也辐射给玻璃液、窑墙和窑顶。火焰空间应能够满足燃料完全燃烧，保证供给玻璃熔化、澄清和均化所需的热量，并应尽量减少散热，浮法玻璃池窑上部空间结构如图 3-10 所示。

（2）胸墙　由于浮法玻璃熔窑各个部位受侵蚀情况及热修时间各不相同，为了分开热修损坏最严重的部分，将胸墙、大碹、窑池分成三个单独支撑部分，最后将负荷传到窑底钢结构上，胸墙的承重是由胸墙托板（用铸铁或角钢）及下巴掌铁传到立柱上，最后传到窑底钢结构上。

胸墙的设计需保证在高温下有足够的强度，其中挂钩砖是关键部位。在胸墙的底部设有挂钩砖，挡住窑内火焰，不使其穿出，烧坏胸墙托板和巴掌铁。一般熔化区胸墙采用 AZS33 电熔砖，上间隙砖采用低蠕变耐崩裂的烧结锆英石砖，澄清区胸墙一般采用优质硅砖。

胸墙的高度取决于燃料的种类和质量、熔化率、熔化耗热量、熔窑规模、散热量、气层厚度等因素。

从理论上讲，只要保证胸墙用耐火材料的抗侵蚀能力，胸墙就不会成为影响熔窑寿命的关键部位，然而在实际使用中，很多熔窑因熔化区胸墙内倾导致熔窑寿命缩短，有的熔窑在

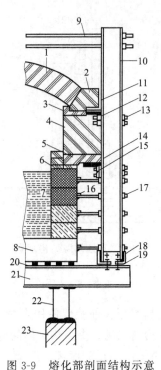

图 3-9　熔化部剖面结构示意

1—窑顶（大碹）；2—碹脚（碹碴）；3—上间隙砖；
4—胸墙；5—挂钩砖；6—下间隙砖；7—池壁；8—池底；
9—拉条；10—立柱；11—碹脚（碹）角钢；12—上巴掌铁；
13—连杆；14—胸墙托板；15—下巴掌铁；16—池壁顶铁；
17—池壁顶丝；18—柱脚角钢；19—柱脚螺栓；20—扁钢；
21—次梁；22—主梁；23—窑柱

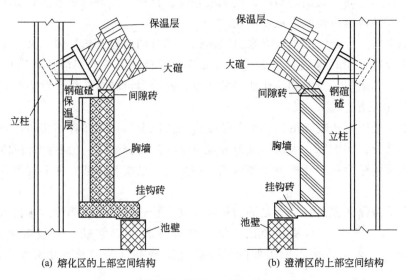

(a) 熔化区的上部空间结构　　　　(b) 澄清区的上部空间结构

图 3-10　浮法玻璃池窑上部空间结构示意

后期由于放料不及时，出现了胸墙倒塌事故。究其原因，主要是由于大碹砌筑结束后紧固拉条时导致胸墙托板倾斜（外高内低）使胸墙内倾。另一个原因是由于池壁绑砖后，胸墙托板暴露在火焰空间中，使托板变形，导致胸墙内倾，为了减少或避免这一现象的出现，对熔窑胸墙进行了改进设计，这种结构的特点是取消了间隙砖，大碹碹脚直接靠紧胸墙，胸墙托板降低，上层胸墙有意内倾，大碹边碹砖采用三层锆英石砖，熔化区挂钩砖取消了挂钩设计，这样可避免因电熔 AZS 质挂钩砖质量的原因，导致挂钩砖断裂而引起胸墙内倾。另外，有些大型熔窑将 50mm 厚普通碳钢托板改为 60mm 厚中硅球墨铸铁托板，也收到良好效果。

（3）大碹　大碹的作用是与胸墙、前脸墙组成火焰空间，同时，还可以作为火焰向物料和玻璃液辐射传热的媒介，即吸收燃料燃烧时释放的热量，再辐射到玻璃液表面上。大碹的重量是由钢碹碴通过上巴掌铁并由立柱传到窑底钢结构上。

大碹的高低和特性可通过股跨比来反映。从热工角度考虑，大碹低一些是有益的，能尽可能地将热量辐射给玻璃液。降低大碹高度可通过降低胸墙高度和减少大碹碹股来实现，但是，胸墙高度受到小炉喷出口和大碹的结构强度等因素的制约；股高越小，推力越大，同时散热也小。减小碹股会增加大碹的水平推力，碹的不稳定性加大。一般大型浮法玻璃熔窑的大碹股跨比为 1∶8 左右。根据熔化部的长度，大碹可以分为若干节，一般至少在三节以上。砌筑时每节碹之间预留的膨胀缝为 100~120mm，前、后山墙处的碹顶膨胀缝要留宽些。

大碹一般用优质硅砖砌筑，砖的形状为楔形，横缝采用错缝砌筑，灰缝（又称泥缝）的大小根据所采用砌筑灰浆（又称泥浆）的具体要求来确定，一般为 1~2mm。

浮法玻璃熔窑大碹碹碴大多采用钢碹碴，并要求吹风冷却。两边钢碹碴的斜面延长线需通过大碹碹弧的圆心，其形成的夹角为大碹的中心角。

大碹的寿命决定了整个熔窑的窑龄，大碹在使用中的薄弱环节为测温孔、测压孔等孔洞以及大碹砖的横缝（又称顶头缝）、每节碹的碹头和大碹的边碹部分。熔窑在正常作业时，窑内为正压，碹顶的各种孔洞很容易因穿火被越烧越大，如果边碹与钢碹碴接触不够紧密，很容易被火焰冲刷、烧损，因此，这些地方应采用性能较好的耐火材料，目前使用较多的是烧结锆英石砖。

（4）池窑　池窑由池壁和池底两部分组成，池壁和池底均用大砖砌筑。窑池建筑在由窑下炉柱支撑的钢结构梁上，整个窑池的重量及其盛装的玻璃液的重量均由窑下炉柱支撑的钢结构承担，浮法玻璃熔窑的炉柱一般为混凝土质或钢质立柱。炉柱上面架设沿窑长方向的工字钢或 H 型钢主梁，大型浮法玻璃熔窑主梁一般为 4 根，在主梁上沿主梁垂直方向安装工字钢次梁。以前没有窑底保温时，直接在次梁上铺扁钢，在扁钢上铺黏土大砖，此时次梁应避开黏土大砖的砖缝，每块砖的下面要对应 2 根扁钢和 2 根次梁。目前保温技术已经普遍采用，窑底结构也随之发生变化，即在次梁上沿垂直次梁方向铺设槽钢，槽钢内卡砌垛砖，垛砖上铺设池底黏土大砖，铺大砖之前，在槽钢上焊活动钢板支撑架，并在垛砖之间及支撑架之上砌保温层。池深变浅和窑底保温后，底层玻璃液温度升高，流动性增大，为减少玻璃液对池底砖的腐蚀，在黏土大砖之上铺保护层，即捣打一层厚 25mm 的锆英石捣打料或锆刚玉质捣打料，再在其上铺一层厚度为 75mm 的电熔锆钢玉或烧结锆钢玉砖。

池壁砌筑在池底黏土大砖上。因熔化部玻璃液表面进行燃料的燃烧和配合料的熔化，玻璃液表面的温度达到 1450℃以上，玻璃液的对流也较强，加之液面的上下波动，因此，池壁的腐蚀比较严重，特别是玻璃液面线附近池壁损坏较快。以前，因投资费用和其他因素的影响，池壁往往采用多层结构，下部用黏土砖，中部采用电熔莫来石砖，上部使用电熔锆钢玉砖，此种结构池壁的受侵蚀情况不均匀，即接近液面线处侵蚀最严重，这种池壁对玻璃液的质量影响较大。

目前浮法玻璃熔窑池壁采用整块大砖——通常采用刀把砖竖缝干砌，材质一般为

AZS33 电熔砖，这种池壁没有横缝，材质档次提高，受侵蚀速率较慢，对玻璃液的污染小，使用寿命长，被广泛应用。池壁厚度由 300mm 减少到 250mm。

随着人们对熔窑寿命的期望值不断提高，对池壁结构也在不停地进行探索，到 2000 年以后，刀把形池壁砖在浮法玻璃熔窑上得到应用和推广。材质为 AZS33、AZS36 电熔砖，也有个别企业使用 AZS41 电熔砖。但是，AZS41 电熔砖的热稳定性较差，在烤窑时容易发生炸裂。因此池壁厚度越小，冷却风的冷却效果就越好，采用刀把形砖可以帮两次砖，且侵蚀速率慢，因此大大延长了池壁的寿命（可以达到 10 年以上）。

3.1.4.3 气体空间分隔装置和玻璃液分隔装置

气体空间分隔装置主要有矮碹、吊矮碹、吊墙等（图 3-11）；玻璃液分隔装置有卡脖、冷却水管、窑坎等。

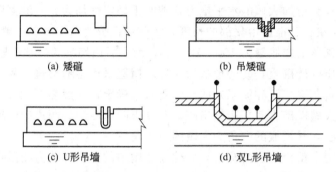

图 3-11 浮法玻璃池窑常用四种气体空间分隔装置示意

（1）矮碹 由于取消或降低了胸墙而比熔化部和冷却部窑碹矮得多而得名。矮碹结构可以是一副碹或多副碹（逐步压低）。矮碹与玻璃液之间的空间截面积称为矮碹开度，以此大小来判定其对气体空间的分隔程度。但由于结构强度关系，矮碹碹股不能过小，分隔作用受到限制，一般降温 30～50℃。如图 3-12 所示是卡脖结构所对应的一种新型矮碹的结构。

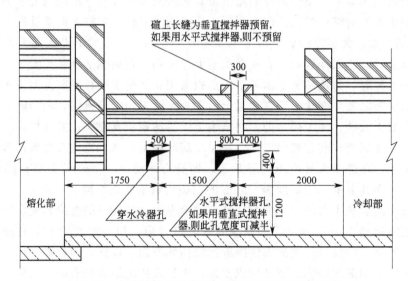

图 3-12 卡脖结构所对应的一种新型矮碹的结构示意

（2）吊矮碹 由一副吊碹和两副或四副矮碹组成。吊碹不受结构强度限制，可以放得很低，分隔作用较大。据实测可以降低空间温度 100℃ 左右。但吊碹砖制造困难，砌筑复杂，维修困难。

（3）吊墙　主要有 U 形、双 L 形等形式，常与卡脖配合使用。吊墙可以上下移动，便于调节开度，几乎能将空间完全分隔，起较大的冷却作用。U 形吊墙的结构如图 3-13 所示。

（4）卡脖　卡脖是熔化部和冷却部之间的一段缩窄窑池。与矮碹、吊墙配合使用，对熔化部和冷却部之间的气体空间和玻璃液起分隔作用。卡脖所起的降温作用不大，但对玻璃液流影响较大，在此方面有许多争议。国外有的熔窑不设卡脖，而只设 U 形吊墙分隔熔化部和冷却部气体空间的。

（5）冷却水管　冷却水管有多种形式，即由一根或一组通冷却水的圆形或方形钢管组成，现多采用双层方形水管。水管高度（mm）一般有 120-25-120、160-25-160、230-25-230 三种。冷却水管内附近的玻璃液受冷却后，形成黏度较大的不动层，构成一道挡墙，阻挡未熔化的浮渣进入冷却部；调节水管的沉入深度，可以控制进入冷却部玻璃液的质量。冷却水管简便耐用，更换方便，降温作用大（一般在 30～50℃），但用水量大，增加能耗。

（6）窑坎　常用的有挡墙式与斜坡式两种，窑坎实际上不完全是一个坎，其分隔玻璃液的程度可大可小。挡墙式窑坎是在热点处用电熔锆刚玉砖砌一个挡墙，墙高为池深的 1/2 以上，甚至达 3/4。斜坡式挡坎设在澄清带，坡高为池深的 1/2 或略小于 1/2。挡墙式窑坎（图 3-14）更有利于保持窑内玻璃液的两个循环回流的稳定，延长玻璃液在熔化池内的停留时间，阻止池底脏料流往冷却部。斜坡式窑坎实际上起浅层澄清作用，迫使澄清带的玻璃液流全部流过窑池上层，并形成一薄层流，以有利于气泡的排出，能大大加快澄清速率和改善玻璃液质量。如果窑坎与鼓泡配合使用，有可能获得更好的效果。

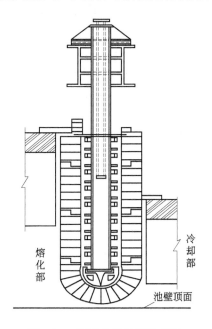

图 3-13　U 形吊墙的结构示意

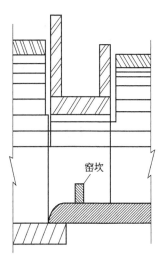

图 3-14　在浮法池窑内设立窑坎

3.1.4.4　冷却部

冷却部的作用是将已熔化好的玻璃液均匀冷却降温。因为熔化好的玻璃液黏度小不适于成形，必须通过冷却使其黏度达到成形所需范围要求，故设置了冷却部。冷却部结构与熔化部结构基本相同，也分为上部空间和下部窑池两部分，不同之处就是胸墙的高度低于熔化部, 窑池深度比熔化部浅。冷却的方式一般采用自然冷却, 主要依靠玻璃液面以及池壁池底向外均匀散热来进行缓慢冷却, 也有通过穿水管的方法来进行强制冷却。

3.1.5 热源供给系统

浮法玻璃熔窑热源供给系统主要由小炉、鼓风助燃系统、燃烧器(喷枪)等设备组成。

3.1.5.1 小炉

浮法玻璃熔窑小炉根据使用燃料的不同而有不同的类型。燃料采用发生炉煤气的, 其燃烧设备称为小炉, 小炉口称为喷火口。燃料采用重油或其他液体燃料时, 采用的是燃烧器(喷枪), 小炉口应称为喷出口。

(1) 小炉的作用 小炉是玻璃熔窑的重要组成部分, 是使燃料和空气预热、混合, 组织燃烧的装置。它应该能保证火焰有一定的长度、亮度、刚度、有足够的覆盖面积, 不发飘、不分层, 还要满足窑内所需温度和气氛的要求。

煤气和空气分别由蓄热室预热后经过垂直通道(上升道)和水平通道进入预燃室, 在预燃室内进行混合和部分燃烧, 并以一定方向和速度喷入窑内继续燃烧, 这时烟气则进入对面的小炉, 因此, 小炉起到一个空气通道和排烟通道的作用。但是, 小炉的结构对于窑内的传热情况及玻璃熔化过程都有着重要的作用。

目前国内生产规模为400t/d以上的浮法玻璃熔窑采用6对小炉的居多, 700t/d以上的有的采用7对小炉, 最多达到10对小炉。在小炉的设计时由于燃油、燃煤以及燃气的特性决定了其小炉技术参数的差异性, 如小炉喷出口的总面积与熔化部面积的比值以及小炉斜碹的下倾角度等。

(2) 小炉的结构 小炉由顶碹、侧墙和坑底组成。小炉与熔窑连接的碹称为小炉平碹, 与蓄热室连接的碹称为后平碹, 中间部分碹为斜碹。

① 燃油小炉 碹和侧墙、坑底组成小炉空间(图3-15)。浮法玻璃熔窑的平碹采用插入式结构, 做成上平下弧形, 并与熔窑胸墙匹配, 前述防止胸墙内倾的措施是将胸墙设计成内倾式, 并且大碹边碹砖直接压在胸墙上, 因此小炉平碹也要相应设计成如图3-16所示的结构, 这种结构也是目前普遍采用的。

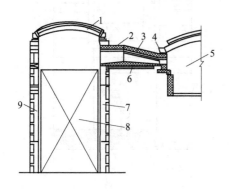

图 3-15 燃油小炉的结构示意
1—蓄热室顶碹; 2—小炉后平碹; 3—小炉斜碹;
4—小炉平碹; 5—熔化部; 6—小炉坑底;
7—蓄热室内侧墙; 8—格子体; 9—蓄热室外侧墙

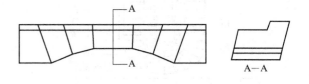

图 3-16 小炉平碹示意

小炉斜碹是组成小炉的重要部位, 也是容易被烧损的部位, 斜碹的设计要与相应的小炉平碹结构匹配, 如图3-17所示。

② 燃气小炉　燃气小炉在结构上与燃油小炉除了上述不同点外，最主要的不同之处还有小炉舌头。通常小炉舌头伸出长度为 400～450mm，如图 3-18 所示。一般燃气小炉口的高度为 400～500mm，拱的股跨比为 1∶10。

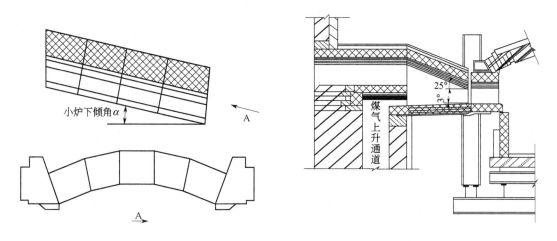

图 3-17　小炉斜碹示意　　　　　　　图 3-18　燃煤气小炉结构示意

3.1.5.2　燃烧器

燃烧器俗称喷枪、喷嘴。通常安装在小炉口下部，每个小炉有两个燃烧器。主要作用是向熔窑内持续喷射高温火焰来熔化配合料。主要分为高压内混式燃烧器和高压外混式燃烧器两种。浮法玻璃企业常用的燃烧器为高压内混式燃烧器，其工作的基本原理是：重油通过带有角度的压力板形成一定角度，经压力板上的小孔分散流股，与通过旋转雾化器后按顺时针方向旋转的雾化介质在喷嘴前端混合后喷出燃烧。

（1）燃油燃烧器

① 外混式高压气流雾化燃烧器　外混涡流式高压气流雾化燃烧器如图 3-19 所示，液体和雾化剂在喷口外部混合、雾化，仅是一级雾化。如果燃烧器结构参数合理，运行参数适当，高速气流剧烈冲击液体，可获得优于机械雾化的质量。为早期炉窑中使用的导管式高压气流雾化燃烧器，雾化剂与燃油以 25° 的夹角相撞击雾化。该种简单的斜交外混型油嘴采用阀门调节油、气量，其调节比可达 1∶5。雾化剂喷出速度低于声速，雾化剂压力在 0.3MPa 以下（相应油压为 0.2～0.25MPa）。该种燃烧器气耗高，采用蒸汽为 0.4～0.6kg/kg，空气为 0.5～0.8kg/kg，并且火焰细长，为 2.5～7m。

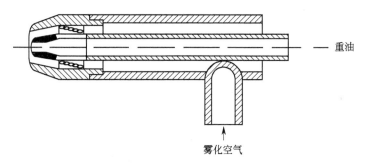

图 3-19　外混涡流式高压气流雾化燃烧器示意

从国外引进的外混式高压气流雾化燃烧器，采用多孔式油喷头，同样采用与燃油斜交撞击雾化方式。由于多而细的油孔，在燃用国产重油时易于堵塞，且当气油比下降时，雾滴尺寸急剧增大，使用效果不太理想。

② 内混式高压气流雾化燃烧器　内混式高压气流雾化燃烧器（图3-20）的共同特点是有一个较大的内混室，油在内混腔内与雾化介质混合后，从喷出孔喷出并膨胀、雾化。良好的预混合雾化，有利于减少气耗，提高燃烧速率，缩短火焰长度。内混式高压气流雾化燃烧器的燃油喷口不受高温辐射，可防止燃油裂化而堵塞喷口。

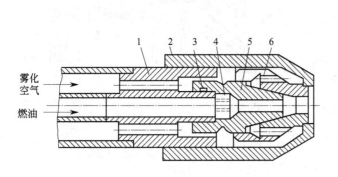

图 3-20　内混式高压气流雾化燃烧器示意
1—枪身；2—喷嘴帽；3—密封圈；
4—压力板；5—涡旋式喷嘴；6—阻气圈

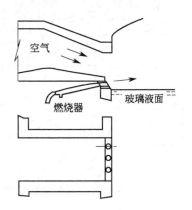

图 3-21　燃油燃烧器
安装位置示意

③ 燃油燃烧器的安装位置　燃烧器砖安装在紧靠小炉底梁下，玻璃液面和小炉脖底之间，燃烧器喷射的油雾流朝向进入窑中的空气流，如图3-21所示。

这种安装方式适用于燃烧许多种类的液体燃料和天然气，允许在一个小炉下面安装1～5个燃烧器。燃烧器之间相互平行，其中心距400～500mm，离玻璃液面高度200mm左右。小炉底安装系统具有适应性好，容易与熔窑结构组合；易于进退，维修问题少；便于布置多个燃烧器，以及与可收缩式系统相比，操作费用低等优点。

（2）燃气燃烧器

① 低压天然气燃烧器　天然气着火温度高，密度小（约 $0.74g/cm^3$）、易飘、刚性差、混合燃烧均匀性较差。一般为使天然气燃烧火焰传给玻璃的热量与重油的火焰相同，则其燃烧温度大约需提高40℃左右，其助燃空气用量大约增加4%，其生成的燃烧产物的体积大约增加10%。

为了使天然气喷入助燃空气流中充分混合，燃烧器前的压力为0.02～0.03MPa，这个压力对于天然气喷入时吸进少量的环境空气也是必需的。如图3-22所示为低压天然气燃烧器。

② 天然气燃烧器的布置安装　天然气燃烧器的布置安装方式及其要求与重油燃烧器基本相同，亦即当烧重油的熔窑改烧天然气时，其小炉结构及其燃烧器的安装方式可不作任何改变，但要达到相同的熔化能力，其单位热能消耗要稍大一些。

燃烧器的喷嘴从喷火口后移600～800mm，喷嘴上倾角度范围在5°～15°之间，小炉下倾角介于22°～30°，空气出口速度在4m/s左右。利用后移和交角促使天然气混合燃烧。底烧式布置燃烧器周围环境好，维护操作方便，其布置安装如图3-23所示。

必须注意的是，为了避免周围冷空气从缝隙处吸入窑中，燃烧器的喷嘴应用软的耐火材

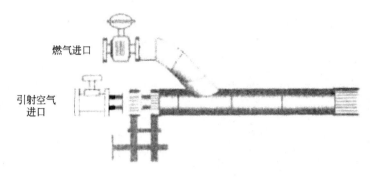

图 3-22　低压天然气燃烧器示意

料密封。

（3）燃烧器的安装　在实际生产中当火焰的形状发生变化、燃烧不正常时要及时更换燃烧器。更换前应对油嘴、气帽的孔径安装、同心度、油气密封情况以及连接螺母进行检查。

安装燃烧器时必须遵循以下步骤：一是接气管与燃烧器的接头；二是开冷却燃烧器的压缩空气，以免烧坏喷头；三是接好喷管与油管的接头；四是调整燃烧器的位置、高度，然后用螺母固定；五是调整火焰亮度及长度。

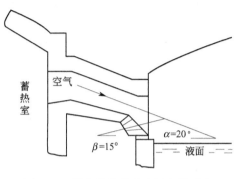

图 3-23　燃气燃烧器的布置安装示意

在安装燃烧器过程中要注意两个问题：第一，安装燃烧器时必须在火梢（火焰的末端）方向进行，因为火梢方向的燃烧器不是喷油的，这样可以避免温度波动，而且安全；第二，油嘴和气嘴安装时注意规格的配合，否则影响火焰的稳定。

3.1.6　废气余热利用系统

3.1.6.1　蓄热室

蓄热室是利用耐火材料做蓄热体（称为格子砖），蓄积从窑内排出烟气的部分热量，用来加热进入窑内的空气，它由上部空间、格子体、底部烟道组成。作用是将废气所含的热量通过格子砖的蓄热后传给空气，将其加热到一定的温度，以达到节约燃料、降低成本的目的。

（1）蓄热室的构造　蓄热室由顶碹、内外侧墙、端墙、隔墙、格子体及炉条等组成。浮法玻璃熔窑蓄热室顶碹厚度一般都等于或大于 350mm，用优质硅砖砌筑，中心角为 90°～120°，要视具体情况而定。侧墙、端墙、隔墙一般厚度为 580mm，一般下部用低气孔黏土砖砌筑，中、上部用碱性耐火材料砌筑，也有上部用硅质材料的。立式蓄热室如图 3-24 所示。

炉条是承受格子体重量的耐火材料结构，实际上它也是一个拱碹结构，只不过是由单一的碹砖砌成的一条条拱碹，条与条之间留有空隙以便通气，所以称为炉条碹。由于炉条碹是承受格子体重量的拱碹（上面码放格子砖），因此拱碹上面必须找平。找平的方法与两种：一是在拱碹的弧形上面用爬碹砖砌平；二是直接用上面平直而下面成弧形的碹砖砌筑。炉条碹的宽度和高度，要根据炉条所承受的格子体重量来确定，一般宽度不小 150mm，高度不小于 300mm，每条炉条间距不小于 150mm。为了使任意单一的炉条稳定性增加、整体性增

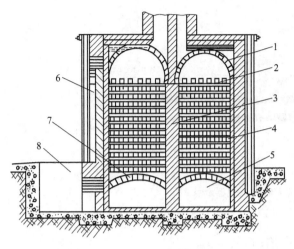

图 3-24　立式蓄热室构造示意

1—半圆碹；2—格子体；3—风火隔墙；4—蓄热室墙；
5—烟道；6—热修门；7—炉条碹；8—扒灰坑

强，通常在炉条碹上加两道加强筋碹砖。炉条部位耐火材料一般用低气孔黏土砖砌筑。

格子体是蓄热室的传热部分，是蓄热室结构中最重要的组成部分。格子体的结构是否合理，不仅影响蓄热室的使用寿命，而且直接影响蓄热室的蓄热效能，进而影响整个熔窑的热效率。因此要求组成格子体的耐火材料能耐高温、耐侵蚀、蓄积热量多、传热快、热振稳定性好，并要求整个格子体具有很好的结构稳定性。

（2）对蓄热室性能的要求

① 工艺要求　满足熔化工艺所需温度的要求，预热温度高且温度稳定。

② 经济要求　蓄热室应有较高的换热效率，充分回收烟气余热，减少气体流动阻力和占地面积。

③ 结构要求　有足够的强度，特别是高温下的结构强度。

④ 操作要求　便于调节流量、清扫和热修。

蓄热室对气体的加热作用是间歇的，但池窑的生产是连续的，因此，必须有两套设备轮换工作，所以蓄热室总是成对使用的，与蓄热室相配合的小炉也是成对的。

（3）蓄热室的工作原理与作用　蓄热装置是 1856 年德国西门子发明的专利技术。蓄热装置的功能：一是助热装置，能够对空气（气体燃料）进行预热，从而提高燃料的燃烧温度，能够使低热值燃料产生高热值燃料的燃烧效果，对提高被加热产品的产量和质量都有明显作用；二是节能装置，能够回收烟气的余热、降低排出的烟气温度，从而降低窑炉的燃料消耗，对节能减排有比较明显的作用。

其工作原理是：当窑内高温废气由上而下通过小炉口和空气、煤气通道进入蓄热室时，将蓄热室内的格子体加热，此时格子体的温度逐渐升高，积蓄一定的热量；换火后，助燃空气和煤气由下自上经蓄热室底烟道进入蓄热室时，蓄热室的格子体用积蓄的热量来预热空气和煤气，此时格子体的温度逐渐降低（图 3-25）。

由此可知，蓄热室的工作是周期性的，一个周期内是格子体的加热期，另一个周期内是格子体的冷却期，如此循环往复进行。一般空气可预热到 1000～1200℃；煤气可预

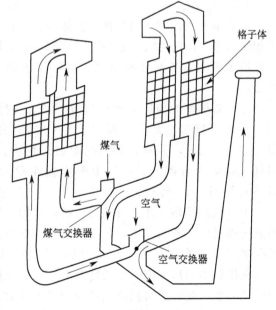

图 3-25　蓄热室工作示意

热到800~1000℃；废气处蓄热室的温度为600℃左右。为满足气流分布均匀和换热面积的要求，就要增加蓄热室的高度及合理安排格子体。

（4）蓄热室的结构

① 燃烧发生炉煤气玻璃熔窑的蓄热室结构　蓄热室按其是否分隔，可分为分隔式和连通式两种。连通式与分隔式蓄热室的优缺点对比见表3-2。

表3-2　连通式与分隔式蓄热室的优缺点对比

	分　隔　式		连　通　式
优点	①当调节各小炉的空气、煤气流量时，可以互不影响，对保证熔窑火焰、泡界线控制及窑长方向的温度制度等工艺要求有利，窑内熔化操作稳定 ②各小炉空气、煤气闸板放在蓄热室下面空气、煤气支烟道处，该处温度较低，调节方便，闸板使用寿命长 ③各蓄热室可以合理安排热修而互不影响，窑炉使用后期还能保证格子体的畅通，使窑压增加不多，有利于延长熔窑寿命 ④热修格子砖较方便，操作条件好，热修速度快，对熔窑操作和玻璃生产影响不大	优点	①烟道阻力较分隔式小，换向时煤气损失少 ②烟道占地面积较分隔式小 ③掏灰比分隔式方便 ④没有分隔墙引起的弊病 ⑤较灵活，各蓄热室可互通 ⑥造价低
缺点	①烟道长，拐弯多，阻力较大，换向时煤气量损失较大 ②蓄热室下有支烟道，占地面积大 ③烟道长，掏灰较困难 ④分隔墙占了较多的有效空间，且分隔墙易坏、难修 ⑤欠灵活，当某室或部位被堵时，该室或部位就不能工作 ⑥造价高	缺点	①各蓄热室互相连通，当调节某小炉闸板时，对相邻小炉的空气、煤气流量也有影响，对严格控制熔窑热工制度不利 ②小炉空气、煤气调节闸板在垂直上升道处温度高，调节困难，也难以准确调节。闸板处气流紊乱，且烧损严重，更换时劳动强度大 ③窑炉生产后期堵塞较重，因而窑压升高，砌体侵蚀加剧 ④热修操作劳动条件差，且对熔窑生产有一定影响

② 烧重油（或天然气等）玻璃熔窑的蓄热室结构　对于烧重油（或天然气）熔窑，为了便于控制各小炉燃烧器的助燃空气量，有利于控制温度和气氛的分布，故均采用分隔式蓄热室。

由于采用重油（或天然气）高热值燃料，取消了煤气部分，只有空气蓄热室预热助燃空气，其结构与燃烧煤气蓄热室的空气部分基本相同，也是由底烟道、格子体和上部空间组成。各部位的结构形式和各处砌体所用的耐火材料也与燃烧发生炉煤气蓄热室的空气部分相同。

为了提高蓄热室的蓄热性能以及使用寿命，国内外蓄热室有很多形式，但就国内浮法玻璃熔窑而言，最常见的结构形式如图3-26所示。

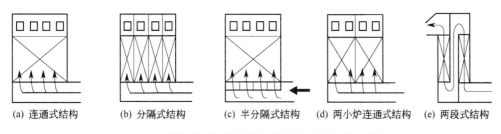

(a) 连通式结构　　(b) 分隔式结构　　(c) 半分隔式结构　　(d) 两小炉连通式结构　　(e) 两段式结构

图3-26　浮法玻璃池窑几种类型蓄热室结构型式示意

a. 连通式结构　熔窑一侧小炉下面的空气蓄热室为连通的一个室，煤气蓄热室也为连通的一个室。这种形式由于气流分布不均，容易形成局部过热使格子砖很快烧坏，目前已很少使用。

b. 分隔式结构　将蓄热室以各个炉为分隔单元，各个室的气体不能串通，利用气体分配各个室的分支烟道上的闸板来调节。这种结构形式的优点是气体分配调节比较便利，热修格子体比较方便，但由于隔墙较多，减少了格子体的体积，格子体的热交换面积较小，热效率不高。

c. 半分隔式结构　指将蓄热室炉条以上的烟道以每个小炉分隔，蓄热室本身不分隔，气体分配调节闸板仍然在分支烟道上。

d. 两小炉连通式结构　将每两个小炉分隔成一个室，而一个小炉有一个分支烟道，以调节每个小炉的气体分配，这种结构较分隔式结构减少了隔墙数量，增加了格子体的热交换面积，提高了热效率。但由于减少了隔墙数量，侧墙稳定性会差一些。另外，由于两两连通，给热修格子体带来了一定的困难，必须两个小炉一起修，会严重影响生产。这种形式的蓄热室目前在大型浮法玻璃熔窑上应用较多。

e. 两段式结构　将一个单一的蓄热室分成两个蓄热室，其间用隔墙分开，用一个垂直通道连接，即将蓄热室分成高温区和低温区两部分。采用这种结构主要是防止硫酸钠的气、液、固态转化对格子砖的侵蚀，使这个转化在连接通道内进行，以延长格子砖的使用期限。由于这种形式的结构复杂，目前已很少使用。

此外还有全连通式结构，即将熔窑一侧的整个蓄热室连通为一个室，而分支烟道又按每个小炉一个来调节各个小炉的气体分配。这种结构的蓄热室最大限度地增加了格子体的热交换面积，热效率较高。但由于没有隔墙，侧墙的稳定性较差，如果局部格子砖倒塌、堵塞，将无法进行热修。目前这种结构形式的蓄热室在大型浮法玻璃熔窑上也有使用。

(5) 蓄热室格子体的排列方式　其排列方式有西门子式、李赫特式、编篮式等（图 3-27）。

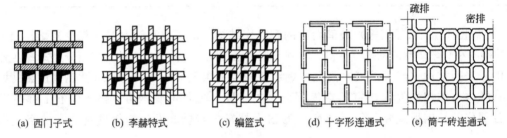

(a) 西门子式　　(b) 李赫特式　　(c) 编篮式　　(d) 十字形连通式　　(e) 筒子砖连通式

图 3-27　五种常见蓄热室内格子砖排列形式示意

几种格子体的技术指标见表 3-3。

表 3-3　几种格子体的技术指标

格子砖排列方式	格子体受热表面 /(m²/m³)	格子体填充系数 /(m²/m³)	格子体通道截面积 /(m²/m²)	水力直径 /m
连续通道式	$2\dfrac{a+b}{(a+\delta)(b+\delta)}$	$1-\dfrac{ab}{(a+\delta)+(b+\delta)}$	$\dfrac{ab}{(a+\delta)(b+\delta)}$	$2\dfrac{ab}{a+b}$
西门子式（上下交叉或不交叉）	$\dfrac{2\delta+a+b}{(a+\delta)(b+\delta)}+\dfrac{\delta(a+b)}{h(a+\delta)(b+\delta)}$	$\dfrac{\delta}{2}\times\dfrac{2\delta+a+b}{(a+\delta)(b+\delta)}$	$\dfrac{ab}{(a+\delta)(b+\delta)}$	$2\dfrac{ab}{a+b}$
李赫特式（上下不交叉砖头不突出）	$\dfrac{\delta}{h}\times\dfrac{a+2b+\delta-l}{(a+\delta)(b+\delta)}+\dfrac{a+l+2\delta}{(a+\delta)(b+\delta)}$	$\dfrac{\delta}{2}\times\dfrac{l+a+\delta}{(a+\delta)(b+\delta)}$	$\dfrac{ab}{(a+\delta)(b+\delta)}$	$2\dfrac{ab}{a+b}$
李赫特式（上下不交叉）（砖头突出）	$\dfrac{\delta}{h}\times\dfrac{a+l-3\delta}{(a+\delta)(b+\delta)}+\dfrac{a+l+2\delta}{(a+\delta)(b+\delta)}$	$\dfrac{\delta}{2}\times\dfrac{l+a+\delta}{(a+\delta)(b+\delta)}$	$\dfrac{ab-\delta(l-b-2\delta)}{(a+\delta)(b+\delta)}$	$2\dfrac{ab-\delta(l-b-2\delta)}{a+l-2\delta}$
编篮式	$2\dfrac{(l+\delta)}{(a+\delta)^2}+\dfrac{2\delta(2a-l+\delta)}{h(a+b)^2}$	$\dfrac{l\delta}{(a+b)^2}$	$\dfrac{a^2}{(a+\delta)^2}$	a

注：a 为格孔长度，b 为格孔宽度，$a\times b$ 为格孔尺寸，h 为砖高，l 为砖长；砖的当量厚度 $\delta=2V/F$。

几种格子砖排列方式的性能比较见表 3-4。

表 3-4　几种格子砖排列方式的性能比较

项　目	连续通道	西门子式	李赫特式	编篮式
受热表面积	小	较大	大	大
热交换能力	小	较大	大	大
气流路程	短	较长	长且涡流加强	长且涡流加强
结构坚固性	好	较差	好	好
气流阻力	较小	较小	较大	较大
堵塞难易	不易	不易	易	不易
砌筑难易	易	易	较难	较难
某一通道堵塞后气流情况	气流不通	可绕道而行	可绕道而行	可绕道而行

由表 3-4 看出，在传热方面，李赫特式优于西门子式。在操作方面，李赫特式易堵塞，又难于清扫，热修换格子跨时砌筑较复杂，用于热负荷较小的中、小型蓄热式窑上以及大型窑的空气蓄热室。而煤气蓄热及热修次数较多的大型横焰窑，目前多采用简单的西门子式。

3.1.6.2　换热器

换热器是利用陶质（耐火）构件或金属管道作传热体，连续将窑内排出的烟气通过传热体将热量不断传给进入窑内的空气。

3.1.6.3　余热锅炉

目前国内玻璃企业普遍在熔窑尾部设置余热锅炉来回收余热，余热锅炉的作用是利用烟气余热加热水使其蒸发为蒸汽，用于加热重油和冬季供热，同时可用于发电。

3.1.7　排烟供气系统

浮法玻璃熔窑排烟供气系统由交换器、空气烟道、鼓风机、总烟道、排烟泵和烟囱等组成，如图 3-28 所示。用于保证熔窑作业连续、正常、有效地运行。

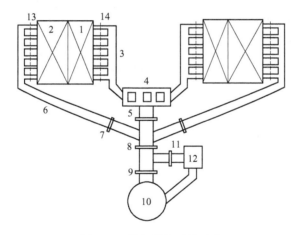

图 3-28　排烟供气系统示意

1—烟气蓄热室；2—空气蓄热室；3—烟气烟道；4—烟气交换器；
5—中间烟道闸板；6—空气烟道；7—空气交换器；
8—调节闸板；9—总烟道闸板；10—烟囱；11—废热锅炉闸板；
12—废热锅炉；13—烟气支烟道闸板；14—空气支烟道

3.1.7.1　交换器

交换器是气体换向设备，按照换向程序依次向窑内送入空气以及由窑内排出烟气，还能调节气体流量和改变气体流动方向。对交换器的要求是换向迅速、操作方便可靠、严密性好、气体流动阻力小以及检修方便。

目前浮法玻璃生产企业普遍选用水冷闸板式交换器（图 3-29）。每侧空气烟道上装置一副水冷闸板式交换器，每副水冷闸板式交换器有上、下两个闸孔，上面的闸孔与助燃空气管道相通，下面的闸孔贯通空气烟道。当右侧闸板放下时截断空气烟道（即关闭通向总烟道的孔），打开助燃空气进风孔，这时空气进入右侧蓄热室，同时燃烧的烟气流经左侧蓄热室、底烟道、分支烟道、支烟道进入总烟道。换向时右侧闸板提起，左侧闸板放下，助燃空气进入左侧蓄热室，烟气从右侧烟道排出。左右两块闸板的牵引钢绳固定在同一个传动机构上。水冷闸板式交换器的操作完全机械化、自动化，气体流过时阻力小，检修方便，严密性好。

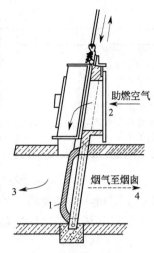

图 3-29　水冷闸板式交换器
及其布置位置示意
1—水冷闸板；2—空气入口；
3—空气烟道（通空气蓄热室）；4—总烟道（通烟囱）

3.1.7.2　烟道

烟道除了用于排烟供气外，还可以通过设置闸板调节气体流量和窑内压力；烟囱的作用是利用它的高度产生一定的抽力，来克服熔窑系统（包括烟囱本身）的阻力，使空气能以一定的速度喷入窑内，并可将燃烧后的产物排出。烟道系统中包括空气烟道、煤气烟道、空气支烟道、煤气支烟道、中间烟道、总烟道及通向余热锅炉的烟道。

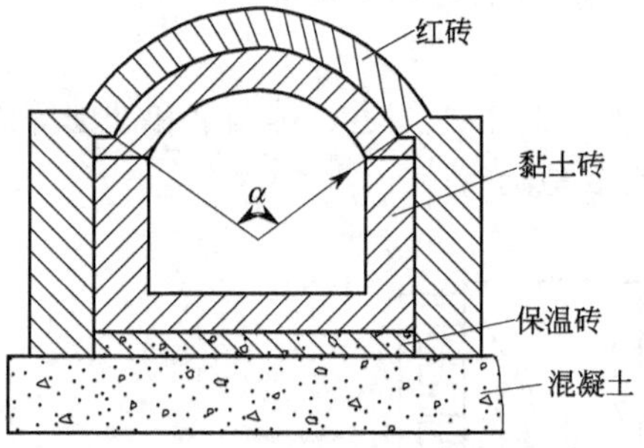

（1）烟道的结构形式　烟道上面是拱碹结构，碹的中心角一般为 90°，碹厚为 230mm，下面为矩形断面，一般高度要稍微大于或等于宽度。烟道的横剖面示意如图 3-30 所示，由于经过烟道的废气温度较高（500～600℃），内墙用耐火黏土砖砌筑，外墙用红砖砌筑，底部用混凝土做基础。为了避免混凝土温度过高，一般铺设硅藻土保温砖。地上烟道或室外烟道碹顶和侧墙一般加有保温层，以防止温降过大。

图 3-30　烟道的横剖面示意

（2）烟道的布置　烧重油或天然气的浮法玻璃熔窑烟道布置比较简单，烟道布置在蓄热室内侧即窑池下方，其基本布置形式如图 3-31 所示，由总烟道、支烟道和分支烟道组成。

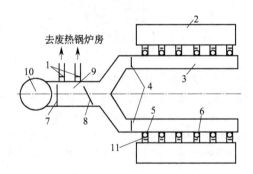

图 3-31　燃油浮法玻璃熔窑烟道布置示意
1—废热锅炉闸板；2—蓄热室炉条下部；3—支烟道；
4—空（烟）气交换机闸板；5—助燃风支管；6—分支烟道闸板；
7—烟囱大闸板；8—转动闸板；9—总烟道；10—大烟囱；11—分支烟道

在分支烟道上设有烟气闸板和助燃风进口，在支烟道上设有空（烟）气交换机闸板（俗称大闸板或换向闸板），在总烟道上设有转动闸板以调节窑压。在烟囱根部设有一道闸板以调节抽力。

3.1.8　1000t/d 浮法玻璃熔窑设计参数

（1）主要技术指标　见表 3-5。

表 3-5　主要技术指标

项　　目	参　　数
熔化能力/(t/d)	1000
窑龄/年	8
燃料种类	重油/天然气
燃料热值/(kcal/kg)	9600/8300
玻璃液单耗/(kcal/kg 玻璃液)	1300/1380
耗油量(标准状态)/[(t/d)/(m³/d)]	135.8/16.6×10⁴
熔化率/[t/(m²·d)]	2.39
熔化部面积/m²	418.5
熔化区长宽比	2.3
冷却部面积/m²	193.33
每天每吨玻璃液所占的冷却部面积(卡脖+冷却部面积)/[m²/(t·d)]	0.19(0.23)
小炉对数/对	8
一侧小炉口总宽占熔化带长/%	58.39
澄清区比率/%	38
格子体体积(格孔 170mm×170mm)/m³	约 1289
一侧格子体蓄热面积与熔化面积比	44
卡脖宽度/熔化部宽度/%	35.6
火焰空间热负荷/[kcal/(h·m³)]	4.9×10⁴

（2）熔窑主要结构尺寸　见表 3-6。

表 3-6　熔窑主要结构尺寸

项　　目		参　　数
投料池	宽度/m	13.5
	长度/m	2.3
	玻璃液深度/m	1.25
	投料池面积/m²	31.05
熔化部	宽度/m	13.5
	长度/m	31.0
	玻璃液深度/m	1.25
	熔化面积/m²	418.5
澄清部	宽度/m	13.5
	长度/m	19
	玻璃液深度/m	1.25
	澄清面积/m²	256.5
卡脖	宽度/m	4.80
	长度/m	7.50
	玻璃液深度/m	1.05
	卡脖面积/m²	36
冷却部	宽度/m	10.0
	长度/m	20.0
	玻璃液深度/m	1.05
	冷却部面积/m²	193.33
小炉	小炉/对	8
	1#～4#、6#、7# 小炉口内宽/m	2.4
	5# 小炉口内宽/m	2.1
	8# 小炉口内宽/m	1.6
蓄热室	内宽/m	5.18
	总长度/m	约 30.306
	格子体体积/m³	约 1289
窑炉总长度/m		80.3

3.2 浮法玻璃熔窑用耐火材料

对于浮法玻璃企业而言，耐火材料的质量对于提高玻璃产品的质量、节约燃料、延长熔窑寿命、降低玻璃生产成本具有重大的意义。耐火材料是玻璃熔窑的物质基础，它对熔窑的整体效益影响极大，必须合理选材。

3.2.1 耐火材料的分类

耐火材料是指耐火度不低于 1580℃，有较好的抗热冲击和化学侵蚀的能力，热导率低和膨胀系数低的非金属材料。

（1）按耐火度高低分类　分为普通耐火材料（1580～1770℃）、高级耐火材料（1770～2000℃）和特级耐火材料（2000℃以上）。

（2）按化学特性分类　分为酸性耐火材料、中性耐火材料和碱性耐火材料。

① 酸性耐火材料　含有相当数量的游离二氧化硅（SiO_2）。酸性最强的耐火材料是硅质耐火材料，几乎由 94%～97% 的游离硅氧（SiO_2）构成。黏土质耐火材料与硅质相比，游离硅氧（SiO_2）的量较少，是弱酸性的。半硅质耐火材料居于其间。

② 中性耐火材料　按其严密含意来说是碳质耐火材料，高铝质耐火材料（Al_2O_3 45%以上）是偏酸而趋于中性的耐火材料，铬质耐火材料是偏碱而趋于中性的耐火材料。

③ 碱性耐火材料　含有相当数量的 MgO 和 CaO 等，镁质和白云石质耐火材料是强碱性的，铬镁系和镁橄榄石质耐火材料以及尖晶石耐火材料属于弱碱性耐火材料。

（3）按化学矿物组成分类　分为硅质制品、硅酸铝质制品、镁质制品、白云石质制品、铬质制品、碳质制品、锆质制品以及特殊制品等。它能表征各种耐火材料的基本组成和特性，在生产、使用和科学研究上均有实际意义（表 3-7）。

表 3-7　耐火材料的化学矿物组成分类

分　类	类　　别	主要化学成分	主要矿物成分
硅质制品	硅砖	SiO_2	磷石英、方石英
	石英砖	SiO_2	石英玻璃
硅酸铝质制品	半硅砖	SiO_2、Al_2O_3	莫来石、方石英
	黏土砖	SiO_2、Al_2O_3	莫来石、方石英
	高铝砖	SiO_2、Al_2O_3	莫来石、刚玉
镁质制品	镁砖（方镁石砖）	MgO	方镁石
	镁铝砖	MgO、Al_2O_3	方镁石、镁铝尖晶石
	镁铬砖	MgO、Cr_2O_3	方镁石、铬尖晶石
	镁橄榄石砖	MgO、SiO_2	镁橄榄石、方镁石
	镁硅砖	MgO、SiO_2	方镁石、镁橄榄石
	镁钙砖	MgO、CaO	方镁石、硅酸二钙
	镁白云石砖	MgO、CaO	方镁石、氧化钙
	镁碳砖	MgO、C	方镁石、无定形碳（或石墨）
白云石质制品	白云石砖	CaO、MgO	氧化钙、方镁石
铬质制品	铬砖	Cr_2O_3、FeO	铬铁矿
	铬镁砖	Cr_2O_3、MgO	铬尖晶石、方镁石
碳质制品	碳砖	C	无定形碳（石墨）
	石墨制品	C	石墨
	碳化硅制品	SiC	碳化硅
锆质制品	锆英石砖	ZrO_2、SiO_2	锆英石
特殊制品	纯氧化物制品	Al_2O_3、ZrO_2	刚玉、高温型 ZrO_2

（4）按外观形状分类　耐火材料按外观分类见表3-8。

表 3-8　耐火材料按外观分类

分　类	类　别
耐火砖(具有一定形状)	烧成砖、不烧砖、电熔砖(熔铸砖)、耐火隔热砖
不定形耐火材料(简称散装料,无一定形状,按所要求形状施工采用的材料)	浇注料、捣打料、投射料、喷射料、可塑料、耐火泥

3.2.2　耐火材料的化学组成

化学组成是耐火材料制品的基本特性。通常将耐火材料的化学组成按各成分含量和其作用分为两部分，即占绝对多量的基本成分（主成分）和占少量的从属成分（副成分）。副成分是原料中伴随的夹杂成分和工艺过程中特别加入的添加成分（加入物）。

3.2.2.1　主成分

它是耐火制品中构成耐火基体的成分，是耐火材料的特性基础。它的性质和数量直接决定制品的性质。其主要成分可以是氧化物，也可以是元素或非氧化物的化合物。耐火材料按其主成分的化学性质又可分为三类：酸性耐火材料、中性耐火材料及碱性耐火材料。

酸性耐火材料含有相当数量的游离二氧化硅（SiO_2）。酸性最强的耐火材料是硅质耐火材料，由94%～97%的游离硅氧（SiO_2）构成。黏土质耐火材料与硅质耐火材料相比，游离硅氧（SiO_2）的量较少，是弱酸性的。半硅质耐火材料居于其间。

中性耐火材料按其严密含意来说是碳质耐火材料，高铝质耐火材料（Al_2O_3 45%以上）是偏酸而趋于中性的，铬质耐火材料是偏碱而趋于中性的耐火材料。

碱性耐火材料含有相当数量的 MgO 和 CaO 等，镁质和白云石质耐火材料是强碱性的，铬镁系和镁橄榄石质耐火材料以及尖晶石耐火材料属于弱碱性耐火材料。

3.2.2.2　杂质成分

耐火材料的原料绝大多数是天然矿物，在耐火材料（或原料）中含有一定量的杂质。这些杂质是某些能与耐火基体作用而使其耐火性能降低的氧化物或化合物，即通常称为熔剂的杂质。例如镁质耐火材料化学成分中的主成分是 MgO，其他氧化物成分均属于杂质成分。因杂质成分的熔剂作用使系统的共熔液相生成温度越低，单位熔剂生成的液相量越多，且随温度升高液相量增长速度越快，黏度越小，润湿性越好，则杂质熔剂作用越强。某些氧化物对 SiO_2 的熔剂作用见表3-9。

表 3-9　某些氧化物对 SiO_2 的熔剂作用

氧化物	共熔点				液相内 SiO_2 含量/%			
	平衡相	温度/℃	系统内每1%杂质生成液相量/%	氧化物含量/%	共熔点/℃	1400℃	1600℃	1650℃
K_2O	石英(SiO_2)-$K_2O \cdot 4SiO_2$	769	3.6	27.5	72.5	87.0	96.2	98.0
Na_2O	石英(SiO_2)-$Na_2O \cdot 2SiO_2$	782	3.9	25.4	74.6	86.0	95.8	97.8
Li_2O	磷石英(SiO_2)-$Li_2O \cdot 2SiO_2$	1028	5.6	17.8	88.2	88.8	96.5	98.5
Al_2O_3	方石英(SiO_2)-$3Al_2O_3 \cdot 2SiO_2$	1545	18.2	5.5	94.5	—	96.9	98.1
TiO_2	方石英(SiO_2)-TiO_2	1550	9.5	10.5	89.2	—	92.0	95.4
CaO	磷石英(SiO_2)-$CaO \cdot SiO_2$	1436	2.7	37.0	63.0	—	67.8	69.5
MgO	方石英(SiO_2)-$MgO \cdot SiO_2$	1543	2.9	35.0	65.0	—	65.5	67.8
BaO	磷石英(SiO_2)-$BaO \cdot SiO_2$	1374	2.1	47.0	53.0	53.5	61.2	67.0
ZnO	磷石英(SiO_2)-$2ZnO$-S	1432	2.1	48.0	52.0	—	60.0	64.0
MnO	磷石英(SiO_2)-$MnO \cdot SiO_2$	1291	1.8	55.8	44.2	45.0	50.4	52.5
FeO	磷石英(SiO_2)-$2FeO \cdot SiO_2$	1178	1.6	62.0	38.0	41.2	47.5	51.7
Cu_2O	磷石英(SiO_2)-Cu_2O	1060	1.1	92.0	8.0	19.2	29.6	32.7

3.2.2.3 添加成分

在耐火制品生产中，为了促进其高温变化和降低烧结温度，有时加入少量的添加成分。按其目的和作用不同分为矿化剂、稳定剂和烧结剂等。通常分析耐火制品和原料的灼烧减量、各种氧化物的含量和其他主要成分的含量。将干燥的材料在规定温度条件下加热时质量减少的百分数称为灼减。

3.2.3 矿物组成

耐火制品是矿物组成体。制品的性质是其组成矿物和微观结构的综合反映。耐火制品的矿物组成取决于它的化学组成和工艺条件。化学组成相同的制品，由于工艺条件不同，所形成矿物相的种类、数量、晶粒大小和结合情况的差异，使其性能可能有较大差异。例如 SiO_2 含量相同的硅质制品，因 SiO_2 在不同工艺条件下可能形成结构和性质不同的两类矿物——磷石英和方石英，使制品的某些性质会有差异。即使制品的矿物组成一定，但随矿相的晶粒大小、形状和分布情况的不同，也会对制品性质有显著的影响（如熔融制品）。

耐火材料一般是多相组成体，其中的矿物相可分为两类，即结晶相和玻璃相。

主晶相是指构成制品结构的主体且熔点较高的晶相。主晶相的性质、数量和其间结合状态直接决定着制品的性质。常见耐火制品的主成分及主晶相见表 3-10。

表 3-10　常见耐火制品的主成分及主晶相

名　称	化 学 组 成	主　晶　相	主要成分/%
硅砖	SiO_2	磷石英,方石英	$SiO_2 > 93$
半硅砖	SiO_2,Al_2O_3	莫来石,方石英	$SiO_2 > 65$
黏土砖	SiO_2,Al_2O_3	莫来石,方石英	$Al_2O_3 > 30$
Ⅲ等高铝砖	Al_2O_3,SiO_2	莫来石,方石英	Al_2O_3 48~60
Ⅱ等高铝砖	Al_2O_3,SiO_2	莫来石,方石英	Al_2O_3:60~75
Ⅰ等高铝砖	Al_2O_3,SiO_2	莫来石,方石英	$Al_2O_3 > 75$
莫来石砖	Al_2O_3,SiO_2	莫来石	Al_2O_3:70~78
刚玉砖	Al_2O_3,SiO_2	刚玉,莫来石	$Al_2O_3 > 90$
铝镁砖	Al_2O_3,MgO	刚玉(或莫来石),镁铝尖晶石	Al_2O_3:70;MgO:8~10
镁砖	MgO	方镁石	$MgO > 87$
镁橄榄石砖	MgO,SiO_2	方镁石,镁橄榄石	$MgO > 82$;SiO_2:5~10
镁铬砖	MgO,Cr_2O_3	方镁石,镁铬尖晶石	$MgO > 40$;Cr_2O_3:5~20
镁橄榄石砖	MgO,SiO_2	镁橄榄石,方镁石	MgO:55~65;SiO_2:20~35
镁白云石砖	MgO,CaO	氧化钙,方镁石	$CaO > 20$;$MgO > 74$
锆刚玉砖	Al_2O_3,ZrO_2,SiO_2	刚玉,莫来石,斜锆石,莫来石,锆英石	
锆英石砖	ZrO_2,SiO_2	锆英石	

基质是指耐火材料中大晶体或骨料间隙中存在的物质。基质对制品的性质（如高温特性和耐侵蚀性）起着决定性的影响。在使用时制品往往首先从基质部分开始损坏，采用调整和改变制品的基质成分是改善制品性能的有效工艺措施。

绝大多数耐火制品（除少数特高耐火制品外），按其主晶相和基质的成分可以分为两类：一类是含有晶相和玻璃相的多成分耐火制品，如黏土砖、硅砖等；另一类是仅含晶相的多成分制品，基质多为细微的结晶体，如镁砖、铬镁砖等碱性耐火材料。这些制品在高温烧成时，产生一定数量的液相，但是液相在冷却时并不形成玻璃，而是形成结晶性基质，将主晶相胶结在一起，基质晶体的成分不同于主晶相。

耐火制品的显微组织结构有两种类型：一种是由硅酸盐（硅酸盐晶体矿物或玻璃体）结

合物胶结晶体颗粒的结构类型；另一种是由晶体颗粒直接交错结合成结晶网，例如高纯镁砖，这种直接结合结构类型的制品的高温性能（高温机械强度、抗渣性或热震稳定性等）较前一种优越得多。

3.2.4 耐火材料的组织结构

耐火材料是由固相（包括结晶相和玻璃相）和气孔两部分构成的非均质体，其中各种形状和大小的气孔与固相之间的宏观关系构成耐火材料的宏观结构。

3.2.4.1 气孔率、体积密度、真密度

气孔率、体积密度、真密度等是评价耐火材料质量的重要指标。GB/T 2997—2000 有十个定义：①体积密度（带有气孔的干燥材料的质量与其总体积的比值，用 g/cm³ 或 kg/m³ 表示）；②总体积（带有气孔的材料中固体物质、开口气孔及闭口气孔的体积总和）；③真密度（带有气孔的干燥材料的质量与其真体积的比值，用 g/cm³ 或 kg/m³ 表示）；④真体积（带有气孔的材料中固体物质的体积）；⑤开口气孔（浸渍时能被液体填充的气孔）；⑥闭口气孔（浸渍时不能被液体填充的气孔）；⑦显气孔率（带有气孔的材料中所有开口气孔的体积与总体积的比值，用％表示）；⑧闭口气孔率（带有气孔的材料中所有闭口气孔的体积与总体积的比值，用％表示）；⑨真气孔率（显气孔率和闭口气孔率的，用％表示）；⑩致密定形耐火制品（真气孔率小于 45％的定形耐火制品）。

GB/T 2997—2000 的测定原理：称量试样的质量，再用液体静力称量法测定其体积，计算显气孔率、体积密度，或根据试样的真密度计算真气孔率。

（1）气孔率　耐火材料内的气孔是由原料中气孔和成形后颗粒间的气孔所构成。大致可分为三类：

① 闭口气孔，它封闭在制品中不与外界相通；

② 开口气孔，一段封闭，另一段与外界相通，能为流体填充；

③ 贯通气孔，贯通制品的两面，能使流体通过。为简便起见，通常将上述三类气孔合并为两类，即开口气孔（包括贯通气孔）和闭口气孔。一般开口气孔体积占总气孔体积的绝对多数，闭口气孔的体积则很少，闭口气孔体积难于直接测定，因此，制品的气孔率指标，常用开口气孔率（也称显气孔率）表示。

开口气孔率（显气孔率）按式(3-1)计算。

$$P_a = \frac{m_3 - m_1}{m_3 - m_2} \times 100\% \tag{3-1}$$

式中　P_a——耐火制品的显气孔率，％；

m_1——干燥试样的质量，g；

m_2——饱和试样的质量，g；

m_3——饱和试样在空气中的质量，g。

真气孔率（总气孔率）按式(3-2)计算。

$$P_t = \frac{D_t - D_b}{D_t} \times 100\% \tag{3-2}$$

式中　P_t——耐火制品的真气孔率，％；

D_t——试样的真密度，g/cm³；

D_b——试样的体积密度，g/cm³。

（2）吸水率　它是制品中全部开口气孔吸满水的质量与其干燥质量之比，以百分数表

示,它实质上是反映制品中开口气孔量的一个技术指标,由于其测定简便,在生产中多直接用来鉴定原料煅烧质量。烧结良好的原料,其吸水率数值应较低。吸水率按式(3-3)计算。

$$W_a = \frac{m_3 - m_1}{m_1} \times 100\%$$ (3-3)

式中 W_a——耐火制品的吸水率,%;

m_1——干燥试样的质量,g;

m_3——饱和试样在空气中的质量,g。

(3)体积密度 表示干燥制品的质量与其总体积之比,即制品单位体积(表观体积)的质量,用 g/cm^3 表示。体积密度也是表征制品致密程度的主要指标,密度较高时,可减少外部侵入介质(液相或气相)对耐火材料作用的总面积,从而提高其使用寿命,所以致密化是提高耐火材料质量的重要途径,通常在生产中应控制原料煅烧后的体积密度、砖坯的体积密度和制品的烧结程度。

(4)真密度 GB/T 5071—1997 有两个定义:真密度(带有气孔的干燥材料的质量与其真体积的比值,用 g/cm^3 或 kg/m^3 表示)、真体积(带有气孔的材料中固体物质的体积)。

GB/T 5071—1997 的测定原理:把试样破碎、磨碎,使其尽可能不存在封闭气孔,测量其干燥的质量和真体积,从而测得真密度。细料的体积用比重瓶和已知密度的液体测定,所用液体温度必须控制或仔细进行测量。

真密度按式(3-4)计算。

$$\rho = \frac{m_1 \rho_1}{m_1 + (m_3 - m_2)}$$ (3-4)

式中 ρ——试样的真密度,g/cm^3;

ρ_1——所选用的液体在试样温度下的密度,g/cm^3;

m_1——干燥试样的质量,g;

m_2——装有试样和选用液体的比重瓶的质量,g;

m_3——装有选用液体的比重瓶的质量,g。

3.2.4.2 耐火材料的热学性能

(1)热膨胀 GB/T 7320—2008 有两个定义:线膨胀率(室温至试验温度间试样长度的相对变化率,用%表示)、平均线膨胀率(室温至试验温度间温度每升高 1℃试样长度的相对变化率,单位为 $10^{-6}/℃$),常见耐火制品的平均热膨胀系数见表 3-11。

表 3-11 常见耐火制品的平均热膨胀系数 (20～2000℃)

名 称	黏土砖	莫来石砖	莫来石刚玉砖	刚玉砖	半硅砖	硅砖	镁砖
平均热膨胀系数 /×$10^{-6}℃^{-1}$	4.5～6.0	5.5～5.8	7.0～7.5	8.0～8.5	7.0～9.0	11.5～13.0	14.0～15.0

GB/T 7320—2008 的测定原理:以规定的升温速率将试样加热到指定的试验温度,测定随温度升高试样长度的变化值,计算出试样随温度升高的线膨胀率和指定温度范围的平均线膨胀系数,并绘制出膨胀曲线。

耐火材料的热膨胀是指其体积或长度随着温度升高而增大的物理性质。

(2)热导率 YB/T 4130—2005 把热导率定义为:单位时间内在单位温度梯度下沿热流方向通过材料单位面积传递的热量,如式(3-5)所示。

$$\lambda = \frac{q}{-\dfrac{\mathrm{d}T}{\mathrm{d}x}} \tag{3-5}$$

式中 λ——热导率，W/(m·K)；

q——热量密度，W/m²；

$\dfrac{\mathrm{d}T}{\mathrm{d}x}$——温度梯度，K/m。

（3）比热容 比热容是指 1kg 耐火材料温度升高 1℃所吸收的热量。耐火材料的比热容主要用于窑炉设计热工计算。蓄热室格子砖采用高比热容的致密材料，以增加蓄热室热量和放热量，提高换热效率。部分耐火材料的平均比热容见表 3-12。

比热容按式（3-6）计算。

$$c = \frac{Q}{G(t_1 - t_0)} \tag{3-6}$$

式中 c——耐火材料的等压比热熔，kJ/(kg·℃)；

Q——加热试样所消耗的热量，kJ；

G——试样的质量，kg；

t_0——试样加热前的温度，℃；

t_1——试样加热后的温度，℃。

表 3-12　部分耐火材料的平均比热容　　　　　　单位：kJ/(kg·℃)

材　　料	温度 500~1050℃	材　　料	温度 500~1050℃
黏土砖	0.224~0.261	镁砖	0.263~0.286
硅砖	0.240~0.262	铬砖	0.206~0.227
硅线石砖	0.232~0.264	铬镁砖	0.224~0.250
莫来石砖	0.242~0.270	白云石砖	0.237~0.261
高铝砖（95%）	0.245~0.272	锆英石砖	0.165~0.181

3.2.4.3　耐火材料的力学性质

耐火材料的力学性质是指制品在不同条件下的强度等物理指标，是表征耐火材料抵抗不同温度下外力造成的形变和应力而不破坏的能力。

耐火材料的力学性质通常包括耐压强度、抗折强度、耐磨性、高温蠕变性、弹性模量等。

（1）耐压强度 耐火材料的耐压强度包括常温耐压强度和高温耐压强度，分别是指常温和高温条件下，耐火材料单位面积上所能承受的最大压力，以 MPa 表示，其计算公式如下：

$$C_s = \frac{P}{A} \tag{3-7}$$

式中 C_s——耐火制品的耐压强度，MPa；

P——试样破坏时所承受的极限压力，N；

A——试样承受载荷的面积，mm²。

常温耐压强度指标通常可以反映生产中工艺制度的变动，因此，常温耐压强度也是检验现行工艺状况和制品均一性的可靠指标。

高温耐压强度表明制品的成形坯料加工质量、成形坯体结构的均一性及砖体烧结情况良好；同时还反映了耐火材料在高温下结合状态的变化。特别是加入一定数量结合剂的耐火可塑料和浇注料，由于温度升高，结合状态发生变化时，高温耐压强度的测定更为有用。

GB/T 5072—2008 规定在砖体上切取边长为 40～100mm 的正方体，在液压机上加压，直至试样破坏。根据记录的最大载荷和试样的面积，用下式计算常温耐压强度。

$$S=\frac{P}{A} \tag{3-8}$$

$$A=\frac{A_1+A_2}{2} \tag{3-9}$$

式中　S——试样常温抗压强度强度，MPa；

　　　P——试样破碎时的最大载荷，N；

　　　A——试样承受载荷的面积，mm^2；

A_1，A_2——试样上、下受压面的面积，mm^2。

（2）抗折强度　耐火材料的抗折强度包括常温抗折强度和高温抗折强度，分别是指常温和高温条件下，耐火材料单位截面积上所能承受的极限弯曲应力，以 MPa 表示。它表征的是材料在常温或高温条件下抵抗弯矩的能力，采用三点弯曲法测量。

$$R=\frac{3FL}{2bh^2} \tag{3-10}$$

式中　R——抗折强度，MPa；

　　　F——试样粘接面断裂时的最大载荷，N；

　　　L——两支撑辊间的中心距，mm；

　　　b——粘接面处试样的宽度，mm；

　　　h——粘接面处试样的高度，mm。

（3）耐磨性　耐磨性是指耐火材料抵抗坚硬物料或含尘气体的磨损作用（研磨、摩擦、冲击等）的能力。在许多情况下耐磨性也决定耐火材料的使用寿命。

测定方法：回转法和喷沙法。通常以一定条件下制品的质量或体积损失来表示。

（4）高温蠕变性　高温蠕变性指耐火制品在高温下受应力作用随着时间变化而发生的等温形变。

根据施加荷重形式可分为高温压缩蠕变、高温抗折蠕变、高温拉伸蠕变、高温弯曲蠕变、高温扭转蠕变，常用的是高温压缩蠕变。

高温压缩蠕变的表示方法一般以某一恒定温度（℃）和荷重（MPa）条件下，制品的变形量（％）与时间（h）的关系曲线即蠕变曲线来表示，也可用某一时段内（如 25～50h）制品的变形量（％）来表示。

GB/T 5073—2005 规定，在恒压下，以一定的升温速率加热规定尺寸的试样，在指定温度下恒温，记录试样随时间的变形量。

蠕变率按式(3-11)计算。

$$P=\frac{L_n-L_0}{L_i}\times100\% \tag{3-11}$$

式中　P——蠕变率，％；

　　　L_n——试样恒温 n 小时的高度，mm；

　　　L_i——试样原始高度，mm；

　　　L_0——试样恒温开始时的高度，mm。

（5）弹性模量　材料在其弹性范围内（即符合虎克定律的弹性体），在荷载σ（应力）的作用下，产生变形ε（应变），当荷载去除后，材料仍恢复原来的形状和尺寸，此时应力和应变的比值称为弹性模量，也称杨氏模量。它表示材料抵抗变形的能力，可用下式表示：

$$E = \sigma \frac{l}{\Delta l} \tag{3-12}$$

式中　E——弹性模量，MPa；

　　　σ——材料所受应力，MPa；

　　　$\frac{l}{\Delta l}$——材料相对长度变化。

3.2.4.4　耐火材料的高温使用性质

耐火材料制品在各种不同的窑炉中服役时，长期处于高温状态下。耐火材料耐高温的性质好坏以及能否满足各类窑炉工作条件的要求，是材料选用的重要依据，因此耐火制品的高温性质也是最重要的基本性质，包括耐火度、高温荷重变形温度、高温体积稳定性、抗热震性（热震稳定性）、抗渣性、抗氧化性等。

（1）耐火度　耐火度是指耐火材料在无荷重时抵抗高温作用而不熔化的性能。耐火度是判定材料能否作为耐火材料使用的依据。

耐火度与熔点的区别如下。

① 熔点指纯物质的结晶相与液湘处于平衡时的温度，且是一个物理常数，如纯氧化铝熔点为2050℃；纯氧化镁熔点为2800℃；纯二氧化硅熔点为1713℃。

② 耐火材料是由各种矿物相组成的多相固体混合物，并非单相的纯物质，故没有一定的熔点。当达到某一温度时，某些矿物相会熔化，而某些矿物相不会熔化。随温度继续升高，熔化的程度增加，即熔融是在一定的温度范围内进行的，是一个工艺指标。

GB/T 7322—2007规定：试样做成截头三角锥，截面为等边三角形，下底边长8mm，上底长2mm，高30mm。试锥以一定升温速率加热，达到某一温度开始出现液相，温度继续升高液相量逐渐增加，黏度减小，试锥在重力作用下逐渐软化弯倒，当其弯倒至顶点与底接触（图3-32），此时的温度即为试样的耐火度。

试锥顶部弯倒接触底盘时的温度采用与标准锥（俗称火锥）比较获得。标准锥有一系列，分别代表不同温度，将连续的三个标准锥与试锥放在一起进行升温，试锥与某一个标准锥同时弯倒，就用该标准锥的温度代表试样的耐火度。

各个国家标准锥的规格不同。世界上常见的标准锥有德国的塞格尔锥（Segerkegel，缩写为SK）、国际标准化组织的标准测温锥（ISO）、中国的标准测温锥（WZ）和前苏联的标准测温锥（ΠK）等。其中ISO、WZ、ΠK是一致的。美国、日本、英国用SK锥。测温

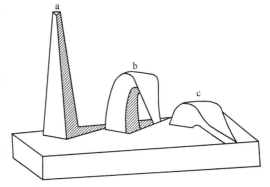

图3-32　试锥在不同熔融阶段的弯倒情况示意
a—熔融开始以前；b—在相当于耐火度的温度下；
c—在高于耐火度的温度下

锥的 WZ、ΠK、SK 标号对照见表 3-13。

表 3-13　测温锥的 WZ、ΠK、SK 标号对照

中 温 部 分					高 温 部 分				
WZ标号	ΠK标号	SK标号	德国标准/℃	美国标准/℃	WZ标号	ΠK标号	SK标号	德国标准/℃	美国标准/℃
110	110	1	1100	1160	158	158	26	1580	1595
112	112	2	1120	1165	161	161	27	1610	1605
114	114	3	1140	1170	163	163	28	1630	1615
116	116	4	1160	1190	165	165	29	1650	1640
118	118	5	1180	1205	167	167	30	1670	1650
120	120	6	1200	1230	169	169	31	1690	1680
123	123	7	1230	1250	171	171	32	1710	1700
125	125	8	1250	1260	173	173	33	1730	1745
128	128	9	1280	1285	175	175	34	1750	1760
130	130	10	1300	1305	177	177	35	1770	1785
132	132	11	1320	1325	179	179	36	1790	1810
135	135	12	1350	1335	182	182	37	1820	1820
138	138	13	1380	1350	185	185	38	1850	1835
141	141	14	1410	1400	188	188	39	1880	
143	143	15	1430	1435	192	192	40	1920	
146	146	16	1460	1465	196	196	41	1960	
148	148	17	1480	1475	200	200	42	2000	
150	150	18	1500	1490					
152	152	19	1520	1520					
153	153	20	1530	1530					

耐火材料达到耐火度时实际上已不具有机械强度了,因此耐火度的高低与材料的允许使用温度并不等同,也就是说耐火度不是材料的使用温度上限,只有综合考虑材料的其他性能和使用条件,才能作为合理选用耐火材料的参考依据。以镁砖为例,其耐火度高达 2000℃以上,但允许使用温度大大低于耐火度。耐火度的意义主要是评价原料纯度和难熔程度。一些耐火原料及制品的耐火度见表 3-14。

表 3-14　一些耐火原料及制品的耐火度

名　称	耐火度范围/℃	名　称	耐火度范围/℃
结晶硅石	1730~1770	高铝砖	1770~2000
硅砖	1690~1730	镁砖	>2000
硬质黏土	1750~1770	白云石砖	>2000
黏土砖	1610~1750		

耐火制品的化学矿物组成及其分布状态是影响其耐火度的主要因素;杂质成分特别是强熔剂作用的杂质,将严重降低制品的耐火度;同时,测定条件也将影响耐火度的大小,如粉末的粒度、测温锥的安装、升温的速率及炉内的气氛(针对变价元素,如 Fe^{2+} 与 Fe^{3+} 之间的转变)。

(2) 高温荷重变形温度　高温荷重变形温度是指耐火制品在持续升温条件下承受恒定载荷产生某一特定形变的温度。它表示耐火制品同时抵抗高温和载荷两方面作用的能力,在一定程度上表明制品在其使用条件相仿情况下的结构强度与变形情况,因而是耐火制品的重要性能指标。

GB/T 5989—2008 规定用示差-升温法进行高温荷重变形温度测定。样品尺寸为 $\phi50mm×$ 50mm,施加载荷 0.2MPa。小于 1000℃时,升温速率为 4~5℃/min;大于 1000℃时,升温速率为 5~10℃/min。记录试样中心温度及变形量,得温度-变形曲线。分别报告自膨胀最高点压缩试样原始高度变形 0.5%、1.0%、2.0% 和 5.0% 相对应的 $T_{0.5}$、$T_{1.0}$、$T_{2.0}$ 和 $T_{5.0}$。

几种耐火制品的 0.2MPa 荷重变形温度见表 3-15。

表 3-15　几种耐火制品的 0.2MPa 荷重变形温度　　　　单位:℃

耐 火 砖 种 类	0.6%变形温度(T_H)	4%变形温度	40%变形温度(T_K)	T_K-T_H
硅砖(耐火度 1730℃)	1650	—	1670	20
刚玉砖(Al$_2$O$_3$ 90%)	1870	1900	—	—
莫来石砖(Al$_2$O$_3$70%)	1600	1660	1800	200
镁砖(耐火度约 2000℃)	1550	—	1580	30
一级黏土砖(Al$_2$O$_3$ 40%,耐火度约 2000℃)	1400	1470	1600	200
三级黏土砖	1250	1320	1500	250

(3) **高温体积稳定性**　高温体积稳定性是评价耐火材料质量的一项重要物理指标,表示耐火材料在高温下长期使用时,其外形及体积保持稳定而不发生变化的性能。

体积发生收缩或膨胀的原因主要:一是物理化学过程继续(烧成耐火制品在高温煅烧过程中,由于各种原因制品在烧成结束时,其物理化学反应往往未达到平衡状态);二是制品烧成不充分(制品在烧成过程中由于窑炉温度分布不均等原因,不可避免地存在欠烧现象)。

对于各种不烧耐火制品而言,其物理化学反应均在使用过程中进行,不可避免地伴随有不可逆的体积变化。这些不可逆的体积变化称为残余膨胀或残余收缩,也称重烧膨胀或收缩。

重烧体积变化可用体积变化百分率或线变化百分率表示。

$$V_c = \frac{V_1-V_0}{V_0}\times 100\% \qquad (3-13)$$

$$L_c = \frac{L_1-L_0}{L_0}\times 100\% \qquad (3-14)$$

式中　V_c——试样重烧体积变化率,%;
　　　V_1——加热后试样的体积,mm^3;
　　　V_0——加热后试样的体积,mm^3。
　　　L_c——试样重烧长度变化率,%;
　　　L_1——加热后试样的长度,mm;
　　　L_0——加热后试样的长度,mm。

国家标准规定的常用耐火制品的重烧线变化指标见表 3-16。

表 3-16　国家标准规定的常用耐火制品的重烧线变化指标

材　质	品　种	测试条件	指标值/%
黏土砖	N-1	1400℃,2h	+0.1　-0.4
	N-2a	1400℃,2h	+0.1　-0.5
	N-2b	1400℃,2h	+0.1　-0.5
	N-3a、N-3b、N-4、N-5	1350℃,2h	+0.1　-0.5
硅砖	JG-94	1450℃,2h	≤0.2
高铝砖	LZ-75、LZ-65、LZ-55	1500℃,2h	+0.1　-0.4
	LZ-48	1450℃,2h	+0.1　-0.4
镁质及镁硅质	MZ-91	1650℃,2h	≤0.5
	MZ-89	1650℃,2h	≤0.6

一般情况下，耐火材料发生重烧收缩，因为大多数耐火材料为陶瓷烧结，在使用时，玻璃相重新发生黏性流动，必须减少收缩量，否则砖缝加大，发生损失或掉砖。少数耐火材料发生膨胀，理论上微小膨胀对使用寿命有好处，但膨胀太大，耐火材料结构松散，使寿命降低。对于各种不烧制品和耐火材料来说，不经高温烧成即行使用，重烧线变化的测定就更为重要。

重烧体积变化的大小表征了耐火制品的高温体积稳定性，对高温窑炉等热工设备的结构及工况的稳定性具有十分重要的意义。

(4) 抗热震性　指耐火材料抵抗温度急剧变化而不被破坏的能力，也称为热震稳定性、抗温度急变性、耐急冷急热性等。玻璃窑炉等热工设备在运行过程中，其运行温度常常发生变化，甚至发生剧烈的波动。

一般而言，耐火制品在温度变化时会产生体积膨胀或收缩。当这种膨胀和收缩受到约束时，材料内部就会产生应力，这种应力称为热应力。当材料内部由于温度变化而产生的热应力超过制品的强度时，制品将会产生开裂、崩落或断裂。另外，由于不同矿相之间热膨胀性的差异，会产生的应力。

材料表面层产生的最大张应力（或压应力）σ_{max}可由下式计算。

$$\sigma_{max} = \frac{E\alpha}{1-\mu}(T_0 - T')$$　　　　　　　(3-15)

式中　σ_{max}——表面层产生的最大张应力（或压应力）；

E——材料的弹性模量；

α——材料的热膨胀系数；

T_0，T'——材料的初始温度和表面温度；

μ——泊松比。

式(3-15)表明，材料表面层产生的最大张应力（或压应力）与材料的弹性模量、热膨胀系数以及温度差成正比。当表面层产生的最大张应力（或压应力）达到材料的强度极限时，也就是材料的强度不足以抵抗热应力时，制品就会产生破坏。

热导率高的制品，材料中温度分布易于均匀，其表层与内部的温度差（温度梯度）就小，因而表面层产生的最大张应力（或压应力）相对较小；反之，热导率低的材料，其中的温度分布难以均匀，材料中的温度梯度大，表面层产生的最大张应力（或压应力）也大。因此热导率高的材料，其热震稳定性也相对较高

材料因热震破坏的情况可以分为两大类。

一类是材料发生瞬时断裂，对这类破坏的抵抗称为抗热震断裂性能。

从热弹性力学的观点出发，以热应力 δH 和材料的固有强度 δf 之间的平衡条件作为抗热震破坏的判据：

$$\delta H \geqslant \delta f$$

即当材料中固有强度不足以抵抗抗热震温差 ΔT 引起的热应力时，就导致材料瞬时断裂，即所谓"热震断裂"。

根据弹性理论得出抗热震参数（因子）：

$$R = \frac{\sigma(1-\mu)}{\alpha E}$$　　　　　　　(3-16)

式中　σ——材料表面产生的张应力。

其他字母同式(3-15)。

材料中的热应力达到抗张强度极限后，材料就产生开裂，而一旦有裂纹产生就会导致材料完全破坏。

以上所导出的结果对于一般的玻璃、瓷器和电子陶瓷等都能较好的适应，但是对于一些含有微孔的材料和非均质的金属陶瓷等都不适合。根据这种观点可知，材料抗热震损伤的能力与其弹性模量呈反比关系。

另一类是在热冲击循环作用下，材料表面发生开裂、剥落，并不断发展，以致最终破裂或变质而破坏；对于这类破坏的抵抗称为抗热震损伤性能；人们从断裂力学观点出发以应变能-断裂能为判据进行分析。根据这种观点可知，材料抗热震的能力与其弹性模量呈正比关系。

断裂力学概念以热弹性应变能 W 和材料的断裂能 U 之间的平衡条件作为抗热震破坏的判据：

$$W \geqslant U$$

当热应力导致的存储于材料中的应变能 W 足以满足裂纹成核和扩展形成新表面所需要的能量 U，裂纹就可能形成和扩展。

在实际材料中都存在一定大小、数量的微裂纹，当材料中积存的弹性应变能较小时，则原先裂纹扩展的可能性较小；当裂纹扩展的断裂表面能较大时，则裂纹蔓延的程度小，材料抗热震性好。因此，抗热震冲击损伤性正比于断裂表面能，反比于弹性应变能。这样就提出了抗热震损伤因子：

$$R' = \frac{E\gamma_f}{2(1-\mu)\sigma_f} \tag{3-17}$$

式中　γ_f——断裂表面能；

σ_f——材料的固有强度。

由于抗热震稳定性问题的复杂性（除了弹性模量因素影响以外还有材料的强度、热膨胀系数、热导率、形状和尺寸等），至今还未能建立一个十分完善的理论，因此任何试图改进材料抗热震性能的措施，都必须结合具体的使用条件和要求，综合各种因素的影响，同时必须和实际经验相结合。

目前人们所认可的是：材料的膨胀系数越小，热导率越大，其抗热震稳定性能越好。

3.2.5　浮法玻璃用耐火材料选用

浮法玻璃用耐火材料根据各部位的工作状态不同，要求耐火材料的性能也不同。对于玻璃熔窑用耐火材料的基本要求大致如下：必须有足够的使用性能，如高温性能、化学稳定性、冷热急变稳定性、体积稳定性和机械强度；要有较高的耐火度；对玻璃液没有污染或者污染极小；尽可能延长使用寿命；砌在一起的不同材质的耐火材料之间在高温下没有接触反应；试样和尺寸精确，尽可能少的用量和散热损失；易损部位用优质材料，其他部位使用一般材料。做到："合理配套，窑龄同步"。

（1）保证使用要求　修筑玻璃熔窑用的各种耐火材料应满足以下基本要求。

① 应具有高的软化、熔融温度，一般耐火度不低于 1580℃。

② 有足够的机械强度，能抵抗撞击、摩擦、高温高速火焰、烟尘的冲刷和其他机械作用。

③ 高温结构强度好，在操作温度下能长期承受机械负荷。

④ 对熔融配合料各组分、熔融玻璃及气态物质的侵蚀作用抵抗力强。

⑤ 对玻璃的污染要小。

⑥ 耐急冷急热性能（热震性）好。

⑦ 高温体积稳定性好，残余收缩或膨胀小。

⑧ 热容、热膨胀、导热等热性能满足使用要求。

⑨ 外形规整，尺寸准确。

⑩ 根据使用条件提出的其他要求（如电极砖的电性能要符合使用要求）。

（2）保证熔窑的经济性　选用耐火材料要注意从实际出发，充分研究整个熔窑各部位耐火材料使用寿命的平衡，用较少的投资取得较大的经济效果。充分保证玻璃熔窑的经济性和整个熔窑寿命的平衡性。

（3）便于生产制造　选择耐火材料时，要统一兼顾使用和制造两方面。耐火材料砖型、尺寸的标准化有利于其生产发展，便于实现玻璃熔窑设计的定型化，有利于施工维修。标准普通型砖的费用通常可比异型砖节省 30%～50%。因比玻璃熔窑应优先考虑采用标准化的耐火材料砖型。浮法玻璃生产线各部位配套耐火材料情况见表 3-17。

表 3-17　浮法玻璃生产线各部位配套耐火材料情况

生产线部位名称		配套耐火材料
熔化部	碹顶	优质高纯硅砖
	投料口前脸 L 形吊墙	优质高纯硅砖
	工作部大碹上部结构	一般硅砖
	胸墙	普通浇注氧化熔融 33# 锆刚玉砖
	小炉口、斜脖碹、墙底	普通浇注氧化熔融 33# 锆刚玉砖
	池壁	普通浇注氧化熔融 41# 锆刚玉砖
	拐角	无缩孔氧化熔融 41# 锆刚玉砖
	铺底耐侵蚀层	33# 无缩孔锆刚玉砖
	第二层抗侵蚀砖	烧结锆英石砖
	密封层	锆英石捣打料
	承载层	黏土砖
	保温层	黏土保温砖
	蓄热室碹顶	优质高纯硅砖
	侧壁上段	镁铬砖
	侧壁中段	高铝砖
	侧壁下段	低气孔黏土砖
蓄热室	隔墙上段	镁铬砖
	热点处格子砖上中段	特级高纯镁砖或十字形锆刚玉砖
	格子砖上段	优质高纯镁砖或十字形锆刚玉砖
	格子砖中段	直接结合镁砖或十字形锆刚玉砖
	格子砖下段	低气孔黏土砖
	炉条砖	低气孔黏土砖
冷却部	碹顶	优质高纯硅砖
	胸墙	$\beta\text{-Al}_2\text{O}_3$ 砖
	池壁	$\alpha\text{-Al}_2\text{O}_3$ 砖
	池底	电熔 33# 锆刚玉砖
	双 L 形吊墙（窄卡脖）	优质高纯硅砖
流道与流槽	流道	电熔 $\alpha\text{-Al}_2\text{O}_3$ 砖
	流槽	电熔 $\alpha\text{-Al}_2\text{O}_3$ 砖
	闸板	烧结石英砖
锡槽	槽顶	硅线石砖
	胸墙	轻质黏土保温砖
	槽底	特殊黏土大砖
退火窑	退火窑	黏土砖
烟道	烟道	其他不定形黏土材料

3.2.6 常用耐火材料性能指标

3.2.6.1 硅砖

SiO_2 含量在93％以上的耐火砖称为硅砖。硅砖是以石英石（硅石或石英砂）为原料，粉碎后加入适量的粘接剂（石灰乳或亚硫酸纸浆废液）、矿化剂（铁粉）及部分硅质熟料（或废硅砖粉），经混合、成形、干燥后，在1400～1430℃的窑炉中焙烧而成。

硅砖属于酸性耐火材料，具有良好的抗酸性侵蚀能力，它的导热性能好，荷重软化温度高，一般在1620℃以上，仅比其耐火度低70～80℃。硅砖的导热性随着工作温度的升高而增大，没有残余收缩，在烘炉过程中，硅砖体积随着温度的升高而增大。国内外硅砖性能指标见表3-18。

表 3-18　国内外硅砖性能指标

项　　目		一般硅砖					高纯度硅砖				
		中国	美国	英国	日本	德国	中国	美国	英国	日本	德国
化学组成/％	SiO_2	94.8	95.2	95.2	94.7～95.6	95～96	95.7	93.3	95.2	95.8～96.4	96～97
	Al_2O_3		1.0	0.9	0.72～0.95	1.0		1.0	0.8	0.70～0.96	1.0
	Fe_2O_3		0.9	0.8	0.55	0.5		0.9	0.8	0.54～0.60	0.5
	CaO		2.8	2.7	1.79～2.82	2.5～2.8		2.8	2.7	2.10	2.5～2.7
	CuO							1.8			
物理性能	耐火度/℃	1690			1710					1730	
	吸水率/％		12.6					9.0		9.2	
	体积密度/(g/cm³)	1.9	1.8	1.78	1.80～1.84	1.78		1.95	1.89	1.85～1.93	1.85
	真密度/(g/cm³)	2.34			2.30	2.34		2.35		2.30	2.34
	气孔率/％	21	22.8	23.2	20.4～22.3	23.0	17	17.6	17.3	14.6～19.5	19.5
	耐压强度/(kgf/cm²)	408	420	340	470～600		644	560	510	622～960	
	荷重软化温度/℃	1620	1668		1620～1680	1670		1665		1630	1680
	膨胀率(1000℃)/％	1.15～1.40			1.17～1.20					1.18～1.20	
	热导率/[kJ/(m·h·℃)]	9.00	6.24				9.71	7.95		7.66～8.20	

注：1kgf/cm² = 0.098MPa。

3.2.6.2 黏土砖

黏土砖是指 Al_2O_3 含量为30％～40％硅酸铝材料的黏土质制品。黏土砖是用50％的软质黏土和50％的硬质黏土熟料，按一定的粒度要求进行配料，经成形、干燥后，在1300～1400℃的高温下烧成。黏土砖的矿物组成主要是高岭石和6％～7％的杂质（钾、钠、钙、铁、铁的氧化物）。黏土砖的烧成过程，主要是高岭石不断失水分解生成莫来石结晶的过程。黏土砖中的 SiO_2 和 Al_2O_3 在烧成过程中与杂质形成共晶低熔点的硅酸盐，包围在莫来石结晶的周围。

黏土砖属于弱酸性耐火制品，能抵抗酸性熔渣和酸性气体的侵蚀，对碱性物质的抵抗能力稍差。黏土砖的热性能好，耐急冷急热。黏土砖的耐火度与硅砖不相上下，高达1690～1730℃，但荷重软化温度却比硅砖低200℃以上。因为黏土砖中除含有高耐火度的莫来石结晶外，还含有接近一半的低熔点非晶质玻璃相。

在0～1000℃的温度范围内，黏土砖的体积随着温度升高而均匀膨胀，线膨胀曲线近似于一条直线，线膨胀率为0.6％～0.7％，只有硅砖的一半左右。当温度达1200℃后再继续升温时，其体积将由膨胀最大值开始收缩。黏土砖的残余收缩导致砌体灰缝的松裂，这是黏土砖的一大缺点。当温度超过1200℃后，黏土砖中的低熔点物逐渐熔化，颗粒受表面张力作用而互相靠得很紧，从而产生体积收缩。黏土砖性能指标见表3-19。

表 3-19 黏土砖性能指标

项　目		指　标						
		N-1	N-2a	N-2b	N-3b	N-4	N-5	N-6
耐火度/℃	≥	1750	1730	1730	1710	1690	1670	1580
荷重软化开始温度/℃	≥	1400	1350			1300		
重烧线变化 /%	1400℃,2h	+0.1 −0.4	+0.1 −0.5	+0.2 −0.5				
	1350℃,2h				+0.2 −0.5	+0.2 −0.5	+0.2 −0.5	
显气孔率/%	≤	22	24	26	24	24	26	28
常温耐压强度/MPa	≥	30	25	20	15	20	15	15

3.2.6.3 锆刚玉砖

锆刚玉砖又称电熔砖，英文缩写是 AZS，是按 Al_2O_3-ZrO_2-SiO_2 三元系相图的三个化学成分，依其含量多少顺序排列的，Al_2O_3 取 A，ZrO_2 取 Z，SiO_2 取 S，国家标准采用这个缩写，例如 33# 熔铸锆刚玉砖缩写为 AZS33#，36# 熔铸锆刚玉砖缩写为 AZS36#，41# 熔铸锆刚玉砖缩写为 AZS41#。

锆刚玉砖是用纯净的氧化铝粉与含氧化锆65%、二氧化硅34%左右的锆英砂在电熔炉内熔化后注入模型中冷却而形成的白色固体，其岩相结构由刚玉与锆斜石的共析体和玻璃相组成，从相学上讲是刚玉相和锆斜石相的共析体，玻璃相充填于它们的结晶之间。锆刚玉砖性能指标见表 3-20。

表 3-20 锆刚玉砖性能指标

项　目		33# 电熔锆刚玉砖	36# 电熔锆刚玉砖	41# 电熔锆刚玉砖
SiO_2/%		14~16	≤14.0	≤13.0
Al_2O_3/%		47.55~50	44.55~50.5	44~48
ZrO_2/%		32~36	35~40	40~44
Na_2O/%		1.4~1.5	1.4~1.6	≤1.3
Fe_2O_3＋TiO_2＋CaO＋K_2O/%		≤2.5	≤2.5	≤2.5
常温耐压强度/MPa		350	350	350
热膨胀率/%		0.8	0.8	0.8
玻璃相渗出温度/℃		≥1400	≥1400	≥1410
抗玻璃侵蚀(1500℃,36h)		≤1.4	≤1.3	≤1.2
容重 /(kN/m³)	普通浇铸	≥3.4	≥3.5	≥3.55
	倾斜浇铸	≥3.45	≥3.55	≥3.6
	无缩孔浇铸	≥3.7	≥3.8	≥3.9
0.2MPa 下荷重软化温度/℃		＞1700	＞1700	＞1700

3.2.6.4 镁铬砖

镁铬砖以氧化镁（MgO）和三氧化二铬（Cr_2O_3）为主要成分，方镁石和尖晶石为主要矿物组分的耐火材料制品。具有耐火度高、高温强度大、抗碱性渣侵蚀性强、热稳定性优良等特点，对酸性渣也有一定的适应性。镁铬砖性能指标见表 3-21。

3.2.6.5 高铝砖

（1）普通高铝砖 高铝砖是 Al_2O_3 含量大于 48% 的硅酸铝或氧化铝质的耐火制品，具有耐火度高，荷重软化温度高，热震稳定性好，抗酸、抗碱，抗侵蚀等特点。按其理化指标分为 LZ-75、LZ-65、LZ-55 和 LZ-48 四种牌号。普通高铝砖性能指标见表 3-22。

表 3-21　镁铬砖性能指标

项　目		MGe-20	MGe-16	MGe-12	MGe-8	DBMK-A	DBMK-B	DBMK-C	电熔再结合镁铬砖
MgO/%	≥	40	45	55	60	80	80	80	75.2
Cr_2O_3/%	≥	20	16	12	8	6~8	6~8	6~8	13.4
SiO_2/%	≤					2.0	2.5	3.0	1.4
显气孔率/%	≤	23	23	23	24	18	18	18	14.5
常温耐压强度/MPa	≥	24.5	24.5	24.5	24.5	40	40	40	59.8
荷重软化温度/℃	≥	1550	1550	1550	1530	1650	1630	1630	1750

表 3-22　普通高铝砖性能指标

项　目		指　　标			
		LZ-75	LZ-65	LZ-55	LZ-48
Al_2O_3/%	≥	75	65	55	48
耐火度/℃	≥	1790	1790	1770	1750
0.2MPa 荷重软化开始温度/℃	≥	1520	1500	1470	1420
重烧线变化 /%	1500℃,2h	+0.1 −0.4			
	1450℃,2h				+0.1 −0.4
显气孔率/%	≤	23		22	
常温耐压温度/MPa	≥	53.9	49.0	44.1	39.2

（2）特殊高铝制品

① 刚玉制品　含 Al_2O_3 大于 90% 以上的制品称为刚玉质耐火材料，也称为纯氧化铝耐火制品。刚玉硬度很高（为莫氏硬度 9 级），熔点也高，这些都与结构中 Al-O 键的牢固性有密切关系。因此，$\alpha\text{-}Al_2O_3$ 是构成高温耐火材料和高温电绝缘材料的主要物相。

刚玉具有抵抗酸、碱性炉渣、金属和玻璃液作用的良好稳定性。它在高温下的氧化性气氛或是在还原性气氛中使用，均能收到良好的使用效果。

刚玉制品的基本材料是电熔刚玉或烧结刚玉。有些厂家为改善制品的某些性能，常向刚玉材料中加入某些化学-矿物成分，形成复合制品，如锆刚玉砖、铬刚玉砖、钛刚玉砖等。刚玉制品的理化指标见表 3-23～表 3-27。

表 3-23　纯刚玉砖理化指标

项目	指标	项目	指标	项目	指标
Al_2O_3/%	≥95	Fe_2O_3/%	≤0.5	荷重软化开始温度/℃	≥1630(1550)
SiO_2/%	≤0.5	Cr_2O_3/%	≤1	耐压强度/MPa	≥40(20)
TiO_2/%	≤1	显气孔率/%	≤25(28)	体积密度/(g/cm³)	≥2.85(2.80)

注：括号外为电熔刚玉砖，括号内为烧结刚玉砖，表 3-26、表 3-27 同。

表 3-24　电熔刚玉砖理化指标

品　种	耐火度 /℃	显气孔率 /%	体积密度 /(g/cm³)	抗压强度 /MPa	化学成分%							
					Al_2O_3	SiO_2	Fe_2O_3	Na_2O	MgO	CaO	TiO_2	ZrO_2
α-刚玉砖	>1900	0~20	>3.8	>70	>99	<0.5	<0.1	<0.8	<0.1	<0.5	<0.1	—
α,β-刚玉砖	>1875	0~5	>3.4	>150	>94	<1.5	<0.1	<4.5	<0.1	<0.5	<0.1	—
β-刚玉砖	>1875	5~15	>3.0	>20	>94	<0.5	<0.1	<7	<0.1	<0.5	<0.1	—

表 3-25　电熔锆刚玉砖理化指标

品种	耐火度 /℃	显气孔率 /%	体积密度 /(g/cm³)	抗压强度 /MPa	化学成分/%							
					Al_2O_3	SiO_2	Fe_2O_3	Na_2O	MgO	CaO	TiO_2	ZrO_2
30#	>1780	<5	>3.8	>20	49~51	15~18	0~0.5	1.5~20	<0.3	<0.3	<0.4	30~33
35#	>1780	<5	>3.85	>250	50~51	11~13	0~0.3	1.0~1.5	<0.3	<0.3	<0.3	35~37
40#	>1800	<5	>4.0	>250	47~48	10~12	0~0.2	0.6	<0.3	<0.3	<0.2	41~43

注：本产品显气孔率不算铸孔。

表 3-26　铬刚玉砖理化指标

项　目	指　标	项　目	指　标
Al_2O_3/%	≥95	显气孔率/%	≤25(26)
SiO_2/%	≤0.5	荷重软化开始温度/℃	≥1170(1600)
TiO_2/%	≤1	耐压强度/MPa	≥40(20)
Fe_2O_3/%	≤0.5	体积密度/(g/cm³)	≥2.90(2.80)
Cr_2O_3/%	≤1	重烧收缩(1600℃,3h)/%	≤0.5

表 3-27　钛刚玉砖理化指标

项　目	指　标	项　目	指　标
Al_2O_3/%	≥94	显气孔率/%	≤25(26)
SiO_2/%	≤0.5	荷重软化开始温度/℃	≥1650(1550)
TiO_2/%	≤1	耐压强度/MPa	≥40(20)
Fe_2O_3/%	≤0.5	体积密度/(g/cm³)	≥2.90(2.80)
Cr_2O_3/%	≤1	重烧收缩(1600℃,3h)/%	≤0.5

② 硅线石系制品　所谓硅线石系制品，是在高铝质砖的配料中加入一定比例的硅线石、红柱石或蓝晶石及其他微量元素，从而使制品的抗热震性得到改善，特别是制品的高温蠕变率得到降低，也有人将这种砖称作低蠕变高铝砖。

硅线石砖一般在硅线石分解的温度以下烧成。在使用过程中，如果使用温度略低于硅线石分解温度，则砖的体积稳定性非常好，没有明显的体积效应；若高于分解温度，则硅线石分解变为莫来石和液相，有少许的体积膨胀，又可以抵消因液相而产生的收缩现象，维持体积相对稳定。

采用高温烧成，即在高于硅线石和红柱石分解温度烧成，可得到莫来石化制品，控制好砖坯在烧成中的体积膨胀，可得到性能优越的制品。研究结果表明，硅线石和红柱石不经预烧成熟料，制得的砖显微结构更好。这可解释为预烧的熟料中所形成的莫来石结晶网络，粉碎时会遭到破坏，而在进一步烧成时不可能再形成莫来石结合网络，会降低制品的致密性和高温性能。硅线石砖和红柱石砖的理化指标分别见表 3-28 及表 3-29。

3.2.6.6　熔铸 AZS 系制品

熔铸 AZS 砖也称熔铸锆刚玉砖、电熔锆刚玉砖，或写成熔铸 AZS（砖）。AZS 分别代表 Al_2O_3、ZrO_2、SiO_2。随着玻璃工业的发展，AZS 熔铸砖已成为玻璃熔窑的关键部位必需的耐火材料。它抵抗玻璃液的侵蚀能力较强。

（1）制备工艺　该砖的主要原料为工业氧化铝、低品位二氧化锆及锆英石砂，辅助原料为纯碱和硼砂，经配料、配合三相电弧熔融、浇注、退火、加工、检验后才成为成品。对于 ZrO_2 含量低的制品，只用氧化铝和锆英石；而生产 Zr-36 以上的制品，必须引入氧化锆。

表 3-28　硅线石砖理化指标

项　　目	指　　标	
	WH-23	WH-31
体积密度/(kg/m^3)	≥2.55	≥2.6
显气孔率/%	17～19	15～16
耐压强度/MPa	80～95	≥100
荷重软化温度(0.6%)/℃	>1650	>1670
耐火度/℃	>1790	>1790
蠕变率/%	0.158～0.5 (1450℃,50h)	
抗热震性/次	> 10	
Al_2O_3/%	≥65	>55
Fe_2O_3/%	0.8～1.5	0.8～1.1

表 3-29　红柱石砖理化指标

项　　目	指　　标	
	WH-23	WH-31
体积密度/(kg/m^3)	≥2.6	≥2.7
显气孔率/%	≤19	≤18
耐压强度/MPa	≥80	≥90
荷重软化温度(0.6%)/℃	>1650	>1650
耐火度/℃	>1790	>1790
蠕变率/%	0.2～0.5 (1450℃,50h)	0.2～0.3 (1450℃,50h)
抗热震性/次	>10	
Al_2O_3/%	>65	≥75
Fe_2O_3/%	0.8～1.5	0.8～1.5

熔融方式是重要的工艺参数，在操作方法上分为氧化熔融法和还原熔融法，或者长弧法和短弧法。长弧法相应地需要高功率电炉，熔化的熔液中含还原物（金属相和气体）少，颜色呈淡米色，制品的玻璃相渗出温度高，数量少，而短弧法则相反。熔液在模型中冷凝会产生20%～25%体积收缩，形成缩孔，根据缩孔的体积大小和处理方法又分为以下几种加工制品。

① RC 型普通产品，对铸块不予加工处理。

② TC 型倾斜浇注法，使缩孔凝聚于制品的一端，适于长形砖（如 1200mm×400mm×300mm）。

③ DC 型致密浇注型，缩孔很小。

④ VF 无缩孔型，即在浇注时用附加尺寸的模型，然后将缩孔部分切除。

外形加工包括清除表面黏结的砂粒，用金刚石刀片切除尺寸不规整的部分以及对表面进行细研磨。

（2）技术性能指标　熔铸制品的主要技术指标考核项目有化学组成、容重、玻璃相渗出温度和数量及发泡率。电熔锆质制品根据其化学组成分为 AZS 熔铸砖、AZS 再烧结电熔砖、锆莫来石熔铸砖等。

① AZS 熔铸砖　国产 41[#] AZS 熔铸砖与法国西普公司生产的 ER1711 制品的理化指标见表 3-30。

表 3-30　国产 41[#] AZS 熔铸砖与法国西普公司生产的 ER1711 制品的理化指标

项　　目		41[#] AZS 熔铸砖	ER1711 制品
化学成分/%	SiO_2	13.33	12.45
	Al_2O_3	43.44	44.16
	ZrO_2	41.63	41.63
	Fe_2O_3	0.093	0.083
	Na_2O	1.11	0.79
	B_2O_3	0.30	0.30
	C	0.006	
物理性能	体积密度/(g/cm^3)	3.8	3.92
	气孔率/%	1.2	1.0
	玻璃相含量/%	15～20	10～15
	抗侵蚀指数	110.5	116.7

② AZS 再烧结电熔砖　主要用于砌筑玻璃池窑的底、墙和蓄热室格子砖等热工设备。

其理化指标见表 3-31。

表 3-31　AZS 再烧结电熔砖的理化指标

项　目	指　标	项　目	指　标
Al_2O_3/%	50	显气孔率/%	19
SiO_2/%	19	0.2MPa 荷重软化开始温度/℃	1620
ZrO_2/%	24	耐压强度/MPa	100
Fe_2O_3/%	0.8	体积密度/(g/cm³)	2.90
耐火度/℃	1730		

③ 锆莫来石熔铸砖　主要矿物相是莫来石、斜锆石、刚玉和玻璃相。其化学组成处于 Al_2O_3-SiO_2-ZrO_2 三元相图中（大约 Al_2O_3 63%、SiO_2 21%、ZrO_2 21%）的生成稳定化合物的三角区内，该区莫来石固溶体的熔点为 1830～1870℃。

制备锆莫来石熔铸砖的主要原料有工业氧化铝、天然锆英石，并引入少量 Na_2O（以纯碱形式）；有的用生矾土、软质黏土和锆英石压制成荒坯，经烧成后破碎至合适粒度，熔铸时再加入矿化剂 MgO。配料中选取 Al_2O_3/SiO_2 比值在 2.2～3.2 之间为宜。该砖的理化指标见表 3-32。

表 3-32　锆莫来石熔铸砖的理化指标

项　目	指　标	项　目	指　标
Al_2O_3/%	≥60	耐压强度/MPa	196.1
SiO_2/%	≤24	体积密度/(g/cm³)	≥2.85
ZrO_2/%	7～9	真密度/(g/cm³)	3.4～3.6
熔剂总量/%	7.5	线膨胀系数(20～1000℃)/×10^{-6}℃$^{-1}$	6.8
0.2MPa 荷重软化开始温度/℃	1710		

该砖的特点是晶体结构致密、荷重软化温度高、抗热震性好、常温及高温下机械强度高、耐磨性好、热导率好，且有优良的抵抗熔渣侵蚀的能力，用于玻璃熔窑冷却部池壁等，使用效果很好。

3.2.6.7　烧结 AZS 系制品

烧结 AZS 制品所用原料为氧化铝和锆英石，一般 ZrO_2 含量控制在 15%～30%，主晶相成分为莫来石、刚玉和斜锆石，在原料很纯的条件下，玻璃相含量可低于 5%，所以，生产这类制品的物理-化学基础主要是 Al_2O_3 与 $ZrSiO_4$ 之间的固相反应。该系列制品主要有三种。

（1）反应烧结型 AZS 制品　是由莫来石和斜锆石构成的两相均匀分布的显微结构。该不可逆反应也被称为原位反应，反应开始温度范围在 1370～1420℃。

（2）再结合型 AZS 制品　是以电熔 AZS 为原料经粉碎、成形和烧结而成。

（3）含锆英石系列制品　该系列制品属于广义烧结 AZS 中最简单的工艺类型——用烧结或电熔莫来石或刚玉或煅烧铝土矿粗颗粒与锆英石以任意比例，加少量结合黏土或其他结合剂烧制而成。烧成温度决定着锆英石颗粒全部分解、表面轻微分解或完全不分解。有人证明在 1650℃ 烧结锆英石没有任何分解，但与 Al_2O_3 接触的表面在 <1500℃ 便会分解。烧结 AZS 制品的高温力学性能良好，见表 3-33。

3.2.6.8　锆英石制品

锆英石制品在玻璃熔窑上用于大碹碹碴、看火孔、检测孔等，使用效果良好。天然锆英

表 3-33　烧结 AZS 制品性能

项　目	指　标	项　目	指　标
Al_2O_3/%	59.4~62.5	耐火度/℃	1750
SiO_2/%	16.0~20.7	显气孔率/%	20~23
ZrO_2/%	18~19	残存线变化率(1500℃,3h)/%	±0.05
Fe_2O_3/%	0.2~0.3	0.2MPa 荷重软化开始温度/℃	1640
TiO_2/%	0.3~0.4	耐压强度/MPa	93~114
CaO/%	0.2~0.3	线膨胀系数(1000~1300℃)/×10^{-6}℃$^{-1}$	55~64
MgO/%	0.06~0.07	热导率/[kcal/(m·h·℃)]	0.85~0.99
R_2O/%	0.03~0.37	抗热震性(1100℃,水冷)/次	4~5

石为细粒状原料，若采用传统粒级配料制砖，难以达到理想的堆积密度，必须采用细磨原料，泥浆加压法成形。烧结锆英石制品具有良好的抗玻璃液侵蚀性和高温性能，表 3-34 列出的为几种典型制品的性能。

表 3-34　锆英石砖性能指标

项　目		牌号及数值	
		ZS-G	ZS-Z
化学成分/%	ZrO_2	64	64
	SiO_2	34	34
	Fe_2O_3	0.4	0.4
体积密度/(g/cm³)		4.10	3.84
显气孔率/%		2	11
常温耐压强度/MPa		392	392
荷重软化温度/℃		1650	1650

注：ZS-G 为高致密型；ZS-Z 为致密型。

3.2.6.9　轻质耐火材料

轻质耐火材料属于隔热材料，它能减少窑体散热，节约窑炉能耗，还可减轻窑体重量，降低窑炉造价。轻质耐火材料的主要使用性能有体积密度、气孔率、热导率、使用温度和机械强度。

（1）分类　轻质耐火材料的种类很多，可按不同标准分类。

①按使用温度分为低温型（小于 900℃），如硅藻土砖、珍珠岩砖；中温型（900~1200℃），如蛭石、硅酸钙、轻质黏土砖、硅酸铝纤维；高温型（1200℃以上），如轻质高铝砖、氧化铝空心球。

② 按体积密度分为次轻质（1.0~1.3g/cm³）、轻质（0.4~1.0g/cm³）和超轻质（0.4g/cm³ 以下）。

③ 按生产方法分为加入可燃物质法、泡沫法和化学法。

④ 按形态分为纤维状、多孔状和颗粒状。

⑤ 按质地分为天然的和人造的。

（2）轻质耐火砖　按所用原料，轻质耐火砖可分为黏土质、硅质、高铝质、镁质等。

轻质黏土砖常加入锯木屑，用可塑法成形。以黏土（30%~40%）、熟料（15%~25%）、硬木屑（30%~45%）等组成坯料，加入一定量的糖浆和亚硫酸盐纸浆废液，经混练、困料、成形后干燥（残存水分应小于 10%），再予以烧成（烧成温度 1250~1350℃），保温 4h。也可将黏土和多孔或空心物（如粉煤灰漂珠、硅藻土）混合制得轻质砖。砖在干燥、烧成过程中变形较大，烧后制品需要整形加工。轻质黏土砖的体积密度在 0.4～1.3g/cm³之间。

轻质硅砖的制造方法和轻质黏土砖相似。将普通硅石磨细至 1mm 以下，加入灰分小于10% 的无烟煤（粒度 0.2～1mm）或者煤焦 30%～45%，再加入少量的石灰或石膏和纸浆废液，成形、干燥后在 1270～1300℃ 下烧成。轻质硅砖的体积密度为 0.9～1.1g/cm³，热导率只有普通硅砖的一半，抗热震性也较好。其荷重软化开始温度可达 1600℃，远高于轻质黏土砖，因而轻质硅砖最高使用温度可达 1550℃。在高温下不收缩，其至还有少许膨胀。

轻质高铝砖常用泡沫法生产。用高铝熟料、黏土、少量锯木屑（使坯料变稠）制成泥浆，再加入一定量的电介质［如 $Al_2(SO_4)_3$］使泥浆稳定。在泥浆中按比例加入表面张力小的泡沫剂（如松香皂），使其起泡沫。在搅拌机中制成泡沫泥浆，浇入模型。带模生坯先在低温（40℃左右）下干燥，脱模后再在 80～95℃ 下干燥，干燥后残存水分要在 3%～5% 之间。然后在 1300～1350℃ 下烧成并保温 4～6h。轻质高铝砖的体积密度为 0.4～1.0g/cm³，气孔率达 66%～67%。

(3) 氧化铝空心球及其制品　空心球是近年来发展的一种新型材料，它的体积密度小、热导率低、热容小、强度高、重量轻。用纯氧化铝作原料，在电弧炉内熔融至 2200℃ 左右，将电炉倾斜，熔液以一定流速流出。压缩空气沿垂直方向喷吹液流，使熔液分散成小液滴。在空中冷却的过程中，因表面张力的作用即成氧化铝空心球。将所得空心球过筛，除去细粉、碎片，再经磁力除铁。制造氧化铝空心球制品使用 70% 的氧化铝空心球和 30% 的烧结氧化铝细粉，以硫酸铝溶液结合，用木模加压振动成形，干燥后根据不同情况用 1500℃ 以上的高温烧成或轻烧烧成。氧化铝空心球及其制品能在 1800℃ 以下长时间使用，在高温下也具有较好的化学稳定性和耐侵蚀性。氧化铝空心球可作高温保温材料、耐火混凝土的轻质骨料及高温窑炉的内衬材料。

(4) 硅酸铝纤维　硅酸铝纤维属于耐火纤维。用高岭土、焦宝石或铝矾土等作原料，再加入 B_2O_3 以提高熔融物黏度，减少渣球。将配好的料在电弧炉或电阻炉内熔融。在电炉底部有一个恒温的工作料道，通电加热，以保证熔融料的温度和黏度。用喷吹法成形，喷吹压力根据原料性能和熔融温度而定，一般在 0.6MPa 左右。喷吹得到的短纤维在收棉室内沉降，加结合剂粘压成具有一定强度的毡制品，再经针刺机针刺。针刺毡结构强度高。硅酸铝纤维的使用温度低于 1200℃，因 Al_2O_3 含量而异。如在配料中加入 Al_2O_3，使 Al_2O_3 含量达 95%，即得氧化铝纤维，或者在配料中加入 Cr_2O_3、ZrO_2 等则可将使用温度提高到 1400℃。也可用离心法成形，采用高速离心机将熔融液流股甩成短纤维。在 900～1200℃ 时硅酸铝纤维有析晶倾向，析出莫来石和方石英晶相。析晶后热导率增大，弹性变差，使玻璃体粉化破坏。硅酸铝纤维轻、软、用量少，易施工。高温热导率和热容都低，保温能力强，并且化学稳定性和抗热震性也好。

(5) 膨胀珍珠岩及其制品　珍珠岩由地下喷出的熔岩在地表水中急冷而成，具有类似玉髓的隐晶结构。化学成分大致为 SiO_2 70%～75%，Al_2O_3 12%～13%，含水 2%～5%。水分以吸附水和结构水形式存在，它是主要的发泡源。当温度迅速升高时，由于脱水产生很大的压力而引起膨胀，即得到膨胀珍珠岩。破碎粒度、加热时间和煅烧温度都影响膨胀珍珠岩的性质。膨胀珍珠岩的体积密度一般为 0.3～0.5g/cm³，热导率很小，耐侵蚀性能也好，最高使用温度为 800℃ 左右。

膨胀珍珠岩用不同的结合剂（如水玻璃、磷酸铝、硫酸铝、矾土水泥等）结合可制成轻骨料制品，保温性能好。

膨胀珍珠岩和可塑黏土混合、成形、干燥，烧成后可得珍珠岩保温制品。如在配料中引入适量工业氧化铝，则可制得性能良好的轻质高铝制品。

3.2.6.10　不定形耐火材料

不定形耐火材料是由一定级配的粒状和粉状耐火物料与结合剂、外加剂（如增塑剂、助熔剂、防缩剂、促凝剂等）混合组成的不经成形和烧成而直接供使用的耐火材料。这类材料无固定的外形，可制成浆状、泥膏状和粉料状，因而称为散状耐火材料。加入某些添加剂后，也可制成轻质不定形耐火材料。不定形耐火材料的生产只经过粒状、粉状物料的制备和混合料的混练过程，工艺简单、成品率高、周期短、能耗低。在使用时，根据混合料的工艺特性采用相应的施工方法，即可制成任何形状的砌体或喷涂料，适应性强，施工过程较简便，生产效率高，但要求原料质量稳定，选用的结合剂与其匹配。

不定形耐火材料的种类很多，通常根据其施工方法和材料性质分为浇注料、可塑料、捣打料、喷补料、耐火泥和耐火混凝土。

（1）浇注料　浇注料具有较高流动性，宜用浇注方式成形。粒状和粉状物料可由各种材质的耐火原料制成，以硅酸铝质和刚玉质熟料用得最多。结合剂常用水玻璃、磷酸盐或水泥，有时还加入塑化剂（为提高流动性）、减水剂（为减少加水量）和促凝剂（为促进凝结和硬化）。浇注料的许多性质在相当大程度上取决于结合剂的品种和数量。浇注料可以分为振动浇注料和自流浇注料。振动浇注料浇注后需经振动，才能使其排列紧密和充满模型；而自流浇注料则无需振动，借助重力作用可以自动充填模型。成形后需根据结合剂的硬化特性，采取适当的措施促使其硬化。使用时的烘烤制度很重要，其升温速率应与脱水和物相变化相适应，不能产生裂纹和变形。浇注料的抗热震性较好，重烧收缩较大。

（2）可塑料　可塑料是由粒状和粉状物料与可塑黏土等结合剂及增塑剂配合，加少量水分，经充分混练后组成的呈硬泥膏状并在较长时间内保持相同可塑性的不定形耐火材料。

粒状和粉状料是主要组分，占总量的 70%～85%，可由各种材质的耐火原料制成，一般多用黏土和高铝熟料。可塑黏土是重要组分，应具有良好可塑性，虽仅占总量的 5%～10%，但对料坯的结合强度、体积稳定性和耐火性影响很大。加水量不能多（一般 5%～10%），否则干燥时收缩大，极易产生裂纹，干燥后强度仍较低。在高温下使用时，黏土烧结形成陶瓷结合。黏土内含杂质多时，易烧结，但其他各种性能均降低。为控制黏土用量和减少用水量，可外加增塑剂，如纸浆废液等。为提高料坯的冷态强度，可再加入化学结合剂，如浮法玻璃、磷酸铝、硫酸铝。

可塑料挤压或压实成料块，使用时适当捣实并进行整修加工。

可塑料具均匀的多孔结构，抗热震性好，高温强度高。

（3）捣打料　捣打料是用合理级配的粒状和粉状耐火材料，加适量结合剂混练而成，呈干的或半干的松散状，需经强力捣打才能密实，故称捣打料。

捣打料以所用耐火物料的材质命名，如锆质捣打料（酸性）、刚玉质捣打料（中性）、镁质捣打料（碱性），按使用条件选用。由于捣打料直接接触熔融液，要求耐火物料能耐侵蚀、体积稳定（达到零膨胀）和十分致密（与物料级配有关）。按材质情况与使用要求选用结合剂，常用的各种化学结合剂有磷酸铝、磷酸钠、硫酸铝、浮法玻璃、氯化镁，有时也用有机结合剂。在某些捣打料中，还用耐火纤维作增强材料。

捣打料在未烧结前的常温强度较低，只有在达到烧结温度后才有高的强度，所以捣打料的各种高温性能和使用寿命都与使用前的烧结质量有关。烧结体应不收缩、不膨胀、无龟裂、与底层耐火砖结合牢固。

玻璃窑炉池底以往多用锆英砂捣打料,其成分为 ZrO_2 62%、SiO_2 32%、Al_2O_3 2%、Fe_2O_3 0.5%,体积密度大于 $3g/cm^3$,耐火度在 1790℃ 以上,最大颗粒度为 0.5mm。结合剂采用磷酸二氢铝,粘接牢、强度高、耐高温,但易风干结块、不宜久放,对皮肤有一定腐蚀性,使用不便。现已逐步改用锆刚玉捣打料(法国牌号为 ERSOL)。常用 AZS 砖废料作耐火骨料。该捣打料的成分为 ZrO_2 30%、SiO_2 48%、Al_2O_3 20%,矿相为 α-Al_2O_3、莫来石、斜锆石、玻璃相,最大颗粒度为 5mm。使用时只需加水搅拌即可,体积密度达 $3.2g/cm^3$,气孔率为 12%,析出气泡倾向弱,在 1400℃ 下耐玻璃液侵蚀性能强,还可作密封层和泥浆料。最近,国内研制并应用了低收缩 AZSC 捣打料,它是在 AZS 基本成分中引入一定量的含铬材料,体积密度 $\geqslant 2.9g/cm^3$,重烧线收缩(1400℃ 下 3h)小于 0.2%,耐玻璃液和金属液的侵蚀性能优于以上两种捣打料。使用时只要加水搅拌即可,也可作密封层和浇注料。

(4)喷补料 喷补料是借喷射方式来修补炉衬或涂覆各种涂层(保护涂层、高辐射涂层等)的耐火材料。

喷补料所用耐火物料材质应根据使用条件(如温度、气氛、侵蚀情况)和炉衬性质来定,它应与炉衬的化学性质、热膨胀性等相近。物料粒度根据喷补层厚度、喷射方法(湿法或干法)和设备而定,它对附着性和回弹损失有影响,湿法料多为 0.5mm,干法料可达 6~7mm。

结合剂常用浮法玻璃或磷酸盐,有时还加少量助熔剂,以利烧结。加水量要考虑喷射操作及喷射层的体积稳定性、结构密实性、强度和抗热震性。喷射料的水分应根据对喷射层的质量和厚度的要求以及喷射设备的性能和操作技术等权衡确定,高的可达 25% 以上,低的为 16% 左右,直至完全采用干混合剂而只借助在燃烧器端部混以少量水分进行喷射。湿法料需预先混练,喷射操作较简便,回弹损失少,喷射层的结构致密性较低,耐侵蚀性较差,喷射层的厚度也较薄(20~25mm)。干法料不需预先混练,喷射操作较复杂,回弹损失多,喷射层的结构较致密,耐侵蚀性较好,喷射层厚度大(可达 50~60mm)。

喷射施工使耐火材料的强度得到提高,耐侵蚀性也较好。玻璃窑炉火焰空间、小炉、蓄热室的内衬可用喷补料修补。在炉衬侵蚀面大时用湿法进行热态喷补较好,而在填补局部严重侵蚀的部位时则用干法居多。

(5)耐火泥 耐火泥是由粉状物料和结合剂组成的供调制泥浆用的不定形耐火材料。粉状物料用烧结充分的熟料(如硬质黏土熟料、高铝熟料、煅烧硅石、镁砂等)或其他体积稳定的各种耐火原料(如硅石、叶蜡石)制成,常按粉料的材质将耐火泥进行分类。粉料的粒度依使用要求而定,其极限粒度一般小于 1mm,有的还小于 0.5mm 或更细。制造普通耐火泥用的结合剂为塑性黏土,其作用、性质和调配方法基本上与普通可塑料相同。如要求耐火泥在常温和中温下具有较快的硬化速率和较高的强度,又要求其在高温下仍具有优良性质时,可掺入适合的化学结合剂,配制成化学结合耐火泥或复合耐火泥。化学结合耐火泥中按结合剂的凝结硬化特点可分为气硬性耐火泥、水硬性耐火泥和热硬性耐火泥。气硬性耐火泥常用浮法玻璃等气硬性结合剂配制,它可使砌体的接缝结合严密;水硬性耐火泥用水泥作结合剂,常用于与水或水汽经常接触处的场合;热硬性耐火泥常用磷酸和磷酸盐等热硬性结合剂配成。它硬化后在各种温度下都有较高的强度,并且收缩小、接缝严密、耐蚀性强,最高使用温度可达 1500℃ 左右。在耐火泥中加入 5%～15% 的蓝晶石粉（粒径小于 0.2mm）作高温膨胀剂，可消除高温下产生的收缩裂纹，提高荷重软化温度和强度。

耐火泥主要用作耐火砖砌体的接缝和表面涂层（涂抹料）。用作接缝材料时，其质量对砌体的寿命有很大影响。它可以调整砖的尺寸误差和不规整的外形，使砌体整齐和负荷均衡。还可使砌体构成坚强和严密的整体，以抵抗外力的破坏和防止气体、熔融液的侵入。用作涂抹料时，其质量对保护层能否使底层充分发挥应有的效用和延长使用寿命有密切关系。

耐火泥加水（或水溶液）调成泥浆后使用。耐火泥浆需有良好流动性、保水性和可塑性，以便于施工。在施工后和使用时应具有必要的黏结性和体积稳定性，以保证与底层结为密实整体，使其具有一定强度和耐蚀性。还应具有与底层材料相同或相当的化学组成，以避免耐火泥处先损坏和不同材质间发生有害的化学反应。还要求具有与底层材料相近的热膨胀性，以免剥落。

（6）耐火混凝土　耐火混凝土是用骨料（即耐火粒料）和掺合料（即耐火粉状料）制成的耐火度在 1580℃ 以上、能长期承受高温作用的混凝土。一般将耐火度低于 1580℃ 的混凝土称为耐热混凝土。结合剂（也称胶黏剂）常用无机材料并以其名称对混凝土命名，如水玻璃耐火混凝土、硅酸盐水泥耐火混凝土、铝酸盐水泥耐火混凝土、磷酸盐耐火混凝土、镁质耐火混凝土等。根据体积密度不同，又分为普通耐火混凝土和轻质耐火混凝土两种。将骨料、掺合料加适当配比的胶结料和水调成糊稠泥浆，经捣打或浇注于模型中凝结硬化，制成预制块。与耐火砖相比，耐火混凝土的优点是工艺简单，取消了复杂的烧成工序，使用方便，具有可塑性和整体性，便于复杂制品的成形，成本低，筑炉施工可机械化，使用寿命可与耐火砖相近，因此，耐火混凝土得到了普遍重视与大力推广。目前已用于蓄热室墙、烟道、煤气发生炉炉盖、退火窑窑顶和锡槽槽体等部位。

3.3　浮法玻璃燃料

浮法玻璃行业使用的燃料按照形态不同大致可分为气态燃料、液态燃料以及固态燃料三大类。其中气态燃料主要包括天然气、发生炉煤气、焦炉煤气；液态燃料包括重油、煤焦油、水煤浆；而固态燃料主要有石油焦等。

3.3.1　天然气

天然气是一种无色、无味、易燃、易爆、高热值、密度轻的气体，主要成分为甲烷，甲烷燃点为 700℃，在气体燃料中燃点是较高的一种。

3.3.1.1　天然气的特点

① 热值高：热值可达 8500kJ/m³，储运输送比较方便，利于熔化的集中送热。

② 不含有害的苯、萘等芳香烃物质，因为是气体性燃料，无可燃性颗粒燃料，燃烧完全，环境污染小。

③ 安全性高：因主要成分为甲烷，天然气中的甲烷含量在 94% 以上（低于 90% 的天然气称为湿气），可燃气体的燃烧也取决于甲烷的着火温度、浓度范围，着火温度为 700℃，着火浓度范围为 5%～15%，所以，要想使天然气燃烧，必须达到较高的温度和要求的浓度。

④ 天然气热值高，燃烧空气比例为 10∶1，密度比例为 1∶0.6，燃烧的浓度范围又比

较窄，燃烧速率取决于两者的混合速率，这就要求再燃烧控制和选择燃烧设备时，要充分考虑火焰的可调性。

⑤ 玻璃熔窑的熔化火焰传热主要靠辐射，火焰辐射传热能力取决于火焰的亮度，而火焰亮度取决于燃料燃烧过程中炭微粒的数量多少，在各种燃料中，天然气的碳/氢质量比为3.0～3.2，液体燃料的碳/氢质量比为6.0～7.4，固体燃料的碳/氢质量比10～30，所以说，在使用天然气作为熔化热量来源时要考虑因火焰亮度低带来的热量损失，以及如何增加火焰亮度。

⑥ 由于火焰传热特性的改变，即火焰亮度降低致使火焰传递热量的减少，在物料得到同样的热量时，消耗的燃料总热量会增多，废气排放温度会明显增高，因此应考虑燃烧天然气的热回收。

以天然气作为熔化玻璃液的燃料，要充分考虑其燃烧特性，如窑炉的结构特点、保温状态、燃烧器性能等，以确保玻璃的熔化质量和能耗。

3.3.1.2 天然气技术指标

天然气技术指标见表3-35。

表 3-35 天然气技术指标

项　　目	一　类	二　类	三　类
高位发热量/(MJ/m³)	≥36.0	≥31.4	≥31.4
总硫(以硫计)/(mg/m³)	≤60	≤200	≤350
硫化氢/(mg/m³)	≤6	≤20	≤350
二氧化碳(体积分数)/%	≤2.0	≤3.0	—
水露点/℃	在交接点压力下,水露点应比输送条件下最低环境温度低5℃		

注：1. GB 17820—2012 中气体体积的标准参比条件是 101.325kPa，20℃。

2. 在输送条件下，当管道管顶埋地温度为0℃时，水露点应不高于−5℃。

3. 进入输气管道的天然气，水露点压力应是最高输送压力。

3.3.2 发生炉煤气

发生炉煤气是煤与被水蒸气饱和的空气反应生成的煤气，其主要成分为 CO、H_2、N_2、CO_2 等。发生炉煤气分为空气煤气和混合煤气两种，前者由煤和空气作用制得；后者由煤和空气及蒸汽作用制得，热值高于前者。发生炉煤气用于金属加热炉、玻璃窑炉、炼焦炉的加热，也可作高热值煤气的掺混用气。

空气发生炉煤气以空气为气化剂制得。但可燃气体 CO 含量低，热值低，仅有 3349～3768kJ/m³（标准状态）。在以空气为气化剂送入炉内时，由于放热反应不断放出热量，会使炉内氧化层温度很高，致灰渣软化形成熔融体，引起清渣困难，也使正常的气化过程被破坏，一般很少使用。

3.3.2.1 常压固定床煤气发生炉用煤的技术条件

常压固定床煤气发生炉用煤的技术条件必须符合表3-36中的要求。

简易发生炉煤气的气化用煤，与常压固定床煤气发生炉用煤质量指标相比有很大的宽容度。特别是在块度、热稳定性、胶质层厚度与抗碎强度方面。

3.3.2.2 我国主要煤种的气化指标

我国主要煤种的气化指标见表3-37和表3-38。

表 3-36　常压固定床煤气发生炉用煤的技术条件

项　　目	符　　号	煤的级别	技　术　要　求	
粒度/mm	—	6～13 13～25 25～50 50～100		
块煤下限/%	—		6～13mm 的≤20 13～25mm 的≤18 25～50mm 的≤15 50～100mm 的≤12	
灰分/%	A_d	Ⅰ级 Ⅱ级 Ⅲ级	对无烟块煤 ≤15.00 15.00～19.00 19.00～20.00	对其他块煤 ≤12.00 12.00～18.00 18.00～25.00
煤灰熔融性软化温度/℃	ST		≥1250 ≥1500(A_d≤15.00%)	
水分/%	M		<6.00(无烟煤) <10.00(烟煤) <20.00(烟煤)	
全硫/%	S_{td}	Ⅰ级 Ⅱ级 Ⅲ级	≤0.50 0.50～1.00 1.00～1.50	
黏结指数	GR1	Ⅰ级 Ⅱ级	≤20 >20～50	
热稳定性/%	TS-6	Ⅰ级 Ⅱ级 Ⅲ级	>80 >70～80 >60～70	
落下强度/%	SS		>60	

注：对于黏结指数在 40～50 的低挥发分烟煤，应采用"胶质层最大厚度（Y）"指标，即无搅拌装置时，$Y \leqslant$ 12.0mm；有搅拌装置时，$Y \leqslant$ 16.0mm。

表 3-37　几种煤气化时煤气组成及煤气热值

煤种	煤气气体组成/%							煤气热值/(MJ/m³)
	CO	H_2	CH_4	C_mH_n	O_2	CO_2	N_2	
无烟煤	25～30	15～18	0.5～1.5	—	0.1～0.3	4～8	49～51	5.23～5.86
烟煤	28～31	12～16	1.5～3	0.1～0.3	0.1～0.3	4～6	48～50	5.86～6.70
褐煤	24～26	17～19	3～3.5	—	0.1～0.5	6～8	46～48	6.07～6.28

表 3-38　我国主要煤种的气化指标

项　　目		煤　产　地							
		焦作	阳泉	鹤岗	大同	抚顺	阜新	淮南	兰州
粒度/mm		—	—	13～60	13～50	13～50	10～50	25～60	10～35
工业分析	入炉水分/%	4.32	4.17	2.79	5～5.5	4～7	9.51	4.60	4.28
	灰分/%	19.13	8.53	18.89	5～8	8～11	10.41	17.77	11.10
	挥发分/%	4.30	7.32	27.58	28～30	约45	36.25	28.01	21.71
	热值/(kJ/kg)	26126	31171	26556	29288	27196	26427	26172	28315
气化指标	气化强度/[kg/(m³·h)]	250	50	142	300～350	132	—	<130	200
	干煤气产率/(m³/kg)	3.54	4.2	3.03	3.4	3.25	2.66	3.04	3.54
	煤气热值/(kJ/m³)	5234	5108	6029	6320	6205	6230	5736	6112
	灰渣含碳率/%	—	—	9.1	12.81	9.74	约20	—	15.1

3.3.2.3 几种常见煤种发生炉煤气成分与热值

几种常见煤种发生炉煤气成分与热值见表3-39和表3-40。

表3-39 气化不同煤种煤气中的水分、焦油、粉尘固体颗粒含量

燃 料	煤气温度/℃	煤气中含量(标准状态)/(g/m³)					
		水分		粉尘固体颗粒		焦油	
		波动范围	平均	波动范围	平均	波动范围	平均
无烟煤	390~680	40~100	70	4~25	10	—	—
烟煤	600~680	70~100	80	11~17	15	8~15	10
褐煤	110~330	160~288	220	11~22	16	7~29	15
泥煤	70~120	260~520	440	—	15	18~51	37

表3-40 几种常见煤气发生炉煤气的成分与热值

项 目		嘉阳焦煤	大同烟煤	抚顺气煤	鹤壁贫煤	铜川贫煤	阳泉无烟煤	营城长焰煤	淮南气煤	焦作无烟煤	鹤岗气煤	西山无烟煤
煤气体积成分/%	CO_2	2.24	2.35	3.0	4.69	3.25	5.82	6.2	3.8	6.63	4.78	6.17
	H_2S	0.06	0.05	0.1	0.035	0.85	—	0.1	—	0.04	—	0.15
	C_mH_n	0.2	0.4	0.4	—	0.3	—	0.3	0.3	—	—	—
	O_2	0.1	0.2	0.2	0.2	0.2	0.2	—	0.2	0.1	0.1	0.02
	CO	29.3	31.6	28.5	25.8	26.7	24.16	25.0	28.5	25.9	27.3	23.28
	H_2	12.5	13.3	14.0	13.45	15.4	14.62	15.0	11.3	15.3	13.98	11.42
	CH_4	2.2	1.8	2.5	2.08	1.2	1.25	2.4	1.7	0.8	2.9	2.07
	N	53.4	50.3	51.3	53.75	52.1	53.81	51	54.2	51.23	51.04	56.89
Q_d(标准状态)/(kJ/m³)		5980	6320	6280	5520	5110	5580	5860	5760	5230	6030	4980

3.3.3 焦炉煤气

焦炉煤气,又称焦炉气,是指用几种烟煤配制成炼焦用煤,在炼焦炉中经过高温干馏后,在产出焦炭和焦油产品的同时所产生的一种可燃性气体,是炼焦工业的副产品。

焦炉气是混合物,其产率和组成因炼焦用煤质量和焦化过程条件不同而有所差别,一般每吨干煤可生产焦炉气300~350m³(标准状态)。其主要成分为氢气和甲烷,另外还含有少量的一氧化碳、C_2以上不饱和烃、二氧化碳、氧气、氮气。其中氢气、甲烷、一氧化碳、C_2以上不饱和烃为可燃组分,二氧化碳、氮气、氧气为不可燃组分。

焦炉气属于中热值气,其热值为16800~18900kJ/m³(标准状态),适合用做高温工业炉的燃料和城市煤气。焦炉气含氢气量高,分离后用于合成氨,其他成分如甲烷和乙烯可用做有机合成原料。焦炉气为有毒和易爆性气体,空气中的爆炸极限为6%~30%。

焦炉煤气有以下特点:发热值高,可燃成分含量较高(约90%);是无色有臭味的气体;因含有CO和少量的H_2S而有毒;含氢多,燃烧速率快,火焰较短;如果净化不好,将含有较多的焦油和萘,会堵塞管道和管件,给调火工作带来困难;着火温度为600~650℃。焦炉煤气技术指标及焦炉煤气杂质含量见表3-41和表3-42。

3.3.4 重油

重油是原油提取汽油、柴油后的剩余重质油,其特点是分子量大、黏度高。其成分主要是碳氢化合物,主要组分碳的含量高达85%左右,其热值在37000~44000kJ/kg,另外含有部分的(0.1%~4%)的硫黄及微量的无机化合物。

表 3-41　焦炉煤气组分技术指标

项　目	CO₂	H₂	CO	N₂	CH₄	O₂	C₂H₄
体积分数/%	2.0~3.0	56.0~62.0	5.0~9.0	2.0~6.0	20.0~26.0	0~0.7	2.0~3.0
热值(推荐)/(kJ/m³)				17600±418			
主管压力/kPa				5~30			

注：1. 焦炉煤气中 H_2、N_2、CO、CO_2、CH_4、C_nH_m 含量的测定按 GB/T 10410—2008 的规定进行。

2. 热值用色谱法测定其百分含量后计算得出，计算公式为：

$$Q(kJ/m^3) = (25.9 \times H_2\% + 30.4 \times CO\% + 85.6 \times CH_4\% + 170 \times C_nH_m\%) \times 4.18$$

3. 焦炉煤气中 H_2S 的测定按 GB/T 12211—1990 的规定执行。

4. 焦炉煤气中萘的测定按 GB/T 12209.2—1990 的规定执行。

5. 焦炉煤气中焦油的测定按 GB/T 12208—2008 的规定执行。

表 3-42　焦炉煤气杂质含量　　　　　　　　　　单位：mg/m³

品　种	硫化氢	萘		焦油	备　注
		冬季	夏季		
普通煤气	≤600	≤300	≤350	≤50	用做燃料及深处理
净化煤气	≤20	≤50	≤100	≤5	—

3.3.4.1　重油的主要性质

（1）黏度　黏度是重油最重要的性能指标，是划分重油等级的主要依据。它是对流动性阻抗能力的度量，它的大小表示重油的易流性、易泵送性和易雾化性能的好坏。对于高黏度的重油，一般需经预热，使黏度降至一定水平，然后进入燃烧器以使其在燃烧器处易于喷散雾化。目前国内较常用的是 40℃ 运动黏度（馏分型重油）和 100℃ 运动黏度（残渣型重油）。

（2）含硫量　重油中的硫含量过高会引起金属设备的腐蚀和环境的污染。在石油的组分中除碳、氢外，硫是第三个主要组分，虽然在含量上远低于前两者，但是其含量仍然是很重要的一个指标。按含硫量的多少，重油一般又有低硫与高硫之分，前者含硫在 1% 以下，后者通常高达 3.5% 甚至 4.5% 或以上。

（3）密度　为油品的质量与其体积的比值。常用单位是 g/cm³、kg/m³ 等。由于体积随温度的变化而变化，故密度不能脱离温度而独立存在。为便于比较，一般规定以 15℃ 下的密度作为石油的标准密度。

（4）闪点　是油品安全性的指标。油品在特定的标准条件下加热至某一温度，令由其表面逸出的蒸气刚够与周围的空气形成可燃性混合物，当以一个标准测试火源与该混合物接触时即会引致瞬时的闪火，此时油品的温度即定义为其闪点。其特点是火焰一闪即灭，达到闪点温度的油品尚不能提供足够的可燃蒸气以维持持续的燃烧，仅当其再行受热而达到更高的温度时，一旦与火源相遇才能持续燃烧，此时的温度称燃点或着火点。

（5）水分　水分的存在会影响重油的凝点，随着含水量的增加，重油的凝点逐渐上升。此外，水分还会影响燃料机械的燃烧性能，可能会造成炉膛熄火、停炉等事故。

（6）灰分　灰分是燃烧后剩余不能燃烧的部分，特别是催化裂化循环油和油浆渗入重油后，硅铝催化剂粉末会使泵、阀磨损加速。

（7）机械杂质　机械杂质会堵塞过滤网，造成抽油泵磨损和喷油嘴堵塞，影响正常燃烧。

3.3.4.2　重油分类

重油作为炼油工艺过程中的最后一种产品，产品质量控制有着较强的特殊性，最终重油产品的形成受到原油品种、加工工艺、加工深度等许多因素的制约。根据不同的标准，重油可以进行以下分类。

① 根据出厂时是否形成商品，重油可以分为商品重油和自用重油。商品重油指在出厂环节形成商品的重油；自用重油指用于炼厂生产的原料或燃料而未在出厂环节形成商品的重油。

② 根据加工工艺流程，可以分为常压重油、减压重油、催化重油和混合重油。常压重油指炼厂催化、裂化装置分馏出的重油（俗称油浆）；混合重油一般指减压重油和催化重油的混合，包括渣油、催化油浆和部分沥青的混合。

③ 根据用途，重油分为船用内燃机重油和炉用重油两大类，两类都包括馏分油和残渣油。馏分油一般是由直馏重油和一定比例的柴油混合而成，用于中速或高速船用柴油机和小型锅炉。后者主要是减压渣油，或裂化残油，或两者的混合物，或调入适量裂化轻油制成的重质石油重油，供低速柴油机、部分中速柴油机、各种工业炉或锅炉作为燃料。

工业窑炉炉用残渣重油主要作为各种大、中型锅炉和工业窑炉的重油。各种工业炉燃料系统的工作过程大体相同，即抽油泵把重油从储油罐中抽出，经粗、细分离器除去机械杂质，再经预热器预热到 $70\sim120℃$，预热后的重油黏度降低，再经过调节阀在 $8\sim20atm$ 下（$1atm=101325Pa$），由喷油嘴喷入炉膛，雾状的重油与空气混合后燃烧，燃烧废气通过烟囱排入大气。

按照 GB/T 12692.1—2010，炉用燃料油分为馏分型和残渣型，各类根据产品运动黏度细分，馏分型分为 2 个牌号，残渣型分为 4 个牌号。

炉用燃料油是均质烃类油，不含无机酸，无过量固体物质或外来纤维物。在正常储存条件下，含有残渣组分的燃料油应保持均质，不因重力作用而分成超出各牌号黏度范围的轻、重两种组分。炉用燃料油的技术要求和试验方法见表 3-43。

表 3-43　炉用燃料油的技术要求和试验方法

项目		馏分型		残渣型				试验方法
		F-D1	F-D2	F-R1	F-R2	F-R3	F-R4	
运动黏度/(mm²/s)	40℃	≤5.5	5.5~24.0	—	—	—	—	GB/T 265—1988
	100℃	—	—	5.0~15.0	>15.0~25.0	>25.0~50	50~185	GB/T 11137—1989
闪点/℃	闭口 ≥	55	60	80	80	80	—	GB/T 261—2008
	开口 ≥	—	—	—	—	—	120	GB/T 267—1988
硫含量(质量分数)[1]/% ≤		1.0	1.5	1.5	2.5	2.5	2.5	GB/T 17040[2]—2008 GB/T 387—1990 SH/T 0172—2001
水和沉淀物(体积分数)/% ≤		0.50	0.50	1.00[3]	1.00[3]	2.00[3]	3.00[3]	GB/T 6533—1986
灰分(质量分数)/% ≤		0.05	0.10	报告	报告	报告	报告	GB/T 508—1985
酸值(以 KOH 计)/(mg/g) ≤		报告		2.0				GB/T 7304—2000
馏程(250℃回收体积分数)/%		—		报告				GB/T 6536—2010
倾点/℃		报告						GB/T 3535—2006
密度(20℃)/(kg/m³)		报告						GB/T 1884—2000 GB/T 1885—1998
水溶性酸或碱		报告						GB/T 259—1988

① 为了符合国家和地方环保法规要求，或为满足热处理、有色金属、玻璃和陶瓷等生产特殊使用需求，由买卖双方协商提供低硫燃料油。

② 有争议时，以 GB/T 17040—2008 为仲裁方法。

③ 对于水分和沉淀物总量超过 1.0%的应在总量中扣除。

注：1. 表中馏分型炉用燃料油的第 1~5 项技术要求为强制性的，残渣型炉用燃料油的第 1~3 项和第 6 项技术要求为强制性的，其余为推荐性的。

2. 对炉用燃料油中的钒、铝、钙和磷等元素的要求由供需双方协商确定。

3.3.5 煤焦油

煤焦油又称煤膏,是煤焦化过程中得到的一种黑色或黑褐色黏稠状液体,密度大于水,具有一定溶解性和特殊的臭味,可燃并有腐蚀性。煤焦油是煤化学工业的主要原料,其成分达上万种,主要含有苯、甲苯、二甲苯、萘、蒽等芳烃,以及芳香族含氧化合物(如苯酚等酚类化合物),含氮、含硫的杂环化合物等很多有机物,可采用分馏的方法把煤焦油分割成不同沸点范围的馏分。

按焦化温度不同可分为低温(450~650℃)干馏焦油、低温和中温(600~800℃)发生炉焦油、中温(900~1000℃)立式煤焦油、高温(1000℃)炼焦焦油等。煤焦油的理化特性有以下几点。

(1)外观与性状 黑色黏稠液体,具有特殊臭味。

(2)物理性质 相对密度为1.18~1.23;开口闪点为200℃左右;微溶于水,溶于苯、乙醇、乙醚、氯仿、丙酮等多数有机溶剂。

(3)危险特性 其蒸气与空气可形成爆炸性混合物,遇明火、高热极易燃烧爆炸。与氧化剂接触猛烈反应。若遇高热,容器内压增大,有开裂和爆炸的危险。

煤焦油技术指标见表3-44。

表 3-44 煤焦油技术指标

项 目	1 号	2 号
密度(ρ_{20})/(g/cm³)	1.15~1.21	1.13~1.22
水分/%	3.0	4.0
灰分/%	0.13	0.13
黏度(E_{80})/Pa·s	4.0	4.2
甲苯不溶物(无水基)/%	3.5~7.0	≤9.0
萘含量(无水基)/%	7.0	7.0

3.3.6 水煤浆

水煤浆是由大约65%的煤、34%的水和1%的添加剂通过物理加工得到的一种低污染、高效率、可管道输送的代油煤基流体燃料。它改变了煤的传统燃烧方式,显示出了巨大的环保节能优势。尤其是近几年来,采用废物资源化的技术路线后,利用煤泥和工业废水等研制成功的环保水煤浆,可以在不增加费用的前提下,大大提高水煤浆的环保效益。在我国丰富煤炭资源的保障下,已成为油、气等能源的替代燃料。水煤浆技术指标见表3-45。

表 3-45 水煤浆技术指标

项 目	指 标	项 目	指 标
浓度/%	62~67	平均粒度/μm	<50
灰分/%	<7.5	熔融温度/℃	1320
硫分/%	<0.5	挥发分/%	>33
发热量/(MJ/kg)	>19.24	稳定性	三个月不发生不可恢复性的硬沉淀

3.3.7 石油焦

石油焦是黑色或暗灰色坚硬固体石油产品,带有金属光泽,呈多孔性,是由微小石墨结晶所形成粒状、柱状或针状构成的炭体物。石油焦组分是碳氢化合物,含碳90%~97%,含氢1.5%~8%,还含有氮、氯、硫及重金属化合物。

石油焦是延迟焦化装置的原料油在高温下裂解生产轻质油品时的副产物。石油焦的产量为原料油的25%~30%。其低位发热量为煤的1.5~2倍,灰分含量不大于0.5%,挥发分约为11％，品质接近于无烟煤。

3.3.7.1 石油焦分类

石油焦按硫含量分为4A、4B、5和6四个牌号，其质量指标和试验方法见表3-46。

表3-46 石油焦的质量指标和试验方法

项　　目	指　　标				试验方法
	4A	4B	5	6	
硫含量（质量分数）/％ ≤	5.0	7.0	9.0	12.0	GB/T 387[①]—1990
挥发分（质量分数）/％ ≤	14.0	16.0	18.0	18.0	SH/T 0026—1990
灰分（质量分数）/％ ≤	0.8	1.0	1.0	1.0	SH/T 0029—1990
水分[②]（质量分数）/％	报告				SH/T 0032—1990

① 硫含量试验方法也可按 GB/T 214—2007 中第 4 章规定进行或由生产企业与用户商定分析方法，有争议时以 GB/T 387—1990 为仲裁法。

② 水分报告值仅作为出厂计量依据。

石油焦、重油、煤粉和木粉工业分析及元素分析对比情况见表3-47。

表3-47 石油焦、重油、煤粉和木粉工业分析及元素分析对比情况

类别	工业分析/％				元素分析/％					热值/(MJ/kg)
	水分	灰分	挥发分	固定碳	C	H	O	N	S	
石油焦	0.51	0.18	12.15	87.1	88.5	3.9	1.1	2	4.5	35.72
重油	0.01	0.001	99.52	0.46	86.7	12.9	0	0.03	0.08	40.0
煤粉	4.18	11.83	31.56	52.43	68.36	3.85	9.28	2.38	0.11	27.14
木粉	8.24	0.5	83.53	7.73	47.31	5.6	35.89	2.43	0.02	17.77

3.3.7.2 石油焦在浮法玻璃生产中的使用

国内部分浮法玻璃企业已经尝试将石油焦粉、添加剂与油浆或煤焦油混合后形成油焦浆应用于浮法玻璃生产，或将石油焦粉加少量添加剂喷入窑炉内直接燃烧，对节约能源、降低成本均起到一定作用。

（1）油焦浆的性能　油焦浆是由石油焦粉、重油（或煤焦油）和化学添加剂混合而成的一种浆体燃料。它具有石油一样的流动性，能泵送、雾化和着火燃烧，可替代重油、煤焦油等在工业窑炉、工业锅炉上燃烧，是近几年发展起来的新型节能环保燃料。油焦浆由30％～60％的石油焦粉、40％～70％的重油（或煤焦油）和微量化学添加剂组成。根据浮法玻璃生产对燃料的要求一般选择低硫、低灰、高热值的石油焦为佳。

添加剂的主要成分为碳氢化合物，参与燃烧，不会对燃烧过程产生影响，也不会对设备产生不利影响。添加剂在油焦浆中添加量一般为 0.5％～1％，主要起降低黏度、分散灰分、防止结胶的作用。

油焦浆与重油（煤焦油）具有相同的流体力学性质，与原重油燃烧工艺流程可通用。油焦浆与原料重油相比黏度增高，并且随着石油焦添加比例的增加而增加，通过适当提高加热温度可以降低油焦浆黏度。原料油黏度越高，油焦浆黏度也越高，因此降低原料油黏度是降低焦浆黏度的重要手段，生产中一般采用黏度较小的油浆或中温煤焦油作为原料油，同时添加适量的添加剂。

（2）油焦浆调配和储存

① 油焦浆调配工艺　油焦浆调配系统是核心技术，要求适应范围广泛，既可以对煤焦化系列的燃油如煤焦油进行合成，也可以对石化系列的燃油如重油进行合成。

油焦浆制备和燃烧工艺流程如图3-33所示。

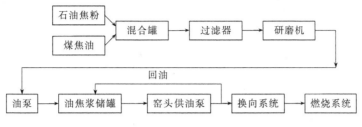

图 3-33　油焦浆制备和燃烧工艺流程

② 石油焦粉制备　石油焦粉来源：一是自己购进石油焦进行加工，优点是成本相对低一些；二是购买石油焦粉。石油焦粉的质量对油焦浆是否可以正常使用起着非常重要的作用，因此无论来源如何，都应从以下几个方面引起注意。

石油焦粉粒度应适宜，为了确保油焦浆的雾化效果，焦粉粒度应控制在250目以上，400～600目最佳。石油焦粉制备设备的选型一定要严格，确保焦粉加工粒度。

储存、加工、使用等环节一定要避免混入土等杂质。

为了减少机械铁的引入量，研磨体的耐磨性要高，各环节溜槽内应铺设超高分子量聚乙烯耐磨衬板。

③ 油焦浆的储存　加入一定量的稳定剂后可使油焦浆在一段时间内保持稳定性，但时间稍长容易出现离析沉淀现象，因此油焦浆储存罐内应加设搅拌器，一般采取机械搅拌方式。

有关试验证明，油焦浆储存一定时间后黏度会显著增加，到一定程度后不再显著变化，黏度的变化会影响正常使用效果，因此油焦浆宜现产现用，尽量减少储存时间。

（3）油焦浆的燃烧　由于各厂采用原料油的种类不同，有的使用油浆，有的使用煤焦油，加之石油焦粉的来源也不一样，因此制成的油焦浆在性质上有区别，在燃烧时需根据具体情况对工艺参数进行调整。

3.3.7.3　各类燃料单位消耗情况对比

各种燃料的单耗比较见表3-48。

表3-48　各种燃料的单耗比较

项　目		重油	煤焦油	天然气	石油焦粉
热值(kJ/kg)		41030	36425	33495	3370
450t/d	用量/(t/d)	75.0	88.5	103592	113
	燃料单耗/(kg/kg)	0.1667	0.1967	0.230	0.2511
	单耗/(kJ/kg)	6838.3	7163.6	7710.4	8463.2
650t/d	用量/(t/d)	100.0	116.0	135720	146
	燃料单耗/(kg/kg)	0.1538	0.1784	0.209	0.2246
	单耗/(kJ/kg)	6309.5	6500.4	6993.6	7570.6

3.4　浮法玻璃熔制

将合格的配合料经高温加热熔融成均匀的、无缺陷的并符合成形要求的玻璃液的技术称为玻璃熔制技术。玻璃熔制是玻璃生产的重要环节，玻璃的产量、质量、成品率、成本、燃

料消耗、熔窑寿命等都与玻璃熔制技术密切相关，浮法玻璃熔制技术工艺流程如图 3-34
所示。

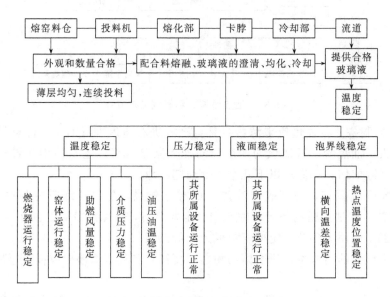

图 3-34　浮法玻璃熔制技术工艺流程

3.4.1　浮法玻璃熔制过程

3.4.1.1　熔制过程中发生的反应

浮法玻璃的熔制是一个很复杂的过程，包括一系列的物理、化学、物理化学反应，而这
些反应的进行与玻璃的产量和质量有密切关系。各种不同配合料在熔制过程中发生的反应见
表 3-49。

表 3-49　各种不同配合料在熔制过程中发生的反应

物 理 反 应	化 学 反 应	物理化学反应
配合料加热	固相反应	共熔体的形成
配合料脱水	碳酸盐、硫酸盐、硝酸盐分解	固态的溶解与液态间互溶
各个组分的融化	水化合物的分解	玻璃液、炉气、气泡间的相互作用
晶相转化	化学结合水的分解	玻璃液与耐火材料间的作用
个别组分的挥发	硅酸盐的形成与相互作用	—

3.4.1.2　熔制过程阶段分类

根据熔制过程中的不同特点，从加热配合料到最终成为符合成形要求玻璃液的过程可分
为五个阶段，即硅酸盐形成阶段、玻璃液形成阶段、玻璃液澄清阶段、玻璃液均化阶段和玻
璃液冷却阶段。直观地也可分为配合料堆的反应烧结阶段；硅酸盐形成及其熔制物熔制阶
段，主要是残余石英砂溶解于已形成的硅酸盐中；澄清消除气泡阶段，主要是降低各种气体
在玻璃液中的过饱和程度；逐渐冷却至成形温度阶段。

（1）硅酸盐形成阶段　配合料进入熔窑后，在 $800 \sim 1000℃$ 范围内发生一系列物理的、
化学的和物理-化学的反应。这个阶段结束时，大部分气态产物从配合料中逸出，配合料最
后变成由硅酸盐和二氧化硅组成的不透明烧结物。

（2）玻璃液形成阶段　当温度升到 $1200℃$ 时，烧结物中的低共熔物开始熔制，出现了

一些熔融体，同时硅酸盐与未反应的石英砂颗粒反应，相互熔解。伴随着温度的继续升高，硅酸盐和石英砂颗粒完全熔解于熔融体中，成为含有大量可见气泡、条纹、在温度和化学组分上不够均匀的透明玻璃液。

（3）玻璃液澄清阶段　随着温度继续升高，达到1400～1500℃时，玻璃液的黏度约为10Pa·s，玻璃液在形成阶段存在的可见气泡和溶解气体，由于温度升高，体积增大，玻璃液黏度的降低而大量逸出。

（4）玻璃液均化阶段　玻璃液长时间处于高温状态，并在对流、扩散、熔解等作用下，玻璃液中的条纹逐渐消除，化学组成和温度逐渐趋向均匀。此阶段结束时的温度略低于澄清温度。

（5）玻璃液冷却阶段　将澄清和均化后的玻璃液逐渐降温，使玻璃液具有成形所需的黏度。浮法玻璃冷却结束的温度在1100～1050℃。

以上所述玻璃熔制过程的五个阶段，大多是在逐步加热情况下进行研究的。但在实际熔制过程中是采用高温加料，这样就不一定按照上述顺序进行，而是五个阶段同时进行。

玻璃熔制的各个阶段，各有其特点，同时它们又是彼此互相密切联系和相互影响的。在实际熔制过程中，常常是同时进行或交错进行的。这主要取决于熔制的工艺制度和玻璃熔窑结构的特点。它们之间的关系可以用图3-35表示。

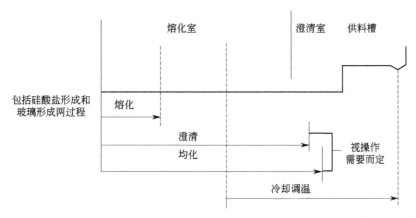

图3-35　玻璃熔制过程各阶段关系

在玻璃的熔制过程中存在着固相、液相和气相。以上诸项相互作用，由此而构成极为复杂的相的转化和平衡关系。纵观玻璃的熔制过程，其实质：一是把配合料熔制成玻璃液；二是把不均质的玻璃液进一步改善为均质的玻璃液，并使其冷却到成形所需的黏度。因此也有把玻璃熔制的全过程分为两个阶段，即配合料的熔融阶段和玻璃液的精炼阶段。

3.4.1.3　影响浮法玻璃熔制的因素

① 配合料化学组成。它对玻璃熔制速率有决定性影响，配合料化学组成不同，所需熔制温度就不相同，配合料中碱金属氧化物等总量对 SiO_2 和 Al_2O_3 总量比值越高，则配合料越容易熔制。

② 原料性质。原料性质及其种类选择对熔制影响很大，如硅砂颗粒大小、形状及所含杂质的难熔性；配合料气体含率，所含气体的化学组成；为引入同一氧化物而达到最有利于熔制的矿物及化工原料的合理选择等，都影响着玻璃熔制速率和熔制质量。

③ 配合料的调制。包括配合料的均匀性、含水量、碎玻璃用量的控制等。其中，配合料的均匀性是一项主要的工艺指标，是否混合均匀对玻璃质量和熔制速率有极大关系，因此，应尽可能地将配合料混合均匀，并注意在输送和储存过程中不受到较大振动以免引起分层现象。

④ 加料方式。加料方式的不同会影响到熔制速率、熔制区的温度、液面状态和液面高度的稳定，从而影响玻璃的产量和质量。我国生产企业多数采用薄层加料的方式，即料层的厚度控制在50mm以内。上层的配合料由辐射和对流获得热量，下层则由玻璃液面通过热传导取得热量，这样配合料中个组分容易保持分布均匀，使硅酸盐形成和玻璃液形成的速率加快。而且由于料层薄，有利于气泡的排除，也缩短了澄清所需的时间。

⑤ 熔制的温度制度。熔制温度决定玻璃的熔制速率，温度越高，硅酸盐生成反应越剧烈，配合料颗粒熔解越快，玻璃液形成速率也越快。如配合料熔制过程中，在1400～1500℃范围内，熔制温度每提高1℃，熔制率就会增加2%。因此，提高熔制温度是强化玻璃熔制、增加熔窑生产能力的有效措施，在条件允许的情况下应尽可能提高熔制温度，以强化熔制过程。

⑥ 窑内压力、气氛、玻璃液面以及泡界线是否稳定。

⑦ 熔窑耐火材料、加热燃料的种类及质量。

⑧ 熔窑结构及搅拌器等辅助设施的应用。

⑨ 熔窑的自动化程度等。

3.4.2 硅酸盐形成和玻璃的形成

玻璃通常是由SiO_2、Al_2O_3、CaO、MgO、K_2O、Na_2O所组成，根据玻璃的不同要求还可以引入其他氧化物，如B_2O_3、ZnO、BaO、PbO等。为研究玻璃的熔制，必须了解配合料各组分在加热过程中的各种反应。

3.4.2.1 纯碱配合料（$SiO_2+Na_2CO_3+CaCO_3$）的硅酸盐形成和玻璃形成过程

① 100～120℃时，配合料水分蒸发。

② 低于600℃时，由于固相反应，生成碳酸钠-碳酸钙的复盐。

$$CaCO_3+Na_2CO_3 \longrightarrow CaNa_2(CO_3)_2 \tag{3-18}$$

③ 575℃发生石英的多晶转变，伴随着体积变化产生裂纹，有利于硅酸盐的形成。

$$\beta\text{-石英} \Longleftarrow \alpha\text{-石英} \tag{3-19}$$

④ 600℃左右时，CO_2开始逸出。它是由于先前生成的复盐$CaNa_2(CO_3)_2$与SiO_2作用的结果。这个反应是在600～830℃范围内进行的。

$$CaNa_2(CO_3)_2+2SiO_2 \longrightarrow Na_2SiO_3+CaSiO_3+2CO_2 \uparrow \tag{3-20}$$

⑤ 720～900℃时，碳酸钠和二氧化硅反应。

$$Na_2CO_3+SiO_2 \longrightarrow Na_2SiO_3+CO_2 \uparrow \tag{3-21}$$

⑥ 740～800℃时，$CaNa_2(CO_3)_2$-Na_2CO_3低温共熔物形成并熔化，开始与Si_2O作用。

$$CaNa_2(CO_3)_2+Na_2CO_3+3SiO_2 \longrightarrow 2Na_2SiO_3+CaSiO_3+3CO_2 \uparrow \tag{3-22}$$

⑦ 813℃时，$CaNa_2(CO_3)_2$复盐熔融。

⑧ 855℃时，Na_2CO_3熔融。

⑨ 在912℃和960℃时，$CaCO_3$和$CaNa_2(CO_3)_2$相继分解。

$$CaCO_3 \Longleftrightarrow CaO+CO_2 \uparrow \tag{3-23}$$

$$CaNa_2(CO_3)_2 \Longleftrightarrow Na_2O+CaO+2CO_2 \uparrow \tag{3-24}$$

⑩ 约 1010℃时，发生以下反应。

$$CaO + SiO_2 \Longrightarrow CaSiO_3 \qquad (3-25)$$

⑪ 1200～1300℃时形成玻璃，并且进行熔体的均化。

3.4.2.2 芒硝配合料的硅酸盐形成和玻璃形成过程

芒硝配合料在加热过程中的反应变化比纯碱配合料复杂得多，因为 Na_2SO_4 的分解反应很困难，所以必须在碳或其他还原剂存在下才能加速反应。$Na_2CO_3 + Na_2SO_4 + C + CaCO_3 + SiO_2$ 配合料加热反应过程如下。

① 100～120℃，排出吸附水分。

② 235～239℃，硫酸钠发生多晶转变。

$$Na_2SO_4(斜方晶体) \Longrightarrow Na_2SO_4(单斜晶体) \qquad (3-26)$$

③ 260℃，煤炭开始分解，有部分物质挥发出来。

④ 400℃，Na_2SO_4 与炭之间的固相反应开始进行。

⑤ 500℃，开始有硫化钠和碳酸钠生成，并放出二氧化碳。

$$Na_2SO_4 + 2C \Longrightarrow Na_2S + 2CO_2 \uparrow \qquad (3-27)$$

$$Na_2S + CaCO_3 \Longrightarrow Na_2CO_3 + CaS \qquad (3-28)$$

⑥ 500℃以上，有偏硅酸钠和偏硅酸钙开始生成。

$$Na_2S + Na_2SO_4 + 2SiO_2 \Longrightarrow 2Na_2SiO_3 + SO_2 \uparrow + S \qquad (3-29)$$

$$CaS + Na_2SO_4 + 2SiO_2 \Longrightarrow Na_2SiO_3 + CaSiO_3 + SO_2 \uparrow + S \qquad (3-30)$$

以上反应在 700～900℃时加剧进行。

⑦ 575℃左右 β-石英转变为 α-石英。

⑧ 740℃，由于出现 Na_2SO_4-Na_2S 低温共熔物，玻璃的形成过程开始。

⑨ 740～880℃，玻璃的形成过程加速进行。

⑩ 800℃，$CaCO_3$ 的分解过程完成。

⑪ 851℃，Na_2CO_3 熔融。

⑫ 885℃，Na_2SO_4 熔融，同时 Na_2S 和石英颗粒在形成的熔体中开始熔解。

⑬ 900～1100℃，硅酸盐生成的过程剧烈地进行，氧化钙和过剩的二氧化硅起反应，生成偏硅酸钙。

$$CaO + SiO_2 \Longrightarrow CaSiO_3 \qquad (3-31)$$

⑭ 1200～1300℃，玻璃形成过程完成。

在上述反应中硫酸盐还原成硫化物是玻璃形成过程中的重要反应之一。如果还原剂不足，则部分硫酸盐不分解，而以硝水的形式浮于玻璃液表面（因为硫酸钠在玻璃熔体中的溶解度很小）。

因此，芒硝配合料在加料区的温度必须尽可能高一些，不能逐渐加热；因为它在熔制过程中还原剂不能立即烧掉，以便在高温下仍能以很大速率还原硫酸钠，这样可以避免因反应不完全而产生"硝水"。

3.4.2.3 硅酸盐形成和玻璃形成过程

综上所述，硅酸盐形成和玻璃形成的基本过程大致如下。

配合料加热时，最初主要是固相反应，有大量气体逸出。一般碳酸钙和碳酸镁能直接分解逸出二氧化碳，其他化合物与二氧化硅相互作用才分解。随着二氧化硅和其他组分开始相互作用，形成硅酸盐和硅氧组成的烧结物；接着出现少量液相，一般这种液相属于低温共熔物，它能促进配合料的进一步熔化，反应很快转向固相与液相之间进行，又形成另一个新相，不断出现许多中间产物。随着固相不断向液相转化，液相不断扩大，配合料的基本反应大体完成，成为由硅酸盐和游离 SiO_2 组成的不透明烧结物，硅酸盐形成过程基本结束。随即进入玻璃的形成过程，这时，配合料经熔化基本上已为液相，过剩的石英颗粒继续熔解于熔体中，液相不断扩大，直至全部固相转化为玻璃相，成为有大量气泡的、不均匀的透明玻璃液。当固相完全转入液相后，熔化阶段即告完成。固相向液相转变和平衡的主要条件是温度，只有在足够的温度下，配合料才能完全转化为玻璃液。

在实际生产过程中，将料粉直接加入高温区域时，硅酸盐形成过程进行得非常迅速，而且随料粉组分的增多而增快，因此它决定了料粉的熔融速率。例如一般窗玻璃配合料的整个熔制过程要 32min（不包括澄清、均化和冷却阶段），而硅酸盐生成阶段只需 3～4min，因而需要 28～29min 用于砂粒的熔解。

3.4.3 硅酸盐形成过程的动力学

硅酸盐形成阶段的动力学是研究反应进行的速率和各种不同因素对其的影响。研究动力学在生产上和理论上都有很大的价值。

任何生产过程的产量都与该生产过程中的反应速率有关。例如，在玻璃熔制过程中的硅酸盐形成速率、玻璃形成速率、澄清速率、均化速率等决定了熔制的总时间，也就决定了玻璃制品的日产量，这说明了研究动力学的生产意义。研究动力学的理论意义是：它能阐明化学反应中的许多重要环节，并使人们能更深地了解反应本身的机理。

虽然对玻璃熔制过程的动力学做了不少的研究，但应指出，由于整个熔制过程的复杂性，至今还没有一个系统的理论来完整地叙述熔制过程中的动力学。其重要原因在于：反应进行时的条件对反应速率的影响是很敏感的。例如，熔化温度与氧化物的含量固然对反应速率影响很大，但某些添加物、炉内气氛性质与分压、耐火材料的侵蚀、混合料的颗粒度、鼓泡与搅拌等都对反应速率产生一定的影响。所有这些都增加了研究玻璃熔制动力学的困难。

以下就一些常见的氧化物在硅酸盐形成过程中的动力学以图示方式叙述，见图 3-36～图 3-40。

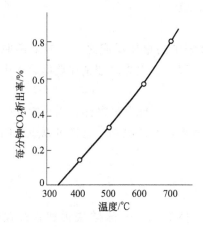

图 3-36 $SiO_2 + Na_2CO_3$ 在
各种温度时的反应速率

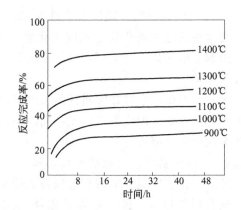

图 3-37 $SiO_2 + B_2O_3$ 在
各种温度时的反应速率

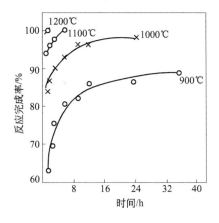

图 3-38　$SiO_2 + Na_2CO_3 + B_2O_3$ 在
各种温度时的反应速率

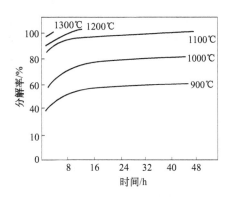

图 3-39　$SiO_2 + Na_2CO_3 + CaCO_3$ 在
各种温度时的反应速率

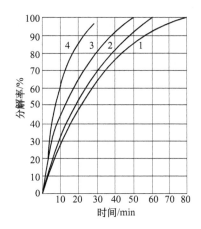

图 3-40　SiO_2 与 $CaCO_3$ 在不同比例时的反应速率
1—$CaCO_3$；2—$CaCO_3 + SiO_2$；3—$CaCO_3 + 2SiO_2$；4—$CaCO_3 + 3SiO_2$

从上述各组分反应速率看，可以得出以下几个结论。

① 随着温度的升高，其反应速率也随着提高。熔体温度的升高导致溶体中各组分的自由能增加和质点运动速率的增加，前者增加了反应的可能性，后者增加了分子间的碰撞概率。

② 当温度不变时，反应速率随时间延长而减慢。在外界条件不变时，任意化学反应的速率不是常数，随着反应物的减少，反应速率也逐渐减慢。

③ 随着反应物浓度的增加，正反应速率也相应增加。要使两个分子能相互作用的必要条件是两个分子相撞。显然，随着反应物的浓度的增加，分子间碰撞次数增加，导致反应速率增加。

3.4.4　玻璃形成过程的动力学

3.4.4.1　玻璃形成阶段的反应

在硅酸盐形成阶段生成的硅酸钠、硅酸钙、硅酸铝及反应剩余的大量二氧化硅，在继续提高温度的情况下它们相互熔解和扩散，由不透明的半熔烧结物转化为透明的玻璃液，这一过程称为玻璃的形成阶段。由于石英砂粒的熔解和扩散速率比各种硅酸盐的熔解和扩散速率慢得多，所以玻璃形成过程的速率实际上取决于石英砂粒的熔解和扩散速率。

石英砂粒的溶解和扩散过程分为两步，首先是砂粒表面发生熔解，而后熔解的 SiO_2 向外扩散。两者的速率是不同的，其中扩散速率较慢。所以石英砂粒的熔解速率决定于扩散速率。单位面积的扩散速率可按式(3-32) 计算：

$$v = -D\frac{dc}{dx} = \frac{dn}{dt} \times q \tag{3-32}$$

式中　v——单位面积的扩散速率；

　　　D——扩散系数；

　　　$\frac{dc}{dx}$——在扩散方向的浓度梯度；

　　　q——扩散面积；

　　　$\frac{dn}{dt}$——单位时间的扩散量。

从上式可见，石英砂颗粒在熔体中的熔解速率与熔解的 SiO_2 从表面向熔体的扩散系数、砂粒表面的 SiO_2 与熔体中 SiO_2 浓度之差、交界层厚度及接触面积等有关。

随着石英砂粒的逐渐熔解，硅酸盐熔体中 SiO_2 含量越来越高，玻璃液的黏度也随着增加，液体中的扩散系数 D 与液体的黏度 η 有关：

$$D = \frac{KT}{6\pi r\eta} = \frac{RT}{A \times 6\pi r\eta} \tag{3-33}$$

式中　K——玻尔兹曼系数；

　　　R——气体常数；

　　　T——热力学温度；

　　　r——分子半径；

　　　η——介质黏度；

　　　A——阿佛加特罗常数。

熔体的黏度越高，扩散系数就越小，熔解过程的速率就越慢。熔体的黏度是石英颗粒在玻璃熔体中熔解速率的函数。因此，对熔体黏度有影响的那些因素对玻璃生成速率也有影响。事实上，在强化玻璃熔制的实际操作中，常常是提高温度也即降低熔体的黏度来实现的。在生产中，由于温度波动或偏低使黏度增加导致石英砂颗粒未能完全熔解而造成玻璃缺陷。石英颗粒在熔体中的熔解速率可用式(3-34) 计算：

$$t = K_0\frac{[SiO_2]^3}{[Na_2O]^2} \tag{3-34}$$

式中　t——熔解时间；

　　　K_0——温度及表面影响系数；

$[SiO_2]$——熔解终了时单位体积中 SiO_2 的质量分数；

$[Na_2O]$——熔解终了对单位体积中 Na_2O 的质量分数。

可见 SiO_2 浓度对熔解速率影响很大。除了 SiO_2 与各种硅酸盐之间的扩散外，各种硅酸盐之间也相互进行扩散，这些扩散过程有利于 SiO_2 更好地熔解，也有利于不同区域的硅酸盐形成相对均匀的玻璃液。

硅酸盐形成和玻璃形成的两个阶段没有明显的界限，在硅酸盐形成结束之前，玻璃形成阶段即已开始，两个阶段所需时间相差很大。如前所述，以平板玻璃的熔制为例，从硅酸盐形成开始到玻璃形成阶段结束共需 32min，其中硅酸盐形成只需 3～4min，而玻璃形成却需要 28～29min。

3.4.4.2 玻璃形成动力学

在玻璃熔制过程中玻璃形成速率与玻璃成分、砂粒大小、熔制温度等有关。

（1）玻璃成分　沃尔夫（M. Volf）提出如下玻璃熔化速率常数方程式。

对一般工业：

$$\tau = \frac{\omega(\mathrm{SiO_2}) + \omega(\mathrm{Al_2O_3})}{\omega(\mathrm{Na_2O}) + \omega(\mathrm{K_2O})} \tag{3-35}$$

对硼酸盐：

$$\tau = \frac{\omega(\mathrm{SiO_2}) + \omega(\mathrm{Al_2O_3})}{\omega(\mathrm{Na_2O}) + \omega(\mathrm{K_2O}) + \omega(0.5\mathrm{B_2O_3})} \tag{3-36}$$

对铅硅：

$$\tau = \frac{\omega(\mathrm{SiO_2})}{\omega(\mathrm{Na_2O}) + \omega(\mathrm{K_2O}) + \omega(0.125\mathrm{PbO})} \tag{3-37}$$

上式中，τ 为熔化速率常数，无量纲值，表示玻璃相对难熔性的特征值；$\omega(\mathrm{SiO_2})$、$\omega(\mathrm{Al_2O_3})$、$\omega(\mathrm{Na_2O})$、$\omega(\mathrm{K_2O})$、$\omega(\mathrm{B_2O_3})$ 和 $\omega(\mathrm{PbO})$ 为氧化物在玻璃中的质量分数。

上式只适用于玻璃液形成直到砂粒消失为止的阶段。τ 值越小，玻璃越容易进行熔制。这一常数相同的各种玻璃，其熔制温度也大致相同。τ 值与一定熔化温度相适应，因此，当室内气氛、气体性质固定时，根据 τ 值可以按玻璃化学组成来确定最有利的熔制温度。表 3-50 为与 τ 值相应的熔化温度值。

表 3-50　与 τ 值相应的熔化温度

τ 值	6	5.5	4.8	4.2
熔化温度/℃	1450～1460	1420	1380～1400	1320～1340

实际上，有时 τ 的计算值并不完全符合实际情况。当熔制含有较多量 $\mathrm{B_2O_3}$ 的玻璃时就很明显。这是由于 $\mathrm{SiO_2}$ 和 $\mathrm{B_2O_3}$ 在熔体中的扩散速度很小，需要较长的熔化时间和较高的熔制温度。必须指出，常数 τ 是一个经验值，在评定熔制速度时，此常数不能认为是唯一的决定因素，而应与其他影响熔制速率的因素一起考虑。

（2）石英颗粒的大小　鲍特维金（Вотвинкин）提出如下方程式来计算石英颗粒的大小对玻璃形成时间的影响。

$$t = K_1 R^3 \tag{3-38}$$

式中　t——玻璃形成的时间，min；

R——原始石英颗粒的半径，cm；

K_1——与玻璃成分和实验温度有关的常数，当玻璃成分 $\mathrm{SiO_2}$ 为 73.5%、CaO 为 10.5%、$\mathrm{Na_2O}$ 为 16% 时，实验温度为 1390℃ 时，$K_1 = 8.2 \times 10^6$。

（3）熔融体的温度　索林诺夫（Солинов）提出熔融体温度与反应时间的关系为：

$$\tau = a e^{-bt} \tag{3-39}$$

式中　τ——玻璃形成时间；

t——熔融体的温度；

a, b——与玻璃成分和原料颗粒度有关的常数，对玻璃而言 $a=101256$、$b=0.00815$。

应该指出的是，影响玻璃形成的因素是复杂的，因而上述公式都不足以用来计算玻璃形成的精确时间。

（4）反应时耗热量　各种原料反应时耗热量见表 3-51。

表 3-51　各种原料反应时耗热量

组分		分解产物	最后产物	耗热量/(kJ/kg)		分解出来的气体	气体数量/(m³/kg)	
名　称	分子式			以千克分解产物计	以千克组分计		千克分解产物	千克组分
石灰石	$CaCO_3$	CaO	$CaSiO_3$	1536.3	860.2	CO_2	0.400	0.224
纯碱	Na_2CO_3	Na_2O	Na_2SiO_3	951.5	556.7	CO_2	0.360	0.210
芒硝	Na_2SO_4	Na_2O	Na_2SiO_3	3466.4	1513.7	SO_2+CO_2	0.363+0.180	0.158+0.079
硝酸钠	$NaNO_3$	Na_2O	Na_2SiO_3	4144.1		NO_2+O_2		
冰晶粉	Na_3AlF_6	Na_2O	Na_2SiO_3	951.5		F		
碳酸钾	K_2CO_3	K_2O	K_2SiO_3	996.3	678.6	CO_2	0.236	0.160
硝石	KNO_3	K_2O	K_2SiO_3	3165.5	1473.1	N_2O_2	0.239	0.111
菱镁石	$MgCO_3$	MgO	$MgSiO_3$	3466.0	1656.8	CO_2	0.553	0.264
白云石	$CaMg(CO_3)_2$	CaO+MgO	$CaMg(SiO_3)_2$	2756.9	1441.2	CO_2	0.463	0.241
硼酸	H_3BO_3	B_2O_3	B_2O_3	3018.1	1693.2	H_2O	0.960	0.541
硼砂	$Na_2B_4O_7 \cdot 10H_2O$	B_2O_3	M_2SiO_3	1364.6		H_2O		
碳酸钡	$BaCO_3$	BaO	$BaSiO_3$	987.9	768.1	CO_2	0.146	0.113
硝酸钡	$Ba(NO_3)_2$	BaO	$BaSiO_3$	2260.4	1329.9	N_2O_5	0.146	0.085
硫酸钡	$BaSO_4$	BaO	$BaSiO_3$	2260.4		SO_2		
红丹	Pb_3O_4		$PbSiO_3$	1255.8				
氢氧化铝	$Al(OH)_3$	Al_2O_3	Al_2O_3	1766.5	1157.4	H_2O	0.656	0.430

3.4.5　浮法玻璃熔制温度制度

为保证在连续作业池窑里将配合料熔制成化学组成均匀和热均匀的玻璃液，必须根据玻璃的组成、燃料品种、熔窑结构、生产规模等条件建立一个合理的温度制度。所谓熔制温度制度是指沿窑长方向的温度分布，一般用温度曲线表示。

3.4.5.1　温度曲线

温度曲线是由小炉挂钩砖及其他测点的温度组成，有"山形"、"桥形"和"双高"曲线三种，如图 3-41 所示。采用不同形式温度曲线时的温度分布和燃料分配见表 3-52。

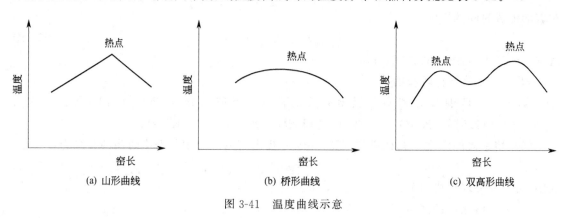

图 3-41　温度曲线示意

表 3-52　温度曲线及燃料分配示例

项　　目		小炉序号					
		1#	2#	3#	4#	5#	6#
山形曲线	温度分布/℃	1430	1480	1530	1550	1520	1440
	燃料分配/%	16	18	20	21	16	9
桥形曲线	温度分布/℃	1490	1510	1540	1570	1550	1500
	燃料分配/%	15	20.3	20.7	21.7	19	3.3
双高形曲线	温度分布/℃	1475	1510	1550	1575	1545	1500
	燃料分配/%	18.1	18.5	16.1	20.1	19.3	7.9
国外浮法熔窑温度分布/℃	1# 前 1466	1521	1565	1593	1568	1552	6# 后 1528

①"山形"温度曲线热点明显（热点指温度曲线的最高温度点），泡界线清晰稳定，池窑各处液流轨迹也稳定。

②"桥形"温度曲线，最高温度带横跨面积大，有 2～3 对小炉的温度都相差不大，热点不明显，热点位置不稳定，液流轨迹也不稳定，燃料消耗大。若桥面偏前，投料口温度与热点温度相差很小，投料回流弱，容易发生跑料现象，化料快，生产流深层玻璃液温度高，同时泡沫层薄，泡界线不整齐，原板质量差；若桥形偏后，料堆熔制较慢，泡界线不整齐，燃料消耗大，成形流深层温度较低，虚温现象加重，玻璃带上气泡较多，生产不稳定。

③"双高"曲线即"双高热负荷"温度制度，其特点是在配合料较多的 1#、2# 小炉投入较多的燃料，加强配合料的熔制；减少泡沫区的 3# 小炉燃料量，降低此处热负荷；增大 4#、5# 小炉燃料量，以利于玻璃液的高温澄清和均化；6# 小炉起到调节成形温度的作用。由于"双高"曲线合理分配了燃料，因而能够降低燃料消耗。但在采用"双高"曲线时一定要把握好油量的集中和分散的程度，过于集中会造成熔窑烧损加剧。

3.4.5.2　温度曲线的制定

目前浮法玻璃企业多选择"山形"温度曲线。制定合理的"山形"温度曲线需要确定热点温度值、热点位置及温差。

(1) 热点温度值确定　根据玻璃组成、耐火材料质量和窑的寿命等确定，一般为（1580±10）℃。

(2) 热点位置确定　热点位置与熔窑小炉的对数有关，对于使用 6 对小炉熔窑的热点一般定在第四对小炉或稍后一些；五对小炉热点在第三与第四对小炉之间。热点位置确定之后料堆应占据从投料池到第二对小炉末端的区域，泡沫占据第三对小炉的范围，泡界线顶端则在玻璃液的热点处（或热点前不远处），泡界线之后应是洁净的液面（镜面区）。

(3) 温差确定　热点与 1# 小炉间的温差一般为 100～130℃，也有 150℃的，1#、2# 小炉温度过低会造成熔制不良，芒硝泡不易去除；热点与末对小炉的温差一般为（80±10）℃。

3.4.5.3　熔制操作基本原则

配合料在熔制过程中，熔制操作的基本原则就是保证熔化过程"四小稳"（相对玻璃生产全过程——原料稳、燃料稳、熔化稳、成形稳"四大稳"而言），即保证熔制温度稳定、保证窑压稳定、保证玻璃液面稳定和保证泡界线稳定。

(1) 保证熔制温度稳定　对于浮法玻璃熔窑内的温度要求横向温差越小越好，纵向温度要严格执行工艺制度。温度曲线经制定后，必须维持相对稳定，不能轻易更改。如果温度制度不合理或受到干扰而不稳定，就会使一系列平衡，特别是玻璃液流动轨迹遭到破坏，甚至使含有硅砂颗粒的泡沫越过泡界线随成形流流入成形区，从而造成玻璃的各种缺陷。

（2）保证窑压稳定　窑压过小时，抽力过大，火焰速度过快，不能达到给玻璃液足够充分的热交换时间，不利于火焰的充分利用，同时还会吸入冷空气，打乱窑内的温度和气氛平衡；窑压过大时，窑内火焰浑而无力，造成火焰不能完全燃烧，不利于配合料的熔化，还会产生加快窑体侵蚀、降低熔制温度、泡界线不清晰、不利于澄清、易产生气泡等问题。窑压的不稳定还会给浮法玻璃成形造成板根忽大忽小、板摆、脱边等问题。

（3）保证玻璃液面稳定　这是达到整个窑作业稳定的主要条件，是熔窑系统平衡最有决定性的标志。玻璃液面波动，一方面会造成成形区玻璃流的变化，从而影响玻璃成形的质量；另一方面也会加剧玻璃液对熔窑池壁耐火材料的侵蚀，这样不仅污染了玻璃液，造成许多缺陷，还会大大减少熔窑的使用寿命，因此控制窑内玻璃液面高度的稳定是尤为重要的。

（4）保证泡界线稳定　泡界线是指未熔制好的配合料与熔制好的玻璃液所形成的一条整齐、清晰的分界线。泡界线不稳定说明窑内热点发生变化，若泡界线移向投料口，则料层的面积缩小，接受热辐射量减小，使熔制速率减慢，在投料量不变的情况下，熔制就不充分；相反，若泡界线远移，使料堆占据面积加大，虽然料堆上层熔制速率加快，但料堆下层熔制减慢，且含有未熔制完全的硅砂颗粒的泡沫区太远，泡界线模糊，容易发生"跑料"（窑内没有熔制好的配合料跑出泡界线以外的过程）事故。

3.4.6　熔制工艺控制

就国内多数浮法玻璃熔窑来说，其工艺技术指标见表 3-53。

表 3-53　浮法玻璃熔制工艺技术指标

序号	工艺指标	控制范围
1	温度曲线	控制热点处温度波动在±10℃
2	火焰长度	热点处火焰长度稍微达到对面胸墙,其余各对小炉火焰长度不得超过热点处火焰长度
3	火焰气氛	窑内气体分成氧化气氛、中性气氛、还原气氛三种,通过各分支烟道闸板和对应的燃烧器调节各对小炉的空气/燃烧比,控制火焰气氛
4	泡界线、料堆	泡界线不得超过 4# 小炉,料堆不得超过 3# 小炉
5	液面	通过液面控制仪控制玻璃液面波动在±0.05mm
6	窑压	通过压力控制仪控制窑压为微正压,一般为＜5Pa
7	油压	0.25～0.8MPa,回油压力至少应保持在 0.5MPa
8	雾化气压	±0.2MPa
9	熟料比	一般控制在 20%～30%,要求加入均匀,块度适中,不掺杂物
10	温度曲线	控制热点处温度波动在±10℃

3.4.6.1　温度控制

要想保持熔窑温度的稳定，首先应了解热量的来源。浮法玻璃熔窑热量主要来源于安装在小炉口下部的、使燃烧燃料的燃烧器。目前，多数浮法玻璃生产企业所使用的燃烧器为高压内混式燃烧器，燃料为重油，它的工作原理是：重油流股通过压力板进入带有角度的小孔，形成具有一定压力和角度的分散流股，与通过旋转雾化器后按顺时针方向旋转的、具有压力相近的雾化介质相混合，使重油变成泡沫状，再将这种泡沫状的油从喷口喷入窑内进行燃烧。因此，对燃烧器燃烧火焰的控制是保持熔窑熔制温度的关键，这其中包括火焰温度的控制、火焰长度的控制及火焰方向的控制三方面内容。当然，要想更好地保持熔制温度稳定，还需采取一些先进的技术手段，如熔窑全保温技术等。

（1）火焰温度控制　影响燃烧器火焰温度的基本因素主要有油温、油压、雾化介质压力、助燃风、燃烧器等，其中油温、油压、雾化介质压力为考察火焰温度的主要参数，可以通过对火焰燃烧形态的观察来判断其温度效果。

① 油温控制　油温偏低时，油的黏度大，雾化效果不好，火焰发浑发飘，火焰的温度低，能耗高，熔制能力差；油温过高时，油中的水分会发生"气阻"现象，影响正常燃烧。当出现油温过高或过低时，应及时与油泵房、废热锅炉房联系，并检查现场二次加温系统，以保证油温在正常范围内使用。

② 油压控制　油压增大时，火焰会变得长而且浑；当油压不够时，火焰喷射出的距离减小，火焰短而亮，这时要关小雾化介质，当油压持续走低时，应适当关小助燃风。当油压波动较大时，要立即与油泵房和调度室联系，使其尽快恢复正常。

③ 雾化介质压力　雾化介质压力增大时，油流量及喷射距离减少，火焰短而亮，火根温度高，火梢变窄，这时可适当增加用油量；雾化介质压力低时，火焰发红发飘，火梢滞动不变，钢性下降，严重时冒黑烟。当雾化介质压力变化较大时，应立即与空压机站及调度室联系。

④ 助燃风　其大小是由小炉支烟道闸板的开度决定的，当火焰的长度、气氛等达不到要求时，可对各小炉进风量进行调整。

⑤ 燃烧器　燃烧时，燃烧器结焦、堵塞等情况也会影响火焰温度，因此应经常观察，发现问题及时处理。

（2）火焰长度控制　对于浮法玻璃横火焰熔窑来说，重油火焰以短一些为好，因为重油是在窑内进行充分混合之后才燃烧的，但过短的火焰又会使窑内局部温度过高，造成沿窑宽方向温度分布不均。过长的火焰会冲击对面窑墙、小炉口等部位，易烧坏砌体，还会带走部分可燃物，增大油耗。因此，重油火焰长度应以火梢微达到对面胸墙为宜。同时应注意燃烧的反应速率是影响火焰长度的重要因素。油雾化得好，油滴能均匀分散在助燃气流中，燃烧充分，燃烧过程就快，火焰短而明亮；反之火焰长而发浑。

（3）火焰方向控制　火焰方向主要是由燃烧器控制。燃烧器的安装位置与熔窑宽度、燃烧器的形式和规格、扩散角大小、小炉下倾角以及操作因素有关。其中，小炉下倾角越大，燃烧器的上倾角也要越大。这是因为燃烧器喷出的油雾与小炉喷出的助燃空气共同合成为火焰喷出的方向，小炉的下倾角是固定的，所以燃烧器上倾角的大小和油雾喷出的快慢将直接影响火焰的方向。燃烧器在支架上安装的上倾角一般是5°~8°，也有调节到12°的。

3.4.6.2　窑压控制

窑压是指窑内气体的压力与外界大气压之差，用帕斯卡（Pa）来表示。对于浮法玻璃熔窑的窑压通常以熔制部末端的大碹顶上或熔制部末端窑墙间隙砖处的压力作为窑压的指标，正常情况下应维持微正压（<5Pa），其波动范围应控制在±1Pa之内。

窑内保持微正压对熔制作业非常重要，若窑内出现负压，即窑内气体压力小于外界大气压，那么空气将从窑体内各个开口处进入窑内，降低窑内温度。若窑内烟气排出不畅，使窑内出现很大的正压，那么，火焰和烟气将从窑体各个开口处喷出，加速窑体的侵蚀，熔窑内火焰燃烧情况变坏，火焰发浑，并影响熔制速率。

在实际生产中经常出现窑压过大的现象，其原因主要有窑内风火供给量过多或风火配比不适当、废气量多；抽力不足；阻力过大三个方面，因此应采取以下措施，以保证窑压的稳定。

（1）窑内风火供给量过多或风火配比不适当、废气量多　这时应根据具体情况，适当调节风火量，增加烟道大闸板开度，如果助燃风过大而引起窑压过大，应关小助燃风量。

（2）抽力不足　抽力是由烟囱或余热锅炉引风机提供的，可适当加大引风机闸板的开度，同时也应开大烟道大闸板开度。

（3）阻力过大　其原因很多，常发生在熔窑的使用后期，如蓄热室格子体倒塌严重、格子孔被堵塞等均会使废气排不出去；或空气、烟道、蓄热室炉条下熔渣等杂物的堆积堵塞了废气通道、暴雨后烟道进水使截面积减小等都会造成窑压增大。这时应根据具体情况，分析窑压增大的原因，采取相应的措施加以解决。

3.4.6.3　玻璃液面控制

玻璃液面的高低是以投入配合料的数量来控制的，当投入的配合料数量和成形所需取用玻璃液相等时，液面就会保持稳定。因此，要想保持熔窑液面的稳定，首先应尽量做到配合料的投入量与使用玻璃液量的平衡；其次，应加强投料技术水平与操作规范。

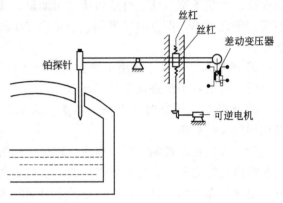

在实际生产中，液面达到工艺制度规定的高度后，其上下波动的范围只允许在±0.5mm之内。通常，浮法玻璃的液面是由铂金探针自动控制的，它与投料机联锁。铂金探针的直径为3mm，下端成尖角，斜度为6°～7°，将其端部放在玻璃液面所规定的高度处。当液面上升时，铂金探针与玻璃液面接触，电流导通，通过继电器使投料机停止工作；反之，则继续加料。铂金探针式玻璃液面控制仪测量精度较高，一般可达±0.2mm，如图3-42与图3-43所示。

图 3-42　铂探针玻璃液位计传动站示意

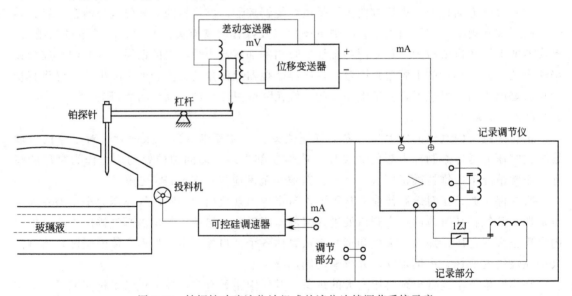

图 3-43　铂探针玻璃液位计组成的液位连续调节系统示意

3.4.6.4　泡界线控制

泡界线是指在池窑的熔制部，覆盖在玻璃液面上的未熔制的硅酸盐烧结物与熔融的玻璃液之间的明显界线。

（1）泡界线的形成　玻璃液表层热点是一个带状等温区域，投料机投入的配合料呈长垄状前进，并逐渐熔制，缩小至消失，变成泡沫层，泡沫层的边缘停留在热点附近。由热点涌出的玻璃液，一部分由泡沫下方向投料口方向流动；另一部分由泡沫下方向成形区流动，把泡沫层阻隔在热点的内侧，因而形成了泡界线，如图 3-44 所示。

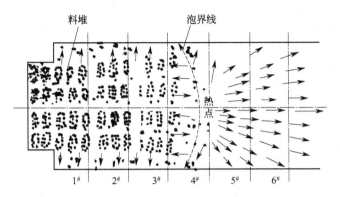

图 3-44　泡界线（当热点在 4# 小炉时）示意

（2）泡界线的作用　泡界线顶端位于玻璃液热点的内侧，是投料机推料堆前进的力与投料回流的力相平衡的结果。窑内温度控制、玻璃液流状况、成形作业和投料情况等稍有变化，都会使泡界线形状改变。因此应经常观察泡界线的变化，通过对泡界线形状、位置和清晰程度的判断，掌握配合料的熔制情况或根据具体情况及时采取措施，以便于熔制出高质量的玻璃液。

（3）对泡界线的要求　在实际生产中，要求泡界线边缘清晰，位置稳定，最高温度值和所在的位置保持不变。保持泡界线的清晰稳定最主要的是明确热点，使窑内温度曲线为"山形"，维持热点到投料口的投料回流。

若因热点变化泡界线移向投料口，则料层的面积缩小，接受热辐射量减少，使熔制速率减慢，在投料量不变的情况下，熔制就不充分；相反，若泡界线移远，使料堆占据面积加大，虽然料堆上层熔制速率加快，但料堆下层熔制速率减慢，且含有未熔制完全的硅砂颗粒的泡沫区太远、泡界线模糊，容易发生"跑料"事故。

3.4.7　玻璃液澄清

玻璃液的澄清是指消除玻璃液中气泡的过程，玻璃液澄清效果的好坏将直接影响玻璃成品的质量。这是因为经过熔制后的配合料成为玻璃液，而玻璃液中存在着大量的气泡，如果不及时消除气泡，就会造成玻璃缺陷，从而影响玻璃的质量。

3.4.7.1　玻璃中气泡的形成

在硅酸盐形成与玻璃形成阶段中，由于配合料的分解、部分组分的挥发、氧化物的氧化还原反应、玻璃与气体介质及耐火材料的相互作用等原因而析出大量气体。其中大部分气体将逸散于空间，剩余的大部分气体将溶解于玻璃液中，少部分气体还以气泡形式存在于玻璃液中。在析出的气体中也有某些气体与玻璃液中某种成分重新形成化合物。因此，存在于玻璃中的气体主要有三种状态，即可见气泡、溶解的气体和化学结合的气体。此外，尚有吸附在玻璃熔体表面上的气体。

随玻璃成分、原料种类、炉气性质和压力、熔制温度等不同，在玻璃液中的气体种类和数量也不相同。常见的气体有 CO_2、O_2、N_2、H_2O、SO_2、CO 等；此外，尚有 H_2、NO、NO_2 及惰性气体。

玻璃液相形成之前释放的气体可以经过松散的配合料层排出，配合料堆的表面积越大（薄层投料法），该气体在窑炉气氛中的分压越小，气体就越容易排出。

液相形成后，气体的排出受到阻碍而形成气泡。初熔阶段既存在含碱量大的能溶解 CO_2、H_2O、SO_2、O_2 等气体的熔体相，也出现许多气泡。此外，由于非均匀相成核，即在熔化中的石英颗粒附近的过饱和熔体中析出气体而不断地产生新的气泡。气体的析出主要是由于局部熔体中 SiO_2 含量增大而降低 H_2O、SO_3、CO_2、O_2 等的溶解度所造成过饱和的结果。含 SiO_2 少的玻璃与含 SiO_2 多的玻璃相遇也出现同样结果。过饱和析出的气体可以形成新的气泡，也可能扩散到已存在的气泡中。因为 CO_2 从玻璃配合料中析出比较晚些，初熔末期的熔体中的气泡除 N_2 外，主要含 CO_2 及少量 H_2O。澄清气体（如 O_2、SO_2）一般要在温度上升较高时才出现。

狄茨尔曾指出，新气泡的形成是在玻璃中形成新的表面，即将玻璃的结构裂开，也就是使大量的 Si—O—Si 键裂。斯麦卡尔按常温下分子的断裂强度计算出相应的压力约为 $1 \times 10^5\,bar$（$1bar = 10^5\,Pa$）。根据这一理论在均匀的熔体中形成气泡需要非常大的压力，但怀勒及罗伊也指出，含有过饱和物理溶解的气体的玻璃（例如在 10 kbar 的压力下熔制成），在常压下只需加热到不是很高的温度，即黏度还相当大时就自发形成气泡，工业熔体中可能包含为数众多的非均一物，如略福勒所设想的，在高温中较理论上的气压低很多的情况下已形成新气泡。

可以把玻璃液中气泡的生成作为热力学上的新相生成来研究。当气体在玻璃液中的溶解度已达到饱和状态时，热力学的稳定状态就要减少，这一溶解在玻璃液中的气体从液相转为气相的倾向就增大，在一定条件下形成了核泡。随着玻璃液中的气体向核泡扩散，使核泡逐渐成长成大泡。根据伏尔麦（M. Volmer）的推导，在气体的过饱和度很大时，可以用式（3-40）和式（3-41）表示气泡生成速率 J 和气泡成长速率 I。

$$J = K\frac{1}{\eta}\exp\left\{-\frac{1}{RT}\left[\frac{16\pi\sigma^3}{3}\times\frac{1}{p^2\ln\left(\frac{c}{c_0}\right)}\right]\right\} \tag{3-40}$$

$$I = K'\frac{1}{\eta}\exp\left\{-\frac{1}{RT}\left[\frac{\pi\sigma}{\delta}\times\frac{1}{p\ln\left(\frac{c}{c_0}\right)}\right]\right\} \tag{3-41}$$

式中　　K，K'——常数；

R——气体常数；

T——热力学温度；

$\frac{c}{c_0}$——过饱和度；

p——气泡内的气体压强；

c_0——气体的饱和浓度；

c——气体的过饱和浓度；

δ——气体的厚度；

$\dfrac{16\pi\sigma^3}{3}\times\dfrac{1}{p^2\ln\left(\frac{c}{c_0}\right)}$——形成核泡所需活化能；

$\dfrac{\pi\sigma}{\delta}\times\dfrac{1}{p\ln\left(\frac{c}{c_0}\right)}$——气泡成长所需活化能。

由上式可以看出，形成气泡所需活化能比气泡成长所需活化能大得多。例如若设 $\frac{c}{c_0}=$ 1.2，$p=10^6\,\mathrm{dyn/cm^2}$（$1\mathrm{dyn/cm^2}=0.1\mathrm{Pa}$），$\sigma=300\,\mathrm{dyn/cm^2}$，$\delta=10^{-8}\,\mathrm{cm}$，则有：

形成气泡所需活化能$=2.4\times10^{-4}\,\mathrm{erg}$（$1\mathrm{erg}=10^{-7}\mathrm{J}$）；

气泡成长所需活化能$=2.7\times10^{-11}\,\mathrm{erg}$。

如图 3-45 和图 3-46 所示为上式的关系。

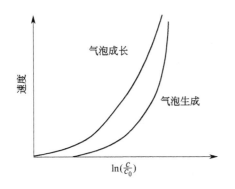

图 3-45　气体过饱和度与气泡生成
和成长速率间的关系

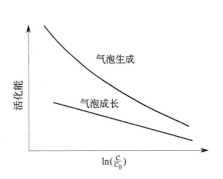

图 3-46　气体过饱和度与气泡
生成和成长所需活化能的关系

由上述可知，在均匀系统中是不易形成核泡的，但在两相界面上由于产生催化剂酶作用使所需活化能大大降低。因此，核泡产生在两相界面上。

玻璃液中的核泡能否成长，按凯布尔（M. Cable）理论，取决于气泡的临界半径 r_{k}。

$$r_{\mathrm{k}}=\frac{2\sigma}{p}\times\frac{1-\ln\left(\frac{c}{c_0}\right)}{\ln\left(\frac{c}{c_0}\right)} \tag{3-42}$$

对式(3-42)讨论如下。

① 若气泡尺寸小于临界值，则 p 增大，即气泡内某成分的气体分压增大。此时，气泡中的气体将溶于玻璃内，气泡变小。若气体大于临界值，则上述过程相反，此时气泡变大。

② 当增加某气体的过饱和度 $\left(\frac{c}{c_0}\right)$ 时，临界半径 r_{k} 将减少。因此，原属于玻璃液中的临界半径的气泡，此时就属于大于临界半径的气泡，因此气泡增大。

③ 对扩散速率不同的气体（例如，氧的扩散速率为 $3\times10^{-6}\,\mathrm{cm/s}$，$CO_2$ 为 $5\times10^{-7}\,\mathrm{cm/s}$），扩散速率小的气体易使气泡长大。因为扩散速率小的气体在核泡周围的 $\frac{c}{c_0}$ 比较大。

3.4.7.2　玻璃液澄清机理

澄清的过程就是首先使气泡中的气体、窑内气体与玻璃液中物理溶解和化学结合的气体之间建立平衡，再使可见气泡漂浮于玻璃液的表面而加以消除。

(1) 气体交换　建立平衡是相当困难的，因为澄清过程中将发生下列极其复杂的气体交换。

① 气体从过饱和的玻璃液中分离出来，进入气泡或炉气中。

② 气泡中所含的气体分离出来进入炉气或溶解于玻璃中。

③ 气体从炉气中扩散到玻璃中。

如图 3-47 所示为玻璃液中溶解的气体、气泡中的气体和炉气中的气体三者间的平衡关系。

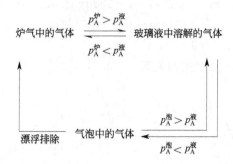

图 3-47　玻璃液中溶解的气体、气泡中的气体和炉气中的气体三者间平衡关系示意

（2）气泡的消除方式　在澄清过程中，可见气泡的消除按以下两种方法进行。

① 使气泡体积增大加速上升，漂浮出玻璃表面后破裂消失。

② 使小气泡中的气体组分溶解于玻璃液中，气泡被吸收而消失。

前一种情况主要是在熔化部进行的。按照 Stokes 定律，气泡上升速度与气泡的半径平方成正比，而与玻璃黏度成反比，即：

$$v = \frac{2}{9} \times \frac{r^2 g (\rho - \rho')}{\eta} \tag{3-43}$$

式中　v——气泡的上浮速度，cm/s；

r——气泡的半径，cm；

g——重力加速度，cm/s²；

ρ——玻璃液的密度，g/cm³；

ρ'——气泡中气体的密度，g/cm³；

η——熔融玻璃液的黏度，P(1Pa·s=10P)。

由式(3-43)可知，对于微气泡来说，除了玻璃的对流能引起它们的移动之外，几乎不可能漂浮到玻璃液面。表 3-54 为不同直径的气泡通过池深为 1m 的玻璃液所需的时间。

表 3-54　不同直径的气泡通过池深为 1m 的玻璃液所需的时间

气泡直径/mm	气泡上浮速率/(cm/h)	气泡上浮 1m 所需时间/h
1.0	70.0	1.4
0.1	0.7	140
0.1	0.007	14000

（3）气泡变大　在等温等压下，使玻璃液中气泡变大有两个因素。

① 多个小气泡集合为一个大气泡。在澄清过程中是不会发生的，因为通常小气泡彼此距离比较远，而且玻璃液的表面张力又很大，都会阻碍小气泡的聚合。

② 玻璃液中溶解的气体渗入气泡，使其扩大。玻璃液中溶解气体的过饱和程度越大，这种气体在气泡中的分压越低，则气体就越容易从玻璃液进入气泡。气泡增大后，它的上升速度增大，就能够迅速地漂浮出玻璃的液面。

玻璃液中气泡的消除与表面张力 σ 所引起的气泡内压力 p 的变化有关。当玻璃液中溶解的气体与玻璃液中气泡内气体的压力达到平衡时，气泡内气体的压力可用式(3-44)表达：

$$p = p_x + \rho g h + \frac{2\sigma}{r} \tag{3-44}$$

由于玻璃液的 $\sigma = 0.25 \sim 0.3 \mathrm{N/m}$，若一个半径为 $1/1000\mathrm{mm}$ 的小气泡除了受大气压 p_x 和玻璃液柱的静压 $\rho g h$ 之外，还有由表面张力引起的 $6\mathrm{atm}$ 的内压力。气泡的半径为 $1\mathrm{mm}$ 时，由表面张力引起的气泡内压力仅为 $0.006\mathrm{atm}$，可以忽略不计。因此，溶解于玻璃液里的气体，常常容易扩散到大的气泡中，使其增大，上升逸出，而微小的气泡则不能增大。通常气泡的半径小于 $1\mu\mathrm{m}$ 以下时，气泡内压力急剧增大，像这样微小的气泡就很容易在玻璃液中溶解而消失。

3.4.7.3 玻璃液澄清方法

玻璃气泡在澄清过程中的最终消失有两种方式：一种是小气泡不断长大变成大气泡，由于密度差异气泡不断上浮，最终逸出玻璃液而消失；另一种是微小气泡随着温度的降低，气体在玻璃中的溶解度增加，在表面张力作用下，气泡中存在的几种成分气体，由于气泡直径小，压力高，气体迅速被玻璃吸收，随着直径变小，气泡压力不断升高，最终气泡中的气体全部溶入玻璃液中。气泡穿过液面的过程如图 3-48 所示。

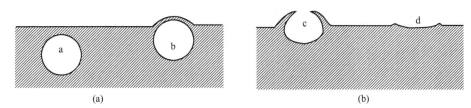

图 3-48　气泡穿过液面的过程示意

a—接近表面；b—液膜突出；c—液膜裂开；d—遗留带环形隆起的低凹面

（1）添加澄清剂　为了促进玻璃液的澄清，在配合料中必须加入澄清剂。根据澄清剂的作用机理不同，浮法玻璃配合料中澄清剂可分为三类。

① 变价氧化物类澄清剂　这类澄清剂的特点是在一定温度下分解放出氧气，然后在玻璃液中扩散，掺入气泡中使它们变大而排除；或者吸收或化合气泡中气体，使气泡减小到临界泡径以下而消失。这类澄清剂往往是氧化剂，因此也称为氧澄清剂，尤其在全氧燃烧熔窑中应用广泛。这类澄清剂有 Sb_2O_3、CeO_2、Mn_2O_3 等，以 As_2O_3 为例其作用如下：

$$As_2O_3 + O_2 \longrightarrow As_2O_5 \tag{3-45}$$

As_2O_3 在玻璃熔制中所起作用很大，无论是高温熔制还是低温熔制，都能非常明显地加速玻璃液中气泡的排除过程。当玻璃液中 As_2O_3 浓度在 1% 以下时，澄清作用随浓度增大而加快；但浓度继续增大，对澄清无益，反而使玻璃产生乳光现象。

② 硫酸盐类澄清剂　硫酸盐类澄清剂使用最广泛的是芒硝，在其他玻璃品种生产中也有用石膏和重晶石的。其特点是分解温度高，高温分解产生的 O_2 和 SO_2 对玻璃液中气泡的长大与溶解起着重要作用。硫酸盐类澄清剂属于高温澄清剂，在低温熔制时，其澄清作用并不明显，但在高温时（$1400 \sim 1500℃$），就能体现出它的澄清作用，并且温度越高，澄清作用越明显，使用硫酸盐类澄清剂时必须同时使用还原剂煤炭粉。

③ 卤化物类澄清剂　这类澄清剂是通过降低玻璃液黏度来达到澄清的目的。属于这类澄清剂的有氟化物、氯化物和碘化物等，这类卤化物挥发量大，对环境可能造成不良影响，因此应慎重选用。

（2）采用鼓泡技术　鼓泡是将压缩空气经窑底鼓泡管送入玻璃液，在鼓泡嘴上形成一定压力的气泡，并迅速上升到玻璃液的表面而破裂。在上升过程中能吸收玻璃液中的小气泡，使其自身长大，并搅动四周玻璃液，起到强制均化和促进澄清的作用。

3.4.7.4　影响澄清的因素

影响玻璃液澄清效果的主要因素有温度、时间和玻璃的氧化还原状态等。

（1）温度　玻璃温度的高低，直接影响着玻璃液的黏度、表面张力以及气体在玻璃液中的溶解度。在玻璃熔窑内，玻璃澄清过程是在热点高温区域内进行的，大的气泡不断长大而上浮，小的气泡不断缩小而被玻璃液吸收。玻璃热点的控制方法很多，在熔窑的纵向形成纵向温度分布曲线，使玻璃液形成两个大的循环对流，熔制率的大小，出料量的波动，燃料的分布和燃烧火焰的组织，玻璃氧化还原状态等因素都会显著地影响到热点区域的温度高低和温度的稳定。此外，鼓泡技术或电助熔技术的使用都能明显改善玻璃的热点状态，促进玻璃液的澄清。

（2）时间　玻璃中大气泡的长大、上浮、消失过程以及玻璃液对小气泡的吸收过程，都必须在特定的温度范围和特定的时间范围内才能完成。熔制过程中的一些因素，如熔制池玻璃液深度、池底玻璃液温度、熔制率、玻璃液对流情况、玻璃的氧化还原状态、池底电助熔或池底鼓泡等因素，能明显影响玻璃气泡的消失过程。如果气泡消失时间不够，最终将残留于玻璃液中形成玻璃气泡。

（3）玻璃的氧化还原状态　澄清剂的选用对玻璃氧化还原状态影响较大，澄清剂在1300℃以上时可促进玻璃气泡的消失过程。近年来随着人们环保意识的增强，玻璃产品档次的提高，开发出很多复合型澄清剂，由于作用和价格不同，企业对澄清剂的选呈择多样化趋势。

3.4.8　玻璃液均化处理

玻璃液的均化主要是分子扩散运动，使玻璃液中含某种组分较多的部分向较少的其他部分迁移，从而达到化学组成趋向于均匀一致。之所以要进行均化处理是因为经澄清后的玻璃液，其化学组成和温度都是不均匀的，容易产生与玻璃主体化学组成不同的条纹，并对成品的性能造成不良影响，如热膨胀系数不同会产生结构应力；黏度和表面张力不同会产生条纹和条纹；化学成分不同还可能产生析晶、析泡等倾向。

实际上均化过程早在玻璃液形成、玻璃液澄清的同时已进行，均化和澄清没有明显的界限。澄清时，由于气泡的上升对玻璃液起到搅拌作用，气泡将条纹或不均匀体层拉成线状或带状，条纹越来越薄，使均化过程更易于进行。

3.4.8.1　机械搅拌

机械搅拌是改善熔窑中玻璃液的均化条件，加速均化过程和延长不均体在玻璃中的流动线路的有效途径之一。我国机械搅拌技术是从 20 世纪 80 年代中期开始的，浮法玻璃工艺用搅拌主要有水平搅拌和垂直搅拌两种（图 3-49 和图 3-50）。水平搅拌设备一般安装在熔窑卡脖处，从胸墙两侧（或一侧）伸入熔窑内，具有结构简单、造价低、操作及维修方便等特点；而垂直搅拌设备一般也安装在卡脖处，由卡脖碹顶插入窑内，由于碹顶的高温环境，给安装、维修及操作带来一定的困难。因此，现代的玻璃企业多采用水平搅拌设备。

（1）搅动深度　搅拌叶插入玻璃液的深度应使玻璃液的成形流均得到充分搅拌而避免搅拌过多的回流层（蠕动流层）。据资料表明，对熔制量为 250～500t/d 的熔窑来说，其成形流在卡脖处的平均流速为 4.65～10m/h，成形流层厚为 100～200mm，因此，搅拌叶插入玻璃液深度应控制在 200～250mm，即可以满足均化需求。

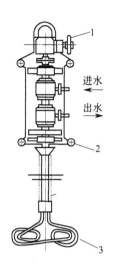

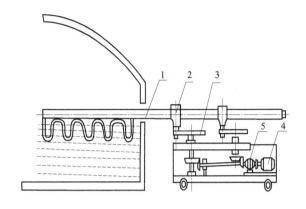

图 3-49　垂直搅拌机示意 　　　　　　　 图 3-50　水平搅拌机示意

1—链轮；2—导轮；3—搅拌叶 　　 1—搅拌棒；2—轴承；3—偏心圆盘；4—直流电动机；5—减速机

（2）搅动速率　水平搅拌设备搅动速率将直接影响玻璃液的均化质量，搅动速率与流过卡脖处的玻璃液的性能（包括玻璃液流的自然流速、黏度、密度等）、卡脖的几何尺寸（卡脖横向尺寸）、搅拌叶的形状及回转半径等因素有关，下面利用流体力学理论提供一套切实可行的技术方法。

首先通过对浮法玻璃配合料的化学分析，准确掌握各种成分的含量，利用黏度计测定出卡脖处玻璃液的黏度值。

由流体运动的雷诺公式求出玻璃液自然对流时的雷诺数（Re_N）。

$$Re_N = U_{自} l \rho \eta \tag{3-46}$$

式中　$U_{自}$——玻璃液流的自然流动速率，m/s；

$\qquad l$——玻璃熔窑卡脖横向尺寸，m；

$\qquad \rho$——玻璃液的密度，kg/m^3，一般选为 $2451kg/m^3$；

$\qquad \eta$——玻璃液的黏度，$N \cdot s/m^2$。

玻璃液在卡脖处自然流动时的雷诺数一般小于 2，即 $Re_N < 2$。由流体力学绕物体运动理论可知：当 $40 < Re_N < 200$，流体所绕物体为圆柱体时，圆柱体的运动后面产生一定的湍动，形成有限的湍流漩涡。从式(3-46)中可以看出，当玻璃液在特定的温度下，密度 ρ、黏度 η 和卡脖宽度 l 是趋于恒定的，因此只有通过增加玻璃液的自然流动速率来增加雷诺数 Re_N 值。受生产条件限制，自然流动速率不可能大幅度增加。水平机械搅拌的作用正是以搅拌叶做圆周转动来相对增加玻璃液的流动速率。

假定玻璃液自然流速为 4.65m/h 和 10m/h，卡脖宽度为 6m，水平搅拌线速度方向与玻璃液流自然流动方向相同，此时搅拌叶柱体相对玻璃液流的运动速率为：

$$U = U_{搅} + U_{自} \tag{3-47}$$

将其代入式(3-48)中求出 $U_{搅}$ 的范围值，再由式(3-48)最终求出搅拌设备转速（n）的取值范围 $n_{min} < n < n_{max}$，如图 3-51 所示。

$$n = 60 \times \frac{1000 U_{搅}}{\pi d} \tag{3-48}$$

式中　d——搅拌叶的回转直径，mm。

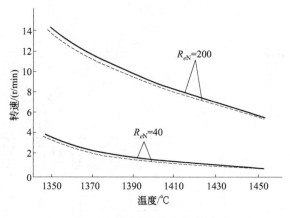

图 3-51　搅动速率取值范围

（3）冷却水压及水温　为保证水平搅拌设备搅拌棒的弹性挠度，必须采用水冷却的方法使搅拌棒处于低温状态运行。实践证明，搅拌棒的进口水温一般不超过 30℃，出口水温一般不超过 50℃；搅拌棒供水压力应保持在 0.2MPa 以上。

3.4.8.2　鼓泡技术

鼓泡技术是将压缩空气经窑底鼓泡管送入玻璃液，并在鼓泡嘴上形成一定压力的气泡，当气泡在玻璃液中产生的浮力大于气泡与鼓泡嘴之间的吸附力时，气泡便脱离鼓泡嘴而上升。在上升过程中，带动一部分临近的玻璃液上升，使处于底层、带有化学组成不均匀的较冷玻璃液上升到较高温度的液面；而处于上层温度较高的玻璃液随玻璃液流动被带入底层，起到了强制均化的作用。

（1）均化原理

① 形成气幕　在鼓泡过程中，每一鼓泡点产生一个泡柱，在气泡上升过程中，它不仅带动泡柱内的玻璃液上升，而且也带动泡柱周围的玻璃液上升，因而每一个鼓泡点就构成一个局部气幕，如图 3-52 所示。各自反向强烈旋转，不断吸入新的玻璃液，所有熔制了的玻璃液都经过气幕后进入成形区，使窑内玻璃液形成环流，促进均化作用，如图 3-53 所示。

图 3-52　池窑鼓泡示意

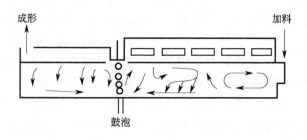

图 3-53　池窑内玻璃液环境示意

② 玻璃液中产生速度梯度　泡柱内玻璃液垂直运动的速度是与所形成的气泡大小按比例变化的，而泡柱外玻璃液的上升速度，随与泡柱的距离增加而锐减。因而在气幕中的玻璃液间存在着速度梯度，对促进玻璃液的化学均化是很有利的。

③ 提高玻璃液的平均温度　采用鼓泡技术以后，玻璃液的平均温度明显提高，也有利于玻璃液的均化。表 3-55 列出了鼓泡前后玻璃液面下 100mm 处的温度变化。

表 3-55　鼓泡前后玻璃液面下 100mm 处的温度变化　　　　　　单位：℃

项　　目	西 1# 小炉	西 2# 小炉
鼓泡前	1138	1095
鼓泡后	1200	1160
温升	62	65

④ 延长玻璃液在大窑的停留时间　在鼓泡前，参与成形的只是上层玻璃液，因而熔制后的新玻璃液立即加入成形流中。采用鼓泡技术后，由于深层玻璃液参与成形的数量增多，因而延长了新玻璃液在大窑内的停留时间，相对地也就增加了大窑的有效容积。由表 3-56 可知，鼓泡技术对颜色玻璃的效果尤为明显。

表 3-56　鼓泡前后玻璃液在窑内的停留时间

项　　目	玻 璃 颜 色			
	绿　色		无　色	
有无鼓泡	无	有	无	有
平均停留时间/h	15	52.6	75	88
平均停留时间增长/%	—	32.2	—	11.7

（2）技术参数　鼓泡技术需要考虑的参数包括鼓泡点的分布、鼓泡压力的大小、鼓泡速率的大小、鼓泡嘴伸入玻璃液的深度等工艺参数。

① 鼓泡点的分布　根据在熔窑内要形成气幕的要求，鼓泡点的数量与泡径的大小及鼓嘴之间的距离有关。实践证明，每 $10 \sim 12 m^2$ 的熔制面积只需要在澄清部设置一个鼓泡嘴，鼓泡嘴之间的距离通常为 $0.8 \sim 1m$。鼓泡点的位置可设置在料堆消失处附近（此处与热点相近）或设置在液流口附近（此处在大窑内形成三个回流区）。

② 鼓泡压力的大小　鼓泡的压力取决于玻璃液的黏度、鼓泡嘴穿入玻璃液的深度和供气的方法。在适当的压力和气体流量时，随鼓入的泡呈正常气泡状。在过大的压力和过大的气流量时，除有较大的气泡外，还有小气泡。在高压间歇式鼓泡时，采用 $0.2 \sim 0.4 MPa$ 的表压；在低压连续式鼓泡时，采用 $0.03 \sim 0.05 MPa$ 的表压。

③ 鼓泡速率的大小　鼓泡的速率取决于玻璃液所要求的搅拌速率。在高压间歇式鼓泡时，鼓泡速率为 $2 \sim 15$ 个/min；在低压连续式鼓泡时，鼓泡速度通常为 $20 \sim 40$ 个/min。

④ 鼓泡嘴伸入玻璃液的深度　鼓泡嘴离窑底的高度，基于不同的考虑，现有两种安置法：一种是离窑底部尽可能近一些，一般在 $200 \sim 250mm$ 之间；另一种是使鼓泡嘴位于玻璃液从窑底算起的 2/3 深度处。这是因为玻璃液层的高度不同，其温度与黏度均不相同。当鼓泡嘴伸入窑底附近时，玻璃液的黏度较大，对鼓泡嘴的侵蚀小，在鼓泡间歇期玻璃液不易倒流入鼓泡嘴内部。但这种布置的最大缺点是由于鼓泡嘴离窑底过近，容易造成窑底耐火材料的侵蚀。

3.5　浮法玻璃熔窑保养与热修

3.5.1　熔窑保养

熔窑是玻璃生产主要的热工设备，关系到生产产品的质量和产量，是生产是否能正常运行的保障。所以，熔窑的寿命长短是主要的指标，熔窑的保养至关重要。

做好熔窑的保养，是保证其良好运行的重要环节，它是在熔窑生产运行中经常进行的日常维护工作。熔窑日常维护保养主要包括：点火烤窑后、投产前熔窑各部位膨胀缝的处理、窑体刷浆、卡砖、抹泥、热补料或捣打料填充，以及在熔窑生产运行中对熔窑的煤气蓄热室的吹扫、炉条下的清碴、大碹的吹扫、上层池壁的风冷却等。

为了确保玻璃熔窑的稳定运行，应注意以下事项：一是操作人员应根据工艺作业制度及控制指标严格操作，并做好报单记录；二是调整工艺作业制度或技术指标必须经主管部室或工程技术人员同意，并经正式下达通知单后方可执行；三是对发生特殊情况的应急处理，事后应向主管部室和工程技术人员汇报。

3.5.1.1 熔窑日常巡检

为了熔化出高质量的玻璃熔液，延长熔窑使用寿命，工作人员的日常巡回检查必不可少。其主要内容如下。

操作人员和保窑瓦工每天对窑炉进行检查，发现问题及时通知工区及相关部室，对影响窑炉运行寿命的较大问题要及时通知有关公司或生产线领导，以便采取果断处理措施。视窑炉运行情况，一般为运行一年后，每月由主管部室组织一次对窑炉运行状况的联查，并做好记录。

窑炉运行到后期，一般指冷修前半年时间，尤其要遵守以下原则：对窑炉发生的较大变化，维修人员及时通知工区，并上报公司或生产线领导，以便及时采取保窑措施；坚持每月一次的大窑联查；在点检或巡检过程中发现的问题及时通报相关单位或人员；做好各类点检、巡检记录及瓦工保养班的检修记录。

3.5.1.2 熔窑日常维护

日常维护主要包括更换燃烧器砖，检查可能出现漏风的地方，及时堵塞。在熔窑后期，根据要求增加检查次数。同时还应注意以下几点。

保窑瓦工要定期对大碹、蓄热室碹等部位进行吹扫，每月2～3次，或视"浮料"情况而定，保证大碹等重要部位不受侵蚀。

窑炉运行3个月后，要定期吹扫格子体，并根据蓄热室格子体堵塞情况采用不同的方法进行处理，确保蓄热室畅通。

3.5.1.3 窑体检查

必须将窑体检查作为各级生产部门和相关作业人员的岗位责任，以制度确立。三班巡回检查、专职人员检查、职能部门定期检查相结合。三班巡回检查由当班熔化作业人员负责，在班内作业时例行巡回检查。专职人员检查是由熔窑相关专职人员负责，根据其岗位责任制的内容要求进行全面检查。职能部门定期检查是由窑炉主管部门召集车间主任、技术人员和熔化工人进行的全面检查。

熔窑使用前期可以每季度检查一次，熔窑使用后期应该每月检查一次。如果发现问题应随时检查并处理解决。班中检查，应记入熔窑作业日志，专职检查和定期检查都应做好档案记录。对熔窑各部位的使用状态，窑炉主管人员要了如指掌，心中有数。

根据熔窑作业数据和窑体烧损状况的分析，提出生产计划的安排意见，编制熔窑热修计划和方案，提出维护、保养措施。在日常生产中，窑体检查的主要部位及内容见表3-57。

表 3-57 窑体检查的主要部位及内容

检查部位	检查内容	备注
烟道	有无漏风、积渣和积水情况;各处温度、压力检测是否完好	观察废气是否通畅
炉条下	炉条碹有无下沉变化,有无其他不良情况;积渣及炉条碹有无炸裂损坏	同时观察各炉下火情况
小炉	喷火口的周围是否有透火现象;小炉钢结构、各处墙体和斜坡碹、平碹的有无烧损透火;观察舌头碹的烧损情况	保温有无烧透火
大碹、蓄热室	碹顶是否有较厚积存飞料;膨胀缝有无窜火现象;碹碹钢是否存在被烧现象;膨胀缝处理部位是否正常;大碹上拉条有无被烧、被较厚的飞料覆盖现象;拉条是否需要调整;大碹有无凹凸变化;碹角砖是否冒火;立柱有无红、倾斜变形情况;保温情况,热电偶的使用情况	尤其有保温材料处有无透火现象,与前后端墙接触处有无透火现象
胸墙、挂钩砖	胸墙有无冒火现象,立柱、巴掌铁等钢结构是否直接被烧;间隙砖是否起到保护胸墙铸件及巴掌铁的作用;胸墙托砖是否完好;挂钩砖是否炸裂掉头;有无向内倾现象	间隙砖有没有掉,尤其是大碹钢碹碹处有无烧损透火
池壁	池壁受熔液的侵蚀、液流的冲刷、火焰的烧损情况;冷却风管的位置和风量;投料口附近、小炉底板下及池壁拐角处要重点检查	池壁被侵蚀变薄或形成狼牙状处要定期测量,注意根据侵蚀速率调整冷却风量,检查砖材炸裂状况,加固池壁的顶铁有无松动的现象
冷却系统	风管是否严密、移位,冷却水是否漏水	是否有风,风量的大小;是否通水,水量的大小

3.5.1.4 蓄热室和烟道保养

长期处于高温烟气作用下的蓄热室格子体,由于进行周期性的冷却和加热,同时存在飞料和碱蒸气的侵蚀,格子孔会被堵塞或损坏,甚至会使砖体变形、崩裂甚至坍塌。轻者使熔窑的热效率降低,严重的会直接影响熔窑的生产运行。因此,对格子体定期进行观察检查则非常必要。检查的内容主要是:格子砖的熔融、烧流、胀裂、脱落状态;格子孔有无堵塞现象,如果有堵塞状况,需观察清楚堵塞部位、范围和严重程度;格子体有无倒塌的情况;检查蓄热室和烟道的积碹状况;蓄热室和烟道有无漏气现象。

玻璃熔制生产要求温度、窑压稳定和正常的投料作业。但应注意的是,定期清除蓄热室和烟道的积灰是稳定作业的必要条件。

熔窑每隔 20~30min 一次的换向改变了火焰流动的方向,在一侧蓄热室格子体被高温废气加热的同时,另一侧蓄热室格子体进入冷空气使格子体的温度逐渐降低,两侧蓄热室格子体温度呈现周期性的交叉。不同周期温度曲线交叉基本相同,才能形成温度的稳定。

格子孔积碹应该定期清除。清除在上火一侧进行。如果积碹很多,在需换火时还不能清除完,应按时进行换火,待换到上火方向时再接着清除。清除积碹后,要铺上一层石英砂,以避免尘碹与烟道铺面砖黏结。

3.5.1.5 延长格子体使用周期措施

延长格子体使用周期的措施有以下几方面:上行格子砖采用耐高温、抗侵蚀的碱性耐火材料;加宽炉条孔,及时吹扫;合理控制蓄热室温度,避免窑压过大;合理安排定期热修;减少粉料飞扬;定期放长火,或用燃烧器烧结瘤等。

3.5.2 熔窑热修

所谓熔窑热修就是在保证熔窑正常运行的前提下,对烧损部件进行修理或改造的操作过程。玻璃熔窑经过一段时间运行之后,各种耐火材料(池壁砖、蓄热室格子砖、燃烧器砖等)在高温、玻璃液流冲刷的作用下,会出现严重侵蚀的现象,如不及时修补,会给生产带来巨大危害。

3.5.2.1 热修方法

目前熔窑热修的方法有热修补和热氧喷补两种。

(1) 热修补法 适用于熔窑后期蚀损耐火材料的加固，或堵塞孔洞等，可能存在污染玻璃熔液、影响熔窑正常作业等问题。

(2) 热氧喷补法 是通过向待补耐火材料处喷射出与之相似的耐火粉料，高温下使其自熔焊接，从而使耐火材料修复的方法。热氧法能迅速安全地对耐火材料进行修补，不仅对普通的蚀损和磨损的耐火材料适用，而且对位移或偶尔破碎的耐火材料，甚至对嵌缝或堵孔等用传统热补法无法进行的部位均非常有效，这种方法有助于提高熔窑修补效率。

3.5.2.2 热修范围和作用

(1) 热修的范围 熔窑的上层池壁、小炉喷火口、加料口、窑碹、舌头碹、蓄热室格子体等部位。热修通常采用查后修理法。根据生产作业的变化情况、熔窑检查状况、窑体侵蚀的程度与速度确定修理期限、项目、工作量，编制检修计划进行修理。

(2) 热修作用 使侵蚀烧损变形严重的部位（指可热修部位）通过热修能够基本恢复原来的结构形状，满足生产工艺要求，最终达到正常生产和延长窑炉使用寿命的目的。

热修后使热量散失减少，提高热利用率，从而达到节能降耗的目的。

热修不仅可以保障熔窑安全运行，避免出现人身和设备事故，而且还可以使生产技术指标达到正常，提高经济效益。

3.5.2.3 池壁砖的热修

(1) 池壁砖损坏原因 在使用过程中，池壁砖会造成侵蚀、炸裂，其主要原因如下。

池壁砖直接与高温玻璃熔液接触，玻璃对池壁有化学侵蚀作用，加上玻璃液流的对流对池壁的机械冲刷作用，所以池壁是池窑上最容易损坏的部分之一。

在熔化部池壁上层，由于温度高，尤其是液面线附近，处于气、固、液三相交界处，易受料堆的冲刷，因此容易蚀损炸裂。

当池壁由几层砖组成时，电熔锆刚玉砖砌池壁的水平砖缝上侵蚀严重，此处是气、液、固三相交界（气体来自砖中和缝中），砖缝上面的砖受到来自下面玻璃熔液的侵蚀而生成一层高黏度保护层，此保护层在重力作用下向下流动。使砖缝处上面的砖失去保护层，而易于受到侵蚀，此时会有一些气泡处于被侵蚀的最上端。气相的存在加速了这一反应，因此，使此处侵蚀加剧。这样反复作用的结果，就使砖缝上面的砖受到向上侵蚀，但砖缝下部的砖由于保护层不会流走，其上面没有气泡停留，所以受侵蚀较轻。向上侵蚀主要产生于电熔锆刚玉砖的水平砖缝、砖表面以裂缝及铸孔中。

(2) 减轻池壁砖损坏方法 首先选择对玻璃熔液的侵蚀抵抗性好的耐火材料，其次是耐火材料对玻璃熔液的污染要小，同时也要适当考虑砖的耐热冲击性，因为此处在正常生产时，温度要求非常稳定，但在烤窑升温及冷修降温时温度会有变化。因此，池壁砖一般选用耐蚀性好的 $33^{\#} \sim 41^{\#}$ 电熔锆刚玉砖，无缩孔电熔锆刚玉砖比普通浇铸的电熔砖抗蚀性好。尤其是池壁拐角砖首选耐蚀性好的电熔锆刚玉砖。另外，选池壁砖时，最好使用一块整砖，没有水平砖缝，目前倾斜浇铸的整砖应用较广泛，它的上部充分发挥了无缩孔砖的效能，而且价格合理，经济实惠，因此得到广泛应用。

为了减轻蚀损，延长熔窑使用寿命，除从砖材选材、砖形和排砖等方面考虑外，采用人工冷却也是一项有效的措施。目前有吹风冷却和水冷却两种人工冷却方法。

吹风冷却是最常用的，其冷却效果取决于风管口大小，冷却风嘴安装在池壁砖下 80～100mm 处，不能大于 150mm。风口上倾角为 15°～30°，这样可以使风自由排出，阻力小，便于保持恒定的出口速率，并能造成气流循环，带动一部分周围的冷却空气，使较大面积都受到冷却。风嘴离池壁的距离要适中，一般为 20～30mm，必要时可设几层风嘴。风嘴一般做成鸭嘴形，出口要平整。

水冷却有外贴水包冷却、淋水冷却、水浸冷却、池壁水包代替池壁砖等。其中，外贴水包冷却，由于冷却水不与池壁直接接触，因此不会损坏池壁砖，要求水包紧贴池壁砖，不能有缝隙，这样才能达到最好的冷却效果，此方法可以大面积使用，便于维护和更换。淋水冷却是将具有一定压力的水通过喷水孔产生细流直接射到砖外表面上形成水幕，布满整个池壁外表面，一般是窑后期在个别砖上使用。水浸冷却虽然冷却效果好，但池壁砖内外温差大，由于热冲击有破坏池壁砖的危险，因此很少用。池壁水包代替池壁砖，保证上层池壁砖不受任何侵蚀，但要求水包制作质量要高，水质也要求要好，不能停电、停水，燃料消耗也增大；在池壁水包维护更换时影响生产严重，因此，目前此方法在国内使用不多。

（3）池壁热修方法　目前，对池壁的热修通常采用冷却水管法和外贴铁砖法两种。

①冷却水管法　选用直径 20～50mm 的无缝钢管，沿被侵蚀的池壁浸入窑池内侧液面下 50～80mm 处，使附近的玻璃熔液凝固，出水温度维持在 50℃ 左右。此法虽效果显著，但增加热耗、水耗，且只能用于池壁上部，在整块砖大部分被侵蚀得较薄时难以见效。

②外贴铁砖法　也称绑铁砖，即当池壁被侵蚀到只剩 30mm 厚时，可外贴一块 150mm 厚的同质量砖。外贴法可用旧砖，并且必须预热到 80℃ 左右，砖与砖之间的接触面应尽量平整，砖缝要小。

生产中常因池壁在熔窑后期，因侵蚀变薄而无法继续生产，停窑冷修。采用顶换池壁砖的方法，可以有效地延长熔窑的使用寿命。在需要顶换的砖外面，先用比其外表面略小、厚度 150～200mm 的新砖，贴在顶换的旧砖外面，然后把相邻两侧的砖，用通入冷却水的、用钢管制作的钩子和兰花螺丝链接并拉住，再把新砖用顶杆缓慢顶推旧砖，把新砖逐步顶进到旧砖位置，代替旧砖。而旧砖则被顶入窑内，新砖小于原旧砖规格是因为在旧砖被顶换时，两侧如太紧，会使顶换阻力增大。当旧砖被顶活时，下一行的砖向窑内倾斜或两侧的旧砖也跟进，给顶换带来困难。

在顶换砖时，最好使新砖材经过烘烤加温后再去顶进，可以采用帮砖后隔三四天再顶的方法。

适时地顶换熔化部上层池壁是很有必要的。过早顶换造成浪费，顶换太晚又易造成事故。一般在液面线位置的池壁被侵蚀到厚度为 20～30mm 就要顶换。如果从砖材的颜色观察，由红到黄红，再发现黄红中透出一种红亮时就应进行顶换了。顶换砖时要准备好钩子、兰花螺丝、用作支撑的槽钢以及相关附件等。

顶换砖是一项需严密组织、细致操作的作业，要注意观察进尺，处理新砖与旧砖的跟进情况。顶丝不均匀、新旧砖炸裂、旧砖向窑内倾斜、掉角等问题都易出现，也易引起事故，操作中首先要保证安全，顶进中，强调克服顶进中的阻力。

3.5.2.4　大碹熔洞的热修

玻璃熔窑在生产中常常会出现缝隙透火的问题，应该引起重视，因为缝隙透火往往是熔窑其他问题的始发点。发现透火现象及时处理，避免墙体由于高温火焰气流的穿透，进而造成更大范围的烧透、烧薄。如果是窑碹部位更应在出现透火现象时尽早解决。及时发现，尽早解决，这是熔窑保养的重要内容，即使是小缝也应防微杜渐，只有如此，才能避免隐患。

对缝隙的处理：一是在烤窑结束后，窑体会由于受热膨胀出现一些缝隙，应将墙体和窑碹使用密封涂料全部刷 2~3 遍，较大的缝隙应嵌入不定形耐火材料；二是使用泥枪打浆的方法。

使用的材料要与窑体相关部位的材质一致，泥浆搅拌均匀、黏度适中。喷射时，要有一定的时间间隔或者是轮流喷射几个缝隙，这样会使泥浆在喷射位置及时固化。

(1) 准备工作　大碹熔洞在修补前应认真做好如下各项准备工作。

硅质热补料的准备：新购的硅质热补料可塑性要好，如发现干硬，可在开袋以前用锤子敲打，直至可塑性达到使用要求为止，如果实在达不到要求，则可以用少量水或磷酸铝液调制。

各种操作工具的准备：如圆钢（直径和长度根据需要来定）、锤子、钩子、瓦刀、塑料桶、竹排等，另外还包括各种安全防护措施。

各种降温措施，如准备好开水、毛巾及其他降温用品等。按照模型的制作要求，准备好修补熔洞所需的模型。

在操作开始前应组织好参修人员，要做到事事有人管，且热修时要服从指挥人员指挥，按预定程序操作，在保证质量的前提下，热修时间越短越好。

(2) 热修方法　在准备工作全部完毕以后，即可开始热修补操作。由于窑炉中后期大碹熔洞较多，大碹的强度下降，因此，为了安全起见，在修补时应尽量避免人直接踩在大碹上，特别是碹的中央位置，操作时可按下面的步骤进行。

在硅质热补料的可塑性达到要求后，用塑料桶装好，放在窑炉的操作平台上待用。将竹排横穿在拉条上面，并固定在熔洞附近，然后用圆钢或钩子将熔洞周围的保温砖清理掉，并将熔洞清理干净。按照模型安放的要求，将模型放置好。将准备好的热补料填入洞内，同时用木棍或圆钢轻轻捣实。补好后，熔洞内的热补料会很快固化，当物料硬化时不得破坏其结构。补好后，不能再覆盖保温砖，便于以后及时观察洞口的修补情况。

3.5.2.5　燃烧器砖热修

燃烧器砖（喷枪砖）是燃油熔窑使用的一种特种、异体、异形砖，它是燃烧器射出经雾化的重油进入窑内与助燃空气混合的通道。由于燃烧器砖处在喷火口位置，直接接触火焰，容易被烧坏。当燃烧器砖的喷射口被烧成豁口时应予以更换。更换的方法较简单，即先将燃烧器取下，将燃烧器砖上方小的间隙缝打开，取下旧燃烧器砖，把预热（放置在小炉旁烘烤的）或根据砖材使用情况需要加热至 900℃ 以上的新燃烧器砖，换入原来的位置，抹严间隙缝，装好燃烧器，并恢复其动作，热修即告完成。

3.5.2.6　蓄热室热修

我国目前生产的碱性耐火材料以及低气孔黏土砖，已经能够适应蓄热室熔窑格子体使用三年以上的需要。只有合理配置格子体材质，才是保证窑期内蓄热室正常运行的根本途径。但是，目前仍有一些企业还在使用价格较低的黏土砖码格子体，即使加强蓄热室，尤其是煤气蓄热室的日常维护，及时吹扫，使格子孔保持通畅，但使用一段时间后仍会堵塞，甚至倒塌，使风火阻挡，进而影响熔化。

为保证热修的顺利进行，创造热修前的必要条件，需要制作一些工器具，如用以分隔废气的水杠、水包，降温用的排气风扇，铁钩、撬棍、铁架子车等，以及如石棉手套之类的劳动保护用品等。

（1）热修蓄热室过程　提前拆除保温墙和后墙，穿入水杠，接着插入水包，隔离废气。按照由表及里、由上而下的顺序继续拆除蓄热室门，拆除外边格子砖。对掉落炉条碹下的砖头要经过烟道才能清理出来，所以在拆除时，要尽可能不使废砖掉入炉条碹下。码砌格子砖可以采用边码边退的方法，呈阶梯状由里向外码。当砌热修门时，可以采取干砌过后外抹耐火泥的方法。抽出水包、水杠，将预留砖口封闭严密。适当提高烟道闸板过火，逐步恢复正常生产状态。当格子体接近完成时，炉条碹下可拆门，清出下面的废砖、积渣与烟尘等，然后封好门。再砌外层的保温砖。

经过一段时期的生产运行，格子孔往往被因气体流动带进的飞料、因碱蒸气作用剥落的砖材碎片和烧流的熔融物堵塞。及时清理格子孔堵塞带来的问题，是保证熔窑良好运行的必要措施。

黏附在格子孔表面上的积尘，通常使用压缩空气和蒸气吹扫。应该适时清扫积尘。如果清扫的时间滞后，会造成格子体上、中、下部位温度的变化。因碱蒸气作用剥落的砖材碎片和烧流的熔融物堵塞，可以使用铁钩清理。

当气流已不能流通时，在观察孔可以看到这一部位已经完全发黑。在能够进入作业的情况下，穿戴好防护用品进入蓄热室底烟道，用钢钎将格子孔捣通。也可以采取不换火的方法"烧碴"。用增长的火焰火梢进入另一侧蓄热室内把积尘和结瘤熔融后，滴淌到蓄热室的炉条碹底烟道内，然后再从烟道处清理。

采用增长火焰加热蓄热室格子体，使积尘和结瘤较快熔化向下滴淌，需要在"烧碴"前适当减少二次助燃空气的进入量。为加速积尘和结瘤的熔融，可适度提高烟道闸板，降低窑压，增加燃料流量，使火焰加长，有利于提高蓄热室格子体的温度。在未完全将格子孔烧通之前不能换向，有条件的要在观察孔装置点燃几支燃气火头。

为保证格子体的安全，当蓄热室格子体的温度低于250℃时，应点燃燃气火头，使格子体的温度不致再度下降。一般蓄热室"烧碴"需要4h，能够将被堵塞的格子孔烧通。但当堵塞严重时，则需要更长时间，也可以连续"烧碴"8h。格子孔未烧通时不能换火。格子孔烧通以前换火，二次空气进入后将急速冷却凝固未滴落的积尘和结瘤的熔融物，会封闭堵塞格子孔。"烧碴"结束后，用逐步缩短换火时间的方法使"烧碴"时所造成的两侧蓄热室的温差恢复正常。

不管使用什么方法清理格子孔，都必须注意不能对格子砖带来新的损伤，也不能使格子砖移动。

（2）蓄热室格子体吹扫　为保障生产的需要，保持格子体通畅，加强蓄热室格子体的正常维护吹扫工作则显得格外重要。

为了给操作人员吹扫时提供所必需的条件，需要制作一些工器具以保证吹扫工作的顺利进行。吹扫时间为点火烤窑后三个月开始，每周一次，每个蓄热室吹扫20min。打开留设的清扫格子体的孔洞，检查格子体堵塞情况。与窑头工段取得联系，换火后（最好选载火梢时间），立即穿入清扫用的管子，同时开启压缩空气，尽量插入格子体的后部。每个孔内前后来回清扫5～6次，如果到窑后期要多清扫几次。如果格子体上有积渣和沉积物，需采用专用工具对积渣沉积物进行处理，清除积渣沉积物后，再用压缩空气进行吹扫。沉积物较多时，可反复几次。到窑后期，要尽量保证格子体的畅通。

吹扫完毕后，要立即将吹扫孔堵上。要求压缩空气的压力不得小于5kg。吹扫完毕后，清理现场，收拾工具，与窑头工段联系，结束吹扫工作。检查蓄热室炉条碹下的积灰情况，为保证气流畅通，必要时需扒灰。

3.5.2.7 格子砖热修

由于蓄热室格子砖选用抗碱侵蚀性强的镁铬砖、镁砖、优质高纯锆刚玉砖等，蓄热室格子砖已可以使用一个窑期。目前，蓄热室主要存在的问题是粉料被熔化成瘤子后对格子体的堵塞，蓄热室热修的主要内容就是保持格子体的畅通无阻。清除蓄热室粉料结瘤的方法主要采用机械清除法、火焰熔融清除法（反烧法）等。

3.6 浮法玻璃熔窑的冷修与烤窑

3.6.1 熔窑冷修

3.6.1.1 熔窑冷修原因

熔窑冷修就是熔窑停火冷却后进行大修的过程。

由于某些原因，停止生产，将熔窑中浮法玻璃熔液放掉，使熔窑冷却下来进行修理的过程称为熔窑冷修。造成熔窑冷修的原因有多种，主要包括以下几点。

① 关键部位被烧损侵蚀严重，已不能采用热修的方法进行热补，不能保证安全生产，产品的产量和质量指标大幅度下降时间较长，不能完成生产任务，严重影响经济效益。

② 主要设备发生严重故障或出现事故苗头时。如池壁砖太薄，有跑玻璃水的危险，烟道堵塞严重，窑压过大，熔窑某关键部位的钢结构长期因高温的影响，弯曲挠度超过钢材的受力极限，以及在生产短期内不能排除的重要机械设备故障，如燃烧炉、蓄热室、排烟系统、供油系统等的故障。

③ 发生突然事故时。如严重的自然灾害（地震）、长时间的停电、大碹倒塌或池窑某部位突然跑出大量玻璃水等，使生产无法进行。

④ 在实施大量的技术、设备改造更换前，需提前进行冷修。

3.6.1.2 熔窑冷修过程

浮法玻璃熔窑冷修，首先应制定周密的冷修方案。冷修方案必须在计划停火前半年以上开始制订，要充分考虑所用耐火材料的生产周期。制订冷修方案前，应深入现场调查，根据熔窑损毁情况、浮法玻璃品种及冷修经验，本着节约原则，制订详细的拆修计划，并按此进行冷修设计，制作材料计划表，作出概预算。

其次，严格按照冷修流程（图 3-54）逐步操作。

| 冷修前准备 | → | 放玻璃水 | → | 停火凉窑 | → | 拆窑 | → | 砌筑与设备安装 | → | 点火烤窑 | → | 生产准备 | → | 试生产 |

图 3-54 熔窑冷修流程

3.6.1.3 熔窑冷修准备工作

浮法玻璃熔窑在进行冷修前，需要进行以下准备工作。

① 在放水前 5~7 天，将玻璃水池进行清扫，用水龙头冲洗池内污泥，将池内刷净。在清洁后的池底铺放一层稻草，稻草上盖一层 100mm 厚的碎玻璃，流出口处附近碎玻璃可适当加厚一些；放半池水，再准备水管和临时消防用的消防用具。

② 检查和清扫放玻璃水流道，将玻璃流出口处顶铁砖的铁件拆掉，并将靠近池壁处的玻璃水流出口通道重新砌好。

③ 准备好紧松拉条的工具，将拉条螺丝用火油浸润以便于紧拉条的操作，放好大碹涨

落的标记——膨胀尺。

④ 准备好用来撞击放玻璃水眼砖的撞杠，可用圆钢或粗钢代替，按要求装在滑道上。

⑤ 做好止炉、停泵等一切准备工作。

3.6.1.4 熔窑冷修注意事项

玻璃熔窑在进行冷修时，应注意以下事项。

① 一般的冷修应实行保护性拆除，缓慢降温，保留部分严禁用水降温。拆除格子体时，应对保留的炉条碹采取保护措施。

② 拆除大型钢结构时，应对相邻部位需复用的炉体材料采取有效保护措施，以免损坏，造成过多拆修量。

③ 蓄热室上部墙体视侵蚀情况拆除，拆除平面应尽量减小高度差，以免新旧墙体膨胀不均。

3.6.2 放玻璃水

3.6.2.1 放玻璃水前准备工作

放玻璃水前5~6天要清理玻璃水池。检查、修补、清扫防玻璃水流槽。准备好用来撞击放玻璃水眼砖的撞杠，可用圆钢或粗钢代替，按要求装在滑道上。准备好紧熔窑拉条的工具，提前将柱条螺丝用火油浸润，便于紧拉条操作，放置好大碹涨落标记。各种工器具准备齐全到位。对于燃煤气窑，煤气提前做止炉准备；对于燃油窑，油泵房应做好停泵工作。

3.6.2.2 放玻璃水注意事项

放玻璃水前对准备工作要进行全面检查，操作时要统一指挥，玻璃水沟要有专人看管，保持畅通，尤其注意防止火灾措施检查。准备足够的用以加热玻璃水沟的木柴及引火物，如火把、柴油、棉纱等。做好放在玻璃水沟周围易燃、高温下易损的厂房结构的防炸裂工作，如对放在水沟近旁的电器、门窗、水泥立柱、横梁、楼板等处采用保护层，增加隔热防烤措施。

3.6.2.3 水淬法放玻璃水

水淬法放玻璃水（图3-55）是一种先进的玻璃熔窑无池放水技术，是利用高温玻璃液遇到冷水急冷后凝固并破碎成小颗粒这一基本原理实现的。此方法不需要玻璃水池，因此也叫做无池放水法。

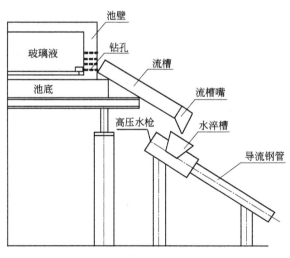

图 3-55　水淬法放玻璃水示意

（1）水淬法工艺流程　水淬法放玻璃水的工艺流程如图 3-56 所示。

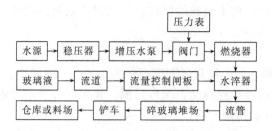

图 3-56　水淬法放玻璃水的工艺流程示意

首先应选好放水位置，在玻璃熔窑的池壁下部用钻孔设备打孔，窑内玻璃液顺流槽悬空流入水淬槽，水淬槽一端连接导流钢管，另一端安装高压水枪。利用高压水流将玻璃液急冷打碎，玻璃碎块顺导流钢管被水冲到地面，形成碎玻璃堆场，再由铲车运至仓库或料场。

（2）水淬法主要工艺参数　采用水淬法放玻璃水的主要包括高压水压力；放水孔个数以及孔的直径、位置和放水孔处的温度；流槽嘴至水淬槽的悬空高度等工艺参数，具体指标如下。

① 高压水压力　0.5～1.0MPa。

② 放水孔个数以及孔的直径、位置和放水孔处温度　由所放玻璃液的成分、颜色及预计玻璃液放出量决定，如放白色玻璃液，钻孔可小一些，位置可靠近池底，温度大致为 1350～1400℃；如放有颜色的玻璃液，透热性差，其底层玻璃液温度较低，不容易从放水孔流出，因此孔要钻得大些，位置距池底高一点，最好是钻多排孔，由上至下逐级放水，建议钻孔直径为 75～120mm。

③ 流槽嘴至水淬槽的悬空高度　建议此高度应在 500mm 左右。如太低，玻璃液流量稍大时，就会在水淬槽中堆积，堵死导流钢管入口，造成玻璃液外溢；如太高，玻璃液在下降过程中遇冷空气会发生冷凝，堵死流槽嘴口，不得不停止放水。

3.6.3　烤窑

烤窑是指熔窑砌筑或冷修完成后，由点火开始，按升温曲线升温，最后到达正常生产作业温度范围的过程。

3.6.3.1　烤窑目的

新建、改建或是经过冷修后的熔窑，在投入生产前都要经过点火烤窑试生产这一阶段。

实施烤窑的目的：一是排除砌体中的水分，并使耐火材料的晶型转化完全，避免窑体耐火材料的热膨胀而造成开裂和结构上的变形，保证熔窑的使用寿命；二是窑炉升温后的状态更接近于正常作业状态，从而更快地实现一次投产成功。为了实现上述目的，首先需要考虑对温度有比较好的控制，能够对熔窑各部位比较均匀地按照温度升温曲线加温；另外，在温度上升到 800℃以上时，能够保证顺利过大火，随后，继续升温至正常生产要求的温度。在保证这两点的前提条件下，可以根据燃料实际情况选择烤窑的方法。

烤窑应按照计划的烤窑曲线进行。烤窑曲线是为保证耐火材料大致均匀的热膨胀，实现烤窑目的，要求在单位时间内按计划均匀升温而制定的。升温曲线必须同时适应各种耐火材料在不同温度时的膨胀特性。制定烤窑曲线考虑的因素还有熔窑规模、耐火材料规格、砌筑方法、施工季节等。

烤窑是熔窑投入正常生产运行的一个重要环节，关系到整个窑期生产效能的实现和熔窑的使用寿命，必须认真组织。烤窑过程中，需要随时注意窑体的变化。严格地按照升温曲线的工艺要求升温和调整拉条，否则会给投产和窑龄造成负担。

3.6.3.2 烤窑温度曲线的制定

烤窑升温曲线的制定是烤窑中一项重要的工作。新砌筑或冷修的熔窑所用耐火材料在运输、储放中会吸附一些游离水，砌筑泥浆也会带入一定的水分。所以，烤窑升温曲线不仅是为了排出其水分，最主要的是为综合熔窑所用各种耐火材料的膨胀特性制定的。几种耐火材料的热膨胀特性和预留尺寸见表3-58；硅砖的热膨胀特性见表3-59。300～600t/d玻璃生产线烤窑升温曲线见表3-60～表3-63。

表 3-58 几种耐火材料的热膨胀特性和预留尺寸

耐火材料	热膨胀性能		膨胀缝预留参考尺寸
	温度范围/℃	热膨胀率/%	/(mm/m)
黏土砖	约1000	0.4～0.6	5～6
高铝砖	约1000	0.5～0.7	7～8
刚玉砖	约1000	0.7～0.9	9～10
镁铝砖		1.2～1.5	10～11
硅砖	约1000	1.15～1.3	12～13
镁砖		1.1～1.6	10～14

表 3-59 硅砖的热膨胀特性

温度/℃	线膨胀率/%	温度/℃	线膨胀率/%
100	0.15	800	1.49
200	0.69	900	1.50
300	1.16	1000	1.51
400	1.26	1100	1.51
500	1.35	1200	1.52
600	1.42	1300	1.51
700	1.47	1400	1.45

表 3-60 300t/d玻璃生产线煤气烤窑升温曲线

升温范围/℃	升温速率/(℃/h)	升温数/℃	升温时间/h	累计时间/h
35～110	3	75	25	25
110～350	1	240	240	265
350～602	3	252	84	349
602～902	5	300	60	409
902℃过大火(共17天1小时)				
902～1242	10	340	340	443
1242～1452	15	210	14	457
1452保温			6	463

表 3-61 400t/d玻璃生产线轻质柴油烤窑升温曲线

温度范围/℃	升温速率/(℃/h)	所需时间/h	累计时间/h
60～110	2	25	25
110～340	1	230	255
340～601	3	87	342
601～801	5	40	382
801～945	8	18	400
945℃过大火(共16天16小时)			
945～1100	10	416	
1100～1250	5	30	446
1250～1400	15	10	456

表 3-62　500t/d 玻璃生产线天然气烤窑升温曲线

温度范围/℃	升温速率/(℃/h)	所需时间/h	累计时间/h	备注
室温～120	2	50	50	
120	0	4	54	
120～230	1	110	164	
230	0	4	168	
230～300	1	70	238	
300	0	4	242	
300～570	3	90	332	
570	0	4	336	
570～810	5	48	384	
810	0	4	388	过大火
810～1200	10	39	427	
1200～1440	15	16	443	
1440	0	72	515	加熟料约 1000t
1440～1540	5	20	535	
1540	0	58	593	加生料约 560t
1540	0	7	600	闷炉至引头子

表 3-63　600t/d 玻璃生产线重油烤窑升温曲线

温度范围/℃	升温速率/(℃/h)	所需时间/h	累计时间/h
室温～60	2	13	13
60～150	3	30	43
150	0	48	91
150～320	1	170	261
320～470	3	50	311
470～800	6	55	366
800～1100	8	38	404
1100℃过大火			

3.6.3.3　烤窑前的检查

(1) 熔窑检查　熔窑点火之前的检查，主要是对窑体砖结构、钢结构的安全性及自由受控膨胀性能进行详细检查。检查工作要细致、认真、到位。

检查熔化部、冷却部、蓄热室、小炉碹等处横向拉条是否有足够的松出长度，纵向拉条有无紧得过死现象。顶丝是否按设计要求顶到位，并逐个给拉条、顶丝螺纹处用煤油润滑，并用红涂料在拉条上做精确的原始记录，所有拉条螺母每侧套两个。小炉部分应做重点检查，检查斜碹、平碹膨胀缝宽度是否符合要求，底板钢结构部分是否有焊死、卡死等现象。

熔窑整体、立柱柱角及连梁的检查，看其是否符合要求，是否影响烤窑时整个砌体的膨胀，活动的铁件不能受阻卡或焊死，窑体周围要有足够的膨胀移动空间，拆除所有为施工而设置的钢板。

检查熔窑各处水包，进行水压试验。检查窑体所有电偶孔、测压孔、红外仪孔，看大小是否合适、畅通，密封材料是否完好。检查窑内所有监测点（测温、测压）的位置是否合适，布置是否妥当。蓄热室碹碴钢板位置是否合适，各节碹胀缝内有无杂物。其他如保窑风机闸板位置是否处在合适位置。

(2) 烟道检查　检查烟道是点火烤窑前需要进行的，是值得特别注意的准备工作。因为当烟道存在问题时，会在过大火时产生困难。在生产中，也会经常出现放炮的现象，严重的可能会崩塌烟道，甚至酿成恶性事故。产生这些问题的原因是由于砌筑不严密，出现墙体漏气，煤气进入了烟道，再加上换向时，钟罩中立的一瞬间也会有煤气进入烟道，而由于烟囱抽力的作用，空气也会由不严密的墙体进入烟道，从而发生放炮，因此应认真检查烟道墙体的砌筑质量。煤气交换器的底盘与三个方孔的接触面一定要严实，不能有松动或开裂缝隙。

（3）设备系统检查　烤窑前，要对设备系统进行全面、细致的检查。主要包括：检查验收液面控制系统，并与投料机空载联动试车；检查验收助燃风机及助燃风换向系统，并进行单机试车，至少应运转24h以上；检查验收助燃风换向的气动换向切断阀行程是否合适，能否关严，运行中有无阻卡，并在阀外做出行程标记；检查验收保窑风机及吹风管的通畅及密封程度，并试车，至少应运转24h以上，对不同部位的吹风做出闸板开启标志，然后把风管吹风调节阀板全部关闭；检查验收燃气燃烧器及燃烧系统，特别是燃气换向系统，并进行单机试车；检查验收窑压控制系统；检查各种手动闸板的行程动作有无阻卡，关闭是否严密；运行是否平稳可靠，闸板周围密封是否严密；校对各种闸板的实际行程，检查闸板开闭行程是否灵活，与转盘指针所对位置是否相符，并在闸板箱外做出闸板位置标识；检查废气换向闸板与交换器的传动装置是否灵活，必须换向两天，以使阀板松弛，工作顺利，校对闸板位置是否到位。

（4）电器自控系统检查　烤窑前，要对电器自控系统进行全面、细致的检查。主要包括：检查验收熔窑的自控系统，对输入、输出进行单回路调试，对换火系统进行逻辑试车；检查验收一次执行机构是否准确可靠。

（5）供气和燃气系统检查　烤窑前，要对供气和燃气系统进行全面、细致的检查。主要包括：对所有管道、仪表进行强度试验和气密性试验，保证各处连接严密，满足生产要求；管道试压后，必须用蒸汽吹扫清除干净残留焊渣、泥沙等杂物，吹扫时间要求由排气端大量排气开始不得少于30min；保证系统运行时管道畅通，燃烧器工作正常；检查所有燃烧器的支架是否合适，燃烧器与燃烧器砖是否对应；仪表单体调试合格后，与计算机并网，进行联调，检查各个程序是否按工艺要求进行，中控室是否有信号发出或是否正确，要求保证准确无误，特别是煤气、助燃风、冷却气换向系统必须运转正常。

（6）动力系统检查　烤窑前，要对动力系统进行全面、细致的检查。主要包括：检查水、电系统及管路的水压是否达到玻璃设计要求，供电要达到一定负荷，水要保证连续供应；检查验收余热锅炉及蒸汽系统、管路及阀门压力是否达到设计要求；检查验收压缩空气系统的运转，管路试压和吹扫；检查验收煤气系统的设备运行及试压等；检查验收助燃风机、微调风机、保窑风机的电控系统，试车，并检查风管部分安装是否稳固，是否严密；检查验收燃气系统的电控装置并试车；检查验收投料机电控系统并试车；检查验收废气换向系统的电控系统并试车；检查验收各种自控闸板的电控系统是否能使闸板灵活开关，能否开到最大和全关闭；检查验收各种气动阀体的控制系统是否能使阀体灵活开关。

3.6.3.4　烤窑前对熔窑的清扫

为保证尽快生产出合格的浮法玻璃，清扫干净所有碹的外表面后，再对窑内进行全面彻底的清扫。主要膨胀缝用备好的硅砖覆盖，以尽量减少杂物进入熔窑。大碹及胸墙等处的泥土必须用铁刷子擦干净，池壁砖表面的沙子全部清除掉，然后用笤帚清扫干净。反复清扫池底，至少应用压缩空气吹扫三次。除去覆盖在膨胀缝、砖缝上的胶带、铁丝，缝中掉入的碎砖渣及杂物一定要清理干净，不允许留下任何碎砖、泥土、金属垫片等杂物。对小炉部分的斜碹、侧墙、底板进行仔细的清扫，不允许有杂物存在。对窑内各部位先上后下、先尾后前地用吸尘器仔细吸附，吸附完毕后用干净的墩布将散落在池底的灰尘仔细拖干净。对熔窑的烟道系统进行认真清扫，尤其是分支烟道闸板、换向闸板、旋转闸板、大闸板的周围要仔细清理，不允许留下任何碎砖、泥土，防止闸板动作受阻。

3.6.3.5　烤窑方法

目前烤窑的方法主要分为发生炉煤气管道烤窑法和热风烤窑法。

（1）发生炉煤气管道烤窑法　这是一种传统的烤窑方法。与燃油热风烤窑法相比，其存在的不足是显而易见的：烤窑时间长，燃料消耗多；另外，在烤窑处于低温时，由于燃料燃烧过程中产生大量燃烧产物，加上窑体受热蒸发的水分与耐火材料接触引起化学变化，还原气氛和水蒸气降低耐火材的熔点，有时会使耐火材料变质，造成对耐火材料的侵蚀和破坏。

（2）热风烤窑法　采用可调火焰喷气式烧嘴的烤窑器装置，将大量的无焰热气流喷入窑内。窑内始终保持正压，高温热气流在窑内循环，一部分经烟道进入烟囱排放。热气流一边加热窑池部位，一边预热、烘烤蓄（换）热室和烟道。烤窑过程只需 3～5 天就可以完成。目前热风烤窑法使用的燃料主要以柴油为主，近几年发展使用焦炉煤气、天然气、重油等做燃料，效果也很不错。

3.6.3.6　煤气管道烤窑法

（1）烤窑前准备工作　煤气烤窑可在煤气主管道上用法兰连接烤窑管线（图 3-57），烤窑主管道要求直径为 50cm，放置时应向端部倾斜，在管道低凹处设置排水管，并在端部设置放散阀以便排除大量水、焦油及烟尘沉淀。火嘴支管直径为 15cm 左右，每个火嘴上设置插板阀以便分别控制火量。

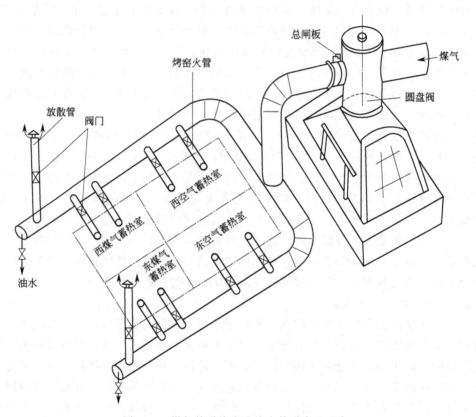

图 3-57　煤气管道烤窑法烤窑管道布置示意

在点火准备前，要特别注意煤气防爆，发生炉点火运行初期可燃成分低的"劈柴烟"可以直接通过煤气炉放散阀放掉，同时在煤气管道中通水蒸气赶空气，并检验煤气管道的密封性，对接口处法兰的密封要特别注意，由于煤气中冷凝水的侵渗，若直接糊泥则很容易被冲开，可以采用塞纤维毡外糊黏土泥的办法，在烤窑第一天，需要时刻注意法兰密封，平稳后煤气中的焦油会糊法兰缝隙，烤窑管道和火嘴小插板上的缝隙用黏土泥糊死。

（2）发生炉烤窑管道安装

① 通向蓄热室或烟道支管的安装要保持一定的下倾角度，下倾角度以 3°～5°为宜，以能够避免焦油阻塞管路。如果前面套上活管头，更便于管道的拆装。

② 控制流量的插板阀选用厚 10mm 的钢板制作，并和闸板框之间留有余地。为了保证在过大火时，使闸板顺利到位断火，使煤气进入交换器，在开度上要将闸板安装在框里 1/4 较为妥当，可以避免发生板阀被打斜、打折的现象。

③ 选用易调节、不受煤焦油影响的阀门。

④ 焦油的排放应设置在管道转弯阻力较大、管道下倾较为集中的位置。如果能采取临时水封的方式最好，既有利于焦油的排放，也不会污染环境。

⑤ 烤窑管道上应设置防爆门。防爆孔位置的上方应无其他设施。防爆孔最好留成长方形孔，将 30mm 立框置于开口上，立框每边比切割沿口要大 20mm，用泥抹严铁板盖后再压上砖。

⑥ 管道安装完毕后，要做气密性试验。

（3）发生炉煤气管道烤窑过程　煤气管道烤窑开始时控制煤气压力在 0.15kPa，烤窑过程中煤气压力保持在 0.15～0.3kPa。烤窑是从蓄热室开始升温，因此蓄热室温度升得比较快，而温度曲线的控制一般以大碹温度为基准，因此当大碹达到曲线的第一个保温点 230℃ 时，蓄热室温度已经达到了 300℃ 以上，蓄热室的墙体、碹早已开始膨胀，因此，煤气管道烤窑的早期一定要注意蓄热室各部位的变化，及时调整拉条、顶丝，防止各部位的变形、损坏。在 500℃ 之前，应以蓄热室温度为主；500℃ 后则要注意熔化部的涨尺变化情况。从蓄热室温度达到 230℃ 左右，保持每 4h 松一次拉条。

当窑炉熔化池主要温度多数选到 860℃ 以上时，应做好过大火准备。采用煤气烤窑，只能使用 CO 含量高的热煤气过大火，这时要适当减小煤气压力，提高煤气出口温度，提前开启余热锅炉引风机，抽力保持在 -100Pa 以上。先确定过火方向，将过大火的烟道用蒸汽吹扫，以稀释蓄热室和烟道内的空气浓度，至蒸汽由投料口排出时为止，检查窑炉加料口等保持敞开。

烟道总闸板、旋转闸扳、空煤气闸板要及时根据窑压适当调节开度。如果蓄热室南北分布，以走南火为例：换向器钟罩试换向几次后打到北侧并检查换向器密封性，撤掉南侧火嘴，堵好烤窑火孔，打开南侧二次风机进风口，自然吸风。调节烟道总闸板，保证烟囱底部抽力大于 -100Pa(可在烟囱底部提前砌筑引火炉)。撤掉北侧火嘴，堵好烤窑火孔。缓慢提升煤气换向器圆盘阀，过大火。观察火馅过火燃烧情况，调节圆盘阀开度，使火焰呈黄红色，不发飘。观察煤气换向器前煤气压力下降情况，与煤气炉配合保持适当煤气压力。调整稳定后，开启二次风机。蓄热室等温度升至要求温度，换向。换向前适当减小煤气压力。

3.6.3.7　燃油热风烤窑法

（1）烤窑前准备工作　热风烤窑准备时则需要进行试压吹扫，并准备好铁条和点火器以防止燃烧器阻塞或熄火，需提前购置柴油，根据季节确定柴油标号，冬季要用 -10# 的柴油，以防柴油结冻，安装油泵、风机，架设燃烧发生器，空压机和风机要提前试车。关键设备油泵、空压机、高压风机必须有备用机。所用的柴油雾化风是由螺杆空压机提供的 0.4MPa 压缩空气，装好后即可点火。点火前关闭烟道大闸板，换向器钟罩打到中立位置。在空气蓄热室底部分别砌筑两座引火小炉烘烤蓄热室，保证烟道一定的抽力。在点火初期，由于油量小、窑内温度低，极易灭枪，要随时准备好点燃燃烧器。烤窑油、气管路及热枪布置如图 3-58 所示。

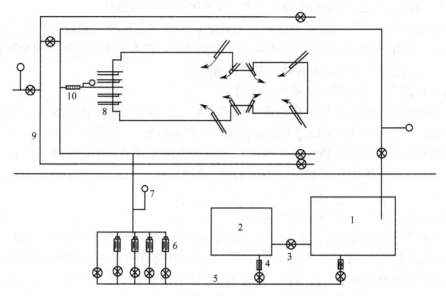

图 3-58　烤窑油、气管路及热枪布置示意

1—大油箱；2—小油箱；3—阀门；4—过滤网；5—油管；

6—油泵；7—压力表；8—热风枪；9—气管；10—转子流量计

（2）燃油热风烤窑过程　热风烤窑中熔化池温度最高，因此在早期观察时应以熔化部为主。开始烤窑时，雾化风压力控制在 0.08~0.15MPa，二次风机压力在 0.1~0.2kPa。为使窑内升温均匀，在加料口和另一侧胸墙各设置一支燃烧器，先点燃加料口处燃烧器，待窑温升至 400~500℃时，点燃另一支燃烧器，每隔 30min 换向。

为保证热风能循环至整个窑炉，烤窑过程中应控制风压在 10kPa 以上，流量在 3000m³/h 以上。由于热风烤窑升温迅速，应在大碹温度 200℃时开始松拉条，每隔 0.5h 松一次。

采用热风烤窑过大火，其烟道同样需要用蒸汽吹扫。过大火步骤如下。

换向器钟罩打到位，开相应一侧二次风进风口，调节总烟道闸板开度至总烟道闸板前压力至 -100Pa，温度至 40℃左右缓慢升温（排掉烟道内蒸汽，保证足够抽力），若总烟道抽力不够可以同时开余热锅炉引风机辅助调节。

燃烧器保持有限度的低强度燃烧，开煤气换向器上的圆盘阀，过大火。以下步骤同煤气管道烤窑。其优点是只使用 CO 浓度较低的"劈柴火"，煤气炉点火后不排空，没有大气污染。这样过大火后，热风发射器依旧根据升温曲线伴烧，温度上升不像煤气管道烤窑那样不可控制，对耐火材料的冲击相对要小，安全系教较高。用煤气烤窑过大火后，只要 3h 左右即达到了 1400℃的投料温度。

3.6.3.8　烤窑过程注意事项

烤窑过程中的注意事项主要有以下几个方面。

① 必须严格按照升温曲线进行升温烤窑，几个关键温度区域更应避免温度波动，防止造成耐火砌体的变形、砖块开裂或胀落。

② 调整烟道闸板开启程度，使窑内液面线位置窑压保持为零。烤窑开始低温阶段

（230℃以下）烟气可由检查孔、加料口以及窑顶膨胀缝排出。

③ 烤窑过程中，专人负责拉条松紧程度的检查及调整。在基本保证砌体能自由膨胀的条件下及时调整拉条，避免砌体或钢结构变形。调整拉条宜每次少量逐步调整，以敲击拉条不发哑声为宜，拉条调整丝数及炉顶上升标尺高度必须及时记入日志中。

④ 窑内温度达500℃左右时，可适当提起烟道闸板和逐步封闭窑顶膨胀缝及孔口。当窑内温度超过800℃时可过大火，并开启二次风。在升温过程中温度必须保持稳定上升，若遇窑温升得过快或过高时，严禁降低温度，而应保持已升温度，直到达到规定温度范围时，再按升温速率升温。如烤窑温度远低于规定温度，需按顺延时间升温，不允许大幅度加快升温。

⑤ 整个烤窑过程中，窑内必须维持正压，以保证窑内温度均匀。在过大火后（800℃以上）的烤窑过程中，以维持弱还原火焰为宜，以防止升温太快。

⑥ 待窑内温度达到1300℃可投料。投入数量随着温度升高逐渐增加。以投入的配合料基本熔化后再次投料为宜，不能因投料过急，使未熔化的料液进入作业部。

⑦ 投料达到液位线时，开始投入试生产。

⑧ 因故被迫停止烤窑时，应采取措施使窑温降低最小。再继续升温，按已降低温度顺延时间升温。当发生故障时，应采取保温措施。待排除故障后，方可继续升温。

⑨ 窑体各部位的保温工作，应在烤窑过大火之后进行。因为此时耐火材料的晶型转化过程已经完成，不再有大的变化。这时进行砖缝的处理，如刷浆、抹泥或是嵌缝之后再进行保温，避免从砖缝窜火对保温材料的烧损。

⑩ 在烤窑过程中，如出现不正常的现象，应及时分析原因，采取相应措施，做好记录。

3.6.3.9 烤窑过程中出现的问题及处理

（1）熔窑大碹碹砖下沉 下沉的原因是碹砖规格不一，大小头倒置，泥缝太大或拉条松得太多等。当发现碹砖下沉时，用事先备好的薄铁板卡住。如严重下沉超过碹厚1/2时，需在上面填补一块碹砖。

（2）大碹跑偏、凸起或出现纵向裂缝 这种现象一般是由于实际温度升温太快、松拉条不及时或松得不均匀，两侧温度不一致，温差大等原因造成的。一旦出现这种现象，立即调整拉条松紧程度，使碹恢复，同时找出原因。如小炉斜坡碹和平碹之间的膨胀缝是否有杂物，以便采取必要的措施。另外老窑采用双立柱双拉条，应避免拉条交叉带动。

（3）大碹中间高两侧低 造成中间碹高、侧面不起、顶尖开裂的原因是中间温度高，两侧温度低，后端配风风量小，应及时加大两侧油量及配风风量。

（4）各节大碹不在同一水平线上 这主要是温度不均造成的，越松拉条这种现象越严重，应及时调整各区温度，少松拉条，同时调整支烟道闸板开度，并注意厂房密封。

（5）温度上升，碹面不胀 这种现象出现在老碹上，由于放水紧拉条工作没跟上，使碹砖下端有开口现象。与新碹操作滞后5～10℃。

（6）莫来石砖和锆刚玉砖炸裂 一般在过大火后，由于升温速率快，易使电熔耐火材料炸裂。为防止此现象，必须严格执行升温曲线。

（7）熔窑铁件损坏 在烤窑期间铁件易损坏的部位是小炉纵向拉条及前后墙纵向顶丝。一旦损坏，应及时焊接好，发挥它应有的作用。小炉纵向拉条容易脱丝，应注意预防。

（8）烟道密封不严 由于烟道密封不严，进入冷空气，影响抽力及废气温度。如发现漏风要密封彻底，特别是换向闸板、调节闸板及烟道扒灰孔处。

（9）熔化部个别胸墙托板下沉　这是制造托板的化学成分有问题。处理方法：在托板柱上增设一个支撑胸墙的托板巴掌，保证托板整体结构不再下沉。

（10）窑碹膨胀　由于耐火材料在多晶转化时的体积膨胀，将使碹升高。这时，碹砖的下部产生压应力受到挤压，同时拉条也绷紧产生张应力。当检查发现窑碹升高较快，拉条很紧时，应及时放松拉条。因为窑碹膨胀超过耐火材料所允许的限度，会挤碎砖材或绷断拉条。

烤窑期间，窑碹升高因材质而异。窑碹使用的硅砖材质膨胀较大，经验数据一般为跨度的2%。使用其他材质，如SCD砖、高铝砖，一般不超过跨度的0.5%。同时根据需要适时调整纵向拉条。

（11）烤窑过程中出现火熄灭　在烤窑过程中，如果发现火熄灭，应进行以下操作：立即关油、关气，以免柴油喷入窑内过多，重新点燃时发生爆炸，同时应将高压风机口闸板关死，防止窑温下降太多。将点燃的乙炔枪塞入燃烧器点火孔内，关雾化气阀，开油阀，确信燃烧器点燃以后，将乙炔枪拿出。调整气压和油流量到熄火前的水平。

3.7　浮法玻璃熔窑事故及处理

3.7.1　停电

3.7.1.1　瞬间停电

瞬间停电是指停电后，立即来电，这时应注意以下几点。

① 检查火焰方向，如果发现火焰方向不正，应将其调整正。

② 检查熔窑下方助燃风机、冷却风机是否跳闸，如有按启动操作规程立即启动。

③ 检察卡脖大水管及搅拌器运行是否正常，发现问题及时处理。

④ 检查电加热系统、净化器等设备运行情况，发现问题及时处理。

3.7.1.2　长时间停电

较长时间停电又可分为本工区间停电和全生产线停电两种情况。

（1）本工区停电

① 助燃风机停车，油介质可导入旁通。

② 认清火焰方向，打开火眼、通风盖，通过通风盖的风量将火焰调正。

③ 调整好大闸板开度，防止熔窑温度降低过快。

④ 通知锡槽工区降低拉引速度，以适应特殊情况。

⑤ 准备好消防设备、水龙头，防止熔窑跑水。

⑥ 0.5h不来电，进行人工换向操作。

（2）全生产线停电　这时油介质也会没有，这是相当特殊的情况。发现此情况后，可先将大闸板落下；然后将看火孔及火眼全部堵上，尽可能地阻止热量流失。特别需要注意大碹的变化，做好紧拉条的准备。

（3）来电后操作

① 来电后启动所有停运设备，使其恢复正常，启动不起来的设备应及时启动备用设备，并找有关人员处理。

② 检查窑内火焰是否一致，如发现乱向应及时纠正。

③ 检查熔窑下方的助燃风机、冷却风机是否跳闸，如有应按启动操作规程立即启动。

④ 检察卡脖大水管及搅拌器运行是否正常，发现问题及时处理。

⑤ 检查电加热系统、净化器等设备运行情况，发现问题及时处理。

3.7.2 停水

熔窑和锡槽的许多设备需要循环冷却水，循环冷却水系统必须保证供给能力（一般为 3 台 6000m³/h 的循环水泵），并备有一水塔，其储水量通常满足使用 30min 以上。一般引起停水的原因是停电，当发生停水时可按下列步骤进行操作。

① 应立即通知班长及在岗的有关领导，并由班长组织人员关闭进水阀门，防止突然来水后冷却器发生爆炸。

② 由到场的领导组织人员拉出冷却水管及搅拌器。

③ 来水后在冷态下打开进水阀门，确认无渗漏情况，方可穿入。

3.7.3 停油

当出现燃料压力降低、助燃空气供应停止、外部电源停电等情况时，就会发生停油现象。这时应立即与油泵房联系，查明终止原因，及时处理，尽快恢复正常运行。

（1）短时间停油　与油泵房联系，同时要关小助燃风，保持窑压，等来油后恢复正常。

（2）长时间停油

① 要停止下料，关闭助燃风，通知锡槽工区降低拉引速度，关闭窑压控制闸板，关小介质。当停油时间长时，窑内温度下降过多，要密封所有孔洞进行保温，注意窑碹变化，准备紧拉条，通知锡槽工区停止拉引。

② 当来油后注意温度不要升得过急，应逐步达到标准温度。同时，要检查窑体以免发生意外。

3.7.4 助燃风换向故障

在生产过程中，当助燃风换向出现故障时，应采取以下措施。

① 由熔解工检查确认助燃换向系统出现故障，自动、手动不能换向。

② 由测温工在控制室操作，用对讲机等通信设备联系，班长带人到出现故障一侧操作。

③ 将助燃风汽缸连通阀门打开，进气门关闭。

④ 在自动状态下进行操作。

⑤ 用扳手套住方轴。

⑥ 在控制室发出换风信号，进行换风操作。

⑦ 风阀方向：逆时针方向开，顺时针方向关，开关角度 90°。

⑧ 仪表工处理时应在火梢方向进行。

3.7.5 交换器故障

在生产过程中，当交换器向出现故障时，应采取以下措施。

① 交换器不动作：拉掉总闸，同时通知仪表工来检修，修复之前用人工手动换火。

② 交换器中途停车：可重新启动换向，如还换不过去，切断交换器总电源，人工手动换向，同时找仪表工检修。

③ 交换器钢丝绳脱扣或断开：在这种情况下会造成两侧大闸板落下，废气排不出去，窑压增大。这时应立即关小供油量，维持窑压，不要过大，同时立即找有关人员抢修。

3.7.6 油质发生变化

在生产过程中，当油质发生变化对熔化温度有影响时，应采取以下措施。

（1）当熔化温度下降范围可以控制在 20℃ 以内时

① 加大各支枪流量，本着整体开关的原则将熔化温度提到位；

② 当各支枪流量增大后，火焰长度仍不够，温度继续下降时，由班长指挥与测温工同时操作；

③ 根据情况关小助燃风量，将控制窑压的手动闸板关小以保证窑压；

④ 由于油的杂质较多，堵枪严重时，由班长组织人员将燃烧器压力板拿下，更换燃烧器。

（2）当熔化温度下降 50℃ 仍不见好转时

① 控制下料量，通知锡槽工区降拉引量；

② 如流道温度下降较多时，由班长组织人员将搅拌器抬起。

3.7.7　投料口出现冻料

在生产过程中，当投料口出现冻料时，应采取以下措施。

① 将 1# 小炉风火增大，保证投料口正压，停止投料。

② 用铁锹、撬棍协助推料，尽量让窑内热气流蒸汽窜出。

③ 适当加高投料机后座，增加推力。

④ 处理完后，重新投料。

⑤ 情况严重时，可拉出一台投料机，并提高投料池温度，液面下降时与锡槽工区联系，降低拉引速度，处理完后根据窑内料堆的远近适当开大风火，逐渐调整到正常。

3.7.8　熔窑漏玻璃液

浮法玻璃熔窑漏玻璃液主要发生在熔窑后期，当熔窑池壁被严重侵蚀时，有可能发生玻璃液泄漏事故。因此当发现池壁砖发红时，可在池壁砖上贴一层砖使其加固，并对其冷却。同时，要在附近设置足够多的喷头和喷水装置，以便在发生玻璃液泄漏时使用。当发现玻璃液已经泄漏时，先用铁耙子将漏口堵住，再用一支水枪以小流量向泄漏处喷水，随后逐渐增大水量，直至该处玻璃液变为暗色不再流出为止。有时漏孔上面的玻璃水已凝固但仍有玻璃水流出，这时可用撬棍将凝固的玻璃打掉，用耙子堵住再用水浇，直至凝固为止，最后用 20mm 的铁砖挡住，焊上挡铁，吹风冷却，如果是挡铁开焊造成跑玻璃水，应先用各种物品顶住池壁，防止倒塌，再用上述方法去处理。

3.7.9　冷却装置漏水

在浮法玻璃熔窑部位可能发生漏水的冷却装置主要有卡脖处的冷却水包和搅拌器，因此处温度较高，冷却装置工作环境苛刻。漏水一般伴随下列现象：由于水蒸发作用，熔窑压力增大；伴随冷却部端部温度迅速下降。处理办法是：对于搅拌器，停止运行，并迅速将其拉出；对于冷却水包，尽快将其抽出。同时迅速更换冷却水包和搅拌器，尽快恢复熔窑的正常熔化作业。

3.7.10　锡槽断板停产

如果玻璃断板，应根据时间情况对熔窑采取以下措施。

① 投料作业调节：停止投料，保持熔窑内玻璃液面稳定，将投料机停留在退回的位置，以免过热烧损。

② 燃料调节：从末对小炉向前依次逐渐降低燃气量，在保证配合料熔化完全的基础上避免上部结构和窑碹过热。

③ 窑压调节：使熔窑保持正压，避免冷空气入窑。

④温度调节：根据设定的温度曲线控制和调节燃料分配，维持正常工况。

⑤ 助燃风调节：合理调节风火配比，确保合理燃烧。

⑥ 冷却部稀释风量调节：适当减少以保证冷却部温度，但不能全部关闭，避免冷却风嘴过热烧损。

3.8　主要岗位及操作规程

熔窑工区一般设有投料工、熔解工、燃烧器工、测温工、瓦工等相关岗位。

3.8.1　投料工

3.8.1.1　岗位职责

投料工负责对投料机的控制，为熔解工提供充足的配合料，其主要岗位职责如下。

① 接班前，与对口岗位了解上一个班次的情况，全面检察投料系统设备，如发现问题及时通知相关人员进行处理。

② 接班前观察窑内料堆分布，液面高度及所属设备是否在其操作规程规定范围内，如有问题及时调整。

③ 在班中，负责入窑料堆的分布状况，严格执行料堆控制操作规程。

④ 在班中，负责观察配合料的外观，严格执行配合料的外观控制操作规程。

⑤ 在班中，负责维持液面稳定，严格执行液面控制操作规程。

⑥ 在班中，负责换火操作时注意换向系统的运行状况，严格执行换向操作规程。

⑦ 检查维护好液面仪和投料设备。

⑧ 定时清扫投料设备及所属卫生区域，及时清理投料机漏料，保证现场及设备清洁卫生。

⑨ 填写记录，字迹清楚，内容完整。

⑩ 交班时，与下班对口岗位全面介绍本班次情况，达到交班要求。

3.8.1.2　岗位操作规程

（1）料堆控制操作规程

① 经常观察窑内配合料横向与纵向分布情况，横向分布保证均匀、不偏料；纵向分布保证东西两侧料堆长度位于 $2^\#$ ～ $3^\#$ 小炉之间。

② 发现料偏及时调正，并与熔解工联系。

③ 每小时填写一次记录。

（2）配合料的外观控制技术操作规程

① 检查窑头料仓是否有空料或者堵料现象，空料时及时与相关人员联系；堵料时主动进行清理，当严重影响玻璃液面时，向上级领导汇报，以便尽快解决。

② 经常观察投料口及投料机簸箕处下料量是否均匀，有无异常情况，发现问题及时处理。

③ 在投料口处观察有无异物，水分是否正常，发现不能解决的问题及时与上级领导联系解决。

（3）液面控制操作规程

① 浮法玻璃熔窑液面是由液面仪自动控制投料机投料的频率，实现自动控制的。当液面自动控制系统失灵时，应引到调频进行投料，当全部失灵时，可打定时或手动进行投料。当进行调频、定时及手动进行投料时，应通过液面尺，观察液面的变化情况，保证液面的稳定，液面波动必须控制在 ±0.5 个单位之内。

② 每小时填写一次记录。

（4）换向操作规程

① 必须严格执行 20min 换向制度，没有特殊情况不得延长或缩短换火间隔时间。

② 手动换火时，严格按换火程序操作，即先关油→换介质→助燃风换向→开油，并注意时间间隔，应与自动时一致。操作完成后，看信号灯是否正常，正常后方可离开换火装置。

③ 在换助燃风时，注意卷扬机运行声音和时间及电流变化。发现电流大于 25A 或运转时间大于 10s，马上切断电源，查找原因，并进行人工换火，人工换火时人员不得少于2 人。

3.8.2 熔解工

3.8.2.1 岗位职责

熔解工负责保证配合料熔化均匀充分，其主要岗位职责如下。

① 接班前，与对口岗位咨询上班次工作进展情况。

② 接班时，检查料堆及泡界线状况、设备运行状况的记录是否齐全。

③ 换火时，观察料堆及泡界线是否符合工艺技术要求。

④ 对窑体及所属设备进行定时巡检。

⑤ 观察火焰及燃烧状况。

⑥ 维持工艺参数技术指标在工艺文件规定范围内。

⑦ 认真填写本岗位记录，做到真实、全面、及时。

3.8.2.2 岗位操作规程

（1）火焰及燃烧控制技术操作规程

①技术要求

a. 燃烧充分，不冒黑烟。

b. 火焰清亮有力、不发飘、不分层。

c. 火焰长度距胸墙 0.5m 左右。

d. 火焰方向要平直。

e. 火焰气氛符合：$1^\#\sim2^\#$ 小炉弱还原性，$3^\#$ 小炉中性，$4^\#\sim5^\#$ 小炉氧化性。

② 调节操作　影响火焰的基本因素有油温、油压、介质压力、助燃风、燃烧器等因素。

a. 油温　油温控制在 120～150℃，调整时以二次蒸汽加热为主，在二次加热不够时可用电加热，一次油温低于 120℃ 时及时与油泵房联系。

b. 油压　油压在油质正常条件下维持在 0.5～0.7MPa。当油压使用非自控系统时：油压突然增大，此时应适当关小流量；当油压不够时，可适当关小介质，增大油量；当油压持续走低时，适当关小助燃风及增大窑压，更严重时通知锡槽工区降低拉引速度。当油压使用自控系统时，若油压波动较大时，要立即与油泵房联系，尽快恢复正常。

c. 介质压力　介质压力正常时控制在 0.45～0.65MPa。介质压力波动时，首先与空压机房联系，若压力低且时间较长时，可适当增大助燃风，减小用油量。

d. 助燃风　参照火焰及熔化状况控制的指标，通过调节支烟道闸板开度，调整各小炉的风量。正常条件下，应维持助燃风量的稳定。当助燃风自动装置失灵时，手动调节智能仪表；自动、手动全部失灵时，应采取手动的方式摇蝶阀杆，控制助燃风量。

e. 燃烧器　发现燃烧器出现结焦、堵塞、上仰、下倾、发混、火短等问题，应及时与燃烧器工联系更换。

（2）熔化温度的控制操作规程

① 熔化温度要求　横向温差越小越好，纵向温差严格执行工艺技术指标，胸墙热电偶温度波动小于±5℃。熔化部温度控制通过调节各小炉的风火配比来实现。当温度波动时，首先了解原因，然后进行合理调整。其中包括检查火焰燃烧状况及其影响的几个因素。

② 调节操作　具体调整依据火焰及燃烧控制操作规程；液面高度变化时的调整根据液面高度控制操作规程；配合料生熟比例变化引起熔化温度升高或降低、料堆及泡界线变近或变远，可适当减少或增大化料区的温度；下料量的变化则首先检查熔窑料仓，若发现堵塞应及时组织人员清理，若投料机出现故障应及时与检修工区联系；如投料机没发现异常则及时与原料工区联系，同时调整用油量，维持窑内温度的稳定；窑内压力过大或过小时，都会引起温度降低，若火焰燃烧不充分，窑体各观察孔溢火，则适当降低窑压，反之适当提高窑压；拉引量变化时及时联系成形区，同时根据温度需要适当增大或减少风火量；检查投料口处水包，发现漏水应及时抽出。

（3）窑压控制操作规程　窑压以熔化部压力为准，要求保持玻璃液面处微正压，控制参数指标执行工艺参数指标规定，并保证熔化部压力稳定，流道压力为参考，要求正压。

窑压的控制方法分自动、手动和人工调节三种。当自动失灵时要打手动，当自动、手动都失灵时，用手轮直接调节大闸板的开度，以便控制窑压。

3.8.3　燃烧器工

3.8.3.1　岗位职责

① 依据火焰及燃烧控制作业文件，检查燃烧器火焰燃烧状况及角度，发现问题及时处理。

② 更换燃烧器，严格执行更换燃烧器操作规程。

③ 把换下来的燃烧器用蒸汽吹扫，然后进行拆洗，把燃烧器及其配件洗刷干净。

④ 分配燃烧器，依据燃烧器控制操作规程的要求把燃烧器组装起来。

⑤ 对于备用燃烧器，把燃烧器按不同规格进行分类，码放到备用燃烧器架上，并做好标记，以便三班更换燃烧器。

⑥ 当燃烧器砖处有结焦时及时捅燃烧器砖处的结焦。

⑦ 调整燃烧器架，保证火焰平直。

⑧ 检查燃烧器是否漏油，有漏油时及时更换胶垫。

⑨ 检查余气量是否满足0.2MPa。

3.8.3.2　岗位操作规程

（1）更换燃烧器操作规程

① 检查燃烧器及其火焰情况，发现火焰异常，要及时更换燃烧器，及时剔除油嘴砖上的结焦。

② 检查备用燃烧器油嘴的规格是否符合要求，快速接头胶垫是否齐全。

③ 穿戴好防护用品，在火梢一侧换燃烧器，如果需要延长换火时间时，提前与当班投料工联系。

④ 更换燃烧器时，先摘油管，后摘气管，安装燃烧器时，先安气管，后安油管，安好燃烧器后，依据火焰控制要求调整好燃烧器角度，使燃烧器与油嘴砖的中心线一致，且距油嘴砖距离约5mm。

⑤ 换火后检查所换燃烧器快速接头处是否漏油，如果漏油应及时处理。

⑥ 换下来的燃烧器及时清洗，保证有足够的备用燃烧器。

（2）燃烧器控制操作规程　油嘴和气帽规格配套，且同心度一致，油气密封严实，连接螺母拧到位。

3.8.4　测温工

以 6 对小炉熔窑为例，岗位职责和操作规程如下。

3.8.4.1　岗位职责

① 接班前检查光学高温计及显示仪表工作是否正常，流道温度是否在工艺文件规定范围内。

② 接班前了解上一个班次的作业情况，检查 5[#] 小炉燃烧器燃烧状况。

③ 换火时在前脸观察窑内料堆、泡界线的位置，掌握窑内温度涨落趋势。

④ 时刻注意各仪表显示数据变化，发现问题及时与熔解工联系，坚持按时填写熔窑作业日志。

⑤ 每隔 4h 用光学高温计测 1[#]～5[#] 小炉北垛、5[#] 南胸墙、冷却部胸墙的温度，并如实填写熔窑作业日志。

⑥ 依据《5[#] 南、流道温度控制操作规程》维持 5[#] 南胸墙、冷却部温度的稳定。

⑦ 交班前 1h 向生产部汇报熔窑作业指标执行情况。

⑧ 交班时全面汇报本岗位情况。

3.8.4.2　岗位操作规程

测温工岗位操作规程主要包括 5[#] 南胸墙、流道温度控制操作规程、光学高温计操作规程等。

（1）5[#] 南胸墙、流道温度控制操作规程

5[#] 南胸墙温度波动时首先检查 5[#] 小炉燃烧器火焰燃烧状况，依据火焰及燃烧技术控制操作规程及时调解 5[#] 小炉风火量，与燃烧器工联系更换燃烧器等措施；依据流道温度波动趋势，调整稀释风闸板开度，达到流道温度稳定。

（2）光学高温计操作规程

① 测温时先调节物镜，使被测物体清晰可见，然后逐步调节电阻丝盘，直到灯丝亮度等于被测物体的亮度为止，这时灯丝隐灭于被测物体中，从电表刻度盘上读出温度值，为获取正确读数，应分别从低至高和从高至低调节灯丝电流，至灯丝隐灭，取两次读数的平均值作为最终读数。

② 依据所测小炉垛温度使用相应量程，每次固定在换火后 10min 进行测量，以减少误差。

③ 平时要重视光学高温计的维护，保持清洁。接班时要检查仪器零位是否正确，若零位偏差明显，应送交维修工区调整校正后方可使用。

3.8.5　保窑瓦工

3.8.5.1　岗位职责

① 检查所负责的工器具。

② 对窑体进行巡检。

③ 依据熔窑管理办法完成日常窑体的维护与保养工作。

④ 参加较大型的热修。

⑤ 参加冷修后卡胀缝及全保温工作。

3.8.5.2　岗位操作规程

（1）巡检操作规程

① 巡检路线　蓄热室→小炉斜坡碹→大碹→卡脖碹→L形吊墙→胸墙→池壁→蓄热室墙体→格子体→烟道→冷却部→流道。

② 巡检内容　见表3-64。

表3-64　保窑瓦工巡检内容

部　位	内　容
蓄热室	透火、变形、钢结构
小炉斜坡碹	透火、变形、烧损、钢结构
大碹	保温层、烧损、透火、变形、钢结构
卡脖碹	透火、变形、钢结构
L形吊墙	透火、烧损、温度<120℃
胸墙	透火、变形、钢结构、烧损
池壁	冷却风、炸裂、侵蚀、间隙砖、燃烧器砖烧损、池壁顶丝、池壁保温
蓄热室墙体	保温层、透火、变形、烧损、钢结构
格子体	堵塞、倒塌、烧损
烟道	保温、漏气、积灰
冷却部	透火、变形、钢结构、烧损、冷却风
流道	透火、闸板砖、压缝砖、钢结构

③ 巡检要求　每天对窑体进行检查，坚持三勤，即手勤、眼勤、腿勤，发现问题及时向保窑班长汇报，做到及时全面。

（2）窑体维护操作规程

① 严格按"四稳"要求进行工作，即手稳、脚稳、心稳、操作稳。

② 维修用的耐火材料一定与此部位的材质相同。

③ 熔化部大碹的维护时注意大碹保温层颜色的变化，及时判断出砖体侵蚀情况，避免侵蚀加快，发现过大时，应根据透火孔洞的大小和形状采用相应的措施进行处理，即孔洞较小的经清理后用硅质热补料及硅质泥浆进行修补。孔洞烧损较大的，应及时做卡砖和加风冷却等办法处理，如果卡砖仍不能满足维修质量的要求，则需要在班长的指挥下进行吊砖准备工作，完成吊砖任务，再用冷风冷却。

④ 池壁维护，采用冷却风冷却的方法，风管的布置及安装见风管的布置及安装操作规程，定期测量被侵蚀的深度，在池壁砖只剩下30mm以下时，进行帮顶处理。

⑤ 格子体维护，采用热压缩空气定期吹扫，每次吹扫尽量把格子体砖上的积灰吹净，当堵塞严重时，根据实际情况，采用捅打、底烧轻质油、局部或全部更换格子体等处理方法。

第 4 章　浮法玻璃锡槽及成形工艺

4.1　锡槽

浮法玻璃成形工艺过程是指来自池窑的经熔化、澄清、冷却的优质玻璃液，在锡槽中漂浮在熔融锡液表面，完成摊平、展薄、抛光、冷却、固形等过程，成为优于磨光玻璃的高质量的平板玻璃。浮法玻璃的成形设备因为是盛满熔融锡液的槽形容器而被称作锡槽，它是浮法玻璃成形工艺的核心，被看做是浮法玻璃生产过程的三大热工设备之一。锡槽的整体结构如图 4-1 所示。

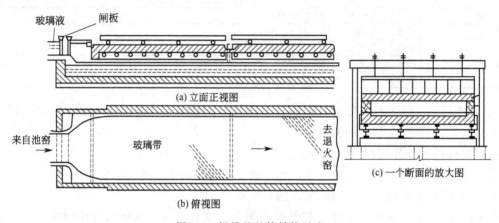

(a) 立面正视图

来自池窑　　玻璃带　　去退火窑

(b) 俯视图

(c) 一个断面的放大图

图 4-1　锡槽的整体结构示意

4.1.1　分类

按流槽形式分类，锡槽可分为宽流槽和窄流槽两种。宽流槽宽度和玻璃原板宽度相近，窄流槽宽度为 600～1800mm。

按锡槽主体结构分类，锡槽可分为直通形和宽窄形两种（图 4-2）。直通形锡槽进口端宽度等于出口端宽度，配置宽流槽；宽窄形锡槽进口宽，出口窄，配置窄流槽。

按胸墙墙结构形式分类，锡槽可分为固定胸墙式（图 4-3）、活动胸墙式（图 4-4）和固定胸墙加活动边封式三种。固定胸墙型（固定）锡槽，所有操作孔、检测孔都有固定的位置和一定的尺寸；此种结构整体性能好，便于密封，但限于固定操作孔位置，操作不够灵活。活动胸墙型（可拆胸墙式）锡槽，其上部分为固定式，沿口以上至固定胸墙的间隙用活动边封填塞；该结构的操作孔可以根据需要灵活设置，便于操作，适应于生产多品种产品，但密封较为困难。

按发明厂家分类，锡槽分为 PB 法锡槽、LB 法锡槽和洛阳浮法锡槽三种。其中 PB 法锡槽为英国皮尔金顿公司发明，其结构为窄流槽宽窄形主体；LB 法锡槽为美国匹兹堡公司发明，为宽流槽直通形主体（图 4-5）；洛阳浮法锡槽为我国发明，结构为窄流槽宽窄形主体。

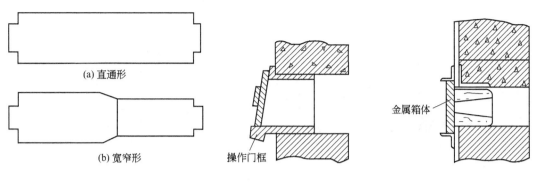

(a) 直通形

(b) 宽窄形

操作门框

金属箱体

图 4-2　直通形和宽窄形锡槽示意　　图 4-3　固定胸墙结构示意　　图 4-4　活动胸墙结构示意

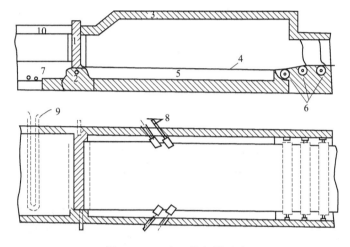

图 4-5　LB 法工艺锡槽示意

1—节流闸板；2—坎砖；3—锡槽槽体；4—玻璃带；5—锡液；

6—过渡辊；7—玻璃液；8—拉边机；9—冷却水管；10—熔窑尾端

锡槽通常是由进口端结构、主体结构及出口端结构三部分组成。

4.1.2　锡槽进口端结构

锡槽进口端是指浮法玻璃生产线的液流通道，又称流道流槽，前接熔窑冷却部末端，后接锡槽前端，由流道、流槽、斜碹、平碹、胸墙、盖板砖等组成，是玻璃生产的"咽喉要道"。从图 4-6 可见，在通道上还布置了安全闸板、流量闸板等玻璃液流控制装置，同时在流道的胸墙上预留操作孔，通过架设燃烧器或安装电加热辅助设备等措施，满足流道烘烤操作或处理事故时的升温要求。

对于不同的锡槽结构，进口端结构也不尽相同，如图 4-7～图 4-9 所示为窄流槽锡槽进口端结构、宽流槽锡槽进口端结构和压延型锡槽进口端结构。

4.1.2.1　对锡槽入口端结构的要求

① 与熔窑和锡槽的衔接要紧凑，防止玻璃液外漏。由于玻璃液在此处的温度高达 1100℃左右，黏度小，结构设计或施工时如果存在不合理的膨胀缝，玻璃液会渗入缝隙，侵蚀耐火材料，影响正常生产。

② 阻止熔窑气氛进入锡槽，影响玻璃质量。熔窑冷却部气氛进入锡槽会造成缺陷，降低玻璃质量。

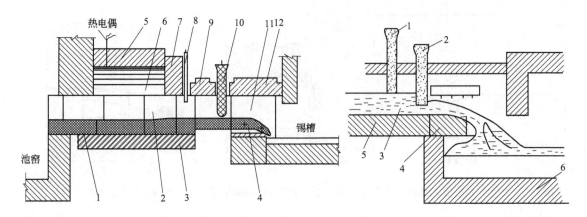

图 4-6　锡槽进口端结构示意
1—流道底砖；2—流道侧壁砖；3—流道底垫砖；4—流道唇砖；
5—流道喇叭碹砖；6—胸墙砖；7—流道挡墙（IBA 墙）；
8—安全闸板（应急闸板）；9—盖板砖；10—调节闸板；
11—流道肩砖；12—墙板砖

图 4-7　窄流槽锡槽进口端结构示意
1—安全闸板；2—节流闸板；3—玻璃液；
4—流槽砖；5—流道砖；6—槽底

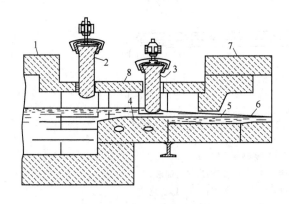

图 4-8　宽流槽锡槽进口端结构示意
1—熔窑尾部；2—安全闸板；3—节流闸板；4—坎砖；
5—锡液；6—玻璃；7—锡槽；8—平碹

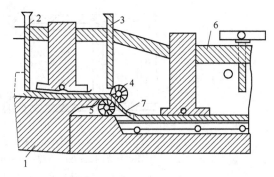

图 4-9　压延型锡槽进口端结构示意
1—熔窑尾部池底；2—闸板；3—悬吊挡板；4—上压辊
5—下压辊；6—锡槽；7—玻璃带

③ 加强密封性能，尽量减少锡槽前端的保护气体逸出。玻璃液流由流槽进入锡槽，势必造成锡槽前端产生敞口区域，合理的结构设计可降低锡槽槽内气氛被破坏的程度。

④ 保温效果较好。正常生产时锡槽前端需要的热量是由流道玻璃液带来的，因而要减少玻璃液在流道的热量散失，保证玻璃液在进入锡槽前温度的均匀性。

⑤ 方便在此处的生产操作。流道处的生产操作包括流道升温、引头子、更换闸板与唇砖等，其结构设计要便于工人用最短的时间完成以上操作。

4.1.2.2　锡槽进口端结构确定

（1）长度的确定　在满足生产操作的前提下，为了保证进入锡槽的玻璃液横向温差在允许值范围内，入口端的设计长度不宜过长，唇砖前缘与锡槽前端距离尤其关键。太短会造成玻璃液的回流距离不足，湿背区域（背衬砖与唇砖之间的区域）温度低，玻璃液流动缓慢，含有杂质的液流分流不到玻璃板边部，造成玻璃带中部出现底面泡，从而影响玻璃板面质量；距离过大，湿背的液流量大，会形成边部缺陷以及析晶、气泡等。因而入口端总长设计值在 2500～4000mm 之间。唇砖进入锡槽内的尺寸要注明冷态和热态两种数值，国内生产线一般只注明冷态下的设计尺寸，而国外公司则同时标明热态下的设计尺寸。

（2）宽度的确定　流道入口的宽度取在 3000～4000mm 之间，保证将冷却部中部质量最好的熔融玻璃液引进流道。流道末端与流槽宽度相同，为玻璃原板宽度的 1/3 左右，满足液流进入锡槽后的展薄与摊平。

（3）深度的确定　流道内玻璃液的深度应占熔窑冷却部池深的 1/3，这样上部熔融好的玻璃液可顺利通过流道，有的设计在流道上还设置 100mm 左右的爬坡，增加流道内液流的局部回流，提高玻璃液的均匀性。流槽内玻璃液深 150～300mm，流槽砖底部距锡液高度在 40～80mm，取决于拉引量以及不同的流槽砖设置。通常采用簸箕形流槽砖时选取低值，采用唇砖则选用高值。

4.1.2.3　锡槽入口端主要部件

（1）流道　流道是玻璃液从熔窑流入锡槽的通道，流道结构有收缩形、直通形、喇叭形等形式（图 4-10）。前两种结构不尽合理，玻璃液流动存在死角，容易析晶，同时对池壁的冲刷侵蚀也较为严重，因而目前多数厂家选择喇叭形流道结构。

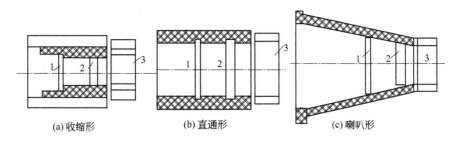

(a) 收缩形　　　　　(b) 直通形　　　　　(c) 喇叭形

图 4-10　流道流槽结构示意

1—流道；2—流槽；3—唇砖

一般流道为喇叭形阶梯式结构，分为前后两节，由流道底砖、流道侧壁砖、流道垫砖组成，如图 4-11 所示。这种结构可以保证质量较好的上层玻璃液通过流道流入流槽，也可以减少玻璃液对池壁的冲刷。此处耐火材料选用结构致密、热稳定性好、耐侵蚀的 α、β-电熔刚玉。

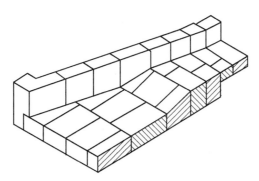

图 4-11　流道底砖组合示意

（2）流槽　玻璃液是经流槽结构流进锡槽的，流槽分为簸箕形和唇砖形（图 4-12）。前者结构简单，使用性能好，但液流不合理，对锡液的冲击较大，不利于生产优质玻璃。后者结构复杂，但流动平稳，便于玻璃液在锡槽内摊平，保持恒定厚度，因而被大多数厂家采用。

如图 4-13 所示为唇砖形流槽。流槽砖是浮法成形的关键设备，此处温度高，同时受固-液-气三相界面侵蚀，要求材质能耐冲刷、耐侵蚀、耐高温、耐热震等，故采用电熔 α、β-刚玉。流槽由一块流槽砖和两块侧壁砖组成，在使用后期，由于玻璃液的连续流动而造成对此处材料的侵蚀和冲刷严重，导致玻璃产生线道或波筋，需要及时更换。

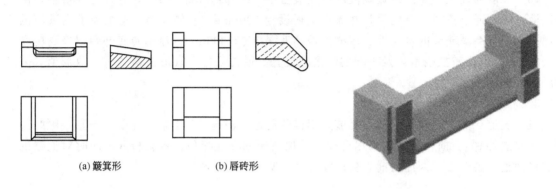

(a) 簸箕形　　　　　　(b) 唇砖形

图 4-12　流槽形状示意　　　　　　图 4-13　唇砖形流槽外观

（3）顶碹、胸墙　顶碹由斜碹和平碹组成，选用硅质耐火材料。喇叭碹上留有测温孔，以便检测和控制流道温度。胸墙一般为黏土砖，在适当的位置留有加热孔，满足流道升温或处理事故时设置气体、液体燃料燃烧器或水平硅碳棒对此处进行加热。

（4）安全闸板、调节闸板　安全闸板由镍铬耐热钢整体铸造而成，当事故发生时，闸板可快速落下起到截流作用。调节闸板通过控制机构调节玻璃液流量，从而控制玻璃带宽度。调节闸板的横截面为梯形，与喇叭形流道相配合，在玻璃液流的推动下，闸板与流道更为密合，有效地防止熔窑气氛进入锡槽内部。闸板朝向锡槽的一面带有沟槽，如图 4-14 所示，锡槽气氛中的污染成分冷凝后流进沟槽内，从而分流到玻璃液的两侧，经切边将疵点去掉，提高玻璃质量。因调节闸板有一部分沉入玻璃液中，所以要选用耐侵蚀、抗热冲击性能好的熔融石英陶瓷。其驱动机构分为上传动与下传动两种方式，目前多采用下传动方式，即驱动装置布置在流道的下部，为生产中更换闸板以及处理事故等操作提供更多的空间。

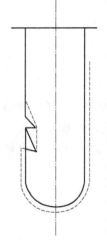

图 4-14　调节闸板的沟槽

（5）其他部件　在通道上还布置了挡焰砖、盖板砖、挡气砖等，一般多选用耐火混凝土，装配水平较高的生产线也可用硅线石或熔融石英。

（6）钢结构　与入口端结构相应的还有必要的钢结构，即流道钢结构、流槽钢结构、斜碹钢结构、平碹钢结构、安全闸板执行结构、调节闸板执行结构等。所有钢结构在烤窑升温后既要满足入口端砖体的整体膨胀，又必须和熔窑锡槽保持紧凑，不能出现任何缝隙而影响生产。

4.1.3　锡槽主体结构

锡槽主体结构包括槽底、胸墙、顶盖、钢结构、保护气体管道等部分，如图 4-15、图 4-16 所示为锡槽主体结构的平面图和横剖面图。

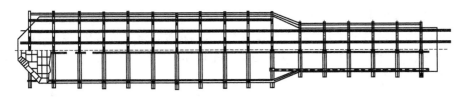

图 4-15 锡槽主体结构的平面图

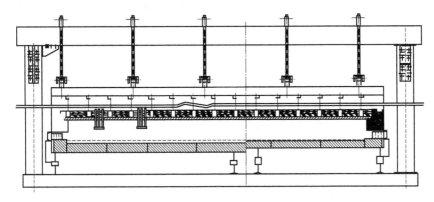

图 4-16 锡槽横主体结构的剖面图

4.1.3.1 槽底

锡槽槽底是直接盛装锡液的设施，由槽底钢结构、槽底砖和侧壁砖组成。锡的密度大，渗透能力强，且在锡槽内不断地对流，因而槽底多采用低渗透性、高抗碱性侵蚀、高强度、弹性好、高密度的黏土砖砌筑；槽底钢结构则采用具有良好气密性和抗锡液渗透性的钢板。在安装时，槽底砖应采用梯形结构并设有锡沟、挡坎及其他一些措施，以便控制锡液产生的对流，减少锡液的横向温差，有助于玻璃薄厚差的减少和成品表面平整度的提高。为了防止玻璃液与侧墙的粘接，有的锡槽在池壁内安装了石墨内衬，这样还可以减轻氧对锡液的污染。

4.1.3.2 顶盖

锡槽顶盖一般采用吊平顶全密封的结构形式，其作用为密封、吊装和安装电加热元件及测压元件、安装保护气体管道。其外壳为钢罩，内衬钢筋耐火混凝土或硅线石材质。为了便于安装电加热元件、测温热电偶、红外测温仪等装置，其耐火砖的结构一般设计成蜂窝砖和过桥砖。

4.1.3.3 胸墙

锡槽胸墙是在顶盖和锡槽侧壁砖之间的墙体，目前有固定式和边封结构式两种。固定式胸墙是把墙体砌筑在锡槽池壁上，拉边机孔、操作孔、冷却器孔都是用耐热铸铁门框砌筑在胸墙里，孔的位置固定，不能随意移动。这种结构密封性好，但适应操作的灵活性差。边封结构式的胸墙分为上下两部分，上部采用隔热性好的轻质保温砖，下部是由不锈钢制成的活动边封，操作孔、测温孔、拉边机孔等都设置在边封上，生产时可根据工艺需要灵活更换。目前，国内多采用固定式与边封式相结合的胸墙结构，这样可以相互补充，既便于锡槽的工艺操作，又便于锡槽的密封。

4.1.3.4 钢结构

锡槽钢结构是对支撑锡槽耐火构件的总称，可分为支撑钢结构、槽底钢结构和顶盖钢结构。支撑钢结构包括槽立柱、槽底主梁、槽顶主梁、槽顶次梁、立柱连梁；槽底钢结构包括槽底次梁、槽底钢壳、槽底侧板及加强筋板，沿口用工字钢加固；顶盖钢结构主要起密封作用，同时用于吊挂顶盖砖。

4.1.3.5 保护气体管道

浮法玻璃在成形过程中，为了防止外界空气进入锡槽使锡液发生氧化，故在锡槽设置了保护气管道，以便通入 N_2 和 H_2 保护气体，其氧含量应小于 $10cm^3/m^3$，纯度应达到 99.99%。

4.1.4 锡槽出口端结构

锡槽与退火窑之间的一段热工设备，称为出口端，也叫过渡辊台，其结构设计是否合理在很大程度上决定了锡槽气密性的好坏。锡槽出口端结构如图 4-17 所示。出口端由密封罩、渣箱、过渡辊子以及传动装置组成。

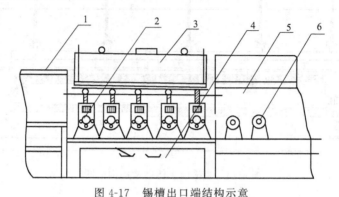

图 4-17　锡槽出口端结构示意

1—锡槽尾端；2—过渡辊台可调辊道；3—过渡辊台可上下调节并带有电热丝顶盖；4—排除碎玻璃小门；5—退火窑；6—退火窑辊道

4.1.4.1 密封罩和渣箱

密封箱罩体主要包括下罩体、上罩体及挡帘升降机构、密封装置、擦锡及其调节装置、两侧活动密封墙和上盖的垂直密封等部分。

下罩体安装在与锡槽下面轨道相连接的底架上，过渡辊台 3 根辊子的轴承座安装在擦锡机构两端的支座上，与渣箱底板连接，可在其上面调节标高 $\pm30mm$，每根辊子下边装有活动的擦锡用的石墨块及机构，通过板簧组和擦锡调节装置使其始终和辊子下表面接触，可根据现场情况进行调节。

上罩体吊装在上部的钢梁上，安装时与锡槽紧贴，是全密封罩，每根辊子上部及锡槽出口处共设 4 道升降挡帘，对锡槽内压力和温降起调节作用，挡帘可通过自动、手动方式升降，在每道挡帘处有垂直密封门，以方便挡帘的拆装和维修（图 4-18）。

上罩体和下罩体之间有活动胸墙，起侧密封作用，活动胸墙可调节高度，在箱体和箱盖之间距离变化时，调节活动胸墙高度，以满足密封要求，在两侧活动胸墙上各有 2 个观察孔。

下部的渣箱与锡槽连在一起，在侧壁上留有扒渣门，以便清理锡灰及碎玻璃。

4.1.4.2 过渡辊台

过渡辊台设备位于锡槽的出口端，是锡槽设备的延续，也是锡槽与退火窑之间的过渡部分。其主要作用是把锡槽内的玻璃带送入退火窑内进行退火，使从锡槽尾部引出来的玻璃带通过过渡辊台时，降到满足退火需要的温度，并消除玻璃带下表面从锡槽带出来的锡渣。传统的过渡辊台传动及单侧换滚结构传动如图 4-19 所示。

过渡辊台的辊子一般为三根，呈爬坡状分布，可以上下调节高度。玻璃带借助过渡辊台第一根辊子，向上抬起 $30\sim50mm$ 而离开锡液面，这时玻璃带与锡液面的夹角是 $2°\sim3°$，随即爬上第二根、第三根，从而进入退火窑。

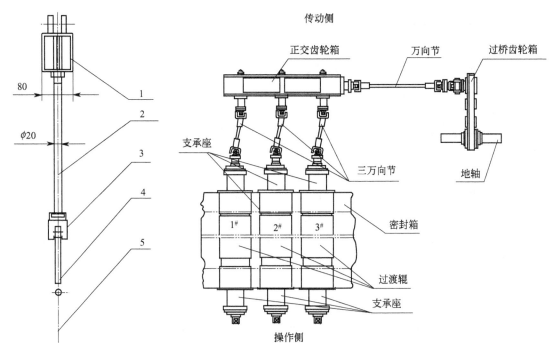

图 4-18　上罩内密封挡帘示意

1—上罩外部横梁；2—吊杆；

3—罩内上部挡帘吊挂横梁；

4—上部挡帘；5—下部活动挡帘

图 4-19　传统的过渡辊台传动及

单侧换滚结构传动示意

　　过渡辊子与退火窑最初若干根辊子的上母线组成了过渡曲线。一条合理的过渡曲线要求平缓圆滑，它可以保证玻璃带在改变标高时的正常运行，减少断板的可能；同时还可以确保玻璃质量，使其受力均匀，且可以减少沾锡。

　　目前辊子大都采用合金辊（材料为 3Cr24Ni7SiNRe），也有采用石英陶瓷辊。前者材料在高温下极易与 SnS、SnO 等作用，腐蚀辊体表面，或在表面生产不易清掉的小疙瘩，而导致玻璃下表面的划伤等。后者材料的辊子具有热力学性能和化学惰性。它的独特低热膨胀性使得旋转表面有非常好的尺寸稳定性。对整个辊道，尺寸稳定性是通过补偿陶瓷、金属和对中装置的膨胀差异得到保证的。低热导率减少玻璃底表面过渡冷却，从而减小应力裂纹。这对靠近玻璃板边缘区域尤其明显。源于低热膨胀的热膨胀的均匀性保证了在玻璃宽度方向上辊道驱动速度的一致。表 4-1 是石英陶瓷辊和合金辊的性能对比。

表 4-1　石英陶瓷辊和合金辊的性能对比

项　　目	石英陶瓷辊	合　金　辊
密度/(g/cm³)	2.2	7.9
断裂模量/GPa	19(700℃)	—
弹性模数/GPa	35(700℃)	206
热导率/[W/(m·K)]	0.89(700℃)	15.2
热容量/[J/(kg·K)]	1.25(700℃)	460
泊松比	0.18	0.3
热膨胀系数/×10^{-6}K^{-1}	0.6(20~1000℃)	8.7~11.1

4.2 锡槽设备

除了锡槽，浮法玻璃成形还需要配备拉边机、挡边器、直线电机、电加热、槽底风机、摄像头、监视器等一些必要的设备相辅助。

4.2.1 拉边机

拉边机是浮法玻璃生产的主要装备之一，它起着节流、拉薄积厚、稳定板根和控制玻璃宽度的作用。

按结构可分为落地式拉边机和吊挂式拉边机两种，按操作方式可分为手动式拉边机和全自动拉边机两种。目前，大型浮法玻璃生产企业多采用吊挂式全自动拉边机（图 4-20），它采用计算机集算控制技术，自动化程度高，可实现本地和远程控制，并能实现自动和手动切换；传动则采用了交流变频同步技术，同时具备数字显示，使得成形数据数字精度高、明晰、简约，保证了成形的稳定性。

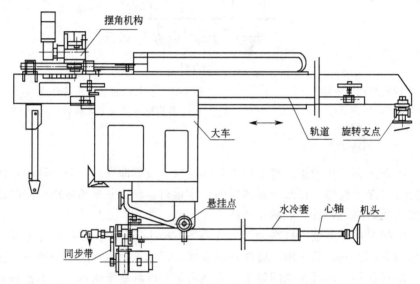

图 4-20 吊挂式全自动拉边机结构示意

4.2.1.1 设备构成

根据生产需要，吊挂式全自动拉边机配置机头旋转、机杆进伸、压边、平行起升、快速抬起、摆角六种运动机构（图 4-21）。

4.2.1.2 技术参数

全自动吊挂式拉边机的主要技术指标见表 4-2。

表 4-2 全自动吊挂式拉边机的主要技术指标

指标名称	参考值	精度要求
拉引玻璃厚度	0.5～19mm	
拉边轮线速度	60～1200m/h	
机头旋转速度	0～20m/min	径向跳动＜0.2mm
机杆进深	4500mm	定位精度：±0.2mm
水平摆角	−20°～＋20°	定位精度：±0.05°
机头压痕	160mm	定位精度：±0.1mm
机架升降	0～120mm	定位精度：±0.1mm

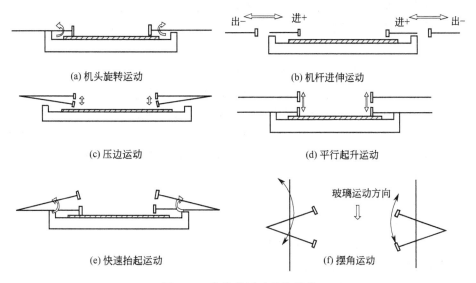

(a) 机头旋转运动   (b) 机杆进伸运动

(c) 压边运动   (d) 平行起升运动

(e) 快速抬起运动   (f) 摆角运动

图 4-21　拉边机运动机构示意

4.2.1.3　拉边机使用

浮法玻璃成形是依靠拉边机机头的牵引，使玻璃带在锡液面上前行，并通过调节拉边机机头转速、机杆水平角度和机杆压入玻璃带深度等参数，控制玻璃带的宽度与厚度。因此要求拉边机机杆前后伸缩调节灵活、上下控制方便，能做水平回转运动，速度调节精度高，在高温还原气氛下能长期连续使用。

（1）使用前检查　在拉边机使用前，机械部分检查以下内容。一是各运动导轨副无堆积物（焊渣、铁屑或其他杂物）。二是手动操作进退、压痕应无卡阻。三是各传动的同步带松紧程度适中。四是各个减速器的油位应适中；丝杆螺母副、小车轨道涂适量润滑脂或润滑油；各轴承座加好润滑脂。五是拉边杆进出水管，通水检查无堵塞，水管各接口处无滴漏。

（2）试车

① 抬起/下降运动机械装置　接通压缩空气，给线圈通电。切断再打开汽缸，检查是否顺利。转动旋转手轮，检查压力盘操作行程开关，检查齿式离合器是否能轻易地脱开、行程开关工作是否正常。检查确认没有零件、软管、电线等会缠绕住机械装置。给电机通电，检查拉边杆上升/下降运动是否正常。限位开关工作是否正常。

② 进/出运动机械装置　检查前后端的行程开关是否能够限位。用前端和尾端、上方和下方的手轮手动操作丝杆。检查压力盘操作行程开关，检查齿式离合器是否能轻易地脱开、行程开关工作是否正常。检查拖链功能，检查所有软管和电线等不会缠绕。检查防护装置是否牢固固定，并且不会缠住驱动。给进/退运动电机通电，并驱动小车完成来回运动。

③ 拉边杆驱动　检查拉边杆是否可以在管套里自由运行，尾端石墨轴套有没有损坏。检查防护装置是否牢固固定，并且不会缠住驱动电机。给主驱动电机通上电源，并连接变频器。运行拉边杆至每个速度极限，看输出是否正确。

④ 水压测试　确认已经对拉边杆管套、拉边轮和上下管道进行了所有水压测试。

（3）拉边机的安装

① 安装位置　对于拉边机来说，安装的位置很重要。就我国一般锡槽而言，第一对拉

边机应放在板根最宽处下游1m左右（即玻璃带开始收缩处），这时玻璃带温度为900℃，正好处于半塑性状态，有利于成形。之后在间距2~3m的位置，依次安装第二对、第三对等拉边机。

② 安装拉边机　首先按照工艺要求做好位置标记，然后将拉边机推到所需安装的操作孔旁，接通上下水和电源线。启动拉边机，调整拉边机速度并核对是否与显示仪表相符合，观察出水管水流是否通畅以及是否有漏水现象。确定没有任何故障之后，打开操作孔，一人在拉边机前掌握上、下、左、右位置，防止拉边机与操作孔门相撞，一人在后边缓慢推动拉边机直到和伸入标记相吻合。调整拉边机机身、角度、深度等指标达到要求，固定拉边机，并做好周边的密封。

4.2.1.4　拉边机常见故障及处理方法

（1）拉边机紧急抬起无动作

① 原因分析：气动系统的气源压力不足；气动系统的换向阀处于手动状态时，电磁线圈损坏或紧急按钮连接线脱开；汽缸内部密封圈损坏；气动系统的换向阀发生卡阻。

② 处理方法：气源压力调整；更换电磁线圈或检查相关连线；更换密封圈或汽缸；更换电磁换向阀。

（2）只能有一个动作　即拉边机在做进退、压痕动作时，某种动作只能有一个动作，如压痕动作时，拉边杆只能压浅，不能压深。

① 原因分析：相关的动作，某个动作已达到相应的极限位置（限位开关已动作，断开电机相应转动的控制电源）；相应的限位开关的接线脱开或损坏。

② 处理方法：根据工艺需要，可调节行程开关安装位置；检查测量接线有无断开；更换行程开关。

（3）进退、压痕电机不能动作

① 原因分析：电机相应手轮控制行程开关的接线脱开或损坏；相应电机减速机故障。

② 处理方法：检查行程开关的接线或更换行程开关；维修电机减速机。

（4）拉边机机头侵蚀

① 原因分析：与锡形成低温共熔体；正常的机械磨损；氧化。

② 处理方法：及时清除故障机头上的锡；保证锡槽气氛；进行良好的冷却。

4.2.2　挡边器

挡边器一般设置在锡槽内两侧适当的位置上，其作用是防止玻璃带摆动跑偏，保证成形玻璃带在锡槽中间运行。挡边器由冷却水管和石墨头组成，石墨头和玻璃带不黏结，与锡液也不浸润，且旋转灵活，避免使玻璃带边部产生剪应力。

安装挡边器时，操作人员应按以下步骤进行。

① 接通挡边器固定杆上进出水管，并检查是否有漏水现象。

② 将挡边器放在操作孔内预热1h，以防石墨头突然遇高温而炸裂。

③ 将挡边器推入适当位置，在固定压头与挡边器的微小缝隙灌入锡液，以增加冷却效果。

在调整挡边器位置时，操作人员应双手轻轻托起冷却水管，以身体的前后缓慢移动控制进出量，切记不要用力过猛，以免出现脱边、沾边等事故；调整后的位置以微微触及玻璃带边部为宜。

4.2.3 冷却器

冷却器是根据锡槽内温度变化随时横向抽穿的冷却水管，又称冷却水包，主要作用是降低玻璃带的温度。冷却器结构简单，多采用方形或圆形套管，根据使用的部位不同，工艺要求不同，组合为一体的有单根、双根和多根排列几种形式。

安装冷却器（冷却水包）时，操作人员应按以下步骤进行。

① 穿水包前首先要检查冷却水是否畅通。水包外表一定要擦干净，不要有任何遗留物，排管水包要调齐。

② 打开边封，把边封处的矿棉、泥料清理干净，以防穿水包时带入槽内。

③ 把水包穿入槽内，观察水包是否与玻璃带平行，两侧水包是否对齐，如有不平行、不对齐的要做调整，正常后密封锡槽。

④ 穿水包时一定要注意安全，避免压手、压脚。每次水包抽出后都要清洗干净，以备下次使用。

4.2.4 直线电机

直线电机又称线性感应电机，是通过将电能直接转换成直线运动机械能的电力装置，以达到控制锡槽内锡液表层流的目的。当直线电机三相绕组通入交变电流时，产生"行波磁场"中的导体因切割磁力线而感应出电流，电流与磁场相互作用便产生电磁力。在锡槽中，这种电磁力推动锡液运动，通过调节电机的参数，就可以方便地控制锡液运动的方向与速度，使得锡液温度分布更加合理，并达到提高玻璃表面质量和稳定生产的目的。一般放置在锡槽首、末端边部锡液的上方，放置末端的直线电机还能排除锡槽出口端滞留在锡液面上的锡灰，减少玻璃带下表面的划伤。

4.2.4.1 直线电机作用

在锡槽中安装直线电机的主要作用是：①提高玻璃表面质量，改善厚薄差；②稳定玻璃成形质量；③稳定玻璃带，防止拉边机脱边；④传递电加热热量，均化温度；⑤减少横向温差，有利于良好退火；⑥减少锡液冷流股回流；⑦阻止锡液在出口处溢出；⑧清除锡灰。

4.2.4.2 直线电机分类

通常使用的直线电机在外形上有两种形式，分别为"直线"型和"半十字"型。"直线"型直线电机产生电磁力方向为前后，产生"推"或"拉"的效果；"半十字"型直线电机产生的电磁力方向为"从左到右"或"从右到左"。

4.2.4.3 安装形式

实际生产过程中，锡槽中的锡液液流主要有三种形式：一是与玻璃带前进方向相同的前进流；二是玻璃带下方锡液深层与锡液前进流相反的深层回流；三是玻璃带两侧锡液裸露部分与玻璃带前进方向相反的回流，如图4-22所示。

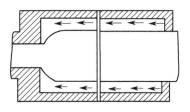
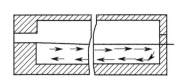

锡槽内高温区的锡液向锡槽末端流动，而末端较冷的锡液又向锡槽热端回流，冷热锡流在锡槽的中温区（温度在750～850℃）相遇时，造成此区的锡液温度不均匀，锡液温度的不均匀使这部分的玻璃受热不均，导致玻璃带的拉伸不均，产生应力，使玻璃产品产生光学变形、翘曲、波纹等

图4-22　锡液液流示意

缺陷。

目前，在浮法玻璃生产线中，有使用"直线"型直线电机，也有使用"半十字"型直线电机来控制锡液对流，安装形式主要有两对"直线"型直线电机"推力"安装形式、两对"直线"型直线电机"拉力"安装形式以及两对"半十字"型直线电机安装形式。

（1）"推力"安装形式　两对"直线"型直线电机"推力"安装形式如图 4-23 所示。通过直线电机的定向"引流"作用，将锡槽内整体对流分割成了三大区域，减少了锡液平面方向和深度方向的整体回流，有利于各个区域按照工艺要求进行温度控制；而且在成形区，通过 A、B 直线电机形成的反向对流圈，加速成形区边部和中间部分锡液的混合，有利于减少中间和边部的锡液温度差。但是在这种布局中，也要注意以下问题：由于采用的是"直线"型电机"前推"的方式，电机的推力控制需要特别注意，防止推力过大导致锡液"跃"到玻璃带上表面，同时也要注意玻璃带局部受到较大的锡液冲刷，影响玻璃整体的稳定，特别是在生产薄玻璃和超薄玻璃时，很容易发生上面所提的事故。

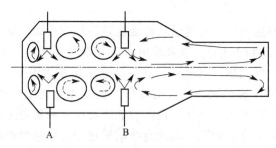

图 4-23　两对"直线"型直线电机"推力"安装形式

（2）"拉力"安装形式　两对"直线"型直线电机"拉力"安装形式如图 4-24 所示。除了具有图 4-23 布局的优点外，还有以下优势：第一，采用了"引出"的方式，将中间部分的锡液"拉"向边部，这样就避免了在薄玻璃和超薄玻璃生产时锡液"跃"上玻璃带的可能；第二，在成形区，由于直线电机是将中间的热锡液引到边部来进行混合，更有利于减少锡槽中间部分和边部锡液的温度差，有利于玻璃带厚薄差的调整；第三，在锡槽冷却区（直线电机 B 右侧）形成的对流圈同玻璃带自然对流圈相反，更能有效阻止锡槽冷却区锡液向成形区的回流。

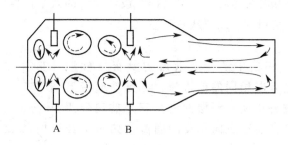

图 4-24　两对"直线"型直线电机"拉力"安装形式

（3）两对"半十字"型安装形式　如图 4-25 所示为两对"半十字"型直线电机安装形式，其形成的锡液流动方向与图 4-23 中锡液流动方向完全相反，所以比使用两对"直线"型直线电机更能有效阻止锡液平面上的整体回流，但在减少锡槽深度方向的回流，以及减少锡槽成形区中部和边部的温度差方面，却比不上"直线"型直线电机的效果。

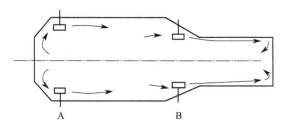

图 4-25 两对"半十字"型直线电机安装形式

4.2.4.4 使用时注意事项

开启直线电机时，操作人员应按以下步骤进行。

① 开启直线电机前首先接通电源；

② 开启直线电机变压器按钮，观察电流和电压的变化，稳定后开启直线电机按钮；

③ 调节直线电机电流按钮，将直线电机电流控制在120A位置；

④ 观察电流变化情况，稳定后离开，但要经常巡检，出现问题后两侧直线电机都要关闭；

⑤ 注意启动直线电机时一定要有两个人操作，以防触电，发生事故。

4.2.5 电加热

电加热的主要作用是合理控制锡槽内各区温度，使温度达到成形要求。但根据锡槽内各区工艺的特点，电加热的作用也不尽相同。预热区电加热的作用是投产前的升温和事故时的保温，正常生产时不用；重热区电加热的作用是投产前的升温和事故时的保温，在生产厚玻璃或薄玻璃时，调节玻璃带表面温度达到成形要求，并调节纵向温降和横向温差；过渡区电加热的作用是投产前的升温和事故时的保温；出口区电加热的作用是投产前的升温和事故时的保温，正常生产时调节横向温差，发生断板及处理紧急事故时快速提高玻璃带面温度。

4.2.5.1 电加热分类

电加热有铁铬铝电热丝和硅碳棒两种。

① 铁铬铝电热丝的价格低廉、性能稳定、要求配套的供电装置简单，但电热丝允许的表面热负荷低，高温下长期使用会导致元件出现高温脆性和高温变形，断掉或搭落在锡槽空间，严重影响正常生产。

② 硅碳棒的表面负荷较大，便于集中分布，可调性强，同时具有高密度、带涂层的发热段，使用寿命长，因而被现代化浮法玻璃生产企业广泛采用。

4.2.5.2 电加热控制方法

① 当锡槽需要电加热时，首先要接通调功柜电源，开启调功柜风扇。

② 按下柜门绿色按钮，打开调功柜调节面板。

③ 按确认键，进入显示画面，按设置键进入调整画面。

④ 按"◀/▶"键将光标指在"占空比"位置。

⑤ 按"▲/▼"键调整占空比至所需数值。

⑥ 按确认键确认调功柜投入运行。

⑦ 关闭调功柜时，先按面板上"□"键关闭面板，再按下红色按钮关闭面板电源，然后再关闭风扇，关闭调功柜电源，关闭好柜门。

⑧ 注意操作时只一定要两人以上，防止触电。

4.2.6　槽底风机

锡槽槽底风机的作用主要是为了防止因锡槽槽底过热而引起漏锡事故，其调节方法是通过风机闸板开度来控制进风量，以便控制槽底温度。

启动槽底风机时，操作人员应按以下步骤进行。

① 启动风机前要关闭风机上的闸板；

② 按风机控制柜上的启动按键启动风机；

③ 风机运转起来后，逐渐打开闸板；

④ 查看风机电流；

⑤ 需要停止风机时，先关闭闸板，再按停止键。

4.2.7　锡槽排气装置

该装置采用气体引射原理，通过在锡槽热端两侧安装必要的管道设施，把受污染的气体从槽内排出，减少槽内气体受污染的程度。本装置由带弯管的活动边封、直管、冷却套、三通管、针形阀、压力表等组成，对称布置在锡槽宽段的前部和中部。在不影响锡槽槽内压力波动的前提下，通过在锡槽钢壳上部安装的射流装置，通以压缩空气作为引射气源将槽内气体带出，并通过冷却装置进行气体杂质的冷却和收集。该装置制作容易，安装方便，操作工艺简单。

4.2.8　锡槽保护气体净化循环装置

这是目前国外先进的生产线为提高锡槽内的压力、提高锡槽内保护气体的纯度而采用的装置，包括密封加压装置、冷却装置、过滤装置、脱氧装置、脱硫装置、干燥装置等，还配备必要的仪表、管材等，对称安装在锡槽前端两侧胸墙上，可以提高玻璃表面质量，降低生产成本。

4.2.9　浮法玻璃擦锡装置

浮法玻璃线上使用的擦锡装置，其作用是清除玻璃下面从锡槽带出来的锡渣，其结构的优劣，将直接影响玻璃等级。从锡槽出来的玻璃一般都是在 600℃ 左右经过过渡辊台和密封箱，因此要求擦锡装置的"U"形滑槽和石墨块不能因受热而成块地脱落或有过大的变形。如带有冷却系统的，则要防止冷却液（一般为水冷却）的泄漏，否则由于冷却液在高温状态下急剧汽化，会对密封箱内的气氛有所影响。

4.2.10　浮抛介质

4.2.10.1　浮抛介质要求

玻璃液的浮抛金属液具备以下性能。

① 金属的熔点低于 600℃；沸点高于 1050℃；1027℃ 左右的蒸气压应尽可能低，要求低于 13.33Pa。也就是说，从玻璃液进入成形区到玻璃离开该区的整个温度区间，金属应呈液态，并且高温时的蒸气压不能高，以免大量挥发。

② 金属在 1050℃ 时的密度要大于 2.5g/cm^3，这是保证玻璃能漂浮在金属液上的基本条件。

③ 容易还原，在还原气氛中能以单质金属存在。

④ 在高达 1050℃ 的温度下，不与玻璃发生化学反应。

能满足浮法浮抛介质条件要求的金属有镓、铟、锡三种。其中锡的价格最便宜，高温下与玻璃反应程度最小，且没有毒性，因此被选为浮抛介质。

4.2.10.2 锡的特性

锡化学符号是 Sn（拉丁语 Stannum 的缩写），原子序数是 50，是一种主族金属。纯的锡有银灰色的金属光泽，拥有良好的伸展性能，在空气中不易氧化。主要来源是一种氧化物矿物锡石（SnO_2），盛产于中国云南、马来西亚等地。锡的特性和锡液密度、表面张力与温度间的关系分别见表 4-3 和表 4-4。

由表 4-3 和表 4-4 可知，锡的密度大大高于玻璃的密度（$2.7g/cm^3$），有利于对玻璃托浮；锡的熔点（231.96℃）远低于玻璃出锡槽口的温度（650～700℃），有利于保持玻璃的抛光面；锡的热导率为玻璃的 60～70 倍，有利于玻璃板面温度的均匀等；锡液的表面张力 $[(462～502)×10^{-3}N/m]$ 高于玻璃的表面张力 $[(220～380)×10^{-3}N/m]$，有利于玻璃的拉薄。

表 4-3　锡的特性

	项　目	内　容
总体特性	名称/符号/序号	锡/Sn/50
	系列	主族金属
	族/周期/元素分区	14 族（ⅣA）/5/p
	密度、硬度	$7.298g/cm^3$、1.5
	颜色和外表	银色光泽的灰色
	地壳含量	$3×10^{-3}$ ％
原子属性	相对原子质量	118.710
	原子半径(计算值)	145(145)pm
	共价半径	141pm
	范德华半径	217pm
	价电子排布	［氪］$4d^{10}5s^25p^2$
	电子在每能级的排布	2、8、18、18、4
	氧化价(氧化物)	4、2(两性)
	晶体结构	四方晶格
物理属性	物质状态	固态
	熔点	231.93℃
	沸点	2270℃
	摩尔体积	$16.29×10^{-6}m^3/mol$
	汽化热	295.8kJ/mol
	熔化热	7.029kJ/mol
	蒸气压	$5.78×10^{-21}Pa(505K)$
	声速	2500m/s(293.15K)
其他性质	电负性	1.96(鲍林标度)
	比热容	228J/(kg·K)
	电导率	$9.17×10^6/m^{-1}·Ω^{-1}$
	热导率	66.6W/(m·K)
	第一电离能	708.6kJ/mol
	第二电离能	1411.8kJ/mol
	第三电离能	2943.0kJ/mol
	第四电离能	3930.3kJ/mol
	第五电离能	7456kJ/mol

表 4-4　锡液密度、表面张力与温度间的关系

项　目	温度/℃						
	600	700	800	900	1000	1050	1100
密度/(g/cm³)	6.711	6.643	6.574	6.505	6.437	6.403	6.368
表面张力/(×10⁻³N/m)	502	494	486	478	470	466	462

4.2.10.3　锡的质量标准

锡的质量标准见表 4-5。

表 4-5　锡的质量标准

牌号	Sn 含量(大于)/%	杂质含量(小于)/%						
		As	Fe	Cu	Pb	Bi	Sb	S
01	99.95	0.003	0.004	0.004	0.003	0.003	0.005	0.001
1	99.90	0.015	0.007	0.01	0.005	0.015	0.015	0.001
2	99.75	0.02	0.01	0.03	0.008	0.05	0.05	0.01
3	99.56	0.02	0.02	0.03	0.3	0.05	0.05	0.01
4	99.00	0.1	0.05	0.1	0.6	0.06	0.15	0.02

由表 4-5 可知,锡中所含各种杂质都是组成玻璃的元素,它们可以在玻璃成形过程中夺取玻璃中的游离氧成为氧化物,这种不均质的氧化物成为玻璃表面的膜层;当金属锡中的含铁量达 0.2% 时会在锡液表面形成铁锡合金 $FeSn_2$,它增加锡液的"硬度";Al_2O_3 含量过多时会在锡液表面生成 Al_2O_3 薄膜,使锡液表面呈现光滑;杂质 S 能生成 SnS,是形成浮法玻璃缺陷的原因之一。以上都会影响玻璃的抛光度,因此,对于浮抛玻璃用锡液其纯度要求在 99.90% 以上,为此常选用特级锡。

4.2.10.4　锡液与温度的关系

锡液黏度与温度间的关系和锡液蒸气压与温度间的关系分别见表 4-6 和表 4-7。

表 4-6　锡液黏度与温度间的关系

温度/℃	301	320	351	450	604	750
黏度/Pa·s	$1.68×10^{-3}$	$1.593×10^{-3}$	$1.52×10^{-3}$	$1.27×10^{-3}$	$1.045×10^{-3}$	$0.905×10^{-3}$

由表 4-6 可知,锡液有极低的黏度,这表明有良好的热对流运动性能,这对均匀浮法玻璃的表面温度有较大的影响。

表 4-7　锡液蒸气压与温度间的关系

温度/℃	730	880	940	1010	1130	1270	1440
蒸气压/Pa	$1.94×10^{-4}$	$2.3×10^{-2}$	$4.13×10^{-2}$	0.133	1.33	1.33	133

由表 4-7 可知,在浮法玻璃成形温度范围内蒸气压变化在 $1.94×10^{-4}$~0.133Pa 之间,所以锡液的挥发量极小。

4.3　浮法玻璃成形工艺

浮法玻璃成形是指熔化好的玻璃液在调节闸板的控制下,经流道平稳连续地流入锡槽锡液面上,在自身重力的作用下摊平、在表面张力作用下抛光、在主传动拉引力作用下向前漂浮;通过挡边器控制玻璃带的中心偏移,在拉边机的作用下实现玻璃带的展薄或积厚而成为

高质量平板玻璃的过程。

4.3.1 成形机理

浮法玻璃的成形是在锡槽中完成的。配合料经过熔窑的熔化成为合格玻璃液，玻璃液在1100℃左右的温度下，通过调节闸板对进入量进行控制，使其沿流道流入锡槽，漂浮在锡液面上，在表面张力、自身重力以及外加力（拉边机和主传动）的共同作用下，形成所需厚度、宽度的玻璃带，亦即玻璃原板。

4.3.1.1 玻璃液在锡液面上的浮起高度

玻璃液与锡液互不浸润、互无化学反应。锡液的密度大于玻璃液，因而玻璃液浮于锡液表面，如图 4-26 所示。

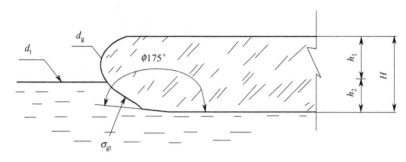

图 4-26 玻璃液在锡液面上的浮起高度示意

其浮起高度 h_1 和沉入深度 h_2 可用式（4-1）表示。

$$h_1 = \left(1 - \frac{d_g}{d_t}\right)H \tag{4-1}$$

式中　d_g，d_t——玻璃液、锡液的密度；

　　　　H——玻璃液在锡液面上的自由厚度。

4.3.1.2 浮法玻璃的自由厚度

（1）玻璃液厚度计算　当浮在锡液面上的玻璃液不受任何外力作用时所显示的厚度称自由厚度。它取决于下列各力之间的平衡：玻璃液的表面张力 σ_g、锡液的表面张力 σ_t、玻璃液与锡液界面上的表面张力 σ_{gt} 以及玻璃液与锡液的密度 d_g、d_t。其间的关系可用式（4-2）表示：

$$H^2 = \frac{2d_t(\sigma_g + \sigma_{gt} - \sigma_t)}{g d_g(d_t - d_g)} \tag{4-2}$$

式中　g——重力加速度。

玻璃、锡液、保护气体间表面张力以及锡液的密度与温度的关系见表 4-8。

表 4-8　玻璃、锡液、保护气体间表面张力以及锡液的密度与温度的关系

温度/℃	密度/(kg/m³)		界面张力/(J/m²)		
	d_g	d_t	$\sigma_t(N_2 + H_2)$	$\sigma_g(N_2 + H_2)$	σ_{gt}
850	2493	6560	0.5113	0.3644	0.5166
1000	2490	6518	0.4905	0.3335	0.5396

将表 4-8 中的数值代入式（4-2），可计算出在 850℃成形结束时获得玻璃带的平衡厚度为 $H \approx 7mm$；在温度为 1000℃时，成形结束时获得玻璃带的平衡厚度为 $H = 7mm$，均与实测相近。

（2）玻璃液厚度实测　玻璃液进入流道时，其深度约为 300mm，经调节闸板后，玻璃液深度减至 19～25mm，经流槽流到锡液面后，其厚度为 12～25mm。如果没有受到限制，玻璃液在其自身重力产生的静压力作用下，将向四周铺展并变薄，直到 6～7mm。这时静压力与玻璃液的表面张力平衡，不再展薄。在有纵向拉引力的情况下，这一平衡厚度约为 6mm。锡槽进口端玻璃液厚度如图 4-27 所示。

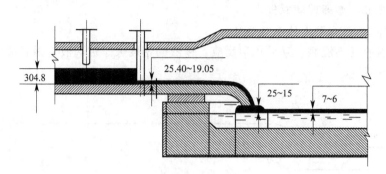

图 4-27　锡槽进口端玻璃液厚度示意（单位：mm）

4.3.1.3　玻璃在锡液面上的抛光时间

玻璃液由流槽流入锡槽时，由于流槽面与锡液面存在落差以及流入时的速度不均将形成正弦状波纹，在进行横向扩展的同时向前漂移，此时正弦状波形纹将逐渐减弱（图 4-28）。处于高温状态下的玻璃液由于表面张力的作用，使其具有平整的表面，达到玻璃抛光的目的，其过程所需时间即为抛光时间。其对设计锡槽的长度与宽度是一个重要的技术参数。

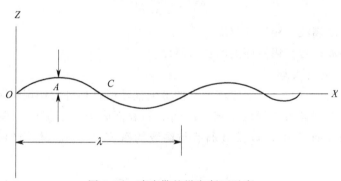

图 4-28　玻璃带的纵向断面示意

可以把玻璃液由高液位（流槽面）落入低液位（锡槽面）所形成的冲击波的断面曲线近似地假定为正弦函数：

$$Z = A\sin\frac{2\pi}{\lambda}X \tag{4-3}$$

把一个波长 λ 范围内的玻璃液视为一个玻璃滴，因而其中任一点的 X 处所受到的压强 p 是玻璃表面张力所形成的压强和流体的静压强之和，即：

$$p = \sigma_g\left(\frac{1}{R_1} + \frac{1}{R_2}\right) + d_g g Z \tag{4-4}$$

式中　　σ_g——玻璃液在成形温度（1000℃）时的表面张力，N/m；

R_1，R_2——玻璃液在长度和宽度方向的曲径半径，m；

d_g——玻璃液在成形温度时的密度，kg/m^3；

g——重力加速度，m/s^2；

$\sigma_g\left(\dfrac{1}{R_1}+\dfrac{1}{R_2}\right)$——表面张力形成的附加压强，又称拉普拉斯公式。

经运算可得式(4-5)。

$$p=\left(\frac{4\pi^2}{\lambda^2}\sigma_g+d_g g\right)Z \tag{4-5}$$

玻璃板的抛光作用主要是表面张力，因而表面张力的临界值应不低于静压力值，此时：

$$\lambda^2\leqslant\frac{4\pi^2}{d_g g}\sigma_g \tag{4-6}$$

由式(4-6)可求得 λ 的临界值 λ_0。

在表面张力作用下，波峰与波谷趋向于平整的速度 v，可以应用黏滞流体运动的管流公式：

$$\sigma_g=\eta v \tag{4-7}$$

式中 η——玻璃黏度。

应用上述各式可以估算浮法玻璃的抛光时间。

例：设浮法玻璃的成形温度为 1000℃，其相应参数分别为：$\eta=10^3\,Pa\cdot s$、$\sigma_g=350\times10^{-3}\,N/m$，$d_g=6.7g/cm^3$，$d_g=2.5g/cm^3$，把上述各值代入式(4-6)及式(4-7)可得 $\lambda_0=2.4cm$、$v=3.5\times10^{-2}cm/s$。因 $t=\lambda/v$，得 $t=68.5s$。

生产实践表明，若流入锡槽的是均质玻璃液，则它在抛光区内的停留时间为 1min 左右，就可以获得光亮平整的抛光面，所以上述估算与生产实践相符。

4.3.2 影响成形质量的因素

浮法玻璃成形需要多方面的配合，任何一方面出现问题均会造成玻璃质量的下降，严重者可导致停产，其中影响成形质量的因素主要包括锡槽温度制度、气氛制度、压力制度以及来自熔窑方面的影响等。

4.3.2.1 锡槽温度制度

锡槽温度制度是指沿锡槽长度方向的温度分布，是锡槽成形作业的基础，对玻璃液的摊平、抛光、冷却、固形都起着重要作用；对玻璃带的拉引速度、玻璃的品种、规格及产量、质量等都有一定的影响。这里仅以流道温度变化为例简要介绍温度对成形的影响。

① 流道温度过高时，玻璃液黏度降低，进入锡槽后摊开面积变大，造成玻璃带过薄、过宽，这样容易引起沾边、满槽等事故，而且在拉边机处，会感到成形困难。

② 流道温度过低时，玻璃液黏度增大，摊平和抛光的条件不充分，玻璃表面质量会受到影响，并容易引起脱边、断板等事故；同时存在成形时不易拉薄或积厚的困难。

③ 流道温度波动时，玻璃带的板根会忽大忽小变化不稳定，玻璃带薄厚也会随之变化，这样容易引起脱边、沾边等事故。

④ 流道温度不均匀时，摊开的玻璃带在横向上会由于温度的不均匀而造成黏度的不均匀，这时生产出来的玻璃产品容易出现"条纹"等质量缺陷。

4.3.2.2 锡槽气氛制度

锡液在 1000℃左右与玻璃液的浸润角度为 175°，基本上不浸润，但锡的氧化物（SnO_2、SnO）却严重污染玻璃，使玻璃出现雾点、锡滴、沾锡等缺陷，严重时玻璃甚至不透明；热处理时（如钢化）呈现彩虹。因此，浮法玻璃生产要求锡槽内必须保持中性或弱还原气氛，以防止锡液氧化。目前，锡槽中通常用 $N_2 + H_2$ 的混合气体作为保护气体，其中 N_2 含量为 $90\% \sim 97\%$，H_2 含量为 $3\% \sim 10\%$，并要求混合气体中的含氧量不超过 $5cm^3/m^3$（ppm）。当保护气体质量不好，含有较多杂质时，会增加对锡液的污染；数量不足时，锡槽内压力过小，外界空气容易进入槽内，污染锡液。这两种情况都会使玻璃产生沾锡、划伤等缺陷，另外由于压力的变化还可能出现"锡滴"。

4.3.2.3 锡槽压力制度

正常生产情况下，锡槽内应维持微正压，一般以锡液面处的压力为基准，要求压力为 $3 \sim 5Pa$，有时甚至维持在 $10Pa$ 左右。如果锡槽内压力过高，保护气体就会散失，增加保护气体的耗量，从而破坏保护气体的生产平衡，给生产带来不利影响，同时也会增加电耗。若锡槽处于负压状态，就会吸入外界空气，使锡槽内氧气含量超过允许范围，产生锡的氧化物，不仅增加锡耗，增加玻璃成本；而且严重污染玻璃，产生各种由氧化物造成的缺陷，如沾锡、雾点、钢化彩虹等等。

影响锡槽压力制度的因素如下。

① 锡槽的温度制度：锡槽对保护气体而言属高温容器，因此保护气体在锡槽中对温度非常敏感，温度波动对压力制度有明显的影响。

② 保护气体量及压力：锡槽空间应充满保护气体，若保护气体量不足，必然导致锡槽处于负压状态。对于 $300 \sim 400t/d$ 的锡槽，保护气体的用量（标准状态）为 $1100 \sim 1400m^3/h$。保护气体量与其本身的压力成正比，压力降低，同样会导致保护气体的量不足，锡槽就会处在负压状态。保护气体的出口压力一般维持在 $2000Pa$ 左右。

③ 锡槽的密封情况：直接影响压力制度，密封得好，保护气体的泄漏量就少，压力稳定。

4.3.2.4 锡液液面位置和锡液深度

从理论上讲，锡液液面位置应尽可能和锡槽沿口平齐，实际上为了避免锡液的溢出和生产时被玻璃带带出锡槽，通常锡液位置低于沿 $20mm$ 左右。因此要求锡槽在设计、施工甚至在烧烤后上沿口应很整齐且保持水平，不得出现不平整或缺口，以防止锡液从缺口处溢出。此外在锡槽出口端钢壳处应充分有效地冷却，以免被锡液熔融而出现熔口和漏锡。锡槽内锡液深度，一般在 $50 \sim 100mm$ 范围内。槽内锡液深度常采用两种形式。

① 同一深度即从锡槽首端至尾端锡液深度相同，一般取 $100 \sim 110mm$。这种平形槽底结构简单，施工方便，但用锡量较多。

② 阶梯形深度根据玻璃成形需要，增设槽底挡坎，控制锡液液流。这种阶梯形槽底，结构较复杂，但减少了用锡量，减少了锡槽各部位锡液深度。表 4-9 列出长度为 $49m$ 的锡槽各部位锡液深度。

表 4-9 长度为 49m 的锡槽各部位锡液深度

距锡槽首端距离/m	$0 \sim 6$	$6 \sim 10.5$	$10.5 \sim 42$	$42 \sim 49$
锡液深度/mm	90	70	50	70

4.3.2.5 熔窑制度的变化

熔窑制度的变化包括熔窑玻璃液面波动、熔窑压力波动两方面，对成形的影响分别如下。

① 熔窑玻璃液面波动：熔窑玻璃液面的波动会使进入锡槽的流量发生波动，造成玻璃

带板根发生宽窄变化，容易引起沾边、脱边等事故；当液面波动较大时，会使玻璃液成形流发生变化，造成温度、成分不均，从而产生条纹。

② 熔窑压力波动：熔窑压力波动时会引起流道流量的变化以及玻璃带板根的变化，容易引起沾边、满槽等事故。

4.3.3 薄玻璃成形

厚度小于自然平衡厚度的玻璃称为薄玻璃。要想生产出低于平衡厚度的玻璃就需要借助拉边机和主传动辊道的外力。一方面通过增大主传动辊道拉引速度，使玻璃带中的质点加速度增加，拉力增大，玻璃带被拉薄；另一方面采用拉边机对玻璃带施加横向拉力，以阻止其宽度方向产生的收缩力。

4.3.3.1 生产方法

目前，比较成熟的薄玻璃生产方法可分为高温拉薄法和低温拉薄法两种工艺，如图 4-29 所示。在高温（1050℃）拉薄时，其宽度与厚度变化如图 4-29 中 POQ 曲线所示；在低温（850℃）拉薄时，其宽度与厚度变化如图 4-29 中 PBF 曲线所示。从图上可以看出，两种不同的工艺其效果并不相同。例如，设原板在拉薄前的状态为 P 点，即原板宽度为5m，厚度为 7mm。分别用高温拉制法和低温拉制法进行拉薄，若两者的宽度均为 2.5m，则相应得到 F 点和 O 点，其厚度分别为 3mm（低温法）和 6mm

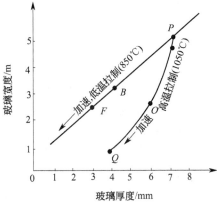

图 4-29　高温和低温拉薄曲线

（高温法）；若拉制厚度为 4mm 的玻璃，则相应得到 B 点和 Q 点，其板宽分别为 3m（低温法）和 0.75m（高温法）。由此可见，低温法可以拉制更薄的玻璃。因此，现代的玻璃企业通常采用低温法拉制薄玻璃。

4.3.3.2 低温拉薄法

低温拉薄法又可分为低温急冷法和低温徐冷法两种工艺。

（1）低温急冷法　低温急冷法是在玻璃带离开抛光区后急速冷却到 700℃ 左右（黏度约为 10^7 Pa·s），然后进入加热重热区，将玻璃加热到 850℃（黏度约为 10^5 Pa·s），此时，拉引速度增加，玻璃被拉薄。这种方法的特点是经过抛光后的玻璃带在急冷区被软化到软化温度以下后被硬化，可以保证抛光的质量，并且可以取得良好的拉薄效果，但是，这种操作对玻璃带产生急冷急热作用，很难保证温度的均匀性，可能会造成玻璃带的不均匀收缩，也可能造成抛光玻璃带质量下降。另外，由于这种方法需要重新加热，所以能耗比较大，生产成本相对较高。

（2）徐冷拉薄法　徐冷拉薄法是目前常用的薄玻璃生产方法。徐冷法没有急速冷却区和重热区，温度曲线是平缓下降的，不是马鞍形，避免了热冲击，玻璃带温度比较均匀，拉薄过程对玻璃质量没有明显影响。徐冷拉薄法操作简单、能耗小。其成形过程经历了四个区，如下所示。

① 摊平（抛光）区　该区温度为 1055～996℃（黏度范围为 $10^{2.7}$～$10^{3.2}$ Pa·s），该区使刚进入锡槽的玻璃液充分摊平和抛光，达到自然平衡厚度。

② 徐冷区　该区温度为 996～883℃（黏度范围为 $10^{3.2}$～$10^{4.25}$ Pa·s），摊平区达到自然厚度的玻璃带在出口主传动拉引力的作用下，纵向伸展。在纵向伸展的同时减少

了厚度和宽度，为了控制其宽度收缩，在该区设置拉边机，使玻璃带的变化主要是减少厚度。

③ 成形区　该区温度为 883～769℃（黏度范围为 $10^{4.25}$～$10^{5.57}$ Pa·s），在该区设置若干对拉边机，给玻璃带以横向和纵向拉力，使玻璃带横向拉薄，在玻璃带增宽的同时减少玻璃厚度。

④ 冷却区　该区温度为 769～600℃（黏度范围为 $10^{5.75}$～$10^{5.57}$ Pa·s），玻璃带在该区不再展薄，而是逐步冷却，玻璃带出锡槽的温度约为 600℃。

4.3.3.3　生产薄玻璃时应注意问题

在玻璃带适当位置设置若干对拉边机，对玻璃带两边施加横向拉力，同时适当提高主传动拉引速度。一般情况下：生产 5mm 厚玻璃需用 1～3 对；生产 4mm 厚玻璃需 3～4 对；生产 3mm 厚玻璃需 4～6 对；生产 2mm 厚玻璃需 6～8 对；生产 1mm 及小于 1mm 厚玻璃需 10 对以上的拉边机。

根据浮法玻璃拉薄原理，拉边机应放在玻璃带黏度为 $10^{2.25}$～$10^{4.25}$ Pa·s 范围内。拉边机放置区温度太高，拉薄效果差；放置区温度太低，机头打滑，拉不住带边。通常，第 1 对拉边机放在离锡槽前端 7～9m 处，以后每隔 1.5～3m 设置一对拉边机。放置好所需拉边机后，还要根据生产的玻璃带厚度、宽度，拟订拉边机伸入锡槽内的距离、压入深度、机杆角度、机头转速等数据。生产薄玻璃拉边机的参数见表 4-10。

薄玻璃生产实例（3mm）：拉引量 440t/d，主传动速度 709m/h，原板宽度 3460mm，合格板宽 3000mm，内牙距 3190mm，流道温度 1083℃，锡槽出口温度（610±5）℃，平均厚度 3.00mm，拉边机对数 6 对。

表 4-10　生产薄玻璃拉边机参数

项　目	拉边机编号					
	1#	2#	3#	4#	5#	6#
拉边机速度/(m/h)	175	240	340	395	420	440
机杆外余(S)/mm	960	900	870	880	860	790
机杆外余(N)/mm	1160	1120	1160	1130	1050	1010
拉边机角度/(°)	7.5	7.5	7.5	5	6	5.5

注：S 表示南边，N 表示北边。

4.3.4　厚玻璃成形

所谓厚玻璃是指大于自然平衡厚度的玻璃，要生产这种厚度的玻璃必须采取一定的措施。因为当玻璃液厚度大于自然平衡厚度时，重力和侧向力的合力大于表面张力的合力，其作用结果使玻璃展薄，玻璃越厚，展薄作用越强。因此要想生产厚玻璃，必须施加一个阻挡玻璃液展薄的力，使玻璃带在较厚的情况下，也能处于平衡状态。目前，能够成功生产厚玻璃的工艺方法有拉边机法、挡墙法和挡墙拉边机法三种。

4.3.4.1　拉边机法

拉边机法也叫倒八字拉边机积厚法（reverse aissisted direct strech，简称 RADS 法），是将拉边机的机杆角度打为负角度（与玻璃带前进方向相反），给玻璃施加一个向内的阻挡力，阻止玻璃带向两边摊开展薄，以便堆积出大于自然厚度的玻璃，达到增厚的目的（图 4-30）。

拉边机生产工艺的优点是不需要其他辅助设备、操作简单、厚度调整灵活；缺点是生产厚度有一定局限性、生产控制难度大、易受温度变化的影响，导致堆不厚甚至出现沾边、满

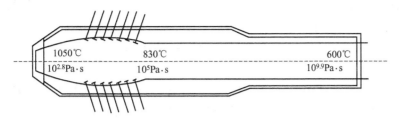

图 4-30 拉边机法示意

槽等事故，并且由于拉边机机头压入深度大，形成较深齿痕，容易造成边部畸形，使得拉引率偏低。该工艺方法适用于 8～19mm 厚玻璃的生产。表 4-11 为拉边机法厚玻璃生产时的参数。

表 4-11　生产厚玻璃拉边机参数

项　　目	拉边机编号						
	$1^\#$	$2^\#$	$3^\#$	$4^\#$	$5^\#$	$6^\#$	$7^\#$
拉边机速度/(m/h)	495	450	420	330	260	210	185
机杆外余/mm	880	660	600	570	610	610	610
拉边机角度/(°)	−12	−12	−11	−10	−10	−8	−5

厚玻璃生产实例（12mm）：拉引量 470t/d，主传动速度 185m/h，原板宽度 3550mm，合格板宽 3050mm，内牙距 3210mm，流道温度 1100℃，锡槽出口温度 （595±5）℃，平均厚度≤11.90mm，拉边机对数 7 对。

4.3.4.2　挡墙法

挡墙法（fender system，简称 FS 法）是英国皮尔金顿公司专有技术，其工艺是在锡槽高温区设置很长的石墨水冷挡墙，玻璃液在其间摊平、堆积所需厚度。此法的技术关键是高温下石墨不能与玻璃粘连、玻璃液流量与厚度的控制，因此，整个挡墙结构复杂，安装定位和水冷却强度要求严格 （图 4-31）。通过石墨水冷挡墙，限制高温玻璃液向锡槽两侧横向流动，将玻璃液堆积起来，并利用高温区直线电机、冷却水包及锡槽内电加热等辅助设施调整厚度和板宽等。

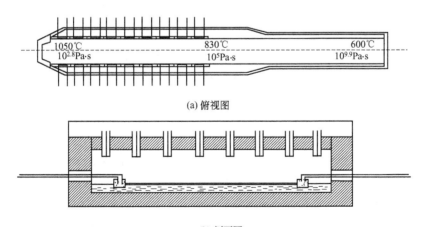

(a) 俯视图

(b) 剖面图

图 4-31　石墨挡墙法示意

石墨挡墙法的优点是玻璃平整度和光学质量好，适合生产≥15mm 厚的玻璃。但由于玻璃液在锡槽中停留时间较长，容易产生析晶，尤其是石墨挡墙对接处往往残留一些玻璃液，这些玻璃液不流动，极易析晶，必须定时进行清除，因此不能长时间连续生产。

4.3.4.3 挡墙拉边机法

挡墙拉边机法，简称 DT 法。DT 法综合了拉边机法和挡墙法的优点，把它们有机地结合在一起，一方面发挥了挡墙的堆厚作用，避免了长挡墙结构复杂等弊端；另一方面克服了单靠拉边机堆厚的困难，发挥了拉边机阻止摊薄的作用。其生产工艺是在高温区设置短挡墙，使玻璃液在其间堆积成所需厚度，在挡墙出口处设置几对倒八字拉边机来阻止玻璃带向外摊开（图 4-32）。具有操作灵活、生产厚度可调范围大、玻璃质量好等。

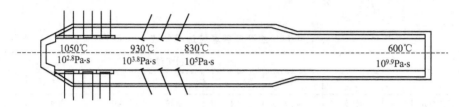

图 4-32 挡墙拉边机法示意

4.4 工作原理

4.4.1 锡槽内锡液的流动

在锡槽的工作温度范围（1100～600℃）内，锡液处于流动状态。造成锡液流动的原因有两个：一是锡液的温度差造成自然流动。由于锡槽进口端与出口端存在着明显的温度差（约 450℃），锡液则必然存在密度差（表 4-12），因而锡液将会产生自然流动，其流动形态与窑池内玻璃液的流动形态相近；二是玻璃带的带动造成强制流动，在锡槽中，当玻璃带受牵引辊拉力作用向前移动时，就会带动锡液由进口端返回进口端的平面回流，另外还存在锡液深层与上层前进流方向相反的回流。

表 4-12 锡的密度

温度/℃	室温	250	300	500	700	900	1000	1200	1400	1600
密度/(g/cm³)	7.298	6.982	6.943	6.814	6.695	6.578	6.518	6.399	6.28	6.162

温度差也会造成上述两种回流，但相比之下，玻璃带的带动作用要明显得多。因为玻璃带在锡槽中的移动速度为每小时至少数十米，甚至会达到数百米，这种高速移动必然给锡液流动带来强烈的影响，因此可以说，玻璃带的带动作用是锡液流动的主导因素。

影响锡液对流的有如下一些因素。

（1）锡液深度 随着锡液深度变浅，锡流流动加剧，深度方向的前进流与回流就会相互干扰，冷、热锡液的混掺在 970～885℃ 范围内会造成难以去除的玻璃带下表面波纹。增加锡液深度，有利于合理组织对流。然而随着锡液加深，导致锡槽荷重增加，锡耗也随之增大，这将提高投资费用和玻璃成本。实践表明，锡槽中锡液的最佳深度为 50～100mm。

（2）挡坎 设置挡坎能合理地组织和控制对流。挡坎主要控制回流的锡液不要流到 970～880℃ 范围的玻璃带下方，而是直接返回到温度为 970℃ 的玻璃带下方。

挡坎也用来控制热锡液和冷锡液的混合，挡坎阻止了热锡液流向锡槽出口端，在挡坎处被引导到锡槽两侧，使其与从出口端朝进口端回流的冷锡液汇合。热锡流和冷锡流相互混合，使整个锡流的温度均匀。由于锡液的混合是在玻璃带两侧进行的，这就避免了玻璃带因锡液温度不均造成的缺陷。

（3）直线电机　使用直线电机是通过使锡液磁化来增加锡液的横向流动，再利用锡槽侧壁伸出的横向挡板和在适当位置设置挡坎，以形成玻璃成形区的两个闭合循环流。此处挡坎的作用是阻止下游冷锡液进入成形区的闭合环流中。直线电机有利于强化锡液的流动，建立成形区域理想的锡液热对流。

锡液流动既可使锡槽中锡液温度均匀，也能使锡液温度出现波动，增加能耗甚至影响产品质量。研究锡液流动的目的在于增大锡液的有益流动，减少其有害的流动。

4.4.2　玻璃带的热传递

4.4.2.1　传热方式

玻璃在锡槽内的成形过程可看成是向外发散热量的冷却过程，该过程是非稳态的，传递的热流随空间和时间而变。鉴于玻璃带的长度和宽度比其厚度要大得多，故可以认为，玻璃带内的热流主要是沿厚度（y）方向传递。由于玻璃带的下表面与锡液接触，上表面暴露于空间，因此，其上、下表面的传热方式是传导和对流。为保证玻璃质量，玻璃带在锡槽各区内，其上、下表面的散热量 q 应相等，冷却速率应相同，即要达到对称等速冷却的条件。

4.4.2.2　玻璃带厚度方向的温度场

由热工基础得知，玻璃带厚度方向的导热微分方程为：

$$\frac{\partial t}{\partial \tau} = \alpha \frac{\partial^2 t}{\partial y^2} \qquad (4\text{-}8)$$

式中　α——玻璃的热扩散系数，cm^2/min。

要解该式，必须弄清楚锡槽中玻璃带导热的边值条件，边值条件包括起始条件和边界条件。起始条件：假设玻璃液从流槽流入锡槽时温度是均匀的，即 $\tau = 0$ 时，$t = $ 常数。边界条件：根据等速冷却条件，当 $y = \pm S$ 时，$t = t_0 - c\tau$，式中 S 为玻璃带厚的 $1/2$（cm），c 为冷却速率（℃/min），t_0 为开始温度（℃），τ 为冷却时间（min）。据此，边值条件可写成 $t_表 = t_0 - c\tau$；$c = t/\tau = $ 常数。按照威廉逊和阿达姆斯提出的薄板材冷却时的温度分布，对式（4-8）求解得：

$$t = c\tau + \frac{c}{2\alpha}(S^2 - y^2) \qquad (4\text{-}9)$$

式（4-9）即为玻璃带在开始冷却后沿 y 方向各点温度随时间和冷却速率变化的关系式。当 $y = \pm S$ 时，即玻璃带上、下表面温度为：

$$t_表 = t_0 - c\tau \qquad (4\text{-}10)$$

当 $y = 0$ 时，即玻璃带中心的温度为：

$$t_中 = t_0 - c\tau + \frac{c}{2\alpha}S^2 \qquad (4\text{-}11)$$

玻璃带断面的平均温度为：

$$\bar{t} = \frac{1}{S}\int_0^S \left[t_0 - c\tau + \frac{c}{2\alpha}(S^2 - y^2) \right] \mathrm{d}y = t_0 - c\tau + \frac{c}{3\alpha}S^2 \qquad (4\text{-}12)$$

玻璃带中心和表面的温度差为：

$$\Delta t = t_中 - t_表 = \frac{c}{2\alpha}S^2$$

$$c = \frac{2\alpha}{S^2} \Delta t_1 \qquad (4\text{-}13)$$

由式(4-9)看出，在等速冷却过程中玻璃带断面温度分布呈抛物线形（图4-33）。

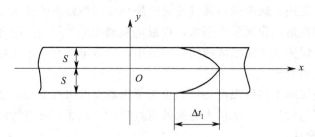

图 4-33　玻璃带在等速冷却过程中断面温度分布示意

4.4.2.3　玻璃带表面温度的计算

在实际生产中，玻璃带表面温度不易测量，一般是通过测得的空间介质温度来判断玻璃带表面温度的变化。玻璃带表面也可通过玻璃带表面某点在 y 方向上的热平衡求出。由玻璃带中心流向表面的热流按傅里叶定律写出：

$$q_{表} = \lambda \frac{\partial t}{\partial y} \qquad (4\text{-}14)$$

将式(4-9)对 y 求导，并在等式两边乘以热导率 λ 得：

$$\lambda \frac{\partial t}{\partial y} = -\lambda \frac{c}{\alpha} y \qquad (4\text{-}15)$$

当 $y = S$ 时，即流向表面的热流为：

$$q_{表} = \lambda \frac{t}{y} = -\frac{\lambda c}{\alpha} S \qquad (4\text{-}16)$$

将式(4-13)代入式(4-16)得：

$$q_{表} = -\lambda \frac{2 \Delta t_1}{S} \qquad (4\text{-}17)$$

由玻璃带表面向空间介质散失的热量为：

$$q_{表} = \alpha(t_{表} - t_{空间}) \qquad (4\text{-}18)$$

式中　α——玻璃带对空间介质的综合给热系数，$W/(m^2 \cdot ℃)$；

　　　$t_{表}$——玻璃带表面温度，$℃$；

　　　$t_{空间}$——空间介质的温度，$℃$。

列热平衡式，式(4-16)等于式(4-18)，则：

$$\frac{\lambda c S}{\alpha} = \alpha(t_{表} - t_{空间}) \qquad (4\text{-}19)$$

由式(4-18)看出，$t_{表}$ 与玻璃物理性能以及与周围介质的热交换条件有关。从式(4-10)和式(4-18)得知，在等速冷却过程中，玻璃带表面温度随时间呈直线下降，与其相应的空间介质温度也作相应地降低，但始终要比玻璃带的表面温度低一些，两者的温度差为：

$$\Delta t_2 = t_{表} - t_{空间} = \frac{c S \lambda}{\alpha^2} \qquad (4\text{-}20)$$

由式(4-19)看出，冷却速率 c 加快时，玻璃带表面和空间介质的温差会加大。再由式(4-13)看出，冷却速率 c 加快时，玻璃带中心和表面的温差也会加大，同时，也会造成玻璃带横向温度的不均匀，这样就会直接影响玻璃的成形质量。最理想的冷却速率是使玻璃带在冷却过程中其表面温度均匀一致。事实上这是做不到的，所以要确定一个能获得优质产品的合理的冷却速率。根据实际经验得出，等速冷却速率应小于 $60℃/min$。

4.4.3 锡液的热交换

4.4.3.1 传热过程

辐射、对流和传导三种传热方式在锡液内都存在，具体传热过程如下。

① 锡液液面与玻璃带和锡槽空间之间存在辐射热交换，由于锡液能透热，因此还有透过锡液的辐射传热，即存在向下层锡液及向槽底和槽壁的辐射热传递。

② 锡液通过槽底、槽壁耐火材料和钢外壳的传导传热。

③ 锡液内部对流传热以及锡液与玻璃带、槽底、槽壁之间的对流传热，锡液的对流传热因为锡液对流剧烈而占有一定的比例。如前所述，锡液对流主要是受高速前进的玻璃带带动而造成的强制对流，且由于锡液平均深度仅为 60mm 左右，所以锡液前进流与回流的相互作用以及锡液流与槽体内衬的相互作用对锡液内的热传递有着重要影响。锡液热量来自高温玻璃带的辐射、对流和传导的综合传热，由于它本身的运动使得锡液的热传递比玻璃带的热传递更为复杂。

4.4.3.2 影响锡液内热传递的因素

① 玻璃带的温度和颜色　玻璃带温度越高，其辐射能力越大；有颜色玻璃比无色透明玻璃的辐射能力强。

② 锡液的温度　温度高，锡液的热导率增大，辐射能力增强。

③ 锡液的对流　锡液对流速度增加，有利于对流传热。

④ 锡液内分隔装置　其对锡液的流动状态有影响，因而也对锡液的热传递产生不同的影响。

4.4.4 锡槽内保护气体的流动

锡槽空间充满了保护气体。保护气体一般从槽顶进气孔进入锡槽，经过栅格砖被逐步加热。当保护气体经过电热元件时，保护气体被加热，电热元件被冷却。

保护气体由氮气（N_2）和氢气（H_2）组成，热辐射能力很差，其传热方式主要为对流和导热。在传热过程中，保护气体由室温被加热到 800℃ 左右（平均温度）。少量气体会从锡槽进口端或出口端以及缝隙孔洞处漏出，其中以出口端漏出量最多。

锡槽空间保护气体的流动是一个伴随着温度、压力、体积等变化的复杂过程。其流动形态不仅受到温度、压力制度的影响，而且受到玻璃带向前移动的带动作用，结果在锡槽内形成一个下层与玻璃带移动方向相同、上层与玻璃带移动方向相反（由低温向高温方向）的循环流，这个循环流受到保护气体补入和漏出的影响。

为了防止保护气体温度对玻璃带成形质量的影响，在锡槽中根据需要用挡墙分割成若干个区域。

根据保护气体在锡槽中产生循环流的特征，有些工厂在沿口处通入氢气含量较高的保护气体，使其在贴近玻璃带和锡液表面形成一层氢气含量高的气膜，它可以防止锡液氧化，提高玻璃质量。

4.5 作业制度

确定合理的作业制度，才能保证正常生产。锡槽的作业制度包括温度、气氛、压力、锡液面等项。

4.5.1 温度制度

温度制度指的是沿锡槽长度方向的温度分布，用温度曲线表示。温度曲线是一条由几个温度测定值连成的折线。锡槽中温度的测量一般使用热电偶或红外测温元件。锡槽的温度制度也可用锡槽内平面上各区的温度来表示。锡槽各部位的温度分布如图 4-34 所示。

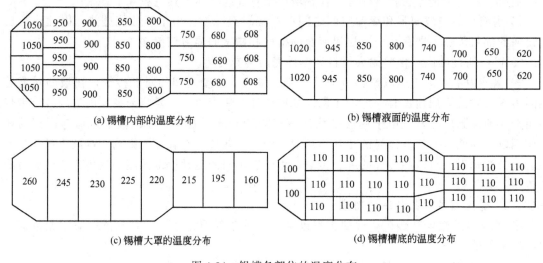

(a) 锡槽内部的温度分布　　　　　　　　(b) 锡槽液面的温度分布

(c) 锡槽大罩的温度分布　　　　　　　　(d) 锡槽槽底的温度分布

图 4-34　锡槽各部位的温度分布
单位：℃

温度制度是锡槽成形作业的基础，对玻璃液的摊平、抛光、冷却、固形都起着重要作用，对玻璃带的拉引速度、锡液的对流状态以及玻璃的品种、规格、产量、质量等都有一定的影响。温度制度的确定取决于所生产的玻璃成分、带厚及拉引速度。既要考虑锡槽的形状、尺寸和结构形式，也要与熔制作业和退火作业相联系。因此，温度制度的制定既要符合理论计算的要求，又要结合生产实际。

锡槽采用电加热控制温度，相对玻璃熔窑来讲，其密封性能良好，作业稳定，容易建立和实现稳定的温度制度，因此对操作的要求也极为严格。

前已述及，温度制度与生产的玻璃厚度相适应，实际生产中，同样厚度玻璃的生产，若采用不同的生产工艺方法，其温度制度也不尽相同。下面介绍几种常采用的温度制度。

4.5.1.1 薄玻璃生产的温度制度

薄玻璃指小于自然厚度的玻璃，其生产工艺方法有低温拉薄法和徐冷拉薄法。

(1) 低温拉薄法的温度制度　低温拉薄法也称为加热重热法，是当温度为 1050℃ 左右的玻璃液经过摊平区后，即进入强制冷却区，使其温度降至 700℃ 左右，相应的黏度为 108Pa·s，而后再把玻璃带重新加热到 850℃ 左右，其对应的黏度为 106Pa·s，进行加速拉薄，可获得维持相应宽度的较薄的玻璃带。然后徐冷至 600℃ 左右离开锡槽，如图 4-35 所示。按照这种温度制度生产的玻璃，其收缩率达 50%，并且由于玻璃带受到了急冷和重新加热的冲击，玻璃带内存在应力，用激光仪观察存在干涉条纹。

采用低温拉薄法生产薄玻璃，由于先对玻璃强制冷却，然后再进行重新加热，可以防止过大的拉力传至摊平区，防止玻璃带的摆动。这种方法电耗增加，用水量也增加，使用设备多，操作不方便。

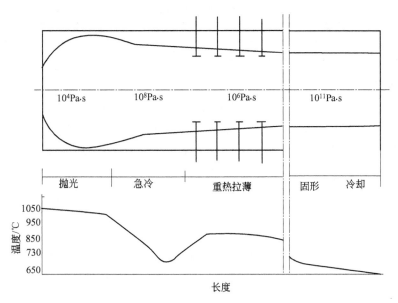

图 4-35 低温拉薄法锡槽内纵向温度分布

采用低温拉薄法生产玻璃的锡槽高温段较长。这种方法适宜于生产 2mm 厚度以下的浮法玻璃，可以有效地防止玻璃带的收缩。

（2）徐冷拉薄法的温度制度 徐冷拉薄法又称正常降温拉薄法或一段拉薄法。玻璃带在摊平之后，缓慢冷却至 885℃ 以下，相应黏度在 105Pa·s 以上时，配以若干对拉边机，在高速拉引中，能够获得表面质量比机械磨光玻璃更好的薄玻璃。我国浮法玻璃生产均采用徐冷拉薄法。图 4-36 表示的是这种拉薄工艺锡槽各部位的温度分布。

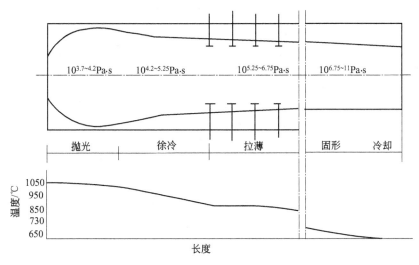

图 4-36 徐冷拉薄法锡槽内纵向温度分布

4.5.1.2 厚玻璃生产的温度制度

厚玻璃指的是大于自然厚度的玻璃。厚玻璃的生产常采用正常降温法的温度制度。在 47m 长锡槽中采用挡边坝堆积法生产厚玻璃时的温度制度见表 4-13。实际生产时的温度应依据锡槽的结构形式、工作状况及操作水平具体制定。

表 4-13　厚玻璃生产的温度制度

距锡槽首端距离/m	3	21	30	46
温度/℃	1000	850	770	605

4.5.2　气氛制度

锡液在 1000℃ 左右与玻璃液的浸润角为 175°，基本上不浸润。锡的氧化物（SnO_2、SnO）却严重污染玻璃，使玻璃出现雾点、锡滴、沾锡等缺陷，严重时玻璃甚至不透明，热处理（如钢化）呈现虹彩，因此，浮法玻璃生产要求锡槽内必须保持中性或弱还原气氛，以防止锡液氧化。过去锡槽中曾采用半水煤气做保护气体，现在都采用 $N_2 + H_2$ 混合气体。其中 N_2 含量为 $90\% \sim 97\%$，H_2 含量为 $3\% \sim 10\%$，有些工厂甚至采用含 $H_2 \geqslant 12\%$ 的混合气体。O_2 含量控制在 $10cm^3/m^3$（ppm）以下，国外一般控制在 $5cm^3/m^3$（ppm）以下。

H_2 对 SnO_2 的还原能力与温度有关。实验证明 H_2 对 SnO_2 的还原能力随温度升高而增强，随温度降低而减弱。对于含 $O_2 < 10cm^3/m^3$（ppm）时，H_2 对 SnO_2 的还原最低极限温度为 550℃。

用 N_2、H_2 混合气体作锡液保护气体时，其 H_2 含量和 O_2、H_2O 等杂质的允许含量可以通过化学热力学计算而得，徐大谟提供了理论计算的结果，见表 4-14 和表 4-15。表 4-14 所列数据，除保护气体 A 外，其他 B～G 组成的氧气分压均小于 SnO_2 和 SnO 生成所需要的最低氧分压 p_{O_2}，理论上都适用于浮法玻璃生产。而考虑到锡槽实际的密封情况，建议可适当提高气体纯度。

表 4-14　保护气体组成及其露点

项　　目	气体组成						
	A	B	C	D	E	F	G
N_2 含量/%	95	95	95	95	94	93	92
H_2 含量/%	5	5	5	5	6	7	8
O_2 含量/(cm^3/m^3)	100	100	50	15	15	15	15
露点/℃	−30	−50	−50	−50	−50	−50	−50

表 4-15　气体露点和含 H_2O 量

露点/℃	−20	−30	−35	−40	−45	−50	−55	−60	−65	−70
含 H_2O 量/(cm^3/m^3)	1020	365	223	127	71.6	38.7	21	10.5	5	2.5

在锡槽中为了弥补低温区段 H_2 对 SnO_2（或 SnO）的还原能力，常采用增加 H_2 含量的做法，表 4-16 列出锡槽不同部位保护气体的 N_2、H_2 比例。有的尾部 H_2 含量可达到 $10\% \sim 12\%$。必须注意，H_2 含量一定要小于 13%，以免引起爆炸。

表 4-16　H_2 含量

部　位	首部、尾部	中部	常用最大	事故最大
H_2 含量/%	4～6	2～4	7	10

采用碳质元件或碳涂层材料作为电热元件，保护气体中的氢气可防止高温下暴露的电极元件燃烧。尽管如此，在锡槽温度下碳会缓慢地与水蒸气和氢气反应，生成以甲烷为主要成

分的碳氢化合物。在保护气体中加入适量甲烷，可以防止 H_2 和 C 之间的反应，同时也可以阻止水蒸气与暴露的碳质元件之间的反应。保护气体中 CH_4 和 H_2 的含量有一定的比例关系，并随 H_2 含量增加而增加。如当保护气体中 H_2 含量为 0.5％时，H_2 和 C 之间的反应可能性减少，为阻止 H_2 和 C 之间的反应所需要 CH_4 仅为 H_2 含量的 1％左右；而当 H_2 含量为 9.5％时，CH_4 必须在 6％左右，此时 CH_4 达到了 H_2 含量的 50％。

锡槽内的气氛要求由承托玻璃带的介质即金属重液的性能来确定，若金属重液不用锡，则保护气体也将作相应改变。如有人建议用金银合金（Au28％＋Ag72％）作金属重液，则不需要还原性气氛，因为这种合金在玻璃成形温度范围内不会被氧化，这样可使生产工艺简化得多。

4.5.3 压力制度

锡槽内的压力制度比玻璃熔窑要严格得多，因为锡槽内压力过高，保护气体散失就越多，增加保护气体的耗量，这就会破坏保护气体的生产平衡，给生产带来不利影响，同时也会增加电耗。若锡槽处于负压状态，就会吸入外界空气，使锡槽内氧气含量超过允许值（$10cm^3/m^3$），就会有锡的氧化物产生，这样一则增加锡耗，增加玻璃成本；二则严重污染玻璃，产生各种由锡氧化物造成的缺陷，如沾锡、雾点、钢化虹彩等。

正常生产情况下，锡槽内应维持微正压，一般以锡液面处的压力为基准，要求其压力为 3～5Pa，有时甚至维持在 10Pa 左右。锡槽内的压力分布如图 4-37 所示。

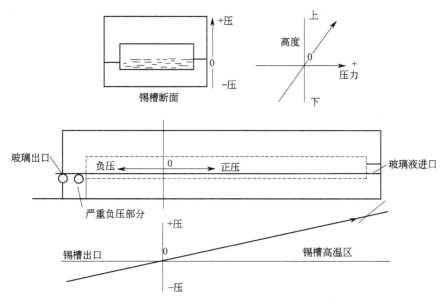

图 4-37 锡槽内的压力分布示意

影响锡槽压力制度的因素如下。

（1）锡槽的温度制度 锡槽对保护气体而言属高温容器，因此保护气体在锡槽中对温度非常敏感，温度波动对压力制度有明显的影响。

（2）保护气体量及压力 锡槽空间应充满保护气体，若保护气体量不足，必然导致锡槽处于负压状态。对于 300～400t/d 级的锡槽，保护气体的用量（标准状态）为 1100～1400m³/h。保护气体量与其本身的压力成正比，压力降低，同样会导致保护气体的量不足，锡槽就会处在负压状态。保护气体的出口压力一般维持在 2000Pa 左右。

（3）锡槽的密封情况　　直接影响压力制度，密封得好，保护气体的泄漏量就少，压力稳定。

4.5.4　锡液液面位置和锡液深度

从理论上讲，锡液液面位置应尽可能和锡槽沿口平齐，实际上为了避免锡液的溢出和生产时被玻璃带带出锡槽，通常锡液位置低于沿口 20mm 左右。因此要求锡槽在设计、施工甚至在烧烤后上沿口应很整齐且保持水平，不得出现不平整或缺口，以防止锡液从缺口处溢出。此外在锡槽出口端钢壳处应充分有效地冷却，以免被锡液熔融而出现熔口和漏锡。锡槽内锡液深度一般在 50～100mm 范围内。槽内锡液深度常采用两种形式。

（1）同一深度　　即从锡槽首端至尾端锡液深度相同，一般取 100～110mm。这种平形槽底结构简单，施工方便，但用锡量较多。

（2）阶梯形深度　　根据玻璃成形需要，增设槽底挡坎，控制锡液液流。这种阶梯形槽底，结构较复杂，但减少了用锡量，减少了锡槽各部位锡液深度。

4.6　锡槽常规操作

4.6.1　锡槽烘烤及加锡

4.6.1.1　锡槽烘烤

（1）锡槽升温曲线　　锡槽升温以槽内电加热为热源，高温区升至 1060℃保温，中温区升至 850℃保温，低温区升至 750℃保温；高温区、中温区和低温区均以该区中间部位热电偶为准。锡槽升温曲线见表 4-17。

表 4-17　锡槽升温曲线

温度范围/℃	升温/℃	升温速度/(℃/h)	需要时间/h
30～120	90	4	22.5
120	0	保温	48
120～350	230	5	46
350	0	保温	24
350～600	250	5	50
600	0	保温	12
600～900	300	6	50
900～1060	160	8	20
1060	0	保温	24
加锡			36
温度调节			4

锡槽升温至 1060℃时保温 24h，加锡 36h，调节温度 4h，共计耗时 336.5h。

流道升温先按锡槽升温曲线进行，400～1060℃按 6℃/h 升温。过渡辊台温度在引头子前要求达到 550℃。

（2）烘烤前的准备工作　　升温前分别对流道唇砖、锡槽本体、出口端、过渡辊台、锡槽钢结构、冷却风系统、保护气体系统、电加热系统、给排水系统、监控仪表系统、附属设备、工器具等进行检查，并将锡槽内部全部清扫一遍。

做好槽体、槽底砖、流道、出口端的膨胀标志，以观察锡槽烘烤过程中的膨胀情况。安排烘烤人员。

（3）锡槽烘烤操作　①按拟定的升温曲线升温，只能上升，不能下降。上升温度超过规定值时，应减慢升温或保温，达到规定值时，再按要求升温。②锡槽升温分三段控制。高温区 9m，中温区 16m，低温区 7m。高温区、中温区和低温区均以该区中间部位的热电偶及东操作孔处为标准点。参考点与标准点的最大温差不得超过 30℃。③300℃ 以下的温度以水银温度计测量为准，300℃ 以上的温度以热电偶测量为准。水银温度计从操作孔插入，其深度为 900～1200mm，东西对称，测点接触槽底。空间热电偶与水银温度计置换时，必须记录差值，便于校正，要求当班人员每小时对各点温度测量记录一次，并绘出三条实际升温曲线。④锡槽内水银温度计设 6 个测温点，空间热电偶设 18 个测温点。⑤唇砖处设一个测温点，同槽内测温一样，分别由水银温度计和热电偶测量，每小时记录一次。⑥槽底钢壳设 9 个测温点，用红外测温枪每小时测量并记录一次。⑦过渡辊台设 2 个水银温度计测温点、1 个热电偶测温点，每小时记录一次。⑧流道的烘烤：流道开始升温是靠逐步扒掉锡槽进口处的硅酸铝纤维毡，通过槽内热气流来进行。当锡槽热量不足以使流道升温时，将流道的加热设备投入使用。⑨过渡辊台的烘烤：在加完锡后，逐步扒开锡槽尾端的硅酸铝纤维毡，使其温度上升，若温度达不到 550℃ 时，引头子的同时可考虑烧木材加温。

（4）通入保护气体要求　①通保护气体前，一定要将锡槽操作孔、顶罩上的预留孔密封好。②通入氢气前，一定要用氮气排除保护气体管道中的空气。③锡槽温度达到 150℃ 时，开始通 N_2，通气量占保护气体总量的 1/3。④锡槽温度达到 500℃ 时，开始通入 H_2，H_2 量占总气量的 2%。⑤锡槽温度达到 750℃ 时，通入气量占保护气体总量的 2/3。⑥当温度达到 1100℃ 时，保护气体逐渐达到实际生产值。

4.6.1.2　加锡操作

加锡有两种方法：一种是在锡槽工段合适位置设置一个化锡炉，将锡锭熔化后，经连通管道流入锡槽；另一种方法是将锡块直接放入锡槽内熔化。前者影响锡槽温度波动小，但投资大；后者不需要增加设备，但锡槽内温度波动较大。目前大多数浮法玻璃生产线多采用后者。

（1）加锡前的准备工作　①加锡前对锡槽再进行一次全面检查，确认无问题后方可加锡。②加锡前取出锡槽内的标志砖，密封好锡槽。③提前 24h 通入保护气体。④加锡前在操作孔内放置一块黏土砖，加锡时把锡块放在砖上，待全部熔化后方可加下块，防止损坏槽底砖。

（2）加锡时的注意事项　①升温到 1050℃ 时加锡，为了防止加锡过程中温度波动太大，加锡速度要严格控制，保证加锡点温降不大于 50℃。②加锡时根据锡槽的具体规模和各区的锡液深度而定，用少量、逐次、先慢后快、先少后多的方法，直至加到锡液标准高度为止。③不要同时打开几个操作孔，防止锡液氧化。④边加锡边检查温度变化以及是否漏锡，以便采取水冷或风冷措施。⑤严禁锡锭或操作工器具附水，以防飞溅。⑥加完锡后，用木条从前至后把锡液面上的杂物扒掉。

4.6.2　锡槽冷修放锡

4.6.2.1　打孔引流法

这种方法是在深液区的槽底池壁根部打一个孔洞，接上管道，加一个阀门以控制流量，如图 4-38 所示。锡液流出后进入容锡的器皿，冷却后倒出入库。根据总体安排，可以在出口区设一个排锡点，也可以在入口区加设一个排锡点。

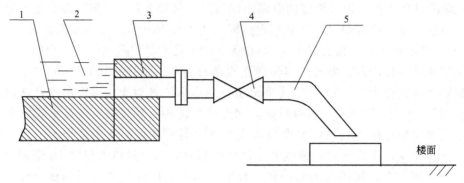

图 4-38　打孔引流法示意
1—槽底；2—锡液；3—池壁；4—耐热阀；5—管道

这种方法比较简便，花费较少，速度可以很快。但也有几个缺点。①最大的问题是由于孔洞直接开在锡液面以下，一旦阀门或管道出现问题，锡液的流出便处于失控状态，后果将很麻烦。②因为锡的渗透力极强，所以对整套设施的制作安装要求比较严格。而高温锡液从槽内流出马上经过阀门，阀门耐高温程度不够，很快就会泄漏。据有关专业人员调查，国内耐热阀尚耐不到如此温度。当然，随着放锡过程的继续，锡液温度会逐渐降低，所以，到放锡的后期，阀门泄漏的问题也就自行缓解了。③锡液放不干净。在砖间缝隙、砖底缝、底砖上表面不平处等，将会有大约 10t 锡放不出去，这对底砖拆除将造成极大的困难，同时，对这些锡也造成极大的污染。

4.6.2.2　虹吸引流法

虹吸引流法是靠外力在管道系统内造成一定的负压，将槽内锡液吸出，从而形成不间断的液流。

（1）原理设计　因大气压强的作用，可使锡液在真空管中上升 1000mm 以上的高度，而几乎所有锡槽锡液底部距操作孔的垂直高度都小于 250mm，因此采用虹吸原理放锡是正确的，也是可行的。按上述原理，虹吸系统设计如图 4-39 所示。

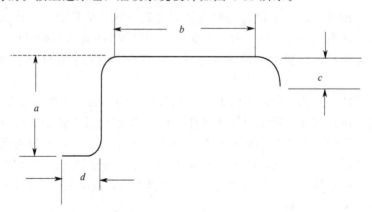

图 4-39　虹吸系统设计示意
a 操作孔下沿距地面垂直高度减去 300～400mm；b 锡槽胸墙厚加上 150～
200mm 作为余量；c 操作孔下沿距锡液底部的垂直高度加 20～30mm 余量；
d 为适于放锡操作可适当确定其长度
所加或减的数字是为操作方便而考虑的余量；放锡地点应选在锡槽内锡液最深处

虹吸系统的材料选用普通无缝钢管，长度视具体情况而定为减小阻力和锡液的冲刷，弯曲部分应尽量采用平滑的大圆弧。

（2）工艺布置及设施配置　工艺布置及设施配置如图4-40所示。

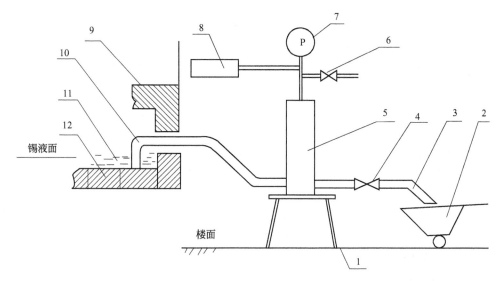

图 4-40　工艺布置及设施配置示意

1—支架；2—小车；3—管道；4—耐热阀；5—真空罐；6—调节阀；7—真空表；
8—真空泵；9—槽顶；10—吸液管；11—锡液；12—槽底

它的优点是：与槽体之间没有任何固定的连接，比较灵活方便，可以按需要任意移位；在排放过程中，如果系统有什么问题需要处理时，随时可以中断操作，只需将吸液口抬离锡液面即可；操作简便、安全、可靠。

4.6.3　日常巡检

锡槽日常的综合巡检是为了及时发现事故隐患，并将事故消除于萌芽状态的一种有效方式。通常情况下可分为接班前的综合巡检和班中的综合巡检两种情况。

在接班前，应询问和了解上班次生产中的锡槽成形、玻璃退火、玻璃尺寸和质量、各项工艺指标、设备运行以及操作处理等情况；查看电视图像是否清晰、观察电视图像中玻璃带宽度的变化情况；核实锡槽进出口温度、板宽、厚度和拉引速度等指标。同时各工种按照其岗位操作规程中的巡检路线认真检查设备运行情况。

在班中，每小时检查一次拉边机工作状况，观察运转是否正常，机杆是否弯曲变形，进出水是否正常，机头是否沾带玻璃及速度是否有波动等；每 2h 检查一次冷却水包循环水的温度，水温应控制在 $30\sim35$℃范围内，观察水包是否弯曲变形；对于其他设备也应重点检查，如锡槽电加热、挡边器、出口挡帘、槽底风机、保护气流量等。

4.6.4　锡槽密封

锡槽密封是为防止外界空气进入锡槽内造成锡液污染，提高槽压，提高板面质量。浮法玻璃成形要求在光洁的锡液表面进行，锡液被污染以后会造成渗锡、光畸变、雾点、板下开口小气泡等缺陷，严重影响了玻璃质量。

4.6.4.1　准备工作

① 检查锡槽密封情况，确定需要密封的地方。

② 准备好所有工具，如钩子、铲刀、泥盆等。

③ 准备好所用物品，如矿棉、硅酸铝矿棉毡、密封泥料、密封胶等。

④ 穿戴好劳动保护用品。

4.6.4.2 密封操作

① 不论使用哪种密封泥料，一定要按该种泥料的使用说明进行加水或加胶混合操作，达到使用说明中所要求的待用状态。

② 在进行密封操作前，先要将密封处残余的泥渣等脏物清理干净，然后方可进行新的泥料密封。

③ 在缝隙较大的部位，先用保温棉塞紧并压实至缝隙深度的 2/3 处，外面的 1/3 再用密封泥料密封。

④ 填抹泥料时，必须用抹子填满，压实，不准用小铲松软涂抹。

⑤ 泥料密封情况尚好，但有微小裂纹，需及时用毛刷蘸取调和成适当稠度的泥浆将其抹严。

⑥ 正常生产情况下，每班两次巡回检查全部密封情况，对不合格处要及时处理，如遇到事故等特殊情况，要随时进行密封，直到达到标准要求。

⑦ 班长每班要用氢气探漏仪进行一次密封检查，以没有泄漏报警现象为合格。

4.6.4.3 密封操作标准

① 锡槽边封周边泥缝：各边封框体之间，边封框体与顶罩下沿口及槽体之间的缝隙，要先将缝隙深度的 2/3 用保温棉塞紧并压实，外面的 1/3 再用密封泥料密封，所有密封处不得有剥落、透亮、冒火现象。

② 边封观察窗：在换用新的观察窗之前，要将玻璃先擦干净，凡电视摄像观察窗必须用专用纯氮气保护边封，玻璃镜周围用矿棉塞严，不得只塞一角或一部分，以免冒火，其余观察窗必须用泥料抹严，不得有泥料剥落现象，观察窗上的玻璃不得有炸裂现象，发现炸裂立即更换。

③ 流道：侧墙边缝用泥料抹严，不准有冒火、透红现象，流道顶部与平碹之间，平碹与闸板之间的缝隙用耐火砖等盖严，不得有冒火现象。

④ 拉边机、冷却器、挡边器：拉边机、冷却器、挡边器等固定好位置后，立即用矿棉塞严，量好尺寸，裁剪好整体块矿棉，再用泥料密封，各处均不得有冒火现象。

⑤ 过渡辊台：及时清理渣箱内的碎玻璃，出口挡帘落到适当高度，使挡帘距板面保持 30～50mm，渣箱门关上后，应用矿棉塞严缝隙，将挡帘孔盖板盖好，过渡辊台与退火窑之间除看板用的孔隙外，均用矿棉塞严。

⑥ 密封完毕，清扫现场，地面无泥浆、矿棉等杂物。

4.6.5 引板操作

所谓引板是指人工将玻璃液由锡槽流道一直引上过渡辊台的操作过程。新建成投产的生产线或因生产事故落下闸板造成停产的生产线，为了达到正常生产的目的，则需要进行引板操作。

4.6.5.1 准备工作

① 引板前锡槽的工艺参数要达到既定要求，如锡槽各区锡液温度，要调整到标准温度范围内（高温区不低于 950℃，中温区不低于 850℃，低温区不低于 650℃）；流道用燃烧器或电加热把温度调整到需要范围内（1100～1150℃）。

② 做好流道、锡槽和过渡辊台的保温，具体要求如下。一是各处边封的缝隙要抹严；二是各处观察窗上玻璃四边的缝隙要抹严；三是流道不能有大的缝隙；四是各拉边机、冷却器、挡边器抽出后的孔洞用保温棉堵严；五是出口挡帘放在最低的位置；六是流道燃烧处的喷火口的大小要适当。

③ 校对调节闸板的实际位置，使其与闸板开度相符。

④ 所有的工器具处于备用的位置，保温毡、观察窗玻璃、密封泥料等准备齐全。

⑤ 现场通信工具准备齐全，检查其使用性能，保证其处于备用状态。

⑥ 将引板时间提前通知熔窑、横切、采装等有关工区，做好相应的准备工作。

⑦ 明确人员分工及责任。

4.6.5.2　引板操作及注意问题

（1）引板操作步骤

① 引板操作人员到位。一般情况下，锡槽两侧分别安置操作人员3～4个。

② 看量工适当提起调节闸板，当玻璃液流下唇砖形成板头时，应立即将调节闸板降到合适的开度，以便控制玻璃带宽度。

③ 当玻璃液流到锡槽内，在锡液面上摊开约1m宽左右时，开始进行引板操作。

④ 引板人员交替操作，直到把玻璃带引到尾端为止。

⑤ 当玻璃带引至锡槽尾端时，两侧的操作人员应在锡槽最后的一个操作孔中伸进大铲，并把大铲伸入玻璃带底下，同时把玻璃带轻轻托起向过渡辊台方向移动，使玻璃带爬上过渡辊台的第一根辊子，靠辊子拉力使玻璃带经过渡辊台进入退火窑。

（2）引板操作注意事项

① 引板过程中，操作人员应注意观察流量大小、板的宽窄、是否粘边等，随时处理一切不正常现象。

② 引板过程中，锡槽两侧的操作边封要随用随摘，用完立即封好，防止锡槽内进入氧气造成锡液氧化。

③ 引板的速度应听从看量人员的指挥，速度过快会把玻璃带拉断，速度太慢会造成粘边事故。引板时的板宽应控制在1m左右的范围，随着温度、板宽的增加逐渐调整到正常生产的工艺指标。

4.6.5.3　引板后续工作

玻璃带顺利进入退火窑，可以依靠过渡辊台的拉引力向前移动，标志着引板工作的完成。引板后，相关操作人员还需进行以下工作。

① 玻璃带进入退火窑后，退火工应及时调整退火温度，防止玻璃带在退火窑内炸裂造成堵塞。

② 引板正常后，操作工要尽快把挡边器、冷却器、拉边机等恢复到正常位置。

③ 根据生产工艺指标，调整板宽、速度、厚度及锡槽内的温度制度。

④ 根据锡槽内的温度，注意打开或关闭电加热。

⑤ 调整好摄像机的角度和位置。

⑥ 做好锡槽密封，清扫现场卫生。

4.6.6　改板操作

在日常生产中，往往需要生产不同厚度、宽度的玻璃带，这时需要进行改板操作。所谓改板操作是指通过改变拉边机、主传动的工艺参数来调整玻璃原板厚度以及宽度的操作过程。这其中包括薄玻璃改厚玻璃的操作、厚玻璃改薄玻璃的操作、玻璃带由宽变窄的操作、玻璃带由窄变宽的操作等几个方面。

4.6.6.1 准备工作

① 根据生产作业计划所要求的板宽、板厚，用相应的计算公式计算出退火窑速度和拉边机的速度、角度。

② 确定锡槽出口温度及退火窑内的退火温度曲线。

③ 准备好所用工具，包括通信工具。

④ 对运行的设备进行操作前检查。如果拉边机对数不够，要提前安装并保证其在锡槽内试运行12h以上。

⑤ 更换锡槽两侧拉边机处的观察窗，达到能清晰地看到玻璃带的运行情况。

⑥ 有关操作人员穿戴好劳动保护用品，明确分工后，到达各自的位置待命。

⑦ 通知横切工区、采装工区做好准备，通知退火工准备做好退火窑温度改变。

4.6.6.2 薄玻璃改厚玻璃操作

① 锡槽操作工按照由后至前的顺序，依次抬起锡槽内使用的拉边机。

② 看量工慢慢提升调节闸板，同时放慢主传动速度，使玻璃带逐渐变宽、变厚。

③ 操作工按所生产厚玻璃的预定工艺参数，迅速将各对拉边机角度、速度等参数调整到位。拉边机参数调整好后，待玻璃带宽度足够压入拉边机时，锡槽两侧操作人员同时依次压第1对、第2对、第3对……拉边机，此时应密切注意玻璃带根处的变化，并且使玻璃带正对中心线，保证不脱边、不沾边。如果玻璃带某一边板边变小时，可提高调节闸板的开度，增加玻璃液流量或用拉边机的角度进行调整，以保证板边在控制范围内，并且防止玻璃带摆动。

④ 室内看量人员随时注意观察玻璃带变化情况，及时调整玻璃液流量、拉引速度直至正常生产。

⑤ 原板基本稳定后，调整主传动速度、拉边机速度、拉边机角度、机杆伸入长度、机头压入深度等参数，使机头齿印重合。

⑥ 根据锡槽出口温度，确定是否需要抽穿冷却水包，并密封好操作孔，清扫现场卫生。

4.6.6.3 厚玻璃改薄玻璃操作

① 看量工慢慢降低调节闸板，同时提高主传动速度，使玻璃带逐渐变窄变薄。

② 锡槽操作工按照由后至前的顺序，依次快速抬起锡槽内使用的拉边机，并根据薄玻璃的预定工艺参数，调整好拉边机的角度、速度、压入深度。

③ 待玻璃带宽度足够压入拉边机时，锡槽两侧人员同时用钩子在1#拉边机前钩边，让第一对拉边机压上玻璃。

④ 玻璃带展薄到可以压第2对拉边机时，压入2#拉边机，以后依次类推，通过角度、深度的调整维持不掉边。

⑤ 室内看量工随时注意观察玻璃带变化情况，及时调整流量、速度直至正常生产。

⑥ 当拉引速度提高到正常指标时，根据原板宽度、厚度对流量闸板进行微调。

⑦ 将挡边器调整到合适位置。

⑧ 根据锡槽出口温度，确定是否需要抽穿冷却水包，并密封好操作孔，清扫现场卫生。

4.6.6.4 玻璃带由宽变窄操作

① 锡槽看量工按比例增量开始增加主传动和拉边机的速度，并适当调整调节闸板开度，

使玻璃带逐渐变窄。

②锡槽两侧操作工按指令，以从前到后的顺序把拉边机向内摇入相应的距离，两侧摇入的距离应相等，同时应注意确保玻璃带中心线与锡槽中心线正对。

③退火工检查玻璃带厚度，以便锡槽做出微调，达到正常生产指标。

④锡槽操作工按玻璃带位置重新确定挡边器位置，挡边器应微碰玻璃带为宜。

⑤当出口温度有变化时，要及时调节，使其在标准范围内。

⑥操作工作好锡槽密封，清扫现场卫生。

4.6.6.5 玻璃带由宽变窄操作

①锡槽看量工按比例增量开始降低主传动和拉边机的速度，并适当调整调节闸板开度，使玻璃带逐渐变宽。

②锡槽操作工将挡边器向外拉，保证与玻璃带至少有要加宽玻璃带宽度的距离。

③锡槽两侧操作工按指令，以从后到前的顺序把拉边机向外摇出相应的距离，两侧摇出的距离应相等，同时应注意确保玻璃带中心线与锡槽中心线正对。

④退火工检查厚度，以便做出微调，达到正常生产指标。

⑤锡槽操作工按玻璃带位置重新确定挡边器位置。

⑥当出口温度有变化时，要及时调节，使其在标准范围内。

⑦操作工做好锡槽密封，清扫现场卫生。

4.6.7 清理槽内杂质操作

4.6.7.1 清理锡槽前区凉玻璃液

锡槽工区由于一些事故的发生，如沾边、满槽、沾机头等，通常会造成锡槽前区会存在一些凉玻璃液，这些玻璃液的存在，不仅影响正常生产，而且还会引发更严重的事故。因此，如果发现锡槽前区有凉玻璃液存在，应立即进行清理。具体操作步骤如下。

①操作前要把工具、矿棉备好，看量工要注意玻璃带变化以防出现意外事故。

②锡槽操作工在前端观察窗处，观察并确定凉玻璃位置。

③打开凉玻璃位置观察窗或边封，用钩子、大铲把凉玻璃液捞出，捞干净后，密封锡槽。

④注意操作时一定要稳，千万不要把凉玻璃液粘到玻璃带上，以防造成沾边、满槽等事故。

4.6.7.2 清理锡灰

日常生产中，由于操作、温度等原因，造成玻璃带上在锡槽出口处，存在锡液或其他杂质，这时应立即进行清理，以免发生断板事故。

①出口处玻璃带上锡灰。一是清理出口处玻璃带前，先要将出口挡帘升起一定高度，以防锡液粘到挡帘上，造成板上锡伤。二是锡槽操作工在锡槽出口观察窗处用特制的石墨耙子，轻轻地将锡液或杂质扒下来。三是注意清理时一定要稳，不要过快以防将锡液打散，带入退火窑影响玻璃质量。同时应注意操作时不要被烫伤、烧伤。

②出口处玻璃带下锡灰。一是当板下有划伤或沾锡时，确认是出口唇砖造成的，才能进行清板操作，否则不能盲目清板。二是清板时将木条由板下伸到唇砖上由里向外慢慢带，反复几次，把唇砖上的脏物带干净。操作过程中一定要慢、要稳，板条千万不要伸到过渡辊上，以防板条上的锡灰或杂质污染辊子，影响玻璃质量。三是清完板后窗口要密封严，木条要熄灭、收好，注意不要被烧伤。

③ 出口处锡灰。一是锡槽操作工打开出口处操作孔。二是使用专用的耙子，在锡液表面轻轻将堆积在出口处的锡灰扒入渣箱中。在清理的时候应注意不要让耙子接触到水，防止爆锡；耙子不要碰到玻璃带，防止断板；动作要轻，防止锡液外溅而烫伤。三是清理干净后，密封操作孔，并打扫现场卫生。

4.6.7.3 吹扫流道闸板

长时间的生产以及一些事故的发生，会使锡槽流道闸板上存在某些脏物，这时应进行吹扫流道闸板操作。

所谓吹扫流道闸板操作就是用高压风把流道闸板及过梁砖上的脏物吹扫干净的过程，吹扫时尽量把脏物吹出流道，避免落入流道影响玻璃质量。风管不要太靠近闸板砖及过梁砖，停留时间要短，以防砖材炸裂。

4.6.7.4 清理流道调节闸板前杂质

生产过程中，当流道调节闸板前出现脏物时，应及时清理，一般采用特制的耙子进行清理。

用特制的耙子在调节闸板前，沿着闸板的边部将脏物轻轻的剔出，注意操作时，耙子深入玻璃液不要太深，大约2cm，捞脏物时也不宜太快，要稳、要缓，以免造成玻璃流量变化引发锡槽事故。闸板两侧一定要捞干净。同时注意不要被烫伤。

4.6.7.5 用保护气吹扫罩内

长时间的生产会使锡槽罩内出现氧化锡、硫化锡等杂质，它们的出现严重影响玻璃原板的质量，因此，需要进行清理。目前国内一般采用保护气吹扫法进行，具体操作步骤如下。

① 吹扫前通知保护气站，关闭氢气阀，注意压力变化，通知冷端。

② 关闭一区、二区、三区的保护气总阀，把一区的旁通打开，待压力上升到20Pa时，开始吹扫一区，每次打开两个支管，吹扫5min。

③ 一区吹扫完后，打开二区旁通，关掉一区旁通，吹扫二区。把一区的支管全部打开，按此操作过程，依次进行吹扫，直到三区。

④ 当全部吹扫完毕后，关掉旁通，打开一、二、三区的总阀，通知保护气站送 H_2。把各区流量调整到正常位置。

⑤ 吹扫时，一定要注意观察锡槽温度变化，如有温度过高区域及时做出调整。

4.6.8 生产过程中设备更换操作

4.6.8.1 更换调节闸板

（1）更换调节闸板前准备工作

① 将所要更换的新闸板（尺寸要准确、无变形、无裂纹）充分预热，防止突然遇到高温而炸裂。

② 做好人员的安排（除了更换闸板的人员外，在拉边机处、收缩段、锡槽出口处也需安排操作人员密切观察玻璃带变化情况），将操作所需的工具（如小水管、钩子、石棉等）准备齐全，随时做好处理异常情况的准备。

（2）更换操作

① 看量工先略抬起调节闸板，适当增加一点板宽，防止脱边；然后缓慢落下安全闸板，使其接触玻璃液，注意观察流量变化，当流量开始减小时，立即停止安全闸板降落；再次缓慢提起调节闸板，这样交替调节，幅度要尽量小，使流量变化尽量小，直至调节闸板完全离开玻璃液，继续升起调节闸板至能拉出的高度。

② 拉出旧调节闸板，冷却一定时间后打掉旧闸板并清理框架。同时在流道盖板砖与挡气砖之间穿两根小水管，上面盖一层石棉，把火焰盖严。

③ 将新调节闸板安装在框架内，用水平尺校正，保证闸板装正、装平之后。将新闸板推到流道上方，再次预热一段时间。

④ 抽出小水管和石棉，检查流道内有无杂物并清理干净。

⑤ 逐渐下降调节闸板，1h后接触玻璃液，与安全闸板交替调节，流量变化尽量小，直至安全闸板离开玻璃液。

⑥ 调节拉边机恢复正常生产，并清理现场卫生。

在更换过程中，在拉边机处的操作人员要注意观察流量变化及玻璃带运行情况，适当调整拉边机进伸，保证不脱边、不沾边；收缩段操作人员观察玻璃带宽窄及运行情况，如发现玻璃带过宽时，应立即叠边，并通知前边操作人员控制流量，防止玻璃带卡在收缩段而引发断板、满槽等事故；出口处的操作人员主要注意断板的发生，如果断板，立即挑板，保证玻璃带正常运行。

4.6.8.2 更换流道砖

① 挑选优质的流道砖（无裂纹、无缺角、内表面光滑、尺寸符合要求），适当预热。

② 落下事故闸板砸断玻璃液，不允许有渗漏，必要时可在事故闸板前放一个栅形水包，拉出调节闸板。

③ 抬起拉边机，打开电加热，密封锡槽，并维持正常保护气用量。

④ 拆除挡气砖、流道上的盖板砖及其他砖材并做好保温处理，而后取走坏流道砖，清除流道砖与流道砖间的碎玻璃，密封敞开的锡槽前端。

⑤ 将事先经过预热的流道砖按要求位置快速放好，流道中心线应与锡槽中心线重合，流道伸入锡槽的距离和离开锡液的高度应符合要求，并安放其他必要砖材。

⑥ 按要求对流道砖升温。

⑦ 当流道砖温度达到900℃左右时，抽出事故闸板及栅形水包，进行引板操作。

4.6.8.3 倒换锡槽槽底风机

① 倒换到备用风机前首先确认备用风机处于完好状态。

② 接通备用风机电源，手工点动启动备用风机，待风机运转正常后打至自动。并逐渐提起风箱插板，调整风量，同时注意观察电流变化至正常。

③ 关闭问题风机，将问题风机插板落下。

④ 注意倒换到备用风机时必须有两人操作，防止触电、摔伤。

4.7 浮法玻璃成形事故及处理

在浮法玻璃成形过程中，由于各种原因，使主体设备、附属设备及正常拉引的玻璃带处于异常状态而影响正常生产，这时出现的故障就是浮法玻璃生产过程中所谓的"事故"。常见的事故有脱边、沾边、断板、卷机头、满槽、停电、漏锡、停水、主传动停车、停气等。

4.7.1 脱边事故及处理

脱边是指在锡槽高温区，玻璃带离开拉边机机头的现象。

4.7.1.1 脱边主要原因

① 熔窑玻璃液面低，进入锡槽的流量变小。

② 流道温度降低，使玻璃液黏度变大，摊开不充分。

③ 玻璃带跑偏。

④ 各对相对称的拉边机转速、角度、深度不一致。

⑤ 主传动提速，而流量未增加。

4.7.1.2 发生脱边时处理方法

① 操作人员迅速达到锡槽两侧拉边机处。

② 未发生脱边一侧的操作人员适当抬起该侧拉边机机头，减少玻璃带向该侧偏斜的倾向。

③ 脱边一侧的操作人员尽快打开脱边处锡槽观察窗，用钩子钩住玻璃带边，把玻璃钩到拉边机上。切记用力过猛，以免将对面的玻璃带拉过来，再次造成脱边。

④ 操作完成后，两侧人员注意观察玻璃带运行情况，直到稳定为止。

⑤ 找出脱边原因，进行合理调节。

4.7.1.3 脱边操作要求

① 认真操作，保证设备正常运转。

② 操作过程中不再出现其他意外事故。

③ 正常后的玻璃符合标准。

④ 锡槽密封良好，现场卫生清洁。

4.7.2 沾边事故及处理

沾边是指在锡槽高温区，玻璃带与锡槽侧壁黏附的现象。

4.7.2.1 沾边主要原因

① 锡槽前端温度过高，玻璃液黏度小。

② 调节闸板、流道砖断裂、掉块。

③ 八字砖断裂。

④ 挡边器包角大，使玻璃带被阻。

⑤ 某拉边机转速波动大、停转或卷机头。

⑥ 冷却水包弯曲下沉阻挡玻璃带。

⑦ 玻璃带过宽，在收缩段卡住。

⑧ 断板处理不及时。

4.7.2.2 沾边处理方法

① 看量工降低闸板开度，同时提高拉引速度。

② 打开出口电加热，防止出口温度低而引起断板。

③ 挡边器拉至锡槽边部。

④ 抬起各对拉边机。

⑤ 锡槽前端操作人员进行剃边操作，即用钩子将沾在锡槽边部的玻璃液推开的操作。剃边前要看粘到哪号操作孔边部，就从此开始从后向前把粘在锡槽壁上的玻璃液推离槽壁，推玻璃时，锡槽两侧应尽量对称操作。

⑥ 锡槽收缩段两侧各安置一人，防止玻璃带由于板宽或板摆卡在收缩段。

⑦ 锡槽出口一边各一人，注意观察玻璃带运行情况，防止玻璃断板不走，并随时准备挑板。

⑧ 当玻璃带离开槽壁变窄时，看量工应及时提高闸板开度或降低拉引速度，防止因流

量跟不上而将玻璃带拉断。

⑨ 根据现场情况，对拉引速度做适当调整。

⑩ 检查锡槽内情况，将粘在槽壁上的凉玻璃清理干净。

⑪ 迅速检查各工艺参数，尽快恢复生产。

4.7.2.3　沾边操作要求

① 认真操作，保证设备正常运转。

② 操作过程中不再出现其他意外事故。

③ 正常后的玻璃符合标准。

④ 锡槽密封良好，现场卫生清洁。

4.7.3　断板事故及处理

断板是指玻璃带在锡槽出口端断开，锡槽内玻璃带停止向退火窑移动的现象。

4.7.3.1　断板主要原因

① 玻璃带跑偏。

② 出口温度过低。

③ 附属设备下沉，玻璃带被阻。

④ 较大夹杂物使玻璃带被阻。

⑤ 锡液面过低或过渡曲线设计不合理。

⑥ 挡边器安装不正确，玻璃带被卡断。

4.7.3.2　断板处理方法

① 立即打开最后一个出口处操作孔，快速挑板，即用大铲托起断开的玻璃带，并送到锡槽出口的过渡辊台的第一根辊子上，直到辊子将玻璃带顺利拉出锡槽。

② 尽快提起出口闸板 150～200mm，适当降低流道闸板开度，防止引发沾边、满槽等事故，视情况调整拉引速度。

③ 打开锡槽出口电加热。

④ 根据断板原因采取相应措施，如果断板造成粘边，就按《粘边处理方法》处理，如果没有粘边，要注意断板造成的宽板，防止被收缩段卡住。如发现宽板可以进行叠边处理，即用大铲先将玻璃带边部翘起，再将翘起的边部向玻璃带中心方向压下，使玻璃带变窄。操作时两边要做相应的处理，直到将宽板顺利送出退火窑，板边正常为止。

⑤ 视现场处理情况，适时提升调节闸板。

⑥ 若几次挑板失败，应落下调节闸板，抽出冷却水包、挡边器，抬起拉边机，打开其他区电加热设备。

⑦ 在恢复生产前，对槽内做彻底检查，彻底清理玻璃或矿棉等杂物。

⑧ 迅速检查各工艺参数，重新进行引板操作，尽快恢复生产。

4.7.4　拉边机卷机头事故及处理

卷机头是指在拉边机转动过程中，有时转动的机头会把玻璃液带起而缠绕在机头上的现象。

4.7.4.1　拉边机卷机头主要原因

拉边机卷机头多数情况是因为拉边机机杆内存有大量杂质，而引发冷却循环水变小，造成机头温度过高所制；还可能因为拉边机在锡槽内运转时间过长，锡槽内大量的氧化物沉积在机头上，从而引起卷机头。

4.7.4.2　拉边机卷机头处理方法

① 如果刚带起就发现异常，可直接用钩子向拉边机机头运转的反方向打掉即可。操作时注意不要把钩子粘到玻璃带上，以免造成脱边、断板等事故，同时要注意观察后面的拉边机机头有无粘连现象，注意不要被烫伤、烧伤，钩子出槽时不要碰电线，防止触电。

② 卷机头严重时，可能会出现玻璃液粘在锡槽底部的现象，可先用大铲伸入玻璃带下，把粘底处玻璃铲掉，并把残余玻璃液清理干净。然后将拉边机拉出锡槽，因冷却水作用，机头会慢慢冷却下来，再用大铲打碎玻璃，若机头没有损坏，可恢复原位。

在日常巡检中应注意观察拉边机运转是否正常，冷却水是否过热或不通。如果发现问题，应及时更换拉边机，并定期用钢刷把拉边机机头的氧化物清理掉。

4.7.5　满槽事故及处理

满槽是指流入锡槽的玻璃液量大于拉引量，造成玻璃液铺满锡槽的现象。断板、沾边、卷机头等事故处理不及时，就会引发满槽事故。

当锡槽工区出现满槽时，操纵人员应采取以下措施。

① 落下事故闸板，阻止玻璃液继续进入锡槽。

② 抬起并抽出拉边机、冷却水包、挡边器。

③ 打开锡槽全部电加热设备，适当提高出口闸板并派专人看守锡槽出口，随时准备挑板。

④ 组织人员分别进行剔边、叠板、划板（用大铲压住玻璃带上表面，然后向前拨动，使玻璃带在没有主传动牵引力的作用下向前移动）等操作，将锡槽内多余的玻璃清理干净。

⑤ 检察各项工艺指标是否达标，正常后，重新进行引板操作，恢复正常生产。

4.7.6　停电事故及处理

4.7.6.1　瞬间停电

来电后，操作人员应仔细观察玻璃带在槽内的运行情况是否正常，如果前区玻璃带过宽，应在保证拉边机不脱边的前提下适当提高主传动拉引速度，使玻璃带能顺利通过收缩段，正常后逐渐调整回原来数据，并在收缩段及挡边器位置安排专人看守。检查槽底风机、拉边机、主传动、冷却水、加热柜、流道闸板、保护气等是否运行正常，发现问题，按相关操作规程处理，并及时通知生产部及检修人员。

4.7.6.2　长时间停电

① 立即通知有关人员，并落下事故闸板。

② 对主传动进行盘车，即操作人员用摇把转动主传动，防止主传动受热变形。

③ 迅速抽出拉边机、挡边器及槽内所有冷却器并密封锡槽流道。

④ 减小保护气总量，适当增加氢气含量。

⑤ 派人用冷却水浇槽底，防止槽底温度过高而引发漏锡。

⑥ 来电时，恢复正常生产。

4.7.7　玻璃带异常事故及处理

4.7.7.1　玻璃带摆动

所谓玻璃带摆动是指玻璃带在锡槽内沿横向方向左右晃动的现象。造成玻璃带摆的主要原因如下。

① 两侧拉边机速度、角度、压入深度不一致。

② 挡边器沾玻璃带或配置不当。

③ 锡液温度两侧不均匀，横向温差大。

④ 拉引速度与拉边机速度配置不合理。

⑤ 玻璃带黏度不均匀。

发现玻璃带摆动时，按以上原因逐一排查，然后采取相应措施，如调整两侧拉边机参数为一致、合理使用挡边器、尽量减少锡液的横向温差等。

4.7.7.2 玻璃带跑偏

所谓玻璃带跑偏是指玻璃带中心线与锡槽中心线不一致的现象。造成玻璃带跑偏的原因如下。

① 流道安装中心线与锡槽中心线不一致。

② 锡槽横向温差大。

③ 锡槽两侧拉边机角度、速度和压入深度不一致。

④ 调节闸板下沿不平。

⑤ 挡边器、八字砖使用不合理。

发现玻璃带跑偏时，按以上原因逐一排查，然后采取相应措施，如调整流道中心线、尽量减少锡液的横向温差、控制流入锡槽的玻璃液温度不能太高等。

4.7.7.3 玻璃带根增大

所谓玻璃带根增大是指玻璃带在锡槽入口端宽度增加的现象。造成玻璃带根增大的主要原因如下。

① 熔窑液面增高。

② 熔窑压力增大。

③ 流道温度增高。

④ 调节闸板失控。

⑤ 拉边机停。

⑥ 冷却水包压在玻璃带上。

⑦ 挡边器卡住玻璃带。

⑧ 断板。

⑨ 主传动停车。

发生玻璃带根增大时，分析并查找具体原因，采取相应措施。

4.7.7.4 玻璃带根回缩

所谓玻璃带根回缩是指玻璃带在锡槽入口端宽度减少的现象。造成玻璃带根回缩的主要原因如下。

① 熔窑液面低。

② 熔窑窑压变小。

③ 流道温度降低。

④ 调节闸板前有异物。

⑤ 拉边机速度、角度突然增大。

⑥ 拉引速度失控，飞车。

发生玻璃带根回缩时，分析并查找具体原因，采取相应措施。

4.7.8 锡槽气泡事故及处理

4.7.8.1 锡槽气泡产生原因

在一条新建或冷修后的浮法玻璃生产线投产初期,在正常生产工艺制度条件下,若玻璃板下表面不断地出现玻璃板内开口泡,即可明确判定为"锡槽气泡"。产生锡槽气泡的主要原因如下。

(1)锡槽槽底耐火材料因素 早期的锡槽槽底的耐火材料是用现场捣打的耐热混凝土,由于水分多、厚度大,即使烘烤时间较长(一般在30d以上),耐热混凝土中的水分仍然无法全部排除,所以在投产后,当锡槽内温度变化时,耐热混凝土中残留水分不断地蒸发逸出,形成锡槽气泡。而使用烧结锡槽槽底砖后,这一问题基本得到解决。但如果锡槽槽底砖的内在质量和外形尺寸及槽底封孔料、石墨材料的质量存在较大问题,则仍然有可能产生锡槽气泡。

(2)锡槽施工因素 若存在锡槽槽底砖预留膨胀缝过大、石墨粉捣打不实、锡槽底砖与槽底钢板间间隙过大(垫片太多)等问题,在加锡投产后,会导致锡槽槽底钢板局部温度过高,锡液不断地向槽底耐火材料的空隙中渗透,将空隙中的气体排挤出来,形成锡槽气泡。另外,如果在石墨粉和螺栓孔封孔料施工过程中,施工现场清洁不好,石墨粉和封孔料中混进铁屑、焊渣或有机物等杂质,或在砖缝中藏有此类杂物未能清理干净,那么在高温时,这些杂质自身或与其周围的物质发生缓慢的物理化学反应,不断地生成气体而形成锡槽气泡。

(3)锡槽烘烤因素 锡槽烘烤过程中,如果锡槽槽底钢板温度太低,槽底砖和砖缝下部的易挥发性物质(诸如水分、油污、有机物杂质等)难以在短时间内完全排除,加锡投产后,当锡槽槽底温度升高时,这些易挥发性物质继续挥发而形成锡槽气泡。

(4)锡的质量因素 锡中还含有较多的 Cd、Zn 等低沸点的杂质物质,这些低沸点的杂质在高温下的蒸气压很高,如果含量超标,则杂质物质快速气化,自锡液中逸出,造成玻璃板下的锡槽产生气泡。应特别关注 Sb、Pb、Bi、Zn、Cd、As 等低沸点物质。

4.7.8.2 防止锡槽气泡的措施

(1)精心设计 在锡槽设计过程中,对槽底砖预留膨胀缝的计算要力求准确可靠。

(2)耐火材料质量可靠 要尽量选用质量可靠、经过使用证明的产品,并且对各种槽底用耐火材料要进行严格质量检验。

(3)严格施工管理 槽底砖施工前,应由技术人员根据到货的锡槽槽底砖的实测膨胀系数对槽底砖预留膨胀缝进行校核和调整,施工人员应严格保证按设计要求施工,施工完后要仔细清理砖缝;另外,严格控制槽底砖石墨粉和封孔料施工时的现场清洁状况,不得将任何杂物混进石墨粉和封孔料中。

(4)选用优质纯锡 应按国标(GB 728—2010)规定的"特号锡"以上的要求采购"加工纯锡"。

4.7.9 其他事故及处理

4.7.9.1 停水

① 迅速抬起并抽出槽内所有拉边机、冷却器、挡边器,并密封锡槽。

② 视情况降低或提高拉引速度,适当降低流道闸板开度,打开出口电加热。

③ 注意槽内玻璃带运行情况,如发生沾边、满槽等及时处理,挡边器位置、收缩段及出口要有专人看守,直至生产正常。

4.7.9.2 停保护气体

当保护气体中断时，槽内会冒烟，顶罩内温度会剧增。这时马上与保护气站联系，改送液氮，如液氮供应不足，应采取以下操作。

① 降低调节闸板开度，降低拉引速度，打开出口电加热。

② 适当增加玻璃带宽度。

③ 适当降低出口闸板开度，增加槽体的密封。

④ 若保护气停的时间过长，可以落下事故闸板，停止生产。降低槽内温度，确保罩内母线不被烧损。

⑤ 待保护气正常后，恢复正常拉引。

⑥ 用高压纯氮吹扫罩内及槽顶。

4.7.9.3 主传动停车

当锡槽工区出现主传动停车时，操纵人员应采取以下措施。

① 立即倒车并通知有关人员，查找原因并尽快处理。

② 停车后又不能立即启动时，首先落下安全闸板，抬起所有的拉边机。

③ 停车期间要对主传动进行盘车，防止辊子变形。

④ 在有电的情况下，打开电加热，保证锡槽和退火窑的正常作业温度。

⑤ 停车超过 20min 仍不能启动，应抽出锡槽内所有拉边机、挡边器、冷却水包等。

⑥ 主传动正常后，尽快调整各工艺参数，恢复生产。

4.7.9.4 槽底风机停转

锡槽槽底风机通常装有报警系统，当槽底风机停止运转时，报警系统的报警装置一般设置在中控室内。当报警时，应立即派人到风机房检查。按槽底风机操作程序重新启动；若是风机出现故障而无法启动，应启动备用风机，并关闭故障风机电源，及时通知检修人员检修。

4.7.9.5 锡槽流道有异物

当调节闸板开度未发生变化，而玻璃液流量突然变小时，有可能在调节闸板前有异物卡住，这时及时检查流道，如有异物最好从流道清出。如果异物流入槽内，应跟踪异物至出口，打开出口加热，提高出口闸板，用钩子将异物护送上辊台。如果发生断板、满槽，应按相关操作规程处理。

4.7.9.6 锡槽漏锡

漏锡是指由于某些原因使锡槽产生裂缝，致使锡液漏出的现象。造成漏锡的主要原因是槽底钢板温度过高，处理方法如下。

① 及时用水冷却槽底漏锡部位，直至不漏为止。

② 查找原因，检查槽底风机风量及各支管道风量是否正常，及时调整，排除漏锡隐患。

4.8 主要岗位及操作规程

浮法玻璃成形工区主要设有看量工、测温工、操作工等岗位。

4.8.1 看量工

4.8.1.1 岗位职责

① 使用维护好设备，对所使用的设备按照其相应的说明和有关规定科学操作，合理

使用与维护，保证其处于良好的工作状态。对设备要按时巡检，发现问题及时向领导汇报，协助联系有关责任部门处理维修好，并对本岗位因管理使用不当造成的事故负主要责任。

② 改板前协助做好准备工作，检查拉边机、挡边器、水包及电加热等工作情况，调节好各运行参数和锡槽各点温度使其达到改板时所要求的工艺参数；改板时，根据改板情况及时调节流量和拉引速度，保持板根稳定，达到改板要求。

③ 根据不同厚度调节板厚：3mm 和 4mm 玻璃带厚允许偏差控制在±0.20mm；5mm 和 6mm 玻璃带厚允许偏差控制在＋0.20～－0.30mm；8mm 和 10mm 玻璃带厚允许偏差控制在±0.35mm；12mm 玻璃带厚允许偏差控制在±0.40mm。

④ 保证成形稳定，及时调节玻璃液流量，对粘边、满槽等可观察到的事故负主要责任，协助处理因锡槽引起的玻璃划伤、沾锡等情况。

⑤ 停电、停水时根据情况及时落下事故闸板，协助拉出拉边机、挡边器、水包等设备。

⑥ 确保顶罩温度在 260℃以下；调整底壳风冷，确保底壳温度在 120℃以下；调整电加热及冷却水包，确保锡槽出口温度控制在 585～600℃；锡槽锡液深度出口控制在 70mm 以上。

⑦ 成形后玻璃带的宽度、厚度在规定范围内，板边不超过 100mm。

⑧ 经常核对闸板显示与实际开度是否相符。

⑨ 及时向领导汇报玻璃带运行情况，发现板上有异物应及时通知领导处理。

⑩ 及时更换摄像机镜头玻璃，保持所观察的图像清晰。

4.8.1.2　岗位操作规程

① 正常生产时，流道闸板调节挡位选择自动挡，流道闸板自动调节；有特殊情况时，流道闸板调节挡位选择手动挡，流道闸板手动调节，调节时要密切注意板根变化，要微调。

② 拉边机的调节：向里或向外调节拉边机，一定要慢摇，防止把对面玻璃带拽过来。

③ 挡边器的调节：向里或向外直接推入或拉出相应的距离，然后固定好挡边器。

④ 遇到特殊事故时，按照特殊事故操作规程操作。

4.8.2　测温工

4.8.2.1　岗位职责

① 使用维护好设备，对所使用的设备按照其相应的说明和有关规定科学操作，合理使用与维护，保证其处于良好的工作状态。对设备要按时巡检，发现问题及时向班长汇报，协助联系有关责任部门处理维修好，并对本岗位因管理使用不当而造成的事故负主要责任。

② 测定和记录各工艺区数据要及时准确，严禁弄虚作假，提前或迟后补记。发现问题及时向班长汇报。

③ 记录报单要求工整，一律用钢笔或圆珠笔填写。

④ 观察保护气流量，有变化时协同有关人员调节。

⑤ 按要求实际测定水温、水压，有问题及时向上反映。

⑥ 工艺调整或事故必须及时记录，写明原因、现象、处理方法及结果。

⑦ 确保顶罩温度在 260℃以下；调整底壳风冷，确保底壳温度在 120℃以下；调整电加热及冷却水包，确保锡槽出口温度控制在 585～600℃；流道温度控制在 （1130±1）℃，或遵照浮法工区指示控制。

⑧ 改板开始时，听从指令，按顺序压拉边机，配合班长操作。

⑨ 看量工不在时负责看量工工作。

⑩ 协助做好突发事件的处理。

⑪ 协助做好本班防火、防汛、防盗管理。

⑫ 清扫现场卫生。

4.8.2.2 岗位操作规程

① 在整点测定和记录各工艺区数据。

② 对自己所负责的设备每小时巡检一次。

巡检路线：直线电机调功柜室→配气间→槽底风机→二氧化硫管路→槽底及槽底风管→流道闸板传动→水压表→中控室。

③ 遇到特殊事故时，按照特殊事故操作规程操作。

4.8.3 锡槽操作工

4.8.3.1 岗位职责

① 保证稳定成形，及时检查锡槽两侧拉边机、挡边器、冷却器、过渡辊台的运转及锡槽密封情况，发现问题及时报告班长并参加处理。

② 负责锡槽两侧密封和观察窗的更换，负责槽底风机的检查。

③ 改板前按要求做好准备工作，改板时合理操作拉边机、挡边器、冷却器等。

④ 按要求调整好出口挡帘高度。

⑤ 随时观察玻璃带在过渡辊台上的运转情况，发现问题及时汇报处理。

⑥ 根据板面情况，要及时清理锡灰，板下锡灰使用专用木条清理，当锡灰积储较多时，可用耙子进行清理。

⑦ 当板面出现异常时，如有卷边、板面有大的异物，要严密监视并提起出口闸板让其通过，同时要观察冷却器下玻璃的运行情况，防止产生阻力现象，有情况时可适当加开出口电加热，防止断板。

⑧ 准备好工具，一旦发生断板，立即挑板，并通知仪表室。

⑨ 做好锡槽现场卫生，地面清洁无杂物，设备干净无灰尘、油污。

4.8.3.2 岗位操作规程

① 巡检锡槽现场的所有设备，每小时一次。

巡检路线：流道及前区冷却水→拉边机的运转及冷却水→后区所有冷却水→过渡辊台壳体、工业电视摄像头水管、气管及锡槽壳体（在锡槽两侧分别进行）。

② 安装拉边机、挡边器、冷却器以及密封操作严格按照操作规程进行。

③ 遇到特殊事故时，按照特殊事故操作规程操作。

第5章 浮法玻璃退火窑及退火工艺

5.1 浮法玻璃退火窑

退火窑是浮法玻璃生产线三大热工设备之一，其主要任务是消除玻璃中的残余内应力和光学不均匀性，稳定玻璃内部结构，保证玻璃带在退火窑内各区的降温速率。

现代浮法玻璃退火窑均采用隧道式辊道结构，根据用材不同可分为砖结构和钢结构两种。砖结构退火窑的主体主要由耐火砖砌筑而成，窑内设置加热、冷却装置，直接在施工现场砌筑安装。钢结构退火窑的窑体主要由内外两层金属钢壳体构成，中间填充保温棉，在制造时，为了方便运输和现场安装，通常将整个退火窑分成若干节，每节长度在3m左右。由于钢结构退火窑具有密封隔热性能好、热惯性小、操作简单、控制容易等特点，目前已被众多浮法玻璃生产企业所采用。

5.1.1 退火窑分区

根据温度控制范围不同，退火窑一般分为5个区，从前到后依次是预退火区（A区）、退火区（B区）、后退火区（C区）、热风循环冷却区（RET区）和强制冷却区（F区）。而按每条生产线设计的吨位不同，还可将各分区分成几个小区，但其作用基本相同。如B区可分为 B_1 区、B_2 区等；F区可分为 F_1 区、F_2 区、F_3 区等。有的退火窑在RET区前后分别设有D区和E区，其长度一般为2.4～3.0m。

5.1.1.1 A区结构

A区即预退火区，其作用是使从锡槽出来的600℃左右的玻璃带均匀降温至玻璃高温退火温度，一般为550℃左右。

该区由若干节组成，每节结构基本相同，内壳用耐热不锈钢板，外壳为普通钢板，中间填充保温棉。由于内壳温度较高，故结构处理上留有足够的膨胀余地。

在退火窑顶部和底部设有抽屉式电加热器和管束式辐射冷却器。其中电加热装置安置于辐射冷却器和玻璃带之间，主要用于新建窑的初始升温，平时很少使用。管束式辐射冷却器由矩形风管组成，每列风管根据冷却速率要求的不同可分为单层、双层和三层（图5-1）。

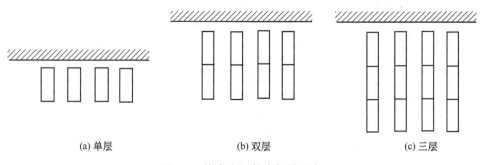

(a) 单层   (b) 双层   (c) 三层

图5-1 管束式辐射冷却器示意

作为退火窑内运送玻璃的设备——辊子，轴头密封效果的好坏，将直接影响玻璃的质量。为了加强密封，同时又考虑便于检修辊子，轴头密封多采用活动结构，中间有岩棉或硅酸铝纤维棉毡等保温材料填充。

A 区结构如图 5-2 所示。

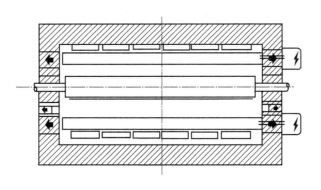

图 5-2　A 区结构示意

5.1.1.2　B 区结构

B 区即退火区，它的作用是将已处于高温退火温度的玻璃带，以一定的冷却速率进行冷却，从而使玻璃带内的永久应力控制在允许的范围内。

B 区结构与 A 区结构基本相同，即 B 区也是由若干节组成，在每节的窑顶两侧各设有一组抽屉式电加热器，以调节边部温度，也可在启动时使用。因为玻璃带经过 A 区后温度基本均匀，为达到所需的温度制度，只需通过电加热对玻璃边部进行温度调节，因而 B 区采用边部加热器，布置在上边的两个边部。同时在窑顶部和底部设有管束式辐射冷却器。B 区结构如图 5-3 所示。

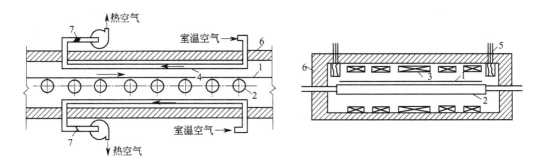

图 5-3　B 区结构示意

1—玻璃带；2—传动辊；3—冷却器；4—风管；

5—加热器；6—保温层；7—蝶阀

除上述结构外，目前 A 区和 B 区还有另一种结构形式（图 5-4），即电加热器不直接布置在窑内，而是安装在窑外的冷却风系统中，通过调节辐射冷却器进口的空气流量和初始温度来达到加热窑体及控制窑内温度的目的。

这种结构的最大特点是使玻璃退火窑更接近理论曲线，并可以避免碎玻璃对 A 区窑内下部电加热器造成的不良影响。

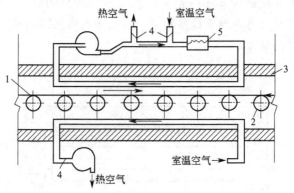

图 5-4　外部加热的 A、B 区结构示意

1—玻璃带；2—传动辊；3—保温层；

4—蝶阀；5—加热器

5.1.1.3　C 区结构

C 区即后退火区，其作用是使从 B 区出来的低于退火温度的玻璃带以较快的冷却速率进行冷却，因在该区内，玻璃只产生暂时应力，不产生永久应力。C 区结构与 A、B 区有所不同。首先，由于此时玻璃带温度已不是很高，没有必要用耐热不锈钢材料，故 C 区顶部和两侧墙均可采用普通钢板制造，壳体仍分为内外两层，中间填充保温棉，但为了散热的需要和节省材料，保温材料可适当减薄。其次，为使玻璃带尽快降温，缩短窑长，通常该区的冷却强度较大，主要是通过加大冷却风量和增大冷却器面积来实现。另外，该区由于采用普通钢材，其表面黑度比不锈钢要大好几倍，这样也利于强化散热。再次，为了控制玻璃带边的温度，C 区上面的两个边部设有电加热器，只是功率比 B 区小些。C 区结构如图 5-5 所示。

5.1.1.4　RET 区结构

RET 区即热风循环冷却区。它是利用窑内的热空气，配以定量的新鲜室温空气，通过风机将一定温度的热空气重新喷吹在玻璃带上，利用强制对流使玻璃带快速冷却。由于使用的热空气与玻璃带的温差不是很大，故正常生产时不会引起玻璃带的炸裂。

该区为一个独立的封闭区，窑体用普通钢板制造，玻璃带上部的冷却风喷嘴横向分成几组，每组可单独控制其冷却风量。玻璃带下部不再分区，冷却风从两个边部送入冷却风管，可通过翻板阀分别控制每边的进风量。RET 区结构形式如图 5-6 所示。

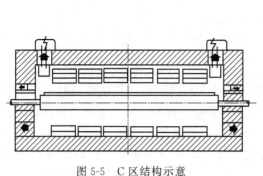

图 5-5　C 区结构示意

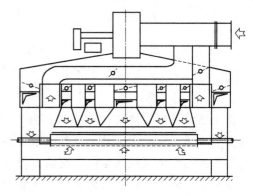

图 5-6　RET 区结构示意

以上各区均为封闭式结构,玻璃带不直接与工区内的冷空气接触。

5.1.1.5　F区结构

F区即强制冷却区,该区是用工区的室温空气直接喷吹到玻璃带表面上,利用其强制对流使玻璃带快速冷却。

该区结构与RET区的内部结构基本相同,其不同点只是F区为敞开结构,且冷却风量也比RET区的大。该区玻璃带上下的冷却风嘴,上部冷却风量横向分区控制,下部只控制左右两边的进风量,横向不再分区。F区结构如图5-7所示。

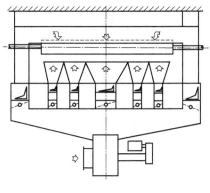

图5-7　F区结构示意

5.1.2　退火窑传动装置

退火窑除了各退火分区之外,还需具备传动装置,以便控制玻璃带移动速度,以满足退火制度的要求,并将玻璃带顺利拉引出退火窑。退火窑传动装置通常由辊道系统和总传动系统两部分组成。

5.1.2.1　辊道系统

退火窑辊道系统是由平行排列的辊子、吊挂轴承座(含带胀套轴承)、吊挂梁、立柱、斜轴承座(含胀套轴承)、传动轴所组成。此外还包括退火窑前面的过渡辊台和出退火窑后到横向板断为止的一段输送辊道。

辊子是退火窑的主体部件,前部高温区的辊子,一般采用ZG40Cr25Ni20/ZG30Cr20Ni10的高合金耐热不锈钢管,两端焊上轴头;中低温区段采用1Cr18Ni9Ti等不锈钢离心铸造管制成。辊子直径根据生产玻璃带宽的不同而有所差异。一般生产3500~4200mm板宽时,过渡辊子和前部分辊子直径为ϕ305mm,中后部辊子直径为ϕ216mm;生产2400~2800mm板宽时,过渡辊子和前部分辊子直径为ϕ260mm,中后部辊子直径为ϕ200~150mm。辊子结构如图5-8所示。

图5-8　辊子结构示意

安装辊子时应注意以下事项。

(1) 辊子间距　退火窑辊道辊子的间距从前到后由小到大,一般前部分高温区为450mm或500mm,中后部辊子间距为500mm或600mm。

（2）安装精度　退火窑辊道辊子的安装精度要保证玻璃带不跑偏，即能使其稳定直线运行，故对其安装精度有较高的要求。

① 水平度，要求单根辊子的水平误差在辊子全长上不超过 0.2mm；②相邻辊子的水平误差在辊子全长上不超过 0.2mm；③辊子的上母线应在同一水平面上，辊子全长上不允许有匀缓的波形，波峰对于基准标高的误差不大于＋1mm，波谷对于基准标高的误差不大于－1mm。

（3）垂直度和平行度要求　①每根横梁上的第 1 根辊子的轴线要求与退火窑中心垂直度公差不大于 0.2mm（辊子中部的直径长度）；②相邻两根辊子中心线的平行度误差不大于±0.2mm；③在辊道全长上任意辊子中心线累计误差不大于 0.5mm；④各辊子中心距误差不得超过±1mm；⑤第 1 根辊子中心距最后一根辊子中心距离不超过±2mm；⑥相邻两根辊子的偏重方位相差 180°（即上下相互交错安装）；⑦玻璃带在退火窑期间的跑偏量不大于±15mm。

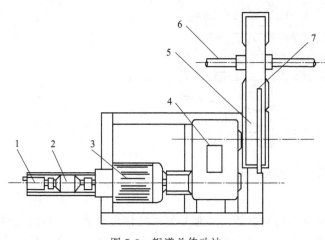

图 5-9　辊道总传动站

1—测速箱；2—测速发电机；3—直流电机；4—高速减速机；
5—对正齿轮；6—长轴；7—离合器

5.1.2.2　总传动系统

退火窑总传动系统主要是由调速的直流电动机、高速减速箱、手动离合器和一对正齿轮来带动长轴所组成，再经过辊子旋转传动装置来驱动辊子旋转。为保证退火窑连续稳定的生产要求，每座退火窑都设有两套总传动系统，一套以正常生产速度带动辊子旋转；另一套为备用，其结构如图 5-9 所示。

5.2　浮法玻璃退火工艺

浮法玻璃在成形过程中经历了激烈的温度变化和形状变化，这种变化在玻璃中留下了热应力。这种热应力会降低浮法玻璃成品的强度和热稳定性。如果直接冷却，很可能在冷却过程中或以后的存放、运输和使用过程中自行破裂（俗称玻璃的冷爆）。为了消除冷爆现象，玻璃制品在成形后必须进行退火。

浮法玻璃的退火主要是指将玻璃置于退火窑中经过足够长的时间缓慢冷却下来，以便不再产生超过允许范围的永久应力和暂时应力，换而言之，退火的目的是消除浮法玻璃中的残余应力和光学不均匀性，以及稳定玻璃内部的结构。

浮法玻璃退火过程中，应力的理想状况是：玻璃带两边部是较大的压应力，中间是较小的张应力，如图 5-10 所示。

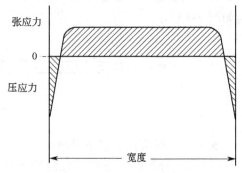

图 5-10　理想玻璃带应力分布

5.2.1 玻璃中应力的消除

根据玻璃内应力的形成原因，玻璃的退火实质上是由两个过程组成：应力的减弱和消失；防止新应力的产生。玻璃没有固定的熔点，从高温冷却，经过液态转变成脆性的固态物质，此温度区域称为转变温度区域，上限温度为软化温度，下限温度为转变温度。在转变温度范围内玻璃中的质点仍然能进行位移，即在转变温度附近的某一温度下进行保温、均热，可以消除玻璃中的热应力。

由于此时玻璃黏度相当大，应力虽然能够松弛，但不会影响制品的外形改变。

5.2.1.1 应力的松弛

玻璃在转变温度以上属于黏弹性体，由于质点的位移使应力消失称为应力松弛。根据马克斯·威尔（Max well）的理论，在黏弹性体中应力消除速度用式(5-1)表示。

$$\frac{\mathrm{d}F}{\mathrm{d}t}=-MF \tag{5-1}$$

式中　F——应力；

　　　M——比例常数（与黏度有关）。

阿丹姆斯及威廉逊（Adams 和 Williamson）通过实验得出玻璃在给定温度保温时，应力消除的速度符合式(5-2)。

$$\frac{\mathrm{d}\sigma}{\mathrm{d}t}=-A\sigma^2 \tag{5-2}$$

积分得：

$$\frac{1}{\sigma}=\frac{1}{\sigma_0}+At \tag{5-3}$$

式中　σ_0——开始保温时玻璃的内应力，Pa；

　　　σ——经过时间 t 后玻璃的内应力，Pa；

　　　A——退火常数，与玻璃的组成及应力消除的温度有关。

在较高的温度及低温保温的后期，阿丹姆斯和威廉逊方程比较接近实际，是简单而实用的。

如以双折射 δ_n(nm/cm) 表示应力，即 $\delta_n=B_\delta$，$\delta_{n_0}=B_{\delta_0}$，则式(5-4)变为：

$$\frac{1}{\delta_n}-\frac{1}{\delta_{n_0}}=A't \tag{5-4}$$

式中　A'——退火常数，随玻璃组成及温度而变化，$A'=A/B$；

　　　B——应力光学常数。

退火常数 A'，随保温均热 T 的升高而以指数率递增：

$$\lg A'=M_1 T-M_2 \tag{5-5}$$

式中　M_1, M_2——应力退火常数，取决于玻璃组成。

硅酸盐玻璃的 M_1 值几乎一致，为 0.033 ± 0.005，M_2 值则相差较大。由上式可以看出，保温温度 T 越高，则 A' 值越大，应力松弛的速度也越大。不同组成玻璃的 M_1 和 M_2 列于表 5-1。

表 5-1   不同组成玻璃的 M_1 和 M_2

玻璃组成/%									B	M_1	M_2
SiO_2	B_2O_3	Al_2O_3	PbO	BaO	ZnO	CaO	K_2O	Na_2O			
67	12	—	—	4	—	—	8	9	2.85	0.030	18.68
73	—	—	—	—	—	12	1	14	2.57	0.029	17.35
47	4	1	—	29	11	—	5	3	2.81	0.032	20.10
40	6	3	—	43	8	—	—	—	2.15	0.038	24.95
46	—	—	24	15	8	—	4	3	3.10	0.028	16.28
54	—	—	35	—	—	—	5	6	3.20	0.033	15.92
45	—	—	48	—	—	—	4	3	3.13	0.038	18.34

5.2.1.2 冷却时应力的控制

冷却时,玻璃中应力的产生与冷却速率、制品的厚度及其性质有关。根据阿丹姆斯和威廉逊提出的内应力与冷却速率之间的关系式:

$$\sigma = \frac{\alpha E \hbar_0}{6\lambda(1-\mu)}(a^2 - 3x) \qquad (5\text{-}6)$$

式中 α——热膨胀系数;

E——弹性模量;

$\hbar_0$——冷却速率;

λ——热导率;

a——板厚的 $1/2$;

x——所测定的距离;

μ——泊松比(薄板材料在受到纵向拉伸时的横向压缩系数)。

由式(5-6)可知,在冷却过程中温度梯度的大小是产生内应力的主要原因,冷却速度越慢,温度梯度越小,产生的应力也就很小。另外内应力的产生与应力松弛有关,松弛速度越慢,产生的永久应力越小。当松弛速度为零时,则在任何冷却速率下,玻璃也不会产生永久应力。

根据各种玻璃允许存在的内应力,可以利用式(5-6)计算冷却速率以防止内应力的产生。

5.2.2   退火区域及退火范围

浮法玻璃的成形经历了由黏弹性体转变为弹性体的温度区域。在玻璃化温度 T_g 至应变温度 T_s 范围内,玻璃中的质点仍能进行位移,可以产生应力松弛,消除玻璃中的热应力和结构状态的不均匀性。由于其黏度值已相当大,以致其外形的改变几乎测不出来,这一黏度区域称退火区域。

退火上限温度和退火下限温度之间的温度称为退火温度范围。玻璃的退火温度范围随化学组成不同而不同,一般规定能在 15min 内消除其全部应力或 3min 内消除 95% 内应力的温度,称为退火上限温度,相当于玻璃化温度 T_g;如果在 16h 内应力才能全部消除或 3min 内仅消除 5% 应力的温度称为退火下限温度,相当于应变温度 T_s。

浮法玻璃退火温度的上下限一般介于 50~100℃ 之间,它与玻璃本身的特性有关。根据理论计算和生产实践经验,浮法玻璃的退火上限温度为 540~570℃,退火下限温度为 450~480℃。

5.2.3   退火温度与玻璃组成的关系

玻璃的退火温度与其化学组成密切相关,凡能降低玻璃黏度的成分,均能降低退火温度。如碱金属氧化物的存在能显著降低退火温度，其中 Na_2O 的作用大于 K_2O。SiO_2、CaO 和 Al_2O_3 能提高退火温度。PbO 和 BaO 则使退火温度降低，而 PbO 的作用比 BaO 的作用大。ZnO 和 MgO 对退火温度的影响很小。含有 B_2O_3 15%～20% 的玻璃，其退火温度随着 B_2O_3 含量的增加而明显地提高。如果超过这个含量时，则退火温度随着含量的增加而逐渐降低（表5-2）。

表5-2　保持玻璃黏度 $\eta=10^{12}\,Pa \cdot s$ 时取代氧化物变换 1% 时对退火温度的影响

取代氧化物	取代氧化物在玻璃中含量（质量分数）/%									
	0～5	5～10	10～15	15～20	20～25	25～30	30～35	35～40	40～50	50～60
Na_2O	—	—	−4.0	−4.0	−4.0	−4.0	−4.0			
K_2O	—	—	—	−3.0	−3.0	−3.0				
MgO	+3.5	+3.5	+3.5	+3.5	+3.5	—	—			
CaO	+7.8	+6.6	+4.2	+1.8	+0.4	0				
ZnO	+2.4	+2.4	+2.4	+1.8	+1.2	+0.4	0			
BaO	+1.4	0	−0.2	−0.9	+1.1	−1.6	−2.0	−2.6		
PbO	−0.8	−1.4	+1.8	−2.4	−2.6	−2.8	−3.0	−3.1	−3.1	—
B_2O_3	+8.2	+4.8	+2.6	+0.4	−1.5	−1.5	−2.6	−2.6	−2.8	−3.1
Al_2O_3	+3.0	+3.0	+3.0	+3.0	—	—	—			
Fe_2O_3	0	0	−0.6	−1.7	−2.2	−2.8	−2.8			

注："+"表示温度升高；"—"表示温度降低。

5.2.4　玻璃退火温度的测定

玻璃退火温度除用上述方法确定外，还可用下列方法进行测定。

（1）黏度记法　用黏度计直接测量玻璃的黏度 $\eta=10^{12}\,Pa \cdot s$ 时的温度，但所用设备复杂，测定时间长，工厂一般不常采用。

（2）热膨胀法　一般玻璃热膨胀曲线由两部分组成：低温膨胀线段及高温膨胀线段，这两个线段延长线交点的温度，约等于 T_g，亦即最高退火温度的大约数值。它随升温速率的不同而变化，平均偏差为 ±15℃。

（3）差热法　用差热分析仪测量玻璃试样的加热曲线或冷却曲线。玻璃体在加热或冷却过程中，分别产生吸热或放热效应。加热过程中吸热峰的起点为最低退火温度，最高点为最高退火温度。冷却过程中放热峰的最高点为最高退火温度，而终止点为最低退火温度。

（4）双折射法　在双折射仪的起偏镜及检偏镜之间设置管状电炉，炉中放置待测玻璃试样，以 2～4℃/min 的速率升温。观察干涉条纹在升温过程中的变化，应力开始消失时，干涉色条纹也开始消失，这时就是最低退火温度；当应力全部消失时，干涉条纹也完全消失，这时的温度比 T_g 高。

试验证明，边长 1cm 的立方体玻璃样品，当升温速率为 1℃/min 时，干涉色完全消失的温度，接近于用黏度计法所测得的黏度 $\eta=10^{12}\,Pa \cdot s$ 时的温度，即最高退火温度，其最大误差不超过 ±3℃。

5.2.5　退火工艺及退火温度分区

在退火过程中，温度梯度的大小是产生内应力的主要原因。冷却速率越慢，温度梯度越小，产生的应力就越小。另外，内应力的产生与应力松弛有关。如果在一定温度下松弛速率很慢以致内应力得不到消散，则在任何冷却速率和温度梯度下，玻璃中都将不会产生永久应力。通常，浮法玻璃的退火需经历加热均热、重要冷却、缓慢冷却、快速冷却 4 个过程，浮

法玻璃退火的各个阶段如图 5-11 所示。

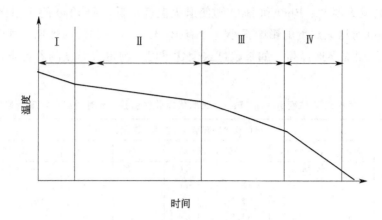

图 5-11　浮法玻璃退火的各个阶段
Ⅰ 加热均热阶段；Ⅱ 重要冷却阶段；
Ⅲ 缓慢冷却阶段；Ⅳ 快速冷却阶段

（1）加热均热阶段　按不同的生产工艺，玻璃制品的退火分为一次退火和二次退火。制品在成形后立即进行退火的，称为一次退火。制品冷却后再进行退火的，称为二次退火。无论一次退火还是二次退火，玻璃制品进入退火炉时，都必须把制品加热到退火温度。在加热过程中玻璃表面产生压应力，内层产生张应力。此时加热升温速率可以相应地快些。但考虑玻璃制品厚度的均匀性、制品的大小和形状及退火炉中温度分布的均匀性等因素，都会影响加热升温速率。为了安全起见，一般技术玻璃取最大加热升温速率的 15%～20%，即采用 $[(20/a^2)\sim(30/a^2)]$℃/min 的加热升温速率。光学玻璃制品要求更严，加热升温速率小于 $(5/a^2)$℃/min。其中，a 为玻璃制品厚度，单位为 cm（实心制品为其厚度的 1/2）。

（2）重要冷却阶段　将制品在退火温度下进行保温，使制品各部分温度均匀，并消除玻璃中固有的内应力。在这个阶段中要确定退火温度和保温时间。退火温度可根据玻璃的化学组成计算出最高退火温度。生产中常用的退火温度比最高退火温度低 20～30℃，作为退火保温温度。

当退火温度确定后，保温时间可按玻璃制品最大允许应力值进行计算。

$$t=\frac{520a^2}{\Delta n}\qquad\qquad(5-7)$$

式中　t——保温时间，min；

　　a——制品厚度（实心制品为其厚度的 1/2），cm；

　　Δn——玻璃退火后允许存在的内应力，nm/cm。

（3）缓慢冷却阶段　经保温玻璃中原有应力消除后，为防止在冷却过程中产生新的应力，必须严格控制玻璃在退火温度范围内的冷却速率。在此阶段要缓慢冷却，防止在高温阶段产生过大温差，再形成永久应力。

慢冷速率取决于玻璃制品所允许的永久应力值，允许值大，速率可相应加快。慢冷速率可按式(5-8)计算。

$$h=\frac{\delta}{13a^2}\ \ (\text{℃}/\min)\qquad\qquad(5-8)$$

式中 δ——玻璃制品最后允许的应力值，nm/cm；

a——玻璃的厚度（实心制品为其厚度的 1/2），cm。

（4）快速冷却阶段 快冷的开始温度必须低于玻璃的应变点，因为在应变点以下玻璃的结构完全固定，这时虽然产生温度梯度，但不会产生永久应力。在快冷阶段内，只能产生暂时应力，在保证玻璃制品不因暂时应力而破裂的前提下，可以尽快冷却。一般玻璃的最大冷却速率为：

$$h_c = \frac{65}{a^2} \quad (\text{℃/min}) \tag{5-9}$$

在实际生产中都采用较低的冷却速率。对一般玻璃取此值的 $15\% \sim 20\%$，光学玻璃取 5% 以下。

5.2.6 退火温度的计算

5.2.6.1 退火温度曲线及影响因素

浮法玻璃退火时所经历的温度变化一般由一条曲线表示，这条曲线称为退火温度曲线。在制定玻璃退火温度曲线时，应考虑玻璃的成分、应力允许值、玻璃厚度等影响因素。

（1）退火窑中温度差的影响 一般退火窑断面温度的分布是不均匀的，从而使玻璃的温度也不均匀。为此，设计退火温度曲线时，为了安全起见，对慢冷速率要取比实际所允许的永久应力还要低的数值，一般取允许应力的 1/2。同时，加热速率、快冷速率的确定，也应考虑退火窑温差的影响。

（2）玻璃厚度和宽度的影响 厚玻璃的内外层温差大，在退火温度范围内，厚玻璃保温的温度越高，在冷却时其应力松弛越快，玻璃的应力容易集中，因此，厚玻璃退火时保温温度应适当降低。加热和冷却的速率也应随其减慢。

（3）不同化学成分的影响 在生产过程中，对于化学组成进行调整后玻璃的退火，其退火曲线也应进行相应的变化，以便适应该种组分玻璃的退火要求。

5.2.6.2 退火温度曲线类型

退火温度曲线有"上弯式"、"下弯式"、"阶段式"、"直线式"等，这些退火曲线各有利弊。目前大多数采用"直线式"退火温度制度，即用较高的退火温度，随后按应力允许值要求恒速降温到快速冷却阶段，所以从开始降温到快速冷却阶段的范围内退火温度曲线是一条直线。这种退火制度优点很多，如退火过程工艺简单、退火时间短、质量好以及便于控制等。对于"下弯式"退火曲线，其特点是低温保温，在退火温度范围内，以指数率增加冷却速率直到快速冷却阶段为止，这种方式与"直线式"相比控制起来相对比较难。

5.2.6.3 退火温度计算

（1）计算依据 对于浮法玻璃退火温度而言，可采用下面三种公式计算得出。

① 根据应力在塑性体递减规律，求出退火上限温度 T。

$$T = \frac{1}{M_1}(\lg A + M_2) \tag{5-10}$$

式中，退火常数 $A = \frac{1}{260a^2}$；$M_1 = 0.029$；$M_2 = 17.35$；a 为浮法玻璃厚度的一半（cm）。

② 根据组成浮法玻璃的各种氧化物的含量，用计算方法近似地确定退火上限温度。在玻璃成分中增加 PbO、Na_2O 和 K_2O 的含量可大大降低退火温度，而增加 CaO、MgO、

Al_2O_3 的含量会提高退火温度。表 5-3 列出了各种成分玻璃退火上限温度。根据表 5-3 可找到与被退火玻璃化学成分相近的玻璃退火上限温度，然后再参照表 5-2 加以校正，近似地算出玻璃的退火上限温度。

表 5-3　各种成分玻璃退火上限温度

玻璃成分/%												退火温度/℃
SiO_2	CaO	MgO	Na_2O	K_2O	Al_2O_3	Fe_2O_3	PbO	B_2O_3	MnO	ZnO	Al_2O_3	
74.59	10.38	—	14.22	—	0.45	0.21	—	—	—	—	—	581
74.13	9.79	—	13.54	—	2.67	0.09	—	—	—	—	—	562
74.25	7.91	—	12.72	—	5.27	0.07	—	—	—	—	—	560
66.33	17.28	—	15.89	—	0.52	0.06	—	—	—	—	—	496
82.33	0.02	—	16.98	—	0.28	0.08	—	—	—	—	—	522
72.29	9.76	—	15.65	—	0.72	0.06	—	—	1.02	—	—	560
68.34	10.24	—	16.62	—	2.50	2.10	—	—	—	—	—	570
74.76	7.52	1.64	14.84	—	0.93	0.08	—	—	—	—	—	524
67.78	—	—	18.65	—	0.46	0.08	12.56	—	—	—	—	465
75.38	8.40	—	6.14	7.38	0.65	0.07	—	2.05	—	—	—	588
64.50	7.00	—	11.50	—	10.00	—	—	7.00	—	—	—	630
62.43	8.90	—	6.26	8.06	0.62	0.08	13.65	—	—	—	—	610
71.00	10.10	—	—	18.60	—	—	—	—	—	—	−0.30	610
68.52	12.60	—	16.62	—	2.50	2.10	—	—	—	—	—	570
72.00	1.55	0.45	7.20	10.45	—	—	—	8.15	—	—	0.20	560
73.00	7.00	2.50	14.50	—	3.00	—	—	—	—	—	—	535
59.44	—	—	12.31	—	0.42	0.06	27.77	—	—	—	—	446
31.60	—	—	—	2.85	—	—	63.35	—	—	—	0.20	370

③ 根据玻璃黏度（η）与其化学成分的关系得 $\eta=10^{12} Pa \cdot s$ 时的温度，此计算温度较接近退火温度。

$$T=Ax+By+Cz+D \tag{5-11}$$

式中　A,B,C,D——Na_2O、$CaO+MgO$、Al_2O_3、SiO_2 的特性常数，可由表 1-4 查得；

　　　x,y,z——Na_2O、$CaO+MgO$、Al_2O_3 的含量。

（2）各区长度及冷却速率的计算

① A 区长度及冷却速率的计算　为了给玻璃带进入退火区创造良好的温度场条件，提高玻璃带的退火质量，特设置加热均热区（A 区）。玻璃带通过此区域，逐步预先均匀地冷却到玻璃的最高退火温度。对于 6mm 厚的玻璃，其冷却速率 C 介于 22～27℃/min 之间。A 区长度可按式(5-12) 计算。

$$L_A=\frac{600-T_a}{C}v \tag{5-12}$$

式中　L_A——A 区长度，m；

　　　T_a——玻璃的最高退火温度，℃；

　　　v——6mm 厚玻璃的拉引速度，m/min；

　　　C——6mm 厚玻璃在 A 区允许的冷却速率，℃/min。

② B 区长度及冷却速率的计算　该区为重要冷却区，允许的冷却速率 C 可按式(5-5)计算。

$$C=\frac{\Delta n_0}{18s^2} \tag{5-13}$$

式中 Δn_0——光程差；

$\quad\quad s$——玻璃厚度的一半。

若按 6mm 厚玻璃来计算，则 B 区长度为：

$$L_B = \frac{\Delta t}{C}v \tag{5-14}$$

式中 L_B——B 区长度，m；

$\quad\quad \Delta t$——玻璃的退火上、下限温度之差，℃。

③ C 区长度及冷却速度计算　根据生产实践经验和理论计算，玻璃在该区的冷却速率，对于同一厚度的玻璃，可以用比其在 B 区大 1.5 倍左右的速率进行冷却，只要玻璃带的上下表面和横向温差不大，就不会引起玻璃的炸裂。玻璃带在此区的温降为 Δt（Δt 大约为100℃）。因此，C 区长度的计算公式为：

$$L_C = \frac{\Delta t}{2.5C}v \tag{5-15}$$

式中 L_C——C 区长度，m；

$\quad\quad \Delta t$——玻璃在该区的温差，℃；

$\quad\quad C$——6mm 厚玻璃在退火区允许的冷却速率，℃/min。

④ RET 区长度及冷却速率计算　通常此区又分为两个小区，即 RET_1 区和 RET_2 区。该区总长度可按式(5-16)计算。

$$L_{RET} = \frac{\Delta t}{3C}v \tag{5-16}$$

退火窑在此区之后则没有壳体了，一般有一个过渡自然冷却段，其长度约为 3m，再后面就是直接室温空气冷却区。

⑤ F 区长度及冷却速度计算　由于玻璃带达到该区后半部时，表面温度已降至约为100℃，玻璃表面和室温的温差大大减少，单位时间内的散热量也随之降低，这就意味着玻璃实际冷却速率已不可能太快。根据实践经验和理论计算，玻璃带在此区后半部的冷却速率，大约只能达到前半部的 $1/3\sim1/2$，所以通常 F 区又分为 F_1 区和 F_2 区，其至 F_3 区。长度 L_{F_1} 和 L_{F_2} 分别用式(5-17) 和式(5-18) 计算。

$$L_{F_1} = \frac{\Delta t_1}{3C}v \tag{5-17}$$

$$L_{F_2} = \frac{\Delta t_2}{(1.5\sim2)C}v \tag{5-18}$$

式中，Δt_1、Δt_2 根据实际来定，一般 $\Delta t_1 > \Delta t_2$。

5.2.7　退火标准

对于浮法玻璃而言，玻璃退火后的残余应力随玻璃的厚度增加而增大，一般可用式(5-19)来计算其光程差：

$$\Delta n = Kd \tag{5-19}$$

式中 Δn——玻璃带的光程差，nm/cm；

$\quad\quad K$——应力计算系数，一般 K 为 3～6，计算时可视制品的用途和玻璃带的厚度而定，厚度大于 10mm，K 取低值；

$\quad\quad d$——玻璃的厚度，mm。

对于浮法玻璃的退火标准，根据生产实践和理论计算，其残余应力（光程差）与玻璃带的厚度关系如图 5-12 所示。

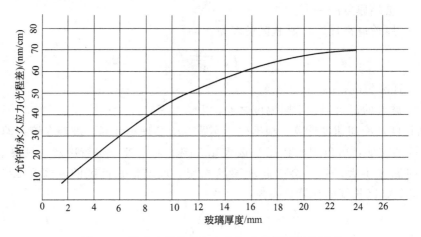

图 5-12　浮法玻璃的残余应力与玻璃带厚度的关系

5.2.8　超厚玻璃退火工艺

对于超厚浮法玻璃（厚度在 10mm 以上）的退火来说，首先应稳定锡槽出口的温度波动，最好控制在 ±1℃，这将在很大程度上减小退火温度的相应波动，极大限度地稳定温度制度；其次应控制缩小玻璃带的横向温差，必要时可以打开锡槽出口两侧的电加热，使玻璃带在 A 区的横向温差控制在 1~2℃（中部略高），进而有效控制 B 区的横向温差。让玻璃带始终处于良好的退火温度制度下，从而取得良好的退火质量。

5.2.8.1　影响超厚玻璃退火效果的主要因素

（1）暂时应力对超厚玻璃退火的影响　所谓暂时应力是在退火下限温度以下，由于快速冷却造成玻璃带的内外温差引起的应力。在此温度下，玻璃完全变成弹性体，当玻璃冷却到常温时，内外温差消失，暂时应力也即消失，由于快速冷却造成过大的暂时应力，往往会引起玻璃带的炸裂。处理暂时应力的方法与处理永久应力的方法是不同的，不熟练的操作人员往往采取不适当的方法而加剧炸裂，越调越糟，最后被迫放弃快速冷却的手段，甚至停止 F 区的冷却风，使得玻璃带到切割区还处于较高的温度，影响切割的质量。

（2）成形方法对超厚玻璃退火的影响

① 采用石墨挡墙法（FS 法）生产超厚玻璃时，由于玻璃带横断面厚度是均匀一致的，因此边部不会太凉，采取一定的边部保温措施，可以使内应力减少，容易切割。

② 采用挡墙拉边机法（DT 法）生产超厚玻璃时，由于拉边机只起一个辅助挡边作用，齿印较浅，齿外的玻璃边很小，齿外的边部比较凉，采取一定的保温措施可以改善边部的应力。

③ 采用拉边机法生产超厚玻璃时，由于完全依靠拉边机来积厚，使得拉边机的角度、速度和压入玻璃的深度增加。齿印外的玻璃边较宽，玻璃边较凉，使得边部压应力增加，切割困难。

5.2.8.2　提高超厚玻璃退火质量保证措施

由于玻璃自身特性决定了它的不良导热性，因而超厚玻璃的退火必然十分困难，为了提高其退火质量，建议从以下几方面加以改善。

（1）延长退火区　通过上面的分析可以知道，对于生产 10mm 以上的超厚玻璃，想要提高玻璃退火质量，当拉引量维持不变时，需延长退火区间（B 区）的长度。对于一个确定的退火窑来说，B 区的长度已经固定，可以通过降低 A 区出口温度使其提前进入退火温度范围，或减小玻璃带在 B 区的冷却速率的方法，从而达到相对延长 B 区长度的目的。不少企业在拉引厚玻璃时，A 区出口温度偏高，而 B 区出口温度又偏低，导致 B 区 ΔT 增加，冷却速率增加，这样会造成退火应力的大大增加。

（2）适当降低拉引量　降低拉引量是满足不同厚度玻璃生产要求的一种手段，但单纯降低拉引量，势必会出现拉引量与锡槽固有设计生产能力的差别，此时，低吨位玻璃液带入成形的热量较少，欲满足成形的要求，还需加开电加热来提高流道温度。

（3）减少横向温差　是改善玻璃带宽度方向内应力的最好措施，如加强退火窑外壳的保温、辊子轴头和掏碎玻璃孔处的密封、活动辊台两侧的保温等。

（4）提高检验手段　超厚玻璃退火曲线的调整是一项技术难度较大的操作，由于各种因素的干扰互相影响，很难一下子调整好，技术人员可以借助在线应力仪来准确测定浮法玻璃的退火应力，以便及时调整。

5.2.9　超薄玻璃退火工艺

采用拉边机成形的超薄玻璃（厚度在 2mm 以下）其边部温度情况与厚玻璃相反，边部比齿印内部的温度高。由于这种温差的存在，在退火冷却区，玻璃边部受压应力，中部受张应力的作用，而且玻璃越薄、温差越大此作用力越明显，此时易发生横向炸裂；当温度均衡后玻璃边部受张应力，中部受压应力，切割时会出现多角或少角等问题，为后道工序增加难度。

因此，在超薄玻璃生产中，退火问题处理不好，同样影响成品率和产量，为减少超薄玻璃的生产损失，同样需要改善退火质量，可采取如下一些措施。

① 加强退火窑的保温和密封，使玻璃带面各处温度不受外界环境影响。

② 在退火窑各区，相应降低玻璃边部温度的设定值。但这种降低是有限度的，否则在冷却区易发生纵向炸裂。

③ 有条件的情况下，可在敞开的冷却区另加一套临时风冷设备，专门冷却较厚的边部，这种冷却要稳定、可调。

④ 调整成形各参数，使玻璃的横向厚薄差减少，同时光边控制到最小限度，以利于温度的合理分布。

⑤ 合理控制退火区的冷却速率，不能超过允许应力值，否则，炸裂现象严重，无法切割。

5.3　浮法玻璃退火事故及处理

退火窑作为浮发玻璃生产线三大热工设备之一，在浮法玻璃生产中起着举足轻重的作用。退火质量的好坏将直接影响玻璃的质量和成品率，特别是在生产超薄、超厚等优质玻璃时，对于退火过程控制要求更为严格。稍有不慎，就会对切裁、装箱、运输等后续工艺造成影响，轻者会出现生碴、裂口、多角（或少角）等问题，重者就会引发横向炸裂、纵向炸裂、翘曲等事故。当然，除了以上人为造成的事故外，在退火过程中还会出现因设备故障而引发的一些事故。

5.3.1　玻璃板炸裂事故及处理

5.3.1.1　纵向炸裂

纵向炸裂是指在退火过程中玻璃带出现平行于拉引方向裂口的现象。发生纵向炸裂的前期表现为玻璃带边部很紧，用手很难将玻璃带从辊子上抬起。这种炸裂一般是从边部开始，在应力曲线处于零点处附近再转向为纵向延伸（方向与玻璃带运动方向相反），如图 5-13 所示。在大多数情况下，玻璃纵向炸裂往往发生在退火窑的冷却区（即 C 区）后部和横切机之间，但有时这种炸裂可以延伸至退火窑入口端，这对与生产线的成品率有很大影响。

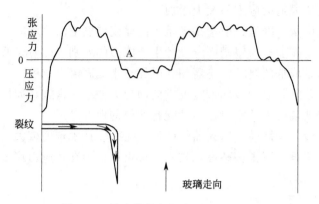

图 5-13　玻璃带纵向炸裂时的应力曲线

（1）纵向炸裂产生的原因　　纵向炸裂产生的主要原因是玻璃在退火过程中，由于横向温度梯度不均匀（横向温差），使边部区域出现收缩变短的趋势，中部会对边部产生防止收缩的逆向力，玻璃带边部受到张应力，而在玻璃带边部收缩变短的同时，又会对中部区域施加防止伸长的逆向力，使玻璃带中部区域受到压应力。玻璃带纵向炸裂时的应力分布如图 5-14 所示。当玻璃所受张应力超过玻璃强度时，会发生纵向炸裂。

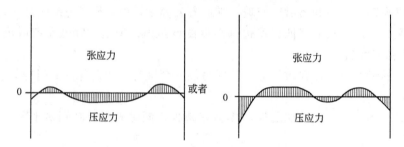

图 5-14　玻璃带纵向炸裂时的应力分布

玻璃在退火过程中，出现上述的宽度方向应力分布有两种原因：

① 玻璃带在退火下限温度以前，边部冷却速率比中间慢；

② 玻璃带在退火下限温度以后，边部冷却速率比中间快。

（2）纵向炸裂基本处理方法　　当浮法玻璃退火出现纵向炸裂时，操作人员应按照立即采取紧急措施，然后根据实际情况进行温度调节，最后再对设备进行排查的顺序进行操作。

① 紧急措施　　当发生纵向炸裂时，首先要找到裂纹的源头，如延伸至退火窑封闭区（A～C 区），可在炸裂的玻璃带上放置一块木板条，由于此时温度还比较高，玻璃带上的木板条可以燃烧，这样可以将炸裂处温度提高，进而使炸裂中断；若裂纹的源头在退火窑 RET 以后，可以先将风机关闭，使玻璃瞬时升温，而后快速将风机全开使玻璃带受急冷，采用这种办法可以快速地将纵裂纹移向玻璃带的一边而使其中断。

② 温度调节　　根据纵向炸裂的不同情况采取相应措施。

③ 设备排查　　有时退火窑辊子两端轴头密封不好，或者侧墙有裂缝，使大量的冷空气从两边进入窑内，也是造成纵向炸裂的原因。因此产生纵向炸裂时，应仔细地检查退火窑每一个区的情况，如发现密封不严之处应及时处理，特别是在冬天，应做好敞开区之后的保温

（如关闭工区厂房的门窗、设置隔离挡帘等），尽量不要让过多的冷空气进入退火窑。

（3）纵向炸裂形式及相应处理方法　根据炸裂的方向、位置、形状不同，浮法玻璃退火时出现的纵向炸裂，大致可以分为边部纵炸、中间炸裂、不规则炸裂、蛇形炸裂等形式。

① 纵向边部炸裂　边部纵炸通常发生在最靠近玻璃带边部区域，炸纹较直。如果炸裂呈裂纹状，一般是因冷却区炸裂处炸裂的一侧张应力过大，对于这种情况一般采取减小裂纹处冷却区（或上一冷却区）炸裂侧的冷却强度的方法。如果炸裂呈裂缝状，缝隙较大，则是因为退火区域炸裂一侧产生了过大的张应力，这时需要增加炸裂处退火区域内炸裂侧边部的冷却强度。

② 纵向中间炸裂　中间炸裂通常发生在中间区域，裂纹相对较直，呈龟裂状或者裂缝状，裂缝较大，这主要是因为玻璃带中部区域具有较高的压应力所致。对裂纹状纵炸，采取增加炸裂处冷却区（或前一冷却区）内中间区域的冷却强度的处理方法；对裂缝状纵炸，则需在退火区内降低裂缝处中间区域的冷却强度。

③ 纵向不规则炸裂　不规则炸裂一般是因为炸裂处的冷却区域（或上一冷却区域）内温度控制不稳，造成冷却区内的温度场在局部出现大幅度波动所致。对于这种情况，一般采取稳定冷却区系统控制，并根据实际情况采取与边部纵炸和中间纵炸相结合的处理措施。

④ 纵向蛇形炸裂　蛇形炸裂，裂纹呈明显的波浪式蛇形纹，持续时间长，炸裂的末端相对于退火窑位置固定，炸裂末端一般不会偏斜使裂纹头向边部发展。这种炸裂是由于玻璃带在前部的退火区域内受到了较强的冷却，产生了较强的永久应力，玻璃呈现了相当程度的"钢化"纵炸倾向。对于这种情况，需要在退火区或退火窑前，使玻璃带宽度方向整体温度升高，同时还要使中部温度比边部高。

5.3.1.2　横向炸裂

横向炸裂是指在退火过程中玻璃带出现垂直于拉引方向的裂口的现象。发生横向炸裂的前期表现为玻璃带边部很松，用手很容易把玻璃带从辊子上抬起，肉眼可以观察到明显的变形，有时甚至可以听到因边松波浪变形拍打辊子的声音。引发这种炸裂的主要原因是玻璃带边部一侧或两侧的压应力值太大。在压应力高的一侧往往产生 Y 形裂纹，特别是在横掰时尤为明显，如图 5-15 所示。

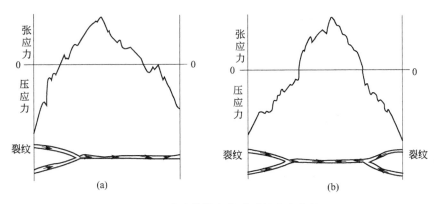

图 5-15　玻璃带横向炸裂时的应力曲线

（1）横向炸裂原因　如果在退火下限温度前，玻璃带边部冷却速率比中部快；或在退火温度下限以后，玻璃带边部冷却速率比中间慢，这时在玻璃的边部就会形成松边的现象。松边使玻璃带的边部趋向于比中部长，这时中部会阻止边部边长，从而使边部受到压应力；反之，边部会使中部变长，中部区域受到张应力。当玻璃中出现弱区（如结石、析晶等）或玻璃中的应力超过自身强度时，就会发生横向炸裂。

（2）横向炸裂形式及处理方法　根据炸裂的方向、位置、形状不同，横向炸裂可分为横向单裂、Y形炸裂、X形炸裂、U形炸裂、斜道式炸裂等形式。

① 横向单裂　横向单裂如图 5-16(a) 所示，裂纹接近于直线型。一般是由于玻璃带进入退火窑前期边缘存在的微裂纹或存在的应力所致，主要原因有：在锡槽中，边部接触异物，如挡边器等；偶然出现的边缘小气泡；板中结石等。这种炸裂是由于退火以外的因素造成的，无需在退火方面采取措施。

② 横向Y形炸裂　Y形炸裂如图 5-16(b) 所示，裂纹呈Y字形。炸裂前分支一侧玻璃往往出现波浪形，炸裂后的一段时间内，波浪消失，一段时间后，变形重新出现，炸裂再次发生。这种炸裂是由于玻璃带炸裂一侧存在较大的压应力。可以在炸裂区及其之前的冷却区分别增加炸裂一侧的冷却强度。

③ 横向X形炸裂　X形炸裂如图 5-16(c) 所示，裂纹呈X字形。这是由于玻璃带炸裂两侧均存在较大的压应力。在炸裂区及其之前的冷却区分别增加两边部的冷却强度或减小玻璃带中部区域的冷却强度。

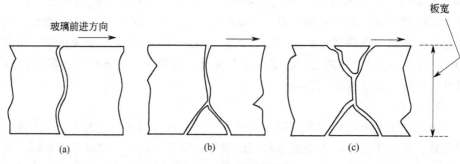

图 5-16　横向炸裂示意

④ 横向U形炸裂　U形炸裂如图 5-17 所示，裂纹呈U字形。这种炸裂是在横向单裂的基础上，由于某区横向温度发生变化而引起的，是由于玻璃带的两个中腰部存在较大的张应力，这时只需略微降低两个中腰部的冷却强度即可。

⑤ 横向斜道式炸裂　斜道式炸裂如图 5-18 所示。如果这种炸裂在某段时间内频繁出现，一般是由于生产现场两侧的环境气流存在较大的差异所致。这时应检查生产现场的所有气流通道，采取相应措施即可消除。

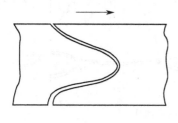

图 5-17　U形炸裂示意

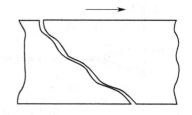

图 5-18　斜道式炸裂示意

5.3.1.3　混合式炸裂

这种炸裂形状大多如蜘蛛网状分布，裂纹形状极为不规则，炸裂持续时间较长，如不及时处理，玻璃炸裂的碎片可能堆在辊子下使棍子卡住，阻止玻璃带正常运行，直接影响正常生产。这种炸裂是因为玻璃局部区域内应力发生变化，使玻璃带产生瞬时较大变形过程中发生的自裂。

根据炸裂的方向、位置、形状不同，横向炸裂可分为混合炸裂 A、混合炸裂 B、混合炸裂 C、混合炸裂 D、混合炸裂 E 等不同形式

（1）混合炸裂 A　混合炸裂 A 如图 5-19 所示，放射性炸裂一侧（或两侧）存在许多并未到玻璃带边缘的炸口，有向纵向发展的趋势。遇到这种情况时应在炸裂之前的冷却区加强炸裂侧中部及腰部的冷却强度，同时适当减少边部的冷却强度。

（2）混合炸裂 B　混合炸裂 B 如图 5-20 所示，多出现于 10mm 以上厚玻璃的生产过程中。产生原因与混合炸裂 A 基本相同，但是这种炸裂在拉边机牙印的自然边处存在较大的张应力。调整方法可与混合炸裂 A 相同，同时需要采用边部电加热或通过烧边来提高牙印外的自然边温度。

（3）混合炸裂 C　混合炸裂 C 如图 5-21 所示，主要是由于炸裂所在区的冷却强度突然增大引起应力突变所致。遇到这种情况时可以适当减缓炸裂区及前一区的冷却强度；也可以整体增强前一区的冷却强度，同时适当降低该区的整体冷却强度。

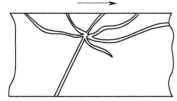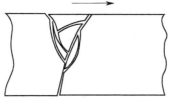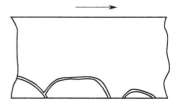

图 5-19　混合炸裂 A　　　　图 5-20　混合炸裂 B　　　　图 5-21　混合炸裂 C

（4）混合炸裂 D　混合炸裂 D 如图 5-22 所示，炸裂从玻璃带的中心向四周呈放射状，可能是由于化学成分或受热不均匀（如配合料成分波动以及熔化、成形出口温度偏高）而造成整体玻璃带面在退火区产生的永久应力过大，在冷却区再次叠加应力所致。遇到这种情况时需要适当降低退火区的整体冷却强度，整体提高退火区玻璃带的温度。

（5）混合炸裂 E　混合炸裂 E 如图 5-23 所示，这种炸裂伴随有边浪变形，炸裂后，变形仍然存在。产生的主要原因是玻璃炸裂侧在退火区的冷却强度突然增大。遇到这种情况时应检查退火区侧的工况是否稳定，同时查看玻璃带板摆幅度是否较大，然后采取相应措施进行处理。

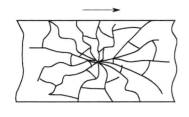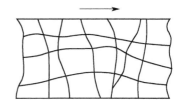

图 5-22　混合炸裂 D　　　　　　　　图 5-23　混合炸裂 E

5.3.2　翘曲

玻璃板处在退火区域中，如上下表面冷却强度不同，则当玻璃冷却到室温均衡时，会引

起应力分布不对称，压应力就会向冷得快的那一面偏移，冷却快的表面受压应力，冷却慢的表面受张应力，如果玻璃原片足够大，玻璃中应力分布的不平衡必将引起变形弯曲或翘曲。若玻璃板的下表面比上表面冷却得快，则压应力大的一边在下表面，板向上弯曲；反之，向下弯曲。根据作用机理不同，分为永久翘曲和暂时翘曲两种。

5.3.2.1　永久翘曲

永久翘曲又分为厚向和宽向翘曲，厚向翘曲又可分为板带凹形翘曲和凸形翘曲，永久翘曲是退火区应力分布不均造成，室温可以观察和检验到，是退火区永久应力分布不均所致。

（1）厚向翘曲　厚向翘曲如图 5-24 所示。

(a) 凹形翘曲　　　　　　　　　(b) 凸形翘曲

图 5-24　厚向翘曲示意

凹形翘曲是由于玻璃带在退火区内上表面比下表面热、冷却强度低造成的。可在退火区适当降低玻璃板上表面温度或提高玻璃带的下表面温度。

凸形翘曲是由于玻璃带在退火区内下表面比上表面热、冷却强度低造成的。可在退火区适当降低玻璃板下表面温度或提高玻璃带的上表面温度。

（2）宽向翘曲　宽向翘曲也叫硬翘曲，又可分为边部抬起翘曲和波浪翘曲。属于室温下仍然保留的翘曲变形。该翘曲有在退火辊道上缠绕的倾向。

产生原因及处理方法如下。

① 退火区玻璃板带宽度方向上存在温差，玻璃带两边部的冷却强度与中部不一致，使玻璃板两边部和中部在结构上存在差异所致。处理方法为调整合适退火温度。

② 锡槽出口温度高造成的变形。处理方法为适当降低锡槽出口端温度或加强退火窑进口处的冷却。

5.3.2.2　暂时翘曲

暂时翘曲是玻璃板在较高的温度下，可以观测到的一种变形，室温下翘曲消失的一种现象。暂时翘曲分为厚向和宽向翘曲两种。

产生原因主要如下。

① 冷却区暂时应力不均。

② 厚度方向翘曲是由于玻璃板上板下在退火区后存在温差，板向较冷的一侧弯曲。

③ 宽向翘曲是由于玻璃带在退火后，宽度方向上存在温差所致。

处理方法为提高凹面温度或降低凸面一侧的温度，使玻璃板面温度均匀分布。

5.3.3　生碴

5.3.3.1　产生原因

生碴是玻璃带在横切时断面上出现的类似于白色糖状物的现象。生碴多发生于厚玻璃的生产过程中，产生的根本原因在于表层应力曲线不合理、板芯温度高、残余的板芯张应力过大；在退火曲线上表现为温降速率过快。

（1）A区温度控制不合理　主要是没有对玻璃带快速冷却，造成A区出口温度升高，使B区的温降速率过快，玻璃带产生过大的永久应力。再有A区出口玻璃带横向温差过大，边部有过大的压应力，中部有过大的张应力。

（2）B区退火温度不合理　玻璃带在本区域内温降速率过快，表现本区域内玻璃带温度偏低；或在本区域内温降速率过快，表现本区域内玻璃带温度偏高，一部分退火区域温度延伸到C区，C区降温速率快，这些情况必然会造成玻璃带横向温差大。

（3）冷却区冷却过大　冷却区引起的横切生碴是由于玻璃带边部冷却不足、中部冷却过大所致，使玻璃带边部受到较大的暂时应力，中部受到了较大的暂时张应力，造成板芯受到过大的张应力，从而导致横切时出现生碴。

（4）玻璃带上、下冷却不均匀　尤其是生产厚玻璃时，玻璃带的下表面传热能力下降，这是由于在下部风管上有格栅、辊子，减弱了玻璃带的传热效果，从而引起玻璃带上、下表面冷却不均匀，玻璃带产生横向弯曲，加大了玻璃带的中部受力，从而导致在横切时出现生碴。

5.3.3.2　处理方法

（1）按永久应力调整　检查A区、B区温度是否与退火温度曲线相对应，若玻璃生碴部位的温度过高，要加大A区中部冷却速率。调整玻璃带横向温差，调整A区中部、边部风管中风温、风量，使玻璃带的横向温差控制在工艺参数范围内，并适当降低A区出口温度，升高B区出口温度。调整B区横向温差的方法与A区相同。

（2）按暂时应力调整　横切出现生碴，是由于玻璃边部太松所致。因此应加大冷却区边部的冷却强度，减少中部冷却强度；或在D区、F区，关小产生生碴部位的风量。

5.3.4　裂口

5.3.4.1　产生原因

玻璃带在横切时，在刀口断面上有小的裂纹延伸到板里 1～10mm，这种小裂纹称为裂口。带有裂口的玻璃在冷端输送辊道上稍微受力就会自动炸开，有的在装箱后运输中炸裂。

产生的原因主要有以下几方面。

① 横切辊子抬得过高。

② 裂口处在退火区温度相对较高，退火后区裂口处温度偏低，使局部张应力太大。

③ 玻璃带上、下温差过大，有的C区板下温度比板上温度要高 60～70℃，而F区离横切较近，F区风管由于板下比板上堵塞严重，这就造成板下比板上风量小，这些因素使端面上部受张应力过大，强行掰断就易产生裂口。

5.3.4.2　处理方法

① 调节辊子高度到合适位置。

② 降低退火区裂口对应部位玻璃温度或升高退火后区裂口对应部位温度。

③ 调整玻璃带上、下温差。

有时裂口与生碴同时出现，调节上可先按处理生碴的方法调节，这时裂口有时会同时消失，若消失不了可再按处理裂口的方法调节。

5.3.5　玻璃板多角（少角）

由于退火的问题，在横切进行掰边时还经常发生多角或少角的现象。特别是在生产厚玻璃时，板边比齿印内玻璃薄，边部散热比板中部多，因此，板边比板中温度低。在退火区，这种温差的存在，将使温度均衡后的玻璃边部受压应力，中部受张应力，切割掰断时，切口处容易出现多角或少角的现象，也就是说横切边部不走刀。这种情况主要是由玻璃带边部薄、散热快、温度低及退火窑密封不好使边部压应力过大引起的。

浮法玻璃退火出现多角（少角）时，操作人员应立即采取以下方法进行调整。

① 通过烧边提高边部温度。

② 在自动掰边机的基础上增加杠杆机械轮、顶轮、压轮等辅助掰边设备。

5.3.6 其他故障及处理方法

5.3.6.1 冷却风机故障及处理方法

浮法玻璃退火过程中，当发现冷却风机出现故障时，需进行冷却风机的倒换操作。具体操作步骤如下。

① 把备用风机的出口风量管手动闸板关闭，启动备用风机。

② 待备用风机运转正常之后，打开备用风机出口闸板和主线相连接的闸板。

③ 停所要倒换的风机，同时关闭所要倒换风机的出口闸板。

5.3.6.2 主传动停车事故及处理方法

浮法玻璃退火过程中，当发现主传动出现故障时，需进行冷却风机的倒换操作。具体操作步骤如下。

① 立即对主传动辊道进行盘车。

② 立即组织人员查明原因，维修后及时开车。

5.3.6.3 玻璃带在退火窑内停走

① 立即与浮法工区联系，在过渡辊台上打断玻璃，防止锡槽出现沾边、满槽等事故。

② 打开观察孔查明原因，通常是因退火窑辊道下碎玻璃过多或退火窑风管下沉而卡住玻璃。

③ 原因查明后立即对所堵部位进行处理。

④ 处理完毕后，应立即关死观察窗，通知浮法工区安排人员引板，尽快恢复生产。

5.4 岗位职责及操作规程

5.4.1 退火工岗位职责

① 熟悉掌握测温仪表，测定和记录各工艺区数据要及时准确，严禁弄虚作假，提前或迟后补记。记事栏中必须记好当班的玻璃切割、炸裂等情况，以及工艺制度的调节和设备运转、检修等有关事项。

② 记录报单要求工整，一律用钢笔或圆珠笔填写。

③ 根据锡槽出口温度、玻璃带横向平面分布应力曲线以及切割等情况适当调节各区温度，特别注意玻璃带的横向温差，A区、B区玻璃带温度横向温差不超过5℃，并维持板中温度高于两侧温度。

④ 根据工艺要求，及时掏出退火窑内玻璃，掏碎玻璃时应分区域依次进行清理，门的敞开不要过多，防止空气大量进入对玻璃生产产生不利影响。

⑤ 对加热系统、冷却系统、仪表及辊道系统等进行认真巡回检查，发现问题及时解决。

⑥ 玻璃带在退火窑内要求在辊道中间运行。

⑦ 对板面出现的弯曲、板翘、炸裂等缺陷要及时调整温度，交接班时，由于温度波动造成玻璃带炸裂、弯曲、板翘等缺陷，退火工负主要责任。

⑧ C区玻璃带中间温度波动要求在5℃之内。

⑨ RET区热风温度要求控制在85℃之内。

⑩ 与横切工区联系，根据玻璃刀口和掰断后玻璃断口情况，判定退火温度是否合理，玻璃带在横切处的温度为60～70℃。

⑪ 按规定的要求，及时检测玻璃的质量、厚度、板宽并向班长汇报。

⑫ 按规定温度指标要求，严格操作风机和电加热，进行退火温度调试，玻璃带在各区的温度控制在：A区600～500℃、B区500～440℃、C区440～150℃。

⑬ 改板时，根据不同厚度的玻璃调整到相应的退火曲线。

⑭ 做好退火窑仪表控制系统的维护。

⑮ 做好退火窑的使用与维护，随时检查退火窑及设备运行情况，经常向班长汇报，并对本岗位因管理使用不当造成的事故负主要责任。

5.4.2 退火工日常检查事项

(1) 班前检查 对控制柜各种仪表、退火窑各区温度、输送辊道、风机风量刻度、吹风嘴以及玻璃退火情况进行全面检查。详细了解上一班的生产情况、退火温度、设备运行情况、玻璃的品种规格和质量情况。

(2) 当班检查

① 检查电加热、风机 每小时检查一次退火窑和风机系统有无异常，发现问题及时处理。

② 检查玻璃质量 每小时检查一次玻璃退火情况，有无炸裂、弯曲等现象，以防玻璃卡住、划伤等现象。

(3) 设备巡检

① 每2h巡检一次；

② 检查退火窑输送辊道运转、润滑是否正常和良好；

③ 检查主传动减速机油位及对齿情况；

④ 风机运转是否正常，润滑传动三角带松紧是否正常，有无杂音。

5.4.3 退火工岗位操作规程

(1) 退火温度控制 按相关的仪表使用说明书，认真调节仪表，通过调节仪表来调节风机蝶阀的开度，以控制流通的风量大小，并以此控制退火窑内的温度升高或下降。如遇到退火温度过低时，可通过调节退火窑的电加热功率来控制退火窑内的玻璃带温度变化。

(2) 锡槽工艺调整时操作

① 锡槽引板时 a. 启动退火窑各冷却风机，将RET区和F区风阀关死；b. 把A、B、C三区温度控制打到手动；c. 当玻璃带从锡槽挑上过渡辊台进入退火窑后，退火工紧跟玻璃带前部并随时打开观察孔，观察玻璃运行情况，如发现炸裂、堵塞或卡住，应立即处理；d. 玻璃带送出后，关闭所有观察孔；e. 根据玻璃退火情况，逐步开大RET区和F区的冷却风量。

② 锡槽砸板时 a. 把拖断的玻璃带送入退火窑；b. 打开各区观察孔，检查碎玻璃情况；c. 砸板时间过长时，停RET区和F区的风机，A、B、C三区温度按原工艺指标执行。

③ 锡槽改板时　a. 及时调整 RET 区和 F 区的冷却风量，减少玻璃炸裂；b. 改板时，由于进口风量大，要尽量手动操作，当控制温差不大时，再打自动；c. 厚玻璃改薄玻璃时，应控制退火上限温度，薄玻璃改厚玻璃时维持原指标。

（3）玻璃原板厚度的测量　测量所使用的工具通常为千分尺，而测量的位置一般选择玻璃原板横向等距的 3～5 个点。使用千分尺前要先校对零点，测量时千分尺与玻璃平面要保持垂直，先调节粗调螺杆，使千分尺的开度比所测物体的厚度大 1～2mm，然后调节微调螺杆，调节时要稳当、缓慢，当听到"哒、哒、哒"响时，千分尺的显示数值即为所测物体的厚度。如测得的数据超出允许公差，应及时告知锡槽成形工区，以便调整工艺参数。

第6章 浮法玻璃冷端及切装工艺

经过退火后的浮法玻璃带在传送辊道上继续前进，进入冷端技术处理阶段。按照浮法玻璃生产过程及其设备的功能，冷端结构可以粗略地分为玻璃带检验和预处理区；切裁和掰断区段；表面保护、堆垛及装箱区段。如图 6-1 所示是比较典型的冷端工艺流程。

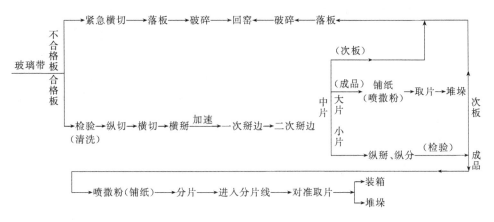

图 6-1　比较典型的冷端工艺流程

6.1　检验和预处理

在检验和预处理区段内，对由退火窑出来的玻璃带进行板宽、板厚的检验以及应力分布、质量缺陷的检验，其中质量缺陷包括气泡、夹杂物（砂粒）、条纹、沾锡、麻点等。另外，在此区段内通过紧急横切、落板、破碎等设备，将质量不合格的废板进行处理，如引板、改板、本体着色、换色的过渡阶段和出现事故所造成的不合格玻璃。这样可以保护冷端的切裁、掰断和输送设备。在线检验设备包括在线应力、板厚、板边位置跟踪检验、点状缺陷检验、打标记以及抽样质量检验装置等。

6.1.1　玻璃带检验

为了调整、控制生产和操作，保证成品质量，需要对玻璃带进行各项检验，检验方法分为离线检验和在线检验两种，离线检验是将切裁后的玻璃带搬运到有专用检验设备的技术部门或检验机构进行质量鉴定的过程；而在线检验是通过在生产线上设置的检验装备对玻璃带进行质量鉴定的过程。在线检验可分为人工半自动检验和自动检验两种类型。

6.1.1.1　人工半自动检验

人工半自动检验是通过人为检验的方式而实现对玻璃带质量的控制。其中包括玻璃带厚度的测量、玻璃带长度的测量以及点状缺陷的检验等，这种检验方法主要应用于建线比较早、设备相对落后的生产线中。对于玻璃带厚度、长度的测量，可分别使用千分尺、卷尺进行测量，如果发现尺寸偏差超出允许范围应立即进行落板操作，将不合格制品破碎回窑，并通知锡槽成形工段进行工艺调整。而对于点状缺陷利用人工检验的方法存在着检验精度和准确度不高的缺点。

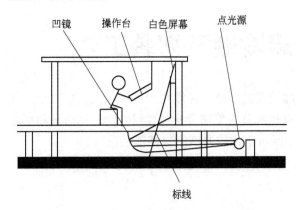

图 6-2　人工半自动点状缺陷检验示意

玻璃的点状缺陷是指在玻璃带上由于各种原因所产生的砂粒、夹渣、沾锡和气泡等，它是影响玻璃质量的主要原因。人工点状缺陷的检验是由人工在暗室内用肉眼观察玻璃存在的点状缺陷。如图 6-2 所示，在主线辊道上的暗室内，辊道的下面装有一个点光源，光线投射到凹面镜上，凹面镜反射光通过玻璃带投射到白色屏幕上。在辊道下横向拉有一根钢丝的标定线。操作台设有五个按钮，每个按钮对应玻璃带纵向的五个区。当发现有缺陷时，人工按动缺陷所在的分区内的按钮，通过辨断系统的控制计算机对这片玻璃进行质量分析和评定，同时指挥打标记装置，在缺陷附近打缺陷标记。

6.1.1.2　在线自动检验

比较现代的玻璃生产线上普遍安装了自动检验装置，对玻璃质量进行自动检验，以控制玻璃的等级。自动检验设备包括应力检验、板厚检验、板边位置及板宽检验、点状缺陷检验及打标记、抽样质量分析检查等装置。

（1）在线应力检验装置　在线应力检验装置是安装于浮法生产线上对玻璃退火后的应力大小和分布进行连续自动测量的仪器，该仪器具有计算机自动绘制应力曲线和数字显示等功能，可为退火工艺提供可靠参数，是检验退火质量的理想仪器。

在线应力检验仪的工作原理是利用 Senarmont 法测量应力，即测定穿过玻璃厚度的单色光束偏振面的旋转角，为了完成这一工作，在玻璃带下方设置一个光源和一个偏振片，同时在玻璃带上方放一个测量头。光源发出的光束经过偏振片，透过玻璃进入测量头，经过滤色片、$1/4\lambda$ 波片和高速旋转的偏振片而到达旋转偏振片后面的光电二极管，旋转偏振片将光束调制成交变信号，光电二极管输出交流信号。该信号称为测量信号，旋转偏振片每旋转一周可产生两次消光，为了测出消光在时标上的位置，在仪器测量头内还设有一个基准信号发生器。

玻璃板上的应力大小不同，消光在时标上的位置也不同，亦即测量信号与基准信号最小值在时标上有一个时间差，波形上的时间差也就是相位差。将测量信号和基准信号经处理放大后，输入鉴相器，测出测量信号与基准信号之间的相位差，将相位差转化为电压值，经高精度 A/D 转换，由工控机显示器显示所采集的值，并存储及数字电压表显示，这就是所要测量偏振面的旋转角，这一旋转角即"应力角"。

（2）在线玻璃带板厚测量装置　它是沿玻璃带宽度方向扫描测定的。主要用来测定拉制成形的玻璃带宽方向的薄厚差和成品的标称厚度范围。玻璃的薄厚差也是产生光畸变的主要原因，所以一般应控制在 0.1mm 以下。

在线玻璃带板厚测量装置的工作原理为：利用一个平行激光扫描器，扫描速度为 33.3mm/s，平行激光斜对着射向玻璃，这束光被玻璃上下两个表面所折射，另有一个接收器，可以测出上下两个表面反射的两束光的光程差，即测得下表面反射光比上表面反射光的滞后时间 T，则板厚是：

$$d = aT \tag{6-1}$$

式中 　d——厚度；

　　　T——滞后时间；

　　　a——系数。

通过对全板厚度的测量，也可以得到玻璃原板的宽度。因为传感器每移动 1mm，就向数据处理和控制系统提供一个 T 值，即板宽测量精度为 1mm，再通过计算可以得到玻璃板宽度。

$$B = \frac{Q}{24\gamma A_v v_p} \tag{6-2}$$

式中 　B——原板宽度，m；

　　　Q——生产线日产量，t/d；

　　　γ——密度，2.5t/m^3；

　　　A_v——玻璃板平均厚度，mm；

　　　v_p——退火窑辊道的拉引速度，m/h。

（3）在线板边位置检验装置　浮法玻璃在生产过程中，经常有板宽的调整和变化，另外由于工艺操作、工艺制度等原因玻璃带容易左右偏摆，对冷端横切系统造成影响，这就需要对玻璃带板边位置进行监测。根据监测的数据对切边、纵切、横切下刀、落刀点位置、掰边辊道的掰边位置进行跟踪调整。

在线玻璃边位检验，采用光电系统，即用两个单面发射和接收光电管，对玻璃的一个边进行跟踪。两个光电管的间距为 10mm。当玻璃带边在两个光电管之间时，为正常，边部检验的光电管不动；当玻璃带跑偏，玻璃遮住两个光电管或两个光电管下都没有玻璃遮住，则两个光电管一起移动到玻璃边处于两个光电管中间时为止。切裁、掰断系统根据光电管的左右移动量来调整位置。

（4）在线自动点状缺陷检验装置　在线自动点状缺陷检验装置一般由洗涤干燥机、点状缺陷检验仪和打标记装置三部分组成，并与切掰系统和整个冷端的控制计算机连接对玻璃进行质量分析和判定，对后续的切掰和堆垛进行控制。

① 自动点状缺陷检验仪种类　目前常见的在线自动点状缺陷检验仪有应用光电系统的，还有的用激光系统进行检验。在线自动点状缺陷的检验精度，砂粒可以检验出最小为 0.2mm，气泡可以检验出最小为 0.3mm。实际在线应用都限制在 0.4～0.5mm。

② 光电自动点状缺陷检验仪　光电自动点状缺陷检验仪是与测定玻璃带的速度和运送距离的光电脉冲发生器、切掰系统的控制计算机相互配合使用的。光电自动点状缺陷检验仪可以将测定的缺陷尺寸大小、数量、分布情况、纵横坐标位置等数据输入计算机，由计算机对每一块玻璃进行质量分析并确定其质量等级。

光电自动点状缺陷检验仪的工作原理是将检验设备安装在输送辊道上密闭的暗室里，在横跨辊道的横梁上，分成若干小段装上光敏元件，每一小段检验玻璃带纵向的一定宽度，在辊道下设有一条光源，光线通过玻璃带投射到光敏元件上，如图 6-3 所示。有缺陷时光照强度变化，发出信号，再通过 A/D 转换、放大和信号处理后，输入计算机进行分析评判每一块玻璃的质量，再控制各工序分别处理。

③ 激光自动点状缺陷检验仪　激光自动点状缺陷检验仪与光电自动点状缺陷检验仪功用是相同的，只是在检验原理上有所区别。激光自动点状缺陷检验仪是 He-Ne 激光器以一

束光对玻璃带全宽进行横向扫描。扫描是通过电子振荡器带动的镜子反射到全板宽上，再通过两个光电接收器来分辨是否有缺陷。这种缺陷检验仪可以可靠地检验出大于 1mm 的缺陷。

6.1.1.3 打印标记装置

打印标记装置是为了便于对每块玻璃板存在的缺陷数量、大小和缺陷位置进行辨认，以满足质量的评定和用户的要求。当检查出缺陷后，用打印标记装置在缺陷位置的板面或缺陷附近，用紫色墨水打印上标记。

打印标记装置结构如图 6-4 所示。在横跨主线辊道的横梁上，装有若干个由电磁铁通过杠杆系统操作的打印头。打印头的安装个数一般根据点状缺陷检验仪横向分区数来决定。

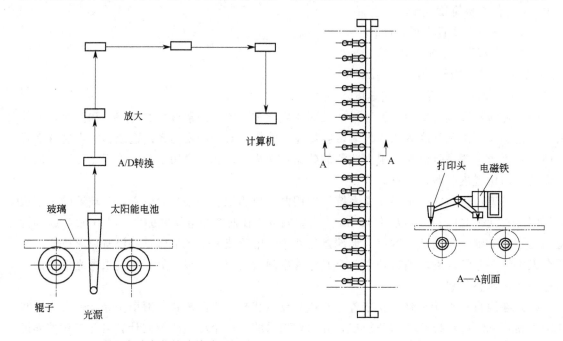

图 6-3　光电自动点状缺陷检验原理　　　　图 6-4　打印标记装置结构示意

6.1.1.4 抽样检查装置

抽样检查装置（图 6-5），是用来定时或临时将大、中片玻璃由主线抽出，对玻璃进行全面检查和综合分析，并附加设置改裁系统将玻璃板改裁成试样的小片，供进一步检验用的设备。如不需要改裁，已检验过的玻璃板可以返回主线。

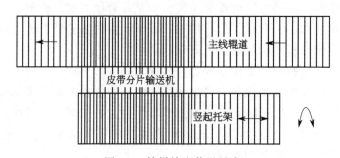

图 6-5　抽样检查装置示意

抽样检查装置一般设置在大、中片堆垛机的前面，输送辊道的侧面。用皮带分片输送机将要抽检的大、中片玻璃送出主线辊道，到直线辊道上，直线辊道再将玻璃送到竖起的托架上，由人工对竖起的玻璃进行全面检验。检验后再放平，当主线有空当时再返回主线。

6.1.2　玻璃预处理

玻璃预处理区主要包括一般输送辊道、落板辊道、玻璃绞碎机等设备。

6.1.2.1　一般输送辊道

一般输送辊道指退火窑出口到纵切机前的一段输送辊道，在这段辊道上进行紧急切割和安装各种检验装置，主要负责正常生产时运送玻璃带。

一般输送辊道结构如图6-6所示。一般输送辊道安装在型钢的支架上，辊间距220～500mm、平行排列。在空心辊子的芯轴上套有相隔400～500mm的直径为145～230mm的橡胶圈。芯轴两端支撑在调心滚动轴承上。由退火窑传动装置通过地轴、齿轮箱，再经过45°斜齿轮或同步齿形带进行转动。这种辊道根据生产工艺指标一般设计成长度为7～10m。

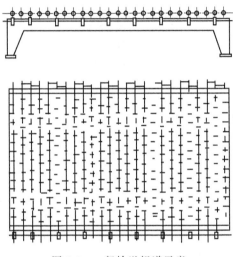

图6-6　一般输送辊道示意

6.1.2.2　落板辊道

落板辊道是用来将废品玻璃斜向送入玻璃破碎机的一段输送辊道。这种结构的辊道，分别设置在紧急切裁后面、掰断辊道后面和主线或支线纵、横向掰断处的后面，用于处理废板和次板。该辊子安装在可以绕支架铰点旋转的框架上，当落板时可以下倾一个角度，玻璃板沿倾斜辊道送入玻璃破碎机，一般用汽缸经连杆机构来驱动落板框架下倾或顶升成水平位置。落板辊道如图6-7所示。

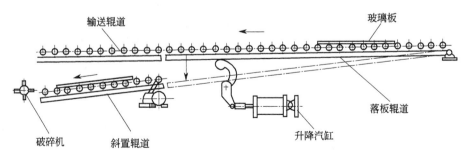

图6-7　落板辊道示意

6.1.2.3　玻璃绞碎机

　　玻璃绞碎机是玻璃生产线不可缺少的机械设备，一般安装在紧急落板、双落板和侧边辊道等的下方，其作用主要是将检验不合格的大块玻璃进一步粉碎，以满足提升机载料粒度的需要和生产中所加一定比例碎玻璃的粒度要求。玻璃绞碎机主要由皮带轮、绞碎轴、壳体、护套、轴承座及轴承、算条以及锤头等组成，如图6-8所示。

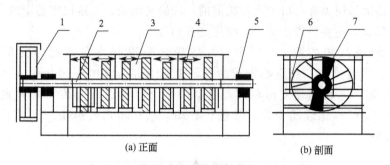

(a) 正面　　　　　　　　　　　(b) 剖面

图 6-8　玻璃绞碎机示意

1—皮带轮；2—绞碎轴；3—壳体；4—护套；

5—轴承座及轴承；6—算条；7—锤头

6.2　切裁和掰断

　　浮法玻璃的切裁和掰断是对从退火窑中出来的连续玻璃带，按规格尺寸要求，进行切裁和划痕并掰断成玻璃板的操作。这一系统的设备是浮法玻璃冷端的核心关键设备，其中包括纵切机、横切机、横向掰断装置、掰边装置、纵向掰断装置和纵向分离装置等。

　　目前，切裁和掰断系统可以切裁和掰断的玻璃带厚度为 0.55～22mm，带宽 1.8～5m，板长可以根据需要设定，最长可达 6～7m，切裁精度长度为±1mm，对角线长度差不大于 1.5mm。

6.2.1　切裁原理

　　所谓切裁是指按照预定的规格尺寸将玻璃原板切成成品的过程。切裁率是指切裁成的平板玻璃成品面积与合格玻璃原板面积之比（以百分数表示）。

　　当玻璃表面存在微裂纹时，会严重影响玻璃的机械强度。有资料表明，裂纹深度为 $1\mu m$ 时，玻璃的强度会降低到原强度的 1/100。浮法玻璃的切裁划痕就是利用了这个特性。

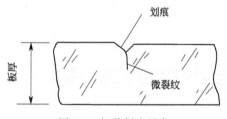

图 6-9　切裁划痕示意

　　浮法玻璃的机械切裁设备一般采用硬质合金刀轮或聚晶金刚石刀轮。当玻璃表面被刀轮辊压出一条划痕时，只需要一个很小的弯折力，便可以将玻璃沿切痕掰断。这是因为一个好的切口，在划痕下面会出现垂直向下的微裂纹，如图6-9所示。划痕的宽度、深度和微裂纹的深度一般为 $17\mu m$ 左右，由于玻璃的切口内嵌填着极微细的碎屑，切刀的压力去除后，裂纹不会像理想脆性材料那样合拢。当切裁划痕的玻璃受到一定的掰断力（即弯曲应力）时，由于应力集中，在裂纹尖端处会产生一个相当大的应力，足以达到使玻璃带断开，成为合格尺寸玻璃板。

要想提高切裁率，必须注意对刀轮角度和切裁压力、切裁速度等工艺参数的优化选择。

6.2.1.1 刀轮角度和切裁压力

要得到一条理想的划痕，必须对不同厚度的玻璃板选择合适的刀轮角度和切裁压力。如图6-10所示为刀轮角度选择。

由图可以看出，在保证裂纹达到所需要的范围内，对同样厚度的玻璃，所选择的刀轮角度越小，施加的压力也越小；角度越大，施加的压力也越大。当然，生成的裂纹深度也会随着角度、压力的增加而变深。根据实际经验，切裁厚玻璃所需裂纹深度要大一些，薄玻璃所需深度要小一些。因此，厚玻璃应选择较大的刀轮角度和较大的压力，当然这也要有限度，如大于160°时切裁的效果就不好；相反薄玻璃应该选择较小的刀轮角度和较小的压力，通常选用110°～135°。

6.2.1.2 切裁速度

图6-11列出了划痕速率与裂纹深度的关系。由图可以看出，当切裁划痕速率大于$10^4\mu m/s$时，裂纹深度与切裁速率无关。由于玻璃的拉引速率和横切机刀轮的切裁划痕速率都大于10^4 $\mu m/s$，所以不管是纵切还是横切机，在选定一个合适的切裁刀轮角度和压力以后，速率的变化，并不会影响划痕的质量。

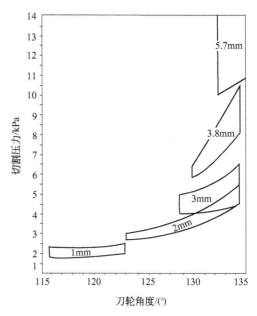

图6-10　刀轮角度选择

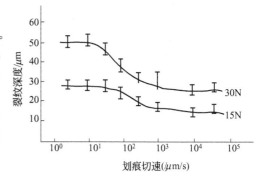

图6-11　划痕速率与裂纹深度

6.2.2 纵切

纵切是对运行的玻璃带沿纵向切裁划痕，即沿玻璃带纵向切裁两个自然边和在横切长度范围内将玻璃纵向切裁成若干片。

纵切机结构如图6-12所示。一般是在横跨过主线输送辊道的横梁上，装有若干把纵向切

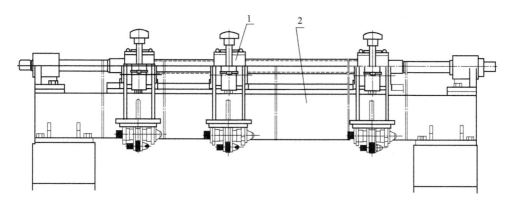

图6-12　纵切机结构示意

1—切割头；2—机架

裁的刀头，横梁两端的刀头用于切裁玻璃带的两个自然边，装在中间的刀头用于在横切划痕内将玻璃纵向切裁成几片，每个纵切刀头都可以根据控制计算机发出的指令和给定的纵向切裁尺寸进行调整及定位。调整及定位是由调频电机经齿轮和齿条来完成的，有的是由伺服电机和滚珠丝杠来完成的。

为了实现最佳切割，有的冷端线采用琴键式的纵切机，即在纵切机的横梁上，每隔2.5cm 设置一个刀头。这样可以随时改变切裁规格尺寸，并可以将有缺陷的玻璃在 2.5cm 范围内纵切成窄条，掰下丢掉，其余的玻璃按最佳切裁方案进行切裁。

6.2.3 横切

横切机是将连续运行的玻璃带按设定长度横向切出划痕供掰断用的装置，如图 6-13 所示。一条浮法玻璃生产线上，通常要布置 2～3 台横切机。靠近退火窑要布置一台应急用横切机，在改变玻璃带厚度、宽度或玻璃带退火质量不好时，开动此横切机，把从退火窑出来的废板全部切断，从落板装置落下进入废料沟，从而减轻后道工序的操作。同时往往还在生产线上布置一台备用横切机，在使用横切机发生故障时启动，以保证切裁工序不中断。

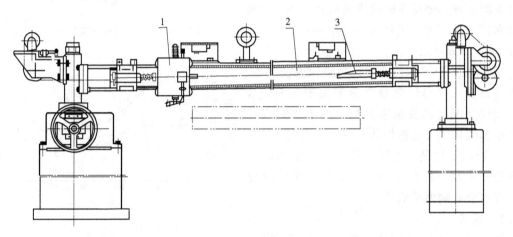

图 6-13　横切机结构示意
1—切割刀架；2—横梁；3—抬刀机构

横切机的安装形式主要有两种：一种是安装在横梁的横切刀架以固定的速度进行切裁划痕，为了使横切划痕保持与玻璃带中心线垂直，根据玻璃带的运行速度调整支撑横切刀架横梁的倾斜角度来实现；另一种是支撑横切刀架的横梁固定一个角度斜置，切割刀架的切割速度（v_1）根据玻璃带的运行速度（v_0）按一定比例关系进行调整后切割玻璃（图 6-14）。早期由于很难精确控制电机的转速从而改变刀头的切割速度，生产中人们便选择了第一种方案，制造出了可调角度斜置式横切机。随着科技的进步，目前第二种切割方式已成为浮法玻璃生产线较为常用的方法。

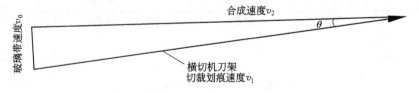

图 6-14　横切机切裁速度示意

玻璃带速度与切割刀架速度以及刀架横梁斜置的角度之间的关系见下式。

$$\frac{v_0}{v_1} = \sin\theta \tag{6-3}$$

$$v_1 = \frac{v_0}{\sin\theta} \tag{6-4}$$

由式(6-3)可以看出，横梁固定斜置后，$\sin\theta$ 为常数，切裁划痕速度 v_1 与玻璃带速度 v_0 成比例变化。

由式(6-4)可以看出，切裁划痕速度 v_1 不变，则横梁角度 θ 随玻璃带速度 v_0 变化而变化。

6.2.4 横向掰断

浮法玻璃的横向掰断是依靠横向掰断辊道实现的。横向掰断辊道如图 6-15 所示。当玻璃带的横向切痕运行到掰断辊道位置时，两端汽缸进气，活塞杆同步动作，顶出支板，带动掰断辊道向上顶在玻璃带的划痕位置，玻璃在自重和充气压轮的帮助下被顶断。

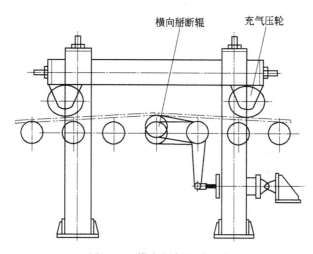

图 6-15　横向掰断辊道示意

6.2.5 纵向掰断

浮法玻璃的纵向掰断分为掰边和板中掰断两种。

6.2.5.1 掰边系统

掰边系统由掰边辊道及掰边机组成。掰边辊道是将已经过纵向切裁划痕的玻璃板的两个自然边掰掉。当玻璃板输送到掰边工位时，由电子计算机发出信号，通过汽缸进行操作。掰边机的主要作用就是实现浮法玻璃的纵向掰边。掰边机是针对退火窑出来的玻璃带边缘的厚度、应力不均匀又有拉边机拉边轮齿痕，在切规格玻璃时这些缺陷板都需要裁掉而设计的。在浮法玻璃生产线上，掰边机设置在横切机的后面。

掰边机的下边轮与掰边辊道的边轮对齐，下压轮布置在两边轮的外侧。每节掰边辊道的长度为 7.5m；辊道宽度调节范围为 2.2～3.3m；掰边机适应原板宽度 2400～3600mm；掰边的调整范围 0～800mm；允许跑偏 0～100mm；手动快速调整速度为 26.4mm/s；自动跟踪速度为 6.6m/s。

常用的掰边方法有三种，如图 6-16 所示。

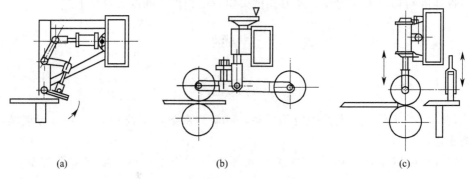

| (a) | (b) | (c) |

图 6-16　掰边的三种方式

① 用钢轮冲压，钢轮由气动装置升降，如图 6-16(a) 所示。此钢轮有的直接安装在掰边辊道上，有的单独装在掰边辊道后边的支架上。

② 用无传动的杠杆上装有两个橡胶轮按压，如图 6-16(b) 所示。使用时先用手轮调节压轮的高低，一般调节到压轮的辊面接触到玻璃上表面位置。压轮有 A、B 两个，离支点距离不等，调节时 B 轮比 A 轮稍低。当玻璃带通过压轮时，A 轮先压玻璃，把玻璃边压断，如果没有断，则 B 轮再补加上一个压力，压断玻璃边。这种方法结构比较简单，也是最为常用的一种。

③ 用气动的按压板掰边，通过装有由汽缸操纵、可以向下倾斜的长板来按压玻璃边而进行掰边，如图 6-16(c) 所示。

6.2.5.2　板中掰断

随着浮法工艺的逐渐成熟以及目前节能降耗的需要，现代浮法玻璃生产线日趋大型化，500t 级、600t 级甚至 900t 级已不再是理论阶段。这也决定了玻璃原板宽度不断增加，因此，还需对玻璃原板的中部进行切裁、掰断。

常用的掰断方法有两种。一种掰断的方法是在输送辊道上设置一根弯形的挡辊，横跨玻璃带，在玻璃带的下面有一根凸轮组轴。不掰断时，平端在上方；当需要掰断时，凸端在上方顶起玻璃带，使玻璃板受到顶力而掰断，其工作原理如图 6-17 所示。

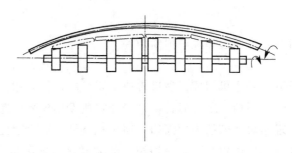

图 6-17　纵向掰板机构工作原理示意

另一种掰断机构如图 6-18 和图 6-19 所示。

在跨越玻璃带的上下方有一组框架，在框架上方，即玻璃带的上面，设计了若干对压轮（图 6-19 中只画了一对压轮），这些压轮分别压在玻璃带纵向划痕的两侧，压轮调节至稍微离开玻璃带上表面，不掰断时，压轮不接触玻璃，只有下方的纵向掰断轮向上顶起时，这一对压轮才压住玻璃。

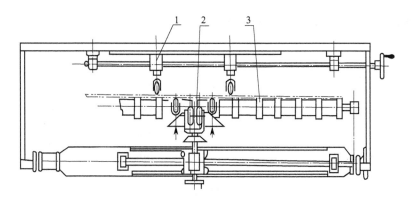

图 6-18　纵向掰板机（剖面图）
1—上压轮；2—纵掰轮；3—输送辊

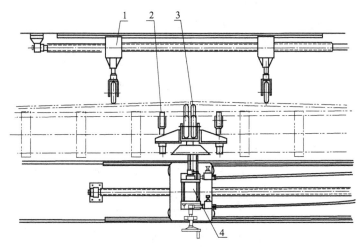

图 6-19　纵向掰板机（俯视图）
1—上压轮；2—导向轮；3—纵掰轮；4—汽缸

在玻璃带下方，有一个带导轨的机架，带有汽缸的小车沿导轨移动。汽缸上方有一对纵掰轮，当信号送来时，汽缸进气，活塞杆伸出，纵掰轮顶出，抬起玻璃，在上压轮的帮助下，已有划痕的玻璃带就被掰断。

6.2.6　玻璃落板装置

在浮法玻璃生产线中，浮法车间冷端输送辊道上，根据生产工艺要求，一般都设置有玻璃落板装置。其作用是把不合格的玻璃板通过落板辊道改变其输送方向，经斜置辊道进入破碎机破碎，破碎后的碎玻璃由带式输送机送入碎玻璃库。

国内浮法玻璃生产线一般都设置两台落板装置，即切裁区前的紧急落板装置和切裁区后的主线落板装置。紧急落板装置在玻璃带不合格、改板或紧急抢修冷端设备时使用；切裁后的玻璃片如有缺陷或切掰后有掉角等现象成为不合格品时使用主线落板装置。

落板装置位于浮法玻璃生产线冷端输送辊道中，是一种特殊的玻璃输送设备，落板装置由落板辊道和斜置辊道等组成。落板辊道其实是一种活动辊道，一端铰支；另一端可以上下摆动。斜置辊道位于落板辊道之后，输送辊道之下，辊面与主辊道成一定角度，连接落板辊道和玻璃破碎机。当成品玻璃经过时，落板辊道抬起，处于水平状态，与后面的输送辊道相连接，输送成品玻璃到取片区；当不合格玻璃过来时，落板辊道落下，倾斜成一定角度，与斜置辊道相接，把不合格玻璃送入绞碎机破碎，如图 6-20 所示。

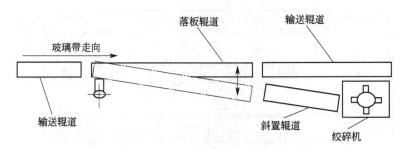

图 6-20 落板装置原理与基本结构示意

6.2.7 分片落板装置

国内的成品玻璃规格一般以小片（1500mm×2000mm）为主，而对于 600t/d 以上的生产线来说，玻璃带净板宽度一般大于 3m，在生产小片玻璃时玻璃带中间需要切分，经过切掰后玻璃以两片为一组出板。以前的主线落板装置落板段辊道均采用整体结构，如果两片玻璃中有一片为不合格品需要落板时，另一片合格成品玻璃也只能同时落下，这样势必造成一定的损失，影响成品率。为了提高成品率，必须设置一种可以实现分片落板的装置。

6.2.7.1 工作原理

分片落板装置是在原主线落板装置的基础上，把落板辊道纵向分开，分成两组平行的辊道，两组落板辊道分别通过各自的升降机构完成落下和抬起动作，两组落板辊道也可以同时升降。每组落板辊道辊子的传动分别来自前一节输送辊道的传动，如图 6-21 所示。

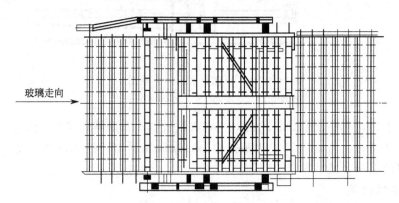

图 6-21 分片落板装置示意

6.2.7.2 操作与控制

在分片落板装置电控柜的控制面板上有三组按钮，其中一组按钮控制两台汽缸同时动作，使两个落板辊道同时升降，为总按钮；另外两组按钮分别控制左、右两台汽缸动作，使两个落板辊道单独升降，为分按钮。当中间切分的两片玻璃中有一片不合格需要落板时，只要按动该落板辊道的控制分按钮，即可实现单独落板。如果两片玻璃均为不合格品或产品为中片或大片玻璃需要落板时，只要按总按钮，两组落板辊道即可同时落板。

6.2.7.3 装置特点

分片落板装置有以下几方面特点。

（1）结构紧凑 分片落板装置是在原主线落板装置的基础上进行技术改进而完成的。

（2）整体刚性好 装置改成分片落板装置后，总体尺寸不变，并与输送辊道相配套。在分片落板装置中，两组落板辊道下部的辊道支承机构、辊道上下调整机构、汽缸等的机座连成一体，使得落板段的整体刚性大大提高，这种结构也易于辊道的安装调整。

（3）操作方便　在分片落板装置的操作侧设置了电控操作台，操作工根据玻璃板的质量情况，可以很方便地对分片落板装置进行操作。

通过使用该落板装置，可以提高生产线的成品率，减少浪费，具有显著的经济效益，尤其在生产厚板玻璃时，使用该分片落板装置，其作用更为突出。

6.3　表面保护、堆垛及装箱

6.3.1　表面保护

玻璃板在冷端要进行输送、切裁、掰断、堆垛装箱、出厂运输和储存等工序，容易造成表面划伤；此外随着玻璃制造业的迅速发展，尤其是这些年来浮法玻璃的大量生产，玻璃的包装对玻璃的防霉提出了新的要求，日益竞争激烈的市场对生产玻璃的厂家也相应提出了新的课题。目前在我国有些地区的玻璃生产企业仍不同程度因玻璃发霉而支付高额的赔偿，造成严重的经济损失。因此，为了减少擦伤和发霉，在浮法玻璃生产线的冷端一般采用表面保护措施。

浮法玻璃表面保护的方法包括涂防发霉药剂、铺保护纸、喷撒防霉隔离粉、吹扫碎玻璃屑、横向掰断前后采用快慢辊道减少碰撞以及气垫输送减少划伤等。

6.3.1.1　涂防发霉药剂

玻璃发霉是比较普遍的现象，浮法玻璃更为严重。发霉是玻璃表面的硅酸盐受潮后生成 $Na_2SiO_4 \cdot xH_2O$、$CaCO_3 \cdot Na_2CO_3$、$CaSiO_3 \cdot xH_2O$ 等的混合物，使玻璃表面形成暗色膜，并失去光泽。为了防止上述情况的发生，通常采用使硅酸盐分解的阻化剂作为防发霉药剂，即用电场很强的高氧化元素的氢氧化物或易水解的盐类制成，如采用 $ZnCl_2$ 的氨溶液或2-甲基丙烯酸等。

防发霉药剂一般是涂布在玻璃上表面，也有上下两面涂布的，将涂防发霉药剂的装置安装在点状缺陷检验装置的后面，在纵、横切机之前。其结构是在横跨主线辊道上面，装有一根内通药剂的管子，管子上装几根等间距的细管，指向玻璃表面，细管端部装旋塞和滴嘴。药液的流量由旋塞控制调节，使药液在玻璃带表面上有一定的积存，而又不能流散到玻璃带外面。在滴嘴的前面装有一根压在玻璃带上的、浮动的、全部包有软橡胶的涂布辊。由玻璃带带动辊子旋转，药液被涂布辊均匀涂抹，涂布后自然干燥。

6.3.1.2　铺保护纸

浮法玻璃玻璃在储存、运输和使用过程中，可能由于玻璃之间的接触及玻璃表面硬度附着物的存在，而造成玻璃擦伤；同时也可能由于玻璃表面受到外界高温、高湿气候条件的影响而产生虹彩、白斑、不透明及粘片等霉变现象。所以，当玻璃堆垛或装箱时，在玻璃板之间夹上一张具有防霉、防潮、耐腐蚀的玻璃防霉纸，不但可以杀死或抑制霉菌的生长而起到保护、耐腐蚀、覆盖层和保护膜的作用，有效保护玻璃的膜面，防止发霉，并且可以防止玻璃之间的机械摩擦而起到衬垫作用。

（1）防霉纸的选择　为了对浮法玻璃真正起到防霉和衬垫的保护作用，对所选用的防霉纸是有一定要求的。夹纸的保护作用，随着纸的单位面积的质量的增加而提高。如果保护纸的质量不合格，夹有保护纸的玻璃片反而会产生"纸纹"。因此，所选用的保护纸一是必须保证有合格的胎纸;二是必须有依据科学方法、严格配方的防霉药剂做保证,否则就不是真正意义上的玻璃防霉纸。

目前,由于行业在包装管理的工作中存在差异,生产防霉纸的厂家不定点,质量得不到保证,使一些质量较好的防霉纸得不到推广和应用;相反,一些用回收的纸或再生纸、普通的包装纸和不喷加任何药剂的劣等纸大量充斥市场,根本谈不上化验防霉,也谈不上严格地按照标准规范生产等,但由于成本低、易生产,价格相对较低,易被一些玻璃厂家接受。质量较好的真正的防霉纸因为成本较高,往往被一些玻璃生产厂家拒之门外。

实际上,这些小纸厂对玻璃发霉原理所知甚少,如所生产的防霉纸是否喷洒了药水;药水的组成包括哪些成分;是否具有 pH 等化验手段等全然不知,当然更不会考虑在玻璃衬垫中纸的纤维排列、纸的纵横拉力等因素。因此,浮法玻璃生产企业在选用防霉纸时,一定要选用正规厂家按标准生产的防霉纸,以达到真正提高浮法玻璃表面保护的作用。

(2) 铺纸方法 铺纸方法包括采用铺纸机和手工铺纸两种方式。铺纸机用于玻璃带切裁掰断之后,对每块玻璃进行铺纸的设备,此设备一般装在堆垛或装箱之前。通常采用静电的方法,将纸按玻璃板的尺寸进行切裁,自动、准确地将纸吸附在玻璃板的上表面。手工铺纸是在装箱过程中,操作工根据所生产浮法玻璃的尺寸选用事先切裁好的保护纸,在装入包装箱的每一片浮法玻璃之间铺附上保护纸。

静电铺纸机的技术指标如下。

① 喂纸速度 20~60m/min,即 1200~3600m/h。

② 铺纸的最小长度 当输送速度<40m/min 时为 600mm,当输送速度<60m/min 时为 1000mm。

③ 纸卷的轴向位置可调 调节速度为 1m/min。

④ 纸卷直径 900mm。

⑤ 纸卷宽度 2500~3300mm。

⑥ 纸的质量 25~32g/m^2。

⑦ 含水率 <35%。

⑧ 纸的张力强度 0.128MPa。

6.3.1.3 喷撒防霉隔离粉

在玻璃板表面喷撒防霉隔离粉是一种经济有效而且简单的表面保护措施,目前国外几乎所有浮法玻璃生产线都普遍采用。通常每条生产线一般配置一台大的、两台小的喷粉装置。大的一台用于大片和中片玻璃的喷粉,小的两台用于小片玻璃的喷粉。要求将防霉粉逐片地、均匀地喷洒在玻璃的上表面,依靠静电将粉牢牢地吸附在玻璃的表面上。喷粉后可以防止在堆垛或装箱时玻璃板间形成水膜,既起防霉的作用,又可以防止堆叠的玻璃产生胶凝现象,也可以减少擦伤。

国内浮法玻璃企业所使用的防霉粉为己二酸、甲基丙烯酸甲酯两者的混合体。其中己二酸外观为白色粉末,纯度≥99.7%,0.05mm≤粒度范围≤0.1mm;甲基丙烯酸甲酯也为白色粉末,有润滑感,纯度≥98%,0.05mm≤粒度范围≤0.1mm。

使用前两种防霉粉应按比例混合均匀,在吹风清扫时不便使用;存放在干燥、清洁的仓库中,勿与碱性材料混掺。

6.3.2 堆垛

所谓堆垛是将生产线上质量合格的玻璃板按一定要求码放到包装箱内的操作过程。目前，国内冷端的堆垛方法有机械堆垛和人工堆垛两种。

国内人工堆垛仍占很大比例，这种人工操作劳动强度大，很不安全，也不能充分保证包装质量。尤其是目前浮法生产线规模一般在 $500\sim700t/d$，最大可达 $1100t/d$。玻璃板厚度由 $0.55\sim25mm$ 不等，板宽规格尺寸为 $2.4\sim4m$，最长可达 $6.2m$。对于这种大板、厚板，采用人工堆垛的方式不太现实，因此，现代浮法玻璃生产线均采用机械堆垛机来替代人工堆垛。

6.3.2.1　堆垛机种类

堆垛机按堆垛玻璃板能力的大小可分为大、中、小三种；按堆垛的方式分为水平和垂直两种。几种常用堆垛机性能指标见表 6-1。

表 6-1　几种常用堆垛机性能指标

类别	工作能力/(片/min)	堆垛玻璃最大长度/mm	堆垛玻璃最大宽度/mm	堆垛玻璃最大厚度/mm
大片堆垛机	6	$4500\sim6200$	$2600\sim3800$	$3\sim20$
中片堆垛机	10	3000	3600	$2\sim12$
小片堆垛机	$10\sim12$	2000	1200	$1.5\sim8$

6.3.2.2　大片垂直堆垛机

大片垂直堆垛机组是由对准辊道、定位装置、吸盘架及其传动连杆机构、吸盘架传动装置、气动位置探测器、A 型架对准传送机构等组成，如图 6-22 所示。

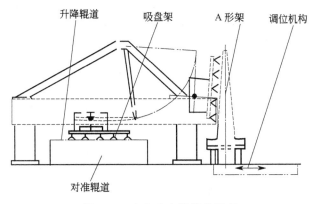

图 6-22　大片垂直堆垛机示意

其具体工作过程为：当大片玻璃到对准辊道一侧，运行到吸盘架下边的玻璃减速停止、由升降台将玻璃板纵向定位，吸盘架下降，按压在玻璃板上，同时吸盘利用真空吸住玻璃板，滑板反向动作，滑架传动连杆机构带动吸盘架转动，同时竖起到 A 形架上。此时吸盘返回，同时 A 形架由调位机构向后位移，并由气动位置探测器进行微调定位。当玻璃板堆满 A 形架一侧时，A 形架由调位机构带动后移一段距离，转盘将 A 形架旋转 180°，再由调位机构前送到开始堆放的位置。A 形架由探测器准确定位后，开始堆放。A 形架两侧装满后，转盘将 A 盘架转 90°。再用液压升降专用叉车拖走。将空的 A 形架放到转盘上，再旋转 90°，进行下一个 A 形架的堆垛。再更换 A 形架时，将要堆垛的玻璃板送至另一台大片堆垛机上进行堆垛。

6.3.2.3　大片水平堆垛机

大片水平堆垛机是由横向移动的吸盘车、横跨主线辊道的支架（支架上装有吸盘车导轨）、能竖起的平台框架和玻璃板拢齐装置等组成，如图 6-23 所示。

大片水平堆垛机的工作程序是：由主线辊道运送来的大片玻璃板，在接近吸盘时，先减速后停止，通真空的吸盘车下降，将玻璃板吸住后提起。吸盘车向主线辊道左或右侧运行，至平

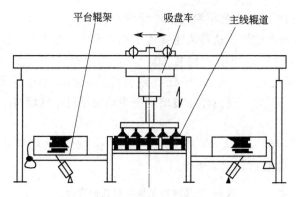

图 6-23　大片水平堆垛机示意

台框架位置停车。吸盘架下降，吸盘通大气将玻璃板放在平台框架上。吸盘架提起吸盘车回程停在主线辊道上，同时由气动装置将放在平台框架上的玻璃板拢齐。这样反复向主线辊道两侧堆放，当堆放片数达到要求时，由液压缸将平台框架竖起，再用专用叉车拖走，入库存放。

6.3.3　包装

6.3.3.1　包装木箱分类

（1）包装木箱按尺寸分类　见表 6-2。

表 6-2　包装木箱按尺寸分类

分类	要　　求	单片面积/ m²	板材种类要求	
			国内	出口
小规格		<3	东北杨	全松（底楞、垫板可用东北杨），松木可用红松、白松、落叶松
普通规格		≥3,≤4.5	半松半杨（帮板、帮带为松木,其余为东北杨）	
大规格	无腿、无盖带、四角有小铁包角、堵头宽度>190mm 的可用有腿箱	>4.5,<9	落叶松	
超大规格	无腿、四角有小铁包角	≥9		

（2）包装木箱按箱型分类　分为花格箱和疏箱，如图 6-24 和图 6-25 所示。

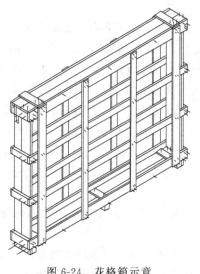

图 6-24　花格箱示意

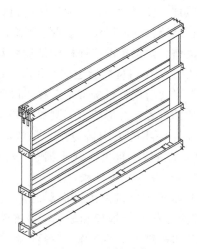

图 6-25　疏箱示意

6.3.3.2 包装木箱构件（板材）要求

（1）构件上缺陷允许范围应符合表 6-3 中的规定。

表 6-3　木箱缺陷允许范围

缺陷名称	允许范围
虫眼	直径不超过厚度方向的 1/5，任一米长度内不超过 1 个，且不得影响木板的完整性和坚固性；出口木箱不允许有虫眼
树皮	宽度方向上不超过该板 1/5，厚度方向上不超过该板 1/6，长度方向上不超过该板 1/20，使用时树皮向里；出口木箱不允许有树皮
腐朽	腐朽、发黑及带有菌藻的木材不准使用
木节	坚固性木节直径不超过木板宽度的 1/5，非坚固性木节直径不超过木板宽度的 1/6。各板材端部及螺栓连接处不允许有木节且不得影响构件坚固性与完整性
裂纹	板材不允许有裂纹
弯曲	板材弯曲严重不准使用

注：1. 木箱所用板材不允许有毛刺，两边堵头要刨光，大木节板不准使用。

　　2. 同一板材不允许以上任何缺陷中两个以上（包括两个）同时存在。

（2）板厚允许公差±2mm，板宽允许公差±2mm，板长允许公差±3mm。

（3）木材含水率小于 25％，内部垫板含水率小于 20％。

6.3.3.3 装片数量要求

（1）国内装片数量要求　国内每种规格木箱内所装玻璃片数见表 6-4。

表 6-4　国内每种规格木箱内所装玻璃片数

序号	玻璃厚度/mm	玻璃规格/(mm×mm)	装箱数量/片	合折/重量箱	包装纸规格/(mm×mm)
1	3	2000×1500	86	38.7	1050×1550
2	4	2000×1500	70	42	1050×1550
3	4	2100×1650	63	43.66	1100×1700
4	4	2100×1370	74	42.58	1100×1370
5	4	2134×1676	62	44.35	根据需要自裁
6	4	2134×1372	74	43.33	根据需要自裁
7	4	2200×1650	63	45.74	1150×1700
8	4	2200×1370	74	44.61	1150×1370
9	4	2200×1800	63	50	1100×1830
10	4	2200×1200	74	39.07	根据需要自裁
11	5	2000×1500	56	42	1050×1550
12	5	2100×1650	50	43.31	1100×1700
13	5	2100×1370	60	43.16	1100×1370
14	5	2200×1650	50	45.37	1150×1700
15	5	2200×1370	63	47.47	1150×1370
16	5	2200×1800	50	49.5	1100×1830
17	5	2200×1200	60	39.6	根据需要自裁
18	6	2000×1500	47	42.3	1050×1550
19	6	2100×1650	42	43.66	1100×1700
20	6	2100×1370	49	42.29	1100×1370
21	6	2200×1650	见箱体		1150×1700
22	6	2200×1370	见箱体		1150×1370
23	6	2200×1800	见箱体		1100×1830
24	6	2200×1200	见箱体		根据需要自裁
25	8	2000×1500	35	42	1050×1550
26	10	2000×1500	28	42	1050×1550
27	12	2000×1500	23	42.3	1050×1550

(2) 国外装片数量要求　国外每种规格木箱内所装玻璃片数见表 6-5。

表 6-5　国外每种规格木箱内所装玻璃片数

木箱规格/in	每片玻璃面积/ft²	3mm 厚 片数/片	面积/ft²	4mm 厚 片数/片	面积/ft²	5mm 厚 片数/片	面积/ft²	6mm 厚 片数/片	面积/ft²	8mm 厚 片数/片	面积/ft²	10mm 厚 片数/片	面积/ft²	12mm 厚 片数/片	面积/ft²
120×84	70					28	1960	24	1680	18	1260	14	980	12	840
120×80	66.67					28	1867	24	1600	18	1200	14	933	12	800
120×72	60					28	1680	24	1440	18	1080	14	840	12	720
96×72	48					30	1440	25	1200	19	912	15	720	13	624
96×60	40					36	1440	30	1200	23	920	18	720	15	600
96×48	32					45	1440	38	1216	29	928	23	736	19	608
90×60	37.5					40	1500	32	1200	24	900	20	750	16	600
84×72	42	58	2436	43	18.6	35	1470	29	1218	22	924	17	714	15	630
84×60	35	70	2450	52	1820	42	1470	35	1225	26	910	21	735	18	630
84×54	31.5	76	2394	58	1827	46	1449	38	1197	28	882	24	756	19	599
84×48	28	86	2408	65	1820	52	1456	43	1204	32	896	26	728	22	616
80×72	40	60	2400	45	1800	36	1440	30	1200	23	920	18	720	15	600
80×60	33.33	75	2500	56	1867	415	1500	36	1200	27	900	21	700	18	600
80×48	26.67	90	2400	68	1813	54	1440	45	1200	34	907	27	720	23	613
72×60	30	80	2400	70	1800	48	1440	40	1200	30	900	24	720	20	600
72×48	24	100	2400	75	1800	60	1440	50	1200	38	910	30	720	25	600
72×36	18	133	2394	100	1800	80	1440	67	1206	50	900	40	720	34	612
60×48	20	120	2400	90	1800	72	1440	60	1200	45	900	36	720	30	600

注：1ft²=1/9m²，1in＝2.54cm。

6.4　主要岗位操作规程

浮法玻璃冷端工序主要设有看刀工、理刀工、掰边工、采装工、包纸工、堆垛工以及吊车工等岗位。

6.4.1　看刀工

6.4.1.1　岗位职责

①　接班前穿好劳动保护用品，询问检查横切机及其控制系统、切裁规格及玻璃板切裁状况。

②　监护横切机、横刀、纵刀的运行状况。

③　监察玻璃板状况，发现炸裂、过窄、过宽、板偏严重及时调整纵刀和横刀，尤其当过宽时要及时打掉过宽的部分，防止碰撞周围物体。同时做好及时与锡槽工区联系的准备。

④　观察横、竖刀口状况，依据看刀操作规程进行调整。

⑤　根据车间生产通知，调整 PC 机上的参数及纵刀轮的距离，完成改尺工作。

⑥　当设备及控制系统出现故障时，及时处理，处理不好时，及时与维修人员联系。

⑦　给横刀、竖刀注油。

⑧　填写本班横切生产作业日志。

⑨　做好现场及设备卫生工作，保证清洁。

⑩　交班，全面介绍本班情况。

6.4.1.2 岗位操作规程

① 切刀必须在零位指示灯亮时才可以按切裁启动。

② 换车时必须等切刀完成切裁动作返回到零位后再进行切换。

③ 切过的玻璃没有痕的原因有：a. 比例电磁铁没有压力；b. 偏心轴没有使得小刀架的最低点比橡胶滚轮低。

④ 刀痕一边重，一边轻，原因是整体组合不好或与汽缸有关。

⑤ 刀痕轻重明显，伴有破皮，说明刀子不好用或刀轮不转。

⑥ 如果横切机每次回车都偏离零位，以致最后撞到线位上，需调整落刀距离与切痕长度。

⑦ 切割玻璃发生"甩角"时，应采取调整油量、更换刀子、调整切痕长度、调整刀架上的线位螺钉、调整切刀压力。

6.4.1.3 更改切裁规格的操作规程

① 根据切裁通知单，及时准确地把预切裁的规格尺寸以"mm"为单位输入 PC 机中，然后按确认键。

② 在掰边工的配合下，用卷尺量好板宽，调整好纵刀架的位置，同时加以固定。

③ 复核调整后的切裁规格尺寸，切裁长度尺寸允许最大公差：厚度 3～6mm，规格小于等于 1500mm 时为 ±3mm，规格大于 1500mm 时为 ±4mm；厚度 8～12mm，规格小于等于 1500mm 时为 ±4mm，规格大于 1500mm 时为 ±5mm。如果超出允许范围，调整 PC 机中的长度修正参数；切裁对角线允许最大公差小于 3mm，超出允许范围则调整 PC 机中的对角线修正参数。

6.4.2 理刀工

6.4.2.1 岗位职责

① 穿好劳动保护用品，女同志的长发或辫子必须塞到工作帽内，避免开动机器时长发卷入发生危险，不许戴手套，以免卷入机器内。

② 清楚工作任务。

③ 给设备注油。

④ 依据磨刀技术操作规程，完成当班修刀任务。

⑤ 做好现场及设备的卫生，保证清洁。

6.4.2.2 岗位操作规程

① 开车前应检查设备及电源有无问题，设备有无异常响声，发现问题及时找维修人员修理，在设备运行及运转过程中如出现故障，均要立即停止，不准强行开车，避免加工废品和人身设备事故。

② 修（磨）刀轮在特制的磨刀机上进行，将所修的刀轮安装在刀轴上。

③ 刀轮的角度依据 3mm 采用 128°、5mm 采用 135°、8mm 采用 140°、10mm 采用 142°，根据所需磨刀角度调整刀轴架角度刻度盘。

④ 在设备运行及运转过程中如出现故障，均要立即停止，切断电源，找维修人员修理，不准强行开车，避免加工废品和人身设备事故。

⑤ 根据刀轮的情况，磨 10～20min。

⑥ 检查磨好的刀轮，如果出现刀刃线呈蛇形、光洁度不好、出现裂纹、崩出缺口、刀轮在玻璃表面不垂直等缺陷，应重新再磨，直至合格为止。磨好的刀轮要求刀口正直，不能

有断线。

6.4.3 掰边工

6.4.3.1 岗位职责

① 接班时穿好劳动保护品,检查询问上一个班次掰边设备及玻璃板掰边状况是否稳定运行。

② 观察玻璃自然边,不许有多角或少角,依据掰边操作规程进行调整。

③ 配合看刀工完成改尺工作。

④ 玻璃板炸裂时,配合看刀工抬起纵刀和横刀。

⑤ 根据车间不合格品处理通知,依照半成品检验标识,负责不合格品的放行到下一个工序或落板进入破碎仓,合格品放行到下一个工序。

⑥ 注意观察玻璃仓的情况,不许有仓堵、仓卡现象,发现问题及时与维修人员联系。

⑦ 检查掰边轮的磨损情况,及时更换。

⑧ 把本班掰边作业情况填写在"横切工段生产作业日志"中。

⑨ 打扫现场、设备卫生,保证清洁。

⑩ 交班介绍本班情况。

6.4.3.2 岗位操作规程

① 摸索规律,根据玻璃板厚度、长度、自然边的宽度调整掰边轮的位置。

② 发现自然边多角或少角现象。玻璃板厚度 3~6mm 时,多角不得超过 3mm,少角不得超过 5mm;厚度 8~10mm 的玻璃,多角不得超过 4mm,少角不得超过 6mm。发现问题及时调整掰边轮,如果是持续性的问题,应及时与看刀工联系。

③ 把多角的玻璃用钳子等工具修好,对持续性难掰边的玻璃应在进入掰边之前用木棍轻轻敲,帮助掰边,保证掰边的质量。

6.4.4 包装工

6.4.4.1 岗位职责

① 能熟练完成玻璃分片、铺纸、堆垛、装箱操作,完成当班生产任务。

② 严格执行包装质量标准,实现安全操作。

③ 充分利用包装材料。

④ 出现紧急情况时按照应急预案实施并及时通知有关领导和部门,确保生产安全稳定,人员不受到伤害,努力创造绿色环境文明生产。

6.4.4.2 装箱操作规程

① 木箱检验:对木箱尺寸、内衬物、整体质量进行检验(出口木箱如无特殊要求的,箱腿高一律为 100mm)。旧木箱一律经返修合格后方可使用,不合格的木箱禁止使用。

② 装箱前,箱底垫一层小木条,小木条上垫一层橡塑板,木条与橡塑板均不用钉子固定,木条必须垫在箱底铁钉处,用干净、整洁的塑料布铺盖整齐,防止玻璃裸露导致发霉。

③ 玻璃下片时必须逐片检验,检验合格贴好标签后方可装箱。装箱时玻璃应放正、靠齐,玻璃之间要垫防霉纸、EPE(可发性聚乙烯)或软木垫(根据客户要求而定),且 EPE 或防霉纸(防霉粉)要干净、整齐,并保证垫满、垫平整;软木垫位置要统一,在玻璃表面分布均匀。

④ 装箱时,若玻璃在箱内分两排或多排,每排之间要垫整块橡塑板或其他隔衬物,玻璃分上下两层或多层时,每层之间用小木板或橡塑板隔开,防止上下两层玻璃崩角或崩边,

打包前应把箱内玻璃钉紧塞牢，防止玻璃在箱内晃动。

⑤ 必须按规定的数量装箱，不允许多装或少装，并且装完箱后数量要查对清楚，玻璃上部多余的纸要全部撕干净，便于查数。

⑥ 钉箱时，每个钉箱部位至少钉三个钉子，呈"△"形钉牢，不准漏钉、鼓钉，箱底三条方木与板盖之间至少钉三个钉子。

⑦ 封箱时，对于方形玻璃边长超过 1000mm 的打三条打包带；对于 1800mm 以上的必须打 4 条以上打包带；对于圆形或椭圆形玻璃，由于重心集中于底一点，此点必须用宽打包带打包且木箱用木条加固防止变形，木箱过重时必须先打完包后再吊箱。注意打包带要保证横平、竖直、美观结实。

⑧ 封完箱后要认真检查装箱数量，对于不合格项目要进行整改或重装，确认无误后由班长将装箱数量、规格通知质检人员，贴好合格证，将木箱吊运到指定位置。

⑨ 所有出口木箱原则上均用木螺钉代替铁钉封箱，如有特殊要求除外。

⑩ 所有出口订单合格证中，除人名及日期可手写外，其余内容均采用打印或滚轮印。填写好后用塑料袋包装，同一订单必须贴在木箱的统一位置，即以木箱前盖为基准统一贴在右侧（标签位置原则上贴在木箱第一条堵头板和吊装板上，可根据木箱实际状况而定），且在木箱堵头两端标明开箱方向。

⑪ 对于特殊订单，均用塑料打包带固定箱内玻璃，且要将玻璃和箱底、木箱花格固定面打在一起。

⑫ 需起摞的木箱长、宽尽量一致，如有长短不一的，将底部长木箱垫平，再将短木箱起摞，注意起摞时必须用 32mm 的打包带。

⑬ 吊箱时要检查钢丝绳，挂绳时挂好、挂正，由班长或指定人员吊箱。

6.4.4.3 铺纸操作规程

① 开工前了解玻璃规格、尺寸、片数，领取纸张，认真清点后运到现场。

② 玻璃之间要有完整的衬纸，拼纸要相互压上，重叠量不超过 20mm，不许漏纸或多衬。

③ 纸张规格与玻璃尺寸相符，玻璃左右漏纸不大于 10mm，玻璃上方漏出白纸 30mm，下部纸与玻璃边重合，避免装箱时划伤。

④ 保证玻璃片数的准确。

⑤ 包纸后，将塑料薄膜翻盖好。

⑥ 随时清扫地面上的碎纸及废纸，保持现场整洁。

6.4.4.4 堆垛操作规程

① 及时了解堆垛的时间、工位及需堆垛玻璃的厚度、片数和规格尺寸。

② 在堆垛准备时，应打开操作台上的控制电压，并启动堆垛机，运行为自动模式，根据要求选择相应的堆垛架。

③ 检查好堆垛架放置情况，底端前沿贴紧挡块。

④ 根据堆垛玻璃的厚度、片数和规格尺寸调整定位光电开关的位置及相关参数。

⑤ 查看堆垛机显示的堆垛片数，通过差值法调整为实际片数。

⑥ 当需要堆垛的玻璃运行到吸盘架下时，按下操作暂停按钮，调整好吸盘（在玻璃板上的打开，在玻璃板外的关闭，一半板上一半板外的也关闭），必要时调整位置。

⑦ 取消暂停，进行自动堆垛，根据堆垛情况再次调整堆垛速度、吸盘气压和玻璃板底

部与堆垛架距离等相关参数。

⑧ 当有坏片已堆到架子上时，按操作暂停按钮，人工取下坏片，双片堆放时要同时减片，并调整为实际片数；当辊道上有坏片时，在操作台上设为"服务"，将辊道设为反转，将坏片送到气垫桌上，同时将辊道上的碎片清理干净。

⑨ 当辊道停转或玻璃积片时，在线控中将这段辊道所在区域设为手动，在操作台上控制辊道运行，将玻璃排空后恢复为自动。

⑩ 当堆垛机出现故障不进行堆垛时，首先到故障报警界面查看故障显示，进行故障清除；如不能清除，将堆垛机设为手动，进行吸气、放气、运动堆垛架等操作后再进行故障清除；如故障还存在，通知技术员。

⑪ 当堆完一架子后，将小车倒到另一小车上进行下一架子的堆垛。

⑫ 将堆满玻璃的架子加上保护装置后用叉车叉下。

⑬ 生产任务完成后，将设备停止，准备下次生产。

第7章 浮法玻璃保护气体及制备工艺

7.1 保护气体的组成及作用

7.1.1 保护气体物化性质

国内外早期的锡槽均采用煤气及半燃烧煤气作为锡槽保护气体，这些气体纯度很低，含有大量污染物。当时锡槽的污染主要来自保护气体本身。现在国内外均采用高纯度的氮气（N_2）+氢气（H_2）混合气体作为锡槽的保护气体，其中 N_2 含量占总体积的 92%～95%，H_2 含量占总体积的 5%～8%。

7.1.1.1 氮气的物化性质

氮气之所以成为浮法玻璃生产的保护气体之一，是因为它既不与锡起反应，还能有效防止锡液的氧化。氮气在室温和大气压力下是无色、无臭、无毒的气体。大部分氮在自然界呈游离状态存在。它不助燃，不易溶于水。一个氮气（N_2）的分子由两个原子组成，这两个原子间结合得非常牢固，因此，平常状态下氮气是一种惰性气体。氮气自从 1772 年被发现后，已广泛地应用在工业、食品、医疗等领域。如作为生产硝酸以及化肥的制造原料；用于食品保鲜和食品储存、食品干燥和灭菌、食品快速冷冻；利用液氮给手术刀降温，使其成为"冷刀"，减少出血或不出血，手术后病人能更快康复等。

7.1.1.2 氢气的物化性质

氢气是最轻的气体，是无色、无臭、无味和无毒的可燃气体。它在地球上主要以化合物状态存在。在气体中它的黏度最小，热导率最高，化学活性强，是一种强还原剂，可同许多物质进行不同程度的化学反应，生成各种类型的氢化物。氢气具有广泛的用途，例如用它来充灌气球；氢气在氧气中燃烧放出大量的热，其火焰——氢氧焰的温度达 3000℃，可用来焊接或切裁金属；液态氢可以做火箭或导弹的高能燃料；在有机合成中，氢用于合成甲醇、人造石油和不饱和烃的加成等。

在用于浮法玻璃锡槽的保护气体中加入适量的氢气，一方面可以迅速与进入锡槽的氧气反应；另一方面还能使锡的氧化物还原，保证锡液面的光洁，防止玻璃被污染。

氮气、氢气的基本物理性质及化学性质见表 7-1。

表 7-1 氮气、氢气的基本物物理性质及化学性质

名称	化学式	相对分子质量	标准状态容积密度/(kg/m³)	临界性质			沸点/℃	比热容/[J/(kg·℃)]		热导率/[W/(m·℃)]
				温度/℃	压力/MPa	密度/(kg/m³)		c_p	c_V	
氮气	N_2	28.02	1.251	−149.1	3.39	310.96	−195.8	1.047	0.745	0.233
氢气	H_2	2.02	0.090	−239.9	1.30	31	−252.2	12.269	10.132	9.469

7.1.2 锡槽通入保护气体原因

浮法玻璃的成形过程是在锡槽中完成的，因此，锡液表面的光洁程度将直接影响玻璃成品的质量。锡液在高温环境下极易被氧化，从而污染玻璃表面，造成质量缺陷。锡槽中的锡

液污染主要是指锡液中混入氧和硫，与锡发生反应生成 SnO、SnO_2、SnS、SnS_2 等有害物质。锡槽中氧、硫主要来自锡块、玻璃液、锡槽缝隙漏入的空气以及烟气等。

锡液在 1000℃ 左右与玻璃液的浸润角度为 175°，基本上不浸润，即不会发生沾锡现象。当有空气进入锡槽时，锡液面会被迅速氧化，生成 SnO、SnO_2 扩散到玻璃表面，使玻璃出现沾锡缺陷，严重时玻璃甚至不透明，热处理（如钢化）后会呈现虹彩。硫同锡生成 SnS，在 865℃ 以下呈固态，浮在锡液面上，会造成玻璃下表面的划伤。同时 SnO 和 SnS 易挥发，当凝结在锡槽顶部的挥发物到达一定程度时，由于自重、振动、温度变化及气体流动等原因，掉落在尚未硬化的玻璃带上表面，也会造成玻璃质量缺陷。

除了以上被人们所经常提起的原因以外，锡在 232℃（熔点）以上时，氧在锡液中以 $2SnO \cdot SnO_2$（或 Sn_3O_4）的形式存在。当锡液中氧含量增加时，Sn_3O_4 在锡液中的溶解度也随之增加。由于锡液的对流，低温区里含 Sn_3O_4 较高的锡液可能进入高温区，被加热、分解出氧气；或由于锡槽内温度的波动而析出氧气，这种气体破坏了尚处于塑性状态的玻璃下表面，形成了无数密集的极小的开口泡。这种泡直径只有 $2\sim10\mu m$，严重时 $1cm^2$ 面积中可能多达几万个，严重影响了玻璃的质量。

因此，浮法玻璃生产过程中要求锡槽内必须保持中性或弱还原气氛，所以考虑采用通入惰性或还原性气体作为保护气体，以防止锡液氧化，从而制造出性能优良的浮法玻璃。

7.1.3 保护气体组成变化对浮法玻璃性能影响

保护气体主要用于防止或减少锡液被氧化的作用是众所周知的，此外，在玻璃成形过程中，保护气体的组成变化也能给浮法玻璃表面耐水性、黏附性以及浮法玻璃力学和热学性质等方面性能带来影响。

7.1.3.1 保护气体组成对浮法玻璃表面耐水性影响

浮法玻璃的耐水性是玻璃化学稳定性的重要方面。当玻璃受水侵蚀时，玻璃表面的 Na^+ 浸出，与 H_2O 及 CO_2 气体进行反应，形成 $NaCO_3$ 或 $NaHCO_3$，在玻璃表面上产生白色的斑点，使玻璃变成雾状，即导致玻璃发霉，影响玻璃质量。

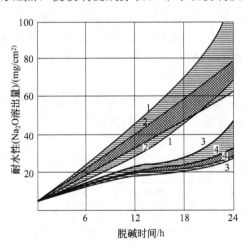

图 7-1 脱碱曲线

曲线 1~2 之间区域：浮法玻璃下表面，H_2 6.0%
曲线 2~2 之间区域：浮法玻璃下表面，H_2 2.7%
曲线 3~3 之间区域：浮法玻璃下表面，H_2 2.7%
曲线 4~4 之间区域：浮法玻璃下表面，H_2 6.0%

在保持玻璃液进锡槽的温度一定的情况下，通过改变进锡槽的保护气体中氢气的比例，可以改变玻璃表面的耐水性。试验中，氢气比例从 2.7% 提高到 6.0% 时，取同样厚度的浮法玻璃进行脱碱测定，得到数据换算成 Na_2O 的溶出量（mg/cm^2），绘制成脱碱曲线（图 7-1）。

由图 7-1 可以看出以下几点。

① 浮法玻璃下表面的脱碱速率比上表面高，即上表面的耐水性能好。

② 当保护气体中氢气的浓度提高时，浮法玻璃上表面耐水性值的离散差减少，而下表面的离散差增大，且随玻璃表面与水接触的时间越长，这些区别越明显。

③ 保护气体中氢气的浓度越低，则上、下面的耐水性的差别越小。

实际情况是当氢气浓度增加时，下表面的耐

水性变化较小，而上表面的耐水性则提高。

7.1.3.2 保护气体组成对浮法玻璃表面黏附性影响

玻璃表面的黏附性在进行夹层玻璃生产时必须予以考虑。正常生产条件下，保持玻璃液进入锡槽的温度不变，改变保护气体中氢气的比例，也可以改变玻璃表面与聚乙烯醇缩丁醛胶片的黏附性，见表7-2。

表7-2　氢气对玻璃表面与聚乙烯醇缩丁醛胶片黏附性的影响

H_2 的体积含量/%	玻璃表面的黏附强度/MPa					
	上表面			下表面		
	最小值	平均值	最大值	最小值	平均值	最大值
6	1.2	4.0	6.5	3.0	4.7	7.0
2.7	1.4	3.5	5.6	1.5	4.2	6.8

对于一个新鲜的玻璃表面，不可避免地会有断键，这些未饱和的键迅速与大气中的水分起反应，生成硅羟团（SiOH），随着锡槽内氢气含量的增加，硅氧键断裂增加，结果形成硅羟团浓度大的表面层，对具有电子供体类型官能团的聚合物的黏附力增大。

由此可见，浓度的增大会改变玻璃上、下表面的黏附性，可以改善夹层玻璃、镀膜玻璃等的性能。

7.1.3.3 保护气体组成对浮法玻璃力学和热学性质影响

在成形温度条件下，氢能起表面活性介质的作用。活性介质对玻璃表面有两种作用：一是渗入裂纹，像楔子一样使裂纹扩展；二是与玻璃起化学反应，使硅氧键断开，玻璃结构被破坏。降低氢气的浓度，能够增加硅氧骨架的结合程度，提高玻璃上、下表面的显微硬度和玻璃的耐热性。

7.1.4　锡槽对保护气体要求

为了充分发挥 N_2、H_2 保护气体的作用，防止锡液氧化，提高玻璃质量，降低金属锡的消耗量，对保护气体的纯度、用量以及保护气体中 H_2 的含量等指标提出相关要求。

7.1.4.1　对保护气体纯度要求

保护气体纯度越高，生产出来的浮法玻璃质量越好。对于保护气体中 N_2、H_2 自身的纯度来说，目前的净化技术已经可以达到6个"9"，相当于"电子级"。但是经过储存、运输，只能达到5个"9"，即氮气99.999%、氢气99.999%，这样的纯度已能够满足生产的需要。

另外，保护气体中氧、硫及其化合物、水蒸气、二氧化碳、尘埃和颗粒都是有害成分，它们的存在降低了保护气体的整体纯度，并都会给浮法玻璃带来缺陷，因此，要严格限制。其中 O_2、SO_2+CO_2 的含量均不得大于 $10cm^3/m^3$，水蒸气含量不得大于 $10.5cm^3/m^3$，相当于 $-60℃$ 露点（使水蒸气达到饱和时的温度就叫作"露点"）。保护气体露点和含 H_2O 量见表7-3。

表7-3　保护气体露点和含 H_2O 量

露点/℃	−20	−30	−35	−40	−45	−50	−55	−60	−65	−70
含 H_2O 量/(cm³/m³)	1020	365	223	127	71.6	38.7	21	10.5	5	2.5

7.1.4.2　对保护气体的用量要求

保护气体的用量应使锡槽呈正压，以防止空气进入。它主要取决于玻璃板宽，即锡槽的大小和锡槽的结构型式及密封等情况。对于 300t/d 级的锡槽，保护气体用量（标准状态）

可控制在 $1000 \sim 1200 m^3/h$ 之间；对于 $500t/d$ 级的锡槽，保护气体用量（标准状态）可控制在 $1200 \sim 1400 m^3/h$ 之间。目前，随着用户对玻璃质量要求的提高，保护气体的用量也在逐步增加。

这里还需要注意的是，保护气体量与其本身的压力成正比，压力降低，会导致保护气体用量不足，保护气体的出口压力一般控制在 $0.2MPa$ 左右。同时保护气体压力的变化，也会造成锡槽内压力的变化，从而引起沾锡、光畸变点等玻璃质量缺陷，更重要的是会影响玻璃带下表面的渗锡量（用 CPM 表示，即每分钟锡的 X 射线特征强度），见表 7-4。因此，要保证保护气体的用量必须首先保证压力的稳定。

表 7-4　锡槽内压力与渗锡量的关系

锡槽进口压力/Pa	锡槽出口压力/Pa	平均渗锡量/CPM
20	15	25.02
25	22	22.02
40	35	18.56

7.1.4.3　对保护气体中 H_2 的含量要求

用 N_2、H_2 混合气体作锡液保护气体时，通常情况下，N_2 含量为 $90\% \sim 97\%$，H_2 含量为 $3\% \sim 10\%$，其中 H_2 的用量要根据锡槽的密封性能、锡槽的不同部位及操作水平而调整。对于密封性能良好，操作水平高，操作孔打开次数少、时间短，漏入气体少的锡槽可以少用氢气；反之，要增加氢气含量。而对于锡槽的不同部位来说，因 H_2 的还原能力与温度有关，实践证明，H_2 对 SnO_2 等杂质的还原能力随温度升高而增强，随温度降低而减弱。为了弥补低温区段 H_2 对 SnO_2（或 SnO）的还原能力，常采用增加 H_2 含量的做法。但必须注意的是，H_2 含量一定要小于 13%，以免引起爆炸。锡槽不同部位保护气体 H_2 的比例见表 7-5。

表 7-5　锡槽不同部位保护气体 H_2 的比例

项目	首部、尾部	中部	常用最大量	事故最大量
H_2含量/%	$4 \sim 6$	$2 \sim 4$	7	10

7.1.5　保护气体的通入

技术上比较完善的锡槽，在顶盖外设有密闭的钢罩，保护气可先通入钢罩内，再经电热元件的孔及顶盖缝隙进入锡槽。这样布置，既可预热保护气体，又能冷却电热元件及其接线柱，还可防止挥发物冷凝在顶盖上。

为了在锡槽各区进入不同含氢量的保护气，钢罩内一般设有隔板。不设隔板的结构，可在锡槽首尾部，经胸墙另外通入一些含氢较高的保护气，这部分保护气进入锡槽前，先经顶部钢罩内的蛇形管预热。

7.2　氮气的制备

氮气是保护气体中主要成分，占保护气体体积的 95% 左右。氮气的制备方法很多，包括氨分解法、吸附法、燃料不完全燃烧法以及空气分离法等，前几种方法所制取的氮气纯度低、净化工艺复杂，因此，玻璃工业上大规模制取氮气常采用空气分离法。这种方法是从空气中分离出氮气，此法制取的氮气纯度高。

7.2.1 空气分离法理论

空气是一种多组分混合气体，其主要组分是氧、氮、氩、二氧化碳，还有微量的稀有气体（氖、氦、氪、氙）、甲烷及其他碳氢化合物、氢、臭氧等。此外，空气中还有量少而不定的水蒸气及灰尘等。其中氮气约占总体积的 78.03%；氧气约占总体积的 20.93%，干空气的组成见表 7-6。

表 7-6　干空气的组成

组成	分子式	体积分数/%	质量分数/%	组成	分子式	体积分数/%	质量分数/%
氮	N_2	78.03	75.6	氦	He	$(4.6\sim5.3)\times10^{-4}$	7×10^{-5}
氧	O_2	20.93	23.1	氪	Kr	1.8×10^{-4}	3×10^{-4}
二氧化碳	CO_2	0.03	0.046	氙	Xe	8×10^{-6}	4×10^{-5}
氩	Ar	0.952	1.286	氢	H_2	5×10^{-5}	3.6×10^{-6}
氖	Ne	$(1.5\sim1.8)\times10^{-3}$	1.2×10^{-3}	臭氧	O_3	$(1\sim2)\times10^{-6}$	2×10^{-5}

7.2.2 空气分离法工艺流程

采用空气分离法制取氮气首先需要经过空气液化，液化后的空气可以近似地看成是氮和氧的二元混合物。在101325Pa下，氮气沸点为－195.8℃，氧气沸点为－182.8℃，两者相差13℃，利用氮气、氧气沸点的不同，借助专用的设备使液态空气多次蒸发（低沸点的易挥发组分氮气先于氧气蒸发）、冷凝（氧气首先冷凝），便能将空气分离为氮气和氧气。

7.2.2.1 空气液化

要使空气液化，必须将空气冷却到液化温度以下才有可能。液化温度与压力有关，气体的压力越小，其液化的温度越低；反之亦然。但是，对每一种气体来说都有着一个温度，大于这个温度时，无论在任何压力下也不能使这种气体液化，这个温度称为气体的临界温度，其压力称为临界压力。空气的临界温度为－140.63℃，也就是说空气必须在低于－140.63℃的温度时才可能液化。

通过采用深冷技术使空气进行液化。通常，将温度处于－100℃以上的冷却称为普通冷冻或普冷；－100～－268.8℃之间者，称为深度冷冻或深冷。在深冷技术中，用于获得低温的方法很多，工业中以气体的节流和气体做外功的绝热膨胀两种方法应用比较普遍。

（1）气体的节流　利用流动的高压气体，在绝热且不对外做功的情况下，通过节流阀使其体积急剧膨胀，位能增大，压力降低。根据热力学第一定律，气体位能的增加，只能采用减少其动能的方式来补偿，动能的减少则表现为气体温度的降低。

（2）气体做外功的绝热膨胀　利用压缩气体在绝热的情况下通过膨胀机进行等熵膨胀，压缩气体一方面克服分子间吸引力，增加位能，减少分子动能；另一方面在绝热情况下对外做功，消耗了大量热能，从而使气体的温度大大降低。

由于空气液化需要的温度非常低，因此不是一次节流和一次膨胀就能实现的，通常要经过冷冻循环（即液化循环）才能达到空气液化所要求的低温。所谓冷冻循环，就是压缩空气在节流或膨胀前先经过节流和膨胀后的低温空气的预冷，冷却后的压缩空气，一部分经过膨胀机；另一部分经过节流阀，膨胀、节流后的低温空气再进行冷却压缩。这样经过几次循环、降温，最终达到所需液化温度。

7.2.2.2 空气分离

如图 7-2 所示为液态空气的分离过程。

容器Ⅰ、Ⅱ、Ⅲ中分别装有含氧量为 20%、30%、40% 的液态空气，压力均为

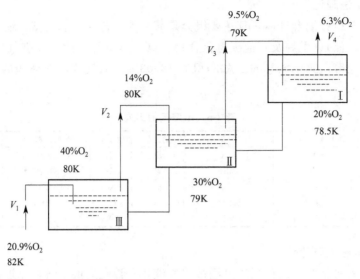

图 7-2　液态空气多次蒸发冷凝过程示意

0.1013MPa。当空气冷却到冷凝温度82K（"K"即开尔文，是热力学计算常用的标准国际单位，热力学温度＝273.16＋摄氏温度）时，进入容器Ⅲ，由于容器Ⅲ内的液态空气温度低于进入的空气，空气穿流过液态空气时被冷却而部分冷凝，液态空气则被加热而部分蒸发。即含氧40％的液态空气中的部分氮蒸发，空气中的部分氧冷凝下来，变为含氧14％的空气进入容器Ⅱ中，在容器Ⅱ、Ⅰ中重复上述部分冷凝和蒸发过程。这样，液体经过多次蒸发和冷凝，其中的氧气、氮气便被分离开来。

7.2.3　氮气制备装置

根据锡槽对保护气体消耗量和纯度的要求，较为适用的国产制氮设备主要有以下几种，其主要技术指标见表 7-7。

表 7-7　国产制氮设备主要技术指标

项　目		型　号					
		KZON-170/550	KZON-160/550	KZON-120/650	KDN-720/38.88Y	KDN-880/40Y	KDN-750/35Y
加工空气量（标准状态）/（m³/h）		936	960	1020	2130	2000	2800
产品产量（标准状态）/（m³/h）	气氮	550	550	650	720	800	750
	液氮/（L/h）	—	—	25	38.88	40	35
	氧	170	160	120	—	—	—
产品纯度/%	气氮	99.999	99.9995	99.9995	99.9997	99.9995	99.9997
	液氮	—	—	99.9995	99.9997	99.9995	99.9997
	氧	99.6	99.2	99.5	—	—	—
压缩空气压力/MPa	启动	4.41		2.5			
	正常运转	2.156	1.96	1.6	66.15（绝对）	0.8	0.575
连续运转时间/月		2	＞6	＞6	12	＞6	12
启动时间/h		10～12	8～12	8～12	12	12	12
纯氮出塔压力/kPa		＞29.4		＞29.4	24.5～39.2		400
空气压缩机驱动功率/kW		200	250	250	250	250	250
冷却水消耗量/（m³/h）		19	15	21.7	25	40	40

7.2.3.1 KZON-170/550型空气分离机

KZON-170/550型空气分离机设备组成见表7-8。其工艺流程：空气通过空气过滤器吸入空压机，在一级汽缸内压缩到122.5～171.5kPa，经一级冷却器冷却后进入二级汽缸，被压缩升压至490～588kPa，经二级冷却器冷却后进入三级汽缸，被压缩到1.27～1.47MPa，经三级冷却器、油水分离器后进入四级汽缸，被压缩到4.41MPa，经冷却和油水分离后进入纯化器，清除空气中的水分、二氧化碳等杂质。

表7-8 KZON-170/550型空气分离机设备组成

设备名称、型号	数量	备　注
2D8-17/45型空气压缩机	1台	包括空气滤清器
附TK200-16/450型电动机	1台	220kW、380V，包括低压开关柜
FON-170/550型分馏塔	1套	
HXK-960/45型纯化器	1套	包括吸附筒、冷却器、油水分离器、过滤器
PZK-14.3/45-6型活塞式膨胀机	1台	
限制动电动机(17kW、380V)	1台	
JK-12.9型加热器(15kW)	1台	
2-16.7/150型氧气压缩机	2台	
50-1型储气罐	1个	
GC-24型灌充器	1组	

净化后的压缩气体分三路进入分馏塔的上热交换器，与反流的氧气、氮气等进行热交换，被冷却到−85～−115℃（正常工作时），集合于中部集合器，再分两路：绝大部分气体进入膨胀机，小部分进入下热交换器继续冷却，经节流阀后与膨胀后的气体汇合进入下塔。这时空气为干饱和状态，此空气在下塔底部继续冷却，空气即被液化。

由于氧气、氮气沸点不同，液态空气中氮气组分先蒸发，经下塔板上升到冷凝蒸发器的顶部，并与管外的液氧热交换，氮气便凝成液态氮，而蒸发后的氧气作为产品气体经热交换器排出。下塔中的液氮一部分经节流阀送入上塔作为上塔回流液；另一部分作为下塔回流液。下塔底部的液空经节流阀送入上塔作为二次精馏的回流液，经上塔精馏后，在上塔顶部获得氮气。氮气经液氮过滤器、热交换后作为产品排出分馏塔。

7.2.3.2 KZON-160/550型空气分离机

KZON-160/550型空气分离机设备组成见表7-9。其工艺流程：空气经过滤器进入空压机，由空压机三级压缩至1.96MPa，压缩空气经冷却器冷却后进入氟里昂预冷器冷却至5℃左右（冷凝下来的水由油水分离器分流），再进入油吸附过滤器进一步去除去空气中的油雾，而后进入分子筛纯化器，吸附残留的水分、二氧化碳等杂质。

表7-9 KZON-160/550型空气分离机设备组成

设备名称、型号	数量	备　注
5L-16/45型空气压缩机	1台	
附TK250-12/1180型电动机(250kW)	1台	包括低压开关柜
FON-160/550型分馏塔	1台	
PLK-8.33/20-6型透平膨胀机	1套	2台透平膨胀机及冷箱
JR-17.2型加热器(20kW)	1台	
HXK-960/40型纯化器	1套	包括加热炉
Uf-960/40型预冷器	1套	4FS7B压缩冷凝机组
油吸附过滤器	1台	

清洁干燥的空气进入分馏塔的上热交换器，与由下热交换器来的氧气、氮气以及上塔的馏分进行热交换，而后分为两路：一路进入膨胀机；另一路进入下热交换器再与馏分和氧气、氮气进行热交换后，经节流阀与膨胀机出来的冷空气汇合于下塔底部的蒸发器。在下塔精馏后，下塔底部的液态空气节流到上塔中部进一步精馏。在下塔底部得到的液氮，一部分作为下塔回流液；另一部分节流到上塔做回流液。这样在上塔顶部得到高纯氮，下塔底部得到高纯氧。上塔中部为馏分抽出口，馏分经过上热交换器复热至常温，作为纯化器分子筛的再生气。

7.2.3.3 KDN-720/38.88Y型空气分离机

KDN-720/38.88Y型空气分离机设备组成见表7-10。

表7-10 KDN-720/38.88Y型空气分离机设备组成

设备名称、型号	数量	备　　注
空气过滤器	1套	粗、细过滤器各一组
2Z5.5-48/5.76型无油润滑空气压缩机	1台	250kW，380V，包括同步电动机
UF-2380/6型预冷机组	1套	包括4FV7B型氟里昂压缩空气冷凝机组、UF-2360/6型预冷器、蒸发器、控制柜等
HXK-2800/6纯化器	1套	包括吸附筒、气水分离器、加热器、控制仪表、开关柜、再生气量仪表等
FN-720-38.88型分馏塔	1套	整体安装
PLZK-23/2.71-0.31型透平膨胀机	2台	安装在分馏塔内
ZCF-10000/8型低温液体储槽	1套	有效容积10m^3
QY-750型汽化器	1套	
JR-12.9型加热器	1套	14.4kW分馏塔加热用
仪控系统		包括空压机控制板、预冷机组控制柜、纯化器控制柜、分馏塔主仪控柜、储罐就地仪控
电控系统		包括高压开关柜、低压开关柜、低压综合启动器等
分析仪器		微氧分析仪1台、露点仪1台

空气经吸入塔吸入后，经过干式框架结构的空气滤清器，清除空气中的机械杂质和灰尘，进入空气压缩机，经二级压缩后压力达到660kPa，经冷却后进入空气预冷机组的蒸发器冷却至±5℃后，在水分离器中除去水分，然后空气进入纯化器，纯化器吸附筒内装有13X分子筛吸附剂，吸附空气中的水分和二氧化碳等杂质。净化后的原料空气经过滤进入分馏塔，经热交换器和液化器冷却后，呈气液共存的原料空气进入单级精馏塔。空气在精馏塔内从底部经过多孔塔板逐块上升，与从塔顶沿塔板逐块下流的回流液进行传质传热交换，在塔顶得到符合要求的氮气。

从塔顶出来的纯氮气，一部分作为产品，经HC-402阀节流，然后进入液化器和热交换器，回收冷量复热后进入供氮系统；另一部分纯氮则进入冷凝蒸发器中冷凝，而生成液氮，从冷凝蒸发器下部流出进入储液筒，其中一部分汇流至精馏塔顶作为回流液，一部分液氮作为液氮产品进入冷箱外液氮储槽。外液氮储槽中的液氮经汽化器后进入供氮系统。

采用KDN-720/38.88Y型空气分离机制取氢气时，应注意以下操作要点。

① 凡与液空、液氮、液氧接触的设备以及管路、阀门等严禁油污，特别是分离塔上塔、冷凝蒸发器、膨胀机的活塞和缸体更不允许。

② 一般情况下，分离塔的加热温度达到 60～70℃后，应保持 2～3h，各部位的吹除压力与最高的工作压力相同，吹除的时间是：热交换器 1.5～2.5h，下塔 1.5～2h，上塔 1.5～2h，吹除时加压要快，不能使气体缓慢排出。

③ 冷塔不允许加热，需用空气吹至 5～15℃时方可加热。

④ 凡有下列情况之一者，应该加热吹除：①工作周期短；②热交换器前后压差大；③高压空气与氧、氮馏分温差大于 5～7℃；④新安装或长期停车的设备；⑤清洗或修理后；⑥产生液悬后被迫停车的设备。

⑤ 设备启动后，为了使塔内温度迅速降低，全部高压空气进入膨胀机，空气压力保持在 4.7～5.0MPa。

⑥ 在调整纯度的操作过程，特别是对有关节流阀的开度在即将达到合适开度时，关或开都要十分谨慎，只能 90°、60°、30°的小幅度关闭或打开，同时，还要随时注意下塔压力和液氧液面的变化，不允许快速上升或下降。

⑦ 当空分发生紊乱，几经调整均不起作用的情况下，可采取短时间停止供给高压空气的办法，使塔内的不正常现象得以自动调整和恢复。

7.3 氢气的制备

工业中制取氢气的方法通常有水电解法和氨分解两种方法。水电解法是指电解槽内水在一定的直流电压下分解，从阴、阳两极各析出氢气和氧气的过程；氨分解法是以液氨作为原料，在高镍催化剂的作用下，通过吸热分解而得到氢氮混合气体。

7.3.1 水电解制氢

7.3.1.1 水电解制氢工艺流程

利用浸没在电解液中的一对电极，在中间隔以防止气体渗透的隔膜而构成水电解池，通过一定电压的直流电，使水分解产生氢气和氧气。其工艺流程如图 7-3 所示。

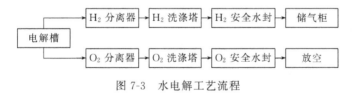

图 7-3 水电解工艺流程

7.3.1.2 水电解对材料的要求

（1）电解质选择 纯净的水导电能力很差，是很弱的电解质，不宜于直接电解，这是因为纯水中只含有少量的 H^+ 和 OH^-，即其离子浓度很小。如果水中加入适量的酸或苛性碱溶解后，将存在大量离解的氢离子、酸根离子或钾、钠离子、氢氧根离子，这时水具有很强的导电能力。在直流电的作用下，离子出现定向运动，水被电解，阳极析出氧气，阴极析出氢气。

虽然酸和苛性碱都可作为水电解导电的电解质，但在一般情况下多采用苛性碱而不使用酸，这主要因为酸对电解设备，特别是对电解槽中的电极和隔膜腐蚀性极强，电解槽难于实现长期稳定运行，若采用耐腐贵金属，又将加大制造成本。而苛性碱对钢材制造的电解设备稳定性好，其腐蚀性比酸弱得多，特别是在极框、极板上镀镍之后能很好地解决碱对电解槽工件的腐蚀，同时又能降低氢的超电位，降低电解电耗，所以目前工业上一般都采用氢氧化钾或氢氧化钠作为水电解制氢装置的电解质。

其纯度应满足以下要求：①KOH 或 NaOH 的含量不得小于 95%；②氯化钠的含量不小于 0.5%；③碳酸盐含量不小于 2%。

(2) 对电解液要求　对电解液应满足以下要求：①铁含量不得超过 3mg/L；②氯离子含量不大于 500mg/L；③碳酸盐含量不大于 100mg/L。

(3) 对纯水要求　对电解用蒸馏水或去离子水均应满足以下要求：①铁含量不得超过 1mg/L；②氯离子含量不超过 6mg/L；③电阻的范围为 $6 \times 10^4 \sim 8 \times 10^4 \Omega$。

7.3.1.3　水电解制氢装置

现代浮法玻璃企业通常采用 Dy-24 型水电解装置（图 7-4）制取氢气。该装置为压滤式双极性电解槽，由 100 个圆形电解池用 4 根丝杆夹紧在两端板之间构成槽体。槽体支撑在固定的混凝土底座和活动支座上。电解池由隔板（主极板）、冲有圆孔的铁阴极和镍阳极、石棉膜布及隔膜框等组成。

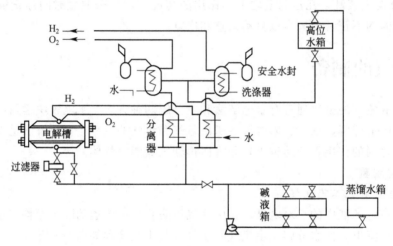

图 7-4　Dy-24 型水电解装置流程

(1) Dy-24 型水电解装置技术性能指标

① 工作温度：80℃±5℃；

② 工作压力：1.2MPa；

③ 电解液：20%～30%KOH；

④ 气体纯度：H₂ 为 99.7%（体积分数），O₂ 为 99.5%（体积分数）；

⑤ 气体产量：H₂ 为 24m³/h（标准状态），O₂ 为 12m³/h（标准状态）；

⑥ 电流密度：1600A/m²；

⑦ 电解池电压：2.2～2.3V；

⑧ 直流电压：230V；

⑨ 直流电流：610A；

⑩ 电能消耗：5.5kW·h/m³；

⑪ 冷却水耗量：1.5m³/h；

⑫ 电解槽内电解液容量：1.1m³；

⑬ 分离器内电解液容量：0.7m³。

（2）开车前准备和检查工作　①严格检查和清除电解槽及辅助设备上的金属物和其他杂质。②检查电解槽分离器中电解液液面高度，洗涤器中纯水水位高度，各种仪表是否正常，各压力计是否在零位。③开启氢气、氧气放散阀。④检查电器设备的完好情况，打开硅整流元件及冷却水阀门，使其处于准备运行状态。⑤准备好氢气和氮气的吹扫工具等。

（3）制取氢气操作　①以氮气吹扫电解槽、分离器、洗涤器10min左右，氮气的压力可根据情况而定，但不宜超过0.1MPa。目的是将电解槽和各辅助管道里的空气或残余气体吹扫掉，必要时可做爆鸣实验。②接通直流电，保持电流在200~300A，然后用直流电压表按毫伏计测试电解槽供电极性是否正确，极间电压是否正确，并检查电解槽有无渗漏电解液现象；分离器、压力及液位指示情况是否正常。③解除氮气吹扫，关闭吹扫阀门，打开洗涤冷却水阀。④20~30min后进行气体分析，氢气、氧气各经过两次分析证明：氢气纯度在99.6%以上，氧气纯度在99%以上时，可以打开气体入罐阀和关闭气体放散阀。⑤气体进入罐后，首先检查分离器、洗涤器的压力是否正常。⑥以后按间隔10min左右提升一次电流，提升的幅度视电解液的温度而定。若要加速电流的提升，可在分离器的冷却水管里通入蒸汽加热电解液，直到电流平稳地提升到6000A。

（4）电解槽的正常停车和事故停车操作规程　停车前准备好氮气和吹扫工具，然后按下列步骤停车。①逐渐降低电流，每隔10min降低一次，幅度为100~200A。当电流降至100A左右时，将氧气、氢气放散阀打开，关闭入罐阀。②切断电流，用氧气吹扫电解槽及辅助设备管道10min左右。③关闭洗涤器和硅整流元件冷却水阀门。④检查电解槽有无漏液现象，做好清扫工作。⑤凡遇特殊情况必须紧急停车时，可立即使用事故按钮切断电源，然后再按正常停车的②~④项进行操作。

7.3.2　氨分解制氢

7.3.2.1　氨分解制氢原理

氨分解制氢是以液氨作为原料，液氨是无色透明和具有强烈刺激性气味的液体，极易挥发。氨气在850~900℃的催化剂作用下通过吸热分解得到氢、氮混合气体。反应式为：

$$2NH_3 \longrightarrow N_2 + 3H_2 - Q \tag{7-1}$$

每千克液氨可产生分解气体2.64m³（标准状态），分解后的混合气具有较高纯度，只有微量水、残氨和微量氧等杂质。

分解用液氨质量应符合GB 536—1988标准的一级品要求。

外观：无色透明液体。

质量指标：氨含量≥99.5%；水分和油含量≤0.2%。

7.3.2.2　氨分解制氢优势

氨分解制氢与水电解制氢相比，具有以下优势。

① 节约能源：水电解制氢消耗电量约6.2kW·h/m³H₂（标准状态）及部分蒸汽，总能耗约为76600kJ/m³H₂（标准状态），氨分解制氢消耗电量约为1.2kW·h/m³H₂，总能耗约为46800kJ/m³H₂（标准状态）。由此可见，氨分解制氢的能耗仅为水电解法的60%左右。

② 基建投资少：按建设600t/d浮法玻璃生产线的规模测算，氨分解制氢投资是水电解制氢投资的60%左右。

③ 氨分解制氢装置操作简单，节省操作人员，设备启动30min左右即可正常供气，而水电解制氢装置启动一般需要8h以上。

7.3.2.3 氨分解制氢装置

氨分解制取氢气装置技术指标见表 7-11，其工艺流程如图 7-5 所示。液氨由钢瓶或槽车注入液氨储罐 1，经蒸发器 2 加热气化，气氨进入液氨储罐上部空间由导管导出，再经过减压、计量，通过换热器 4 被从分解炉 3 出来的高温 H_2、N_2 预热后，进入分解炉。分解炉内充满 Z-107 型镍催化剂，炉内温度控制在 850～900℃。此时，氨在催化床内分解为 75％ H_2 和 25％ N_2 的混合气体。高温分解气通过换热气被原料氨冷却至 100～200℃，再进入液氨储罐内的 U 形管，被管外的液氨进一步冷却至 0～10℃，最后进入净化装置的吸附塔进行吸附净化。

表 7-11 氨分解制取氢气装置技术指标

项目		AF-70-1	AF-80-1	AFQC-160/0.03	AFQC-210/0.03	AQC-160/0.03
生产能力(N_2+H_2,标准状态)/(m^3/h)		70×3	80×3	160	210	160
电功率/kW	气化器	22.5×2	22.5×2	21×2	21×2	21×2
	分解炉	75×4	80×4	55×4	75×4	55×4
	净化装置	9×2×3	9×2×3	6.9×4	10.5×2×2	2.3×3×2
	装机容量	399	419	289.6	384	275.8
	运行功率	283.5	298.5	199.8	256.5	192.9
单耗(标准状态)/(kW·h/m^3H_2)		1.5	1.4	1.4	1.38	1.38

(1) 氨分解制氢装置开车前准备 ①检查仪表、电器、阀门齐全正常。②氨分解系统用高纯氮气吹扫置换 1h。

(2) 氨分解制氢装置开车操作规程。

① 打开氨分解气体发生装置的分解气放空阀及冷却水阀，并适当调节流量。

② 微开氮气置换阀。打开分解炉电源开关，并将其控制方式选择开关打到内控，用手动调节电位器，分段升温至 700℃，升温步骤如下：

0～200℃	升温 1～2h	保温 1～2h
200～400℃	升温 1～2h	保温 2～3h
400～600℃	升温 1～2h	保温 3～4h
600～700℃	升温 1h	保温 4～5h

③ 待分解炉温度升到 600℃后开始向氨中间储罐注氨。打开液氨中间储罐上氨气出口阀及调压系统中调压阀前后阀门，此时液氨中间储罐液层保持在 0.3～0.6m，储罐压力控制在 0.3～0.45MPa，适当调节调压阀，使其后的压力控制在 0.06MPa 以下，最后打开氨气流量计出口阀及缓慢打开氨气流量计入口阀，流量控制在 5～6 格之间，关闭氮气置换阀。分解炉温度以 50℃/h 升温至 800～850℃。

④ 逐步加大流量至 26～27m^3，同时将调功器控制选择开关打到外控，电位器打到最大，再将分解炉温度设定在 800～850℃，视环境温度高低，确定是否需要打开气化器的电加热器电源控制氨气压力，直到分解炉在规定负荷下分解气纯度合格，残氨含量≤500× 10^{-6}。打开分解气出口阀，关闭分解气放空阀。

7.3.3 氢的净化

浮法玻璃生产对保护气体纯度的一般要求为：含氧≤0.0005％，露点低于-50℃。水电解装置制取的氢气相对来说纯度是较高的，主要杂质为 O_2 和 H_2O，但其纯度仅为 99.7％

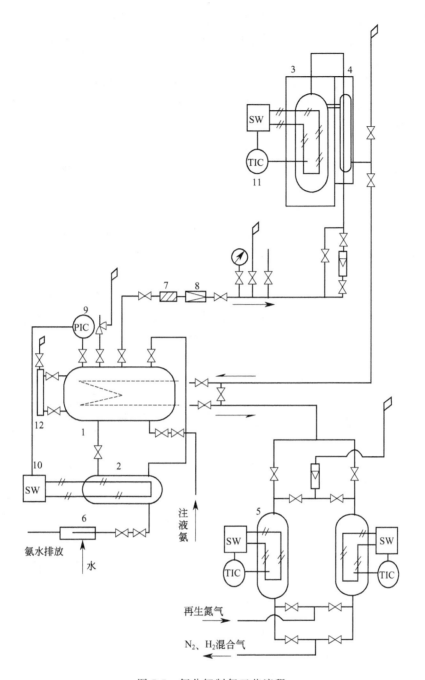

图 7-5　氨分解制氢工艺流程

1—液氨储罐；2—蒸发器；3—分解炉；4—换热器；5—吸附塔；6—氨排放器；7—过滤器；

8—减压阀；9—电接触式；10—开关；11—电接触式；12—液面计

左右，露点为大气温度时的饱和点，远不能满足浮法玻璃生产对保护气体纯度的要求。因此，必须进行脱氧-干燥净化处理。

7.3.3.1　净化方法

① 催化反应法　利用各种催化剂去除氢气中的氧杂质等。

② 选择吸附法　利用各种吸附剂选择吸附氢气中的有关杂质，当除去氢气中的水杂质

时，可采用吸附干燥法，吸附干燥法可使干燥后氢气的露点达到－40～－80℃。

③ 钯膜扩散法　利用氢气能透过钯合金的特点，可使氢气纯度达到 99.9999%，含水量露点达到－70～－80℃，但钯合金价格昂贵，大规模工业生产不宜采用。

④ 吸收法　以溶液吸收为基础的吸收法，由吸收塔和再生塔组成，吸收和再生是在一定温度和压力下进行的。在一定温度下用海绵钛吸收氧气，然后降温抽出杂质气体，再加温释放出氢气。这种方法纯度不高。

⑤ 冷冻干燥法　用于对氢气干燥度要求不高或氢气的初级干燥等。

以上几种方法中，催化剂脱氧-吸附法是现代浮法玻璃生产线较为常用的氢气净化方法。

7.3.3.2　催化脱氧

(1) 催化反应　氢气脱氧的催化反应过程为：首先氢和氧分子从流动的气相中扩散到催化剂表面，并吸附在催化剂的表面上；然后氢气和氧气在催化剂的表面上化合成水；最后水分子从催化剂表面扩散到流动的气体中。化学反应方程式为：

$$2H_2 + O_2 \longrightarrow 2H_2O + Q \tag{7-2}$$

(2) 催化剂　催化过程中的催化剂虽然参与了反应过程，但在反应完成时，它本身的化学性质不发生变化。它不能改变反应的平衡常数，却能加快平衡的到达，加速反应的进行。

氢气净化使用的催化剂主要有两种类型：一种是含有金属元素的催化剂；另一种是合成物（如氧化物、硫化物等）。国内生产的主要催化剂见表 7-12。

表 7-12　国内生产的主要催化剂

项　　　目	0603 型	657 型	活化氧化铝镀钯	105 型（钯分子筛）
成分	氧化铜附载在硅藻土上	镍铬合金附载在多孔物质上	钯盐附载在活性氧化铝上	A 型分子筛钯盐离子交换
粒度/mm	$\phi 6 \times 6$ 柱	$\phi 5 \times 5$ 柱	$\phi 2 \sim 3, \phi 3 \sim 5$ 球，$\phi 5 \times$ 5-8 柱	$\phi 3 \sim 5$ 球，$\phi 6 \times 10$ 柱
堆积密度/(g/cm³)	约 1	$1.1 \sim 1.2$		0.7
工作温度/℃	$180 \sim 240$	$50 \sim 80$	常温～50	常温或 $120 \sim 150$
空速/h⁻¹	$3000 \sim 5000$	$5000 \sim 8000$	$5000 \sim 10000$	$5000 \sim 10000$
原料起初含氧量/%	≤1	≤3	≤3	≤1
残氧量/×10⁻⁶	≤10	5	0.25	$0.25 \sim 0.4$
活化还原处理	使用前需用氢或氢-氮活化还原处理，还原气温度升至 200℃，活化还原处理结束	使用前需活化处理，先以氮置换空气，再通氢加热温度为 100～130℃	在空速≥10000h⁻¹ 的纯氢气流中进行，经 2h 缓慢升温至 400～500℃，保温 2h，再用纯氢冷却	活化，加热到 550℃，以空速 3000h⁻¹ 的干燥氮气吹冷，再以空速 4000h⁻¹ 的干燥氢气还原再生，并以 300～400℃ 的净化氢气加热 2h，然后冷却
中毒物质	硫及硫化物	H₂S、CO、N₂O	硫化物、CO、油	CO 和 NH₃（大量）
注意事项		在空气中可以自燃	原料气纯化前必须预先经过干燥处理	

选择催化剂的一般原则：①对气体纯度的要求；②达到同样纯化深度的催化剂，应选用工作温度较低的，能在常温下工作更为理想；③达到同样纯化深度且工作温度基本相同时，应选用活性高的催化剂；④催化剂的机械强度和热稳定性好；⑤在达到所要求纯化深度的前提下，应尽可能选用非贵金属催化剂，即使选用贵金属催化剂时，也应选含量较小者。

7.3.3.3　吸附干燥

吸附过程是一个十分复杂的过程，它是多孔性固体物质（吸附剂）吸附气体、水蒸气或液体的过程，是有一定选择性的可逆过程，即每一种吸附剂只是对混合气体中的某种物质具有吸附能力，已被吸附的物质可以用解吸（操作上称为再生）的方法从吸附剂中释放出来。

常用氢气净化吸附剂主要有硅胶、活性氧化铝和分子筛三种，各种吸附剂的特性见表 7-13。

表 7-13　各种吸附剂的特性

项　　目	硅胶	活性氧化铝	分子筛
密度/(kg/m³)	1200	1600	1100
堆积密度/(kg/m³)	600～700	800～900	550～750
比热容/[kJ/(kg·℃)]	0.92	1.00	0.84～1.05
热导率/[kJ/(m·h·℃)]	2.93	2.93	2.09
机械强度/MPa	>90	>93	>70
颗粒形状	粒状	粒状、柱状	柱状
粒度/mm	3～7	3～7	3～5
设计吸附容量/%	5～8	4～6	7～12
空塔气体线速度/(m/s)	0.1～0.3	0.1～0.3	<0.6
接触时间/s	5～15	5～15	5～15
进口气体温度/℃	<35	<35	<40
再生温度/℃	180～250	250～270	150～320

（1）硅胶　工业上使用的硅胶多为无定形的颗粒状物质，由硅酸溶液凝结而成的人造含水硅石，分子式为 $SiO_2 \cdot xH_2O$。硅胶按孔径的大小分为细孔硅胶、中孔硅胶和粗孔硅胶，细孔硅胶的吸附能力最好。

硅胶具有在气体含湿量高、相对湿度大时吸附容量大；吸附剂再生加热温度低；价格低和机械强度高的优点。但它存在着气体含湿量低、相对湿度小时，吸附能力大幅度降低和遇水滴后自行崩裂的缺点。

（2）活性氧化铝　工业上常用的活性氧化铝为条状，直径 2～4mm，长度不超过20mm。与硅胶相比，它的热稳定性高，机械强度在温度周期性变化下也较高，可以在较高温度下再生，因而使气体的干燥程度较硅胶更高。

（3）分子筛　分子筛是结晶态的硅酸盐或硅铝酸盐，是一种由硅氧四面体或铝氧四面体通过氧桥键相连而形成分子尺寸大小（通常为 0.3～2.0nm）的孔道和空腔体系，从而具有筛分分子的特性。

分子筛可分为两大类：一类是天然沸石具有类似晶体结构的 X 型；另一类是合成沸石A 型。目前 X 型分子筛又分为 10X 和 13X 型；A 型分子筛分为 3A、4A、5A 三种。

7.3.3.4　吸附剂的再生

吸附剂的加热再生温度较高，吸附剂再生越完全，残余水量越少。但实际操作中，吸附剂的再生温度受到吸附剂物化性能的限制，应低于吸附剂的耐热度。国产氧化铝的耐热温度为 600℃，分子筛的耐热温度为 650℃，硅胶的耐热温度为 250℃。

加热再生法一般可分为吸附、加热再生和吹冷三个阶段。开始时，吸附剂床温随着加热的再生气体送入而逐渐升高，到吸附水大量脱附时，床温稳定在一定温度，并保持一段时间，吸附水基本脱附时，床温迅速升高，这时吸附剂加热再生结束。

7.3.3.5　氢气净化装置

几种常用氢气净化装置的主要技术指标见表 7-14。

表 7-14　见种常用氢气净化装置的主要技术指标

项　目		JQ-25	QDG-25	QCZ50-8	QCZ80-5/1	QCZ-25/8	QCZ-75/6
处理气量(标准状态)/(m³/h)		25	25	50	80	25	25
工作压力/kPa		532	532	800	500	800	600
净化后气 体纯度	含氧量/%	≤0.0015	≤0.0015	≤0.0005	≤0.0005	≤0.0005	≤0.0005
	露点/℃	−40～−60	−60±5	−60	−60	<−60	<−60
净化前氢气含氧量/%		0.5	0.5	<0.2	<0.5	≤1.0	≤1.0
再生循环氢 气量/(m³/h)	硅胶加热	110	≥120	—	—	—	—
	分子筛加热	50～60	≥60	—	—	—	—
	硅胶冷吹	110	≥120	—	—	—	—
电加热器 功率/kW	除氧器	3	3	10	10	—	—
	硅胶再生	7.5×2	7.5×2	14	12～14	≤12	12
	分子筛再生	7.5×2	7.5×2				
冷却水用量 /(m³/h)	冷却器	1.30	1.03	1	1	2	1
	干燥塔	0.2	0.3				
	后冷却器	1.5	1.5	1			
	冷冻机	—					
催化剂		0603 型	0603 型	钯催化剂			

（1）JQ-25 型和 QDG-25 型氢气净化装置　原料氢气经过容积式鼓风机加压后，通过转子流量计、电加热器进入过滤器和除氧器，接着经列管冷却器后进入硅胶干燥器，最后经过分子筛干燥器，便获得所需的高纯氢气。

硅胶和分子筛的再生是利用部分原料进行循环来实现的，原料气进入干燥器前先进行电加热；出干燥器后再经过后冷却器冷却，脱除大部分水分，便作为循环再生气，吸附剂的再生可采用氮气。

（2）QCZ50-8 型和 QCZ80-5/1 型氢气净化装置　原料氢气先经冷凝干燥，再经过过滤器、流量计进入除氧器，然后经过冷却器-油水分离器-冷却器，最后进入分子筛吸附干燥器，干燥后的氢气经过过滤器后便可供使用。干燥剂的再生是利用部分产品氢气经流量计计量后进入干燥器（气流方向与干燥操作相反），氢气出干燥器后进行冷却回收。

（3）QCZ-25/8 型和 QCZ-75/6 型氢气净化装置　原料氢气通过流量计，经过过滤器去除杂质，进入除氧器，在钯催化剂作用下，使氢气中杂质氧与氢反应生成水汽，经水冷却器除湿后，再进过冷凝干燥器和气水分离器除湿，然后再经过水冷器后进入吸附干燥器进一步干燥，产品氢经过滤器除尘后便可供使用。

7.4　保护气体检验及注意事项

7.4.1　保护气体检验

7.4.1.1　氮气纯度检验

对于氮气纯度的检验包括氮气中含氧量和氮气中残氨含量两个检验指标。

（1）含氧量检验　氮站中氮气的分析采用氧化锆微量氧分析仪。其工作原理为：氧化锆在常温下为单斜系晶体，当加入一定数量的氧化锆或氧化钇并经过高温焙烧形成固溶体后，就成为稳定的萤石型立方晶体，这种固溶体称为氧化锆。在其结晶内，由于四价的锆原子被二价的钙或三价的钇置换后生成氧离子空穴，在高温时，就变成良好的氧离子导体，当在氧化锆罐罐底外表面上，制成内电极和外电极，将它装在温度恒定的点炉中，外电极参比气为空气，待测气体流经内电极。在理想状态下，当温度恒定时为一个常数，空气参比气的氧含量是已知的，根据测得的浓差电势便求得待测氧含量。

（2）残氨含量检验　通常采用比色分析法测定氨分解气中残氨含量。

① 准备事宜　配制 100mL 纳氏试剂、1000mL 0.005mol/L 硫酸吸收液。

② 操作方法　先将氨分解气放空一会，然后通入各装有 25mL、0.005mol/L 硫酸的吸收管中。从开始通气至通气完毕，记下取样体积（净化前取 0.5L，净化后取 30L）。取样完毕后，将两个吸收管中的液体并入一个管子内，再加 1mL 纳氏试剂摇匀后，将此溶液倒入比色管中，放置 10min 进行比色，确定色阶号码，对照计算后的分解气残氨含量表，确定分解气的残氨含量。

7.4.1.2　氢气纯度检验

对于粗氢纯度每 4h 分析一次。所用仪器为奥氏分析仪。所用药品为焦性没食子酸的碱性溶液。分析时严格检查分析装置是否严密。分析结果一定要准确。粗氢纯度要求 ≥99.6%。

净化后氢气用 DH-2 型电化学式微量氧分析器进行分析。其工作原理如下：仪器的测量元件是一个对氧敏感的 Au-Pb 碱性原电池。溶液为 KOH 碱性溶液。氧在金阴极上还原为氢氧根离子，并向外电路取得电子，铅阳极被氢氧化钾溶液腐蚀，生成铅酸钾，同时向外电路输出电子。接通外电路后，低值负荷电阻上便有电流通过，电流的大小随氧含量而变化，在氧含量很低时，电流与氧含量成正比，故测得原电池电路中的电流值，即可知气样中的氧含量。

7.4.2　保护气体混合与输送

7.4.2.1　保护气体混合

由于氮气和氢气的制备过程相对独立，在输送到锡槽前必须按照工艺要求混合成符合生产使用的保护气体。氮气和氢气的混合可以在气体混合罐内进行，也可以在输送管道上混合，后者结构较为简单，应用比较广泛。

在输送管道上混合，首先在各自的输送管道上安装计量器，以调节氮气和氢气的混合比例，然后在氮气管道上安装如图 7-6 所示的混合器。H_2 以径向通入管道，N_2 流动时将 H_2 带走，N_2、H_2 在输送管道内可得到很好的混合。这时要求 H_2 压力稍大于压力 N_2，以方便 H_2 的进入。

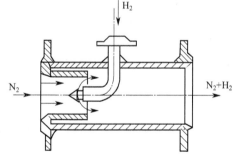

图 7-6　氮氢混合器

7.4.2.2　保护气体输送

保护气体为高纯度气体，其氧浓度小于 0.0005%，与大气中氧浓度（近 21%）相差几万倍，它们之间的氧分压相差很大，所以保护气体在输送过程中，会产生大气中的氧向输送系统中渗透的现象。随着输送距离的增加，保护气体的纯度可能相应地有所下降，因此，保护气体输送距离应力求最短，输送管道的接头要少，管材应选用无缝钢管及不锈钢管。同时，为了确保进入锡槽气体的纯度，可在进入前安装终端净化装置。常温下氢气和氧气不发生可观察的化学反应，但在催化条件下氢气与氧气反应生成水，从而将保护气体中的氧杂质去除。该装置就是利用这一原理，通过一种脱氧催化剂的介入，在运转中加速化学反应的热力学平衡，提高反应速率，从而实现最终脱氧处理，以确保进锡槽的保护气体中氧含量小于 5×10^{-6}。

7.4.3　保护气站注意事项

保护气站，尤其是氢站属于易燃易爆危险区域，因此进站人员严禁携带易燃易爆物品，站内人员严禁吸烟。职工上岗前必须穿戴好劳动防护用品，认真执行安全操作规程和遵守岗位纪律。同时还要注意预防爆炸、液氨泄漏、窒息、中毒、机械伤害等安全问题。

7.4.3.1　保护气站爆炸的预防

① 氢气系统运行时，不准敲击、带压修理和紧固，不得超压，严禁负压。检修时使用防爆工具。

② 当氢气发生大量泄漏或积聚时，立即切断气源，并采取有效通风措施，不得进行可能发生火花的一切操作。

③ 氢气系统动火检修，必须严格执行动火审批制度。

④ 定期测量厂房内空气中的氢气含量。

7.4.3.2　窒息、中毒以及机械伤害的预防

① 在紧急情况下（氢气泄漏）、检修氢气管道或阀门时，必须采取有效的安全防范措施，防止造成缺氧窒息事故。

② 液氨储罐、液氨钢瓶严禁靠近热源；一旦发生液氨泄漏，穿戴好防毒面具并及时处理。

③ 严禁在机械传动设备运行时进行擦拭。

7.4.3.3　液氨泄漏的原因及处理方法

对于采用氨分解制氢工艺的企业来说，设备在生产中因施工质量、设备误操作超压、化学腐蚀、意外机械碰撞损伤等原因都有可能出现液氨泄漏事故。如发生泄漏事故有两种不同的情况和相应的处理方法。

① 液氨中间储罐进出气体、液体阀门以外发生泄漏　此时应采取关闭事故位置相关位置阀门，并根据事故情况采取相应措施处理。

② 液氨中间储罐进出气体、液体阀门以内发生泄漏　此时应采取措施为：

a. 工作人员立即采取劳动保护措施，佩戴防毒面具、戴好乳胶手套、打开门窗、启动强制排风设备；

b. 打开事故位置液氨中间储罐放空阀门，关闭气体输出、液体输入、输出阀门并保持其他阀门的开启，打开液氨中间储罐底部液氨排放阀门，并开启自来水稀释液氨，直至排放掉全部液氨；

c. 对排空后的液氨中间储罐通入氮气吹扫 4h 以上方可进行检修处理工作。

7.5　主要岗位及操作规程

7.5.1　制氮工

7.5.1.1　岗位职责

① 检查落实好上岗前的各项准备工作，检查、使用、维护好设备，认真贯彻执行安全、文明生产及各项规章制度，全面完成生产任务和管理任务，为锡槽工区和下班次服务，对本班氮气产量、质量负主要责任。

② 保证氮气纯度，含氧量小于 10cm³/m³（ppm）。

③ 根据企业实际情况，控制氮气制备量。

④ 严格执行分馏塔、空压机安全操作规程。

7.5.1.2　分馏塔的安全操作规程

① 操作人员必须经过一定训练、掌握安全知识、防火技术，并通过考试合格者才可独立操作。

② 工作时穿戴好劳动保护用品。

③ 车间内严禁动火、吸烟，所有操作者必须掌握各种消防器材的使用方法。

④ 运转中严禁出现膨胀机带液现象。

⑤ 空压机紧急停车时应迅速关闭纯化器进气阀，以供膨胀机轴承气使用。

⑥ 放液氧、液氮时一定要注意安全，防止冻伤、窒息，门窗应打开。

⑦ 要经常擦洗设备，保持设备干净。但运行中的设备的运转部位严禁擦洗。每 30min 吹除一次油水，每小时记录一次报单，字迹要清晰。

⑧ 各处的安全阀、压力表，每运行一年后，必须校对。

⑨ 各岗位操作工之间，制氮、制氢工段之间，要保持密切联系。送氮以后，通知制氢工段送氢。停氮之前，通知制氢工段停止送氢。送气、停气时应与锡槽工区保持密切联系。

⑩ 当设备发生事故时，操作人员应立即采取紧急措施，然后报告班长、工长及车间领导，发生事故后不得离开现场。

7.5.1.3　空压机的安全操作规程

① 空压机是为制氧、制氮设备提供原料空气的重要机器，只有经过一定训练，掌握安全知识和防火技术，并经考试合格者才可独立操作。

② 工作时穿戴好劳动保护用品。

③ 运转中如有机械撞击声、油压不足经调整无效或冷却水中断现象，应立即停车，故障排除后再运行。

④ 每 30min 吹除一次油水，每小时记录一次报单，字迹要清晰。

⑤ 长期停车，应将汽缸冷却水套、冷却器中的水放净，以免冻裂。

⑥ 空压机维修后或长时间停车后再启动前，必须转动齿轮油泵，对各润滑点充油，同时使用盘车装置，盘车数转。

⑦ 空压机各级安全阀必须灵验，超压时应保证能及时跳开。

⑧ 各级压力如过载或超负荷应停车检查，并向班长汇报情况。

⑨ 如管道法兰接口泄漏，应立即停车。要经常擦洗设备，保持设备干净，运转中设备的运转部位严禁擦洗。

⑩ 与空压机有关的联结管道、冷却器等，不得有较大幅度的振动，否则应停车并向班长汇报。

7.5.2　制氢工

7.5.2.1　总体要求

① 根据操作规程认真操作，精心使用、维护好设备，认真贯彻安全制度和文明生产制度，按上级的要求完成生产任务，保持设备和环境的清洁卫生，认真交接班，为下一班创造良好条件。对本班由于管理不当造成的氢气质量不合格负主要责任。

② 电解氢纯度控制在 99.6% 以上，净化后，氢中含氧量小于等于 10cm³/m³（ppm）。

③ 根据本单位具体情况，控制氢气制取量。

④ 执行电解工和净化技术安全操作规程。

7.5.2.2 电解工操作规程

① 水电解装置系统中电解槽是带电设备，并可能形成有爆炸危险的混合气体和氢气燃烧，同时又接近碱液，为杜绝事故的发生，运行人员应严格遵守安全技术规程和操作规程。

② 班上不准穿钉子鞋（操作人员要穿劳保鞋），不准将易爆品带入车间，严禁金属物件接触电解槽。

③ 维护带电设备时，要穿绝缘鞋及带好手套。

④ 设专人负责消防器材，并做到人人会使用。

7.5.2.3 净化工操作规程

① 氢气是无色、无味、无臭、易燃、易爆气体，在生产中要特别注意安全技术，为了确保装置安全稳定地运转，应严格执行安全操作规程。

② 装置运转必须严格按照工艺条件和操作规程操作，操作人员应坚守生产岗位，不得离岗。

③ 所有设备、电器、仪表必须处于完好状态，并经常维护保养。

④ 装置采取接地措施，以防静电累积，还应防止化纤衣服形成静火花。

⑤ 排放冷凝水带出氢气和不纯氢的放空，这两种情况要注意安全排放，防止回火。

第8章　浮法玻璃缺陷及处理工艺

8.1　缺陷的分类

在生产实践中，理想的、均一的玻璃成品是极少的，这是因为从原料加工、配合料制备、熔化、澄清、均化、冷却、成形以及切裁等各生产过程中，不论是工艺制度的破坏或是人为操作过程的差错，都会在玻璃原板上造成各种不同的缺陷。

玻璃缺陷的存在不仅使其质量大大降低，甚至影响玻璃的进一步成形和深加工，造成大量的废品，严重影响玻璃的成品率。因此，玻璃企业在不断探讨、研究、总结玻璃缺陷形成的机理，希望通过对缺陷机理的掌握，及时采取有效工艺措施，降低玻璃缺陷出现的概率，以提高玻璃总成品率。

浮法玻璃的缺陷种类及其产生的原因有很多种，大致可以按照形成部位、在玻璃中的位置以及显微结构三种情况进行分类。

8.1.1　按形成部位分类

浮法玻璃中的缺陷按形成部位可分为六大类。

（1）原料缺陷　由于各种原因，造成原料自身质量问题或外来杂物引起的缺陷，如结石、疖瘤、芒硝泡等。

（2）熔化缺陷　由于熔化不良而引起的缺陷，如澄清气泡、二次气泡等。

（3）耐火材料缺陷　耐火材料因长期处于高温、有腐蚀的环境中而脱落、挥发于原料中而引起的缺陷，如耐火材料杂质泡、耐火材料结石等。

（4）成形缺陷　在成形部位由于工艺制度及人为操作不当而引起的缺陷，如光畸变点、沾锡、雾斑、薄厚不均等。

（5）退火缺陷　在退火过程中，由于退火工艺制度和人为操作不当而引起的缺陷，如翘曲、辊痕等。

（6）冷端玻璃加工和储存缺陷　玻璃在切裁、包装和储存过程中形成的缺陷，如划伤、发霉等。

8.1.2　按在玻璃中的位置分类

浮法玻璃中的缺陷按在玻璃中的位置可分为两大类。

（1）玻璃板的内在缺陷　主要存在于玻璃板体内部，通常以夹杂物为特征。按照夹杂物质的不同又可细分为气泡（气体夹杂物）、结石（固体夹杂物）、条纹和疖瘤（玻璃态夹杂物）三大类。

（2）玻璃板的外在缺陷　主要存在于玻璃板体外部，因浮法玻璃成形过程中的特殊性（玻璃液漂浮在锡液上），使得玻璃板上、下表面所处的环境不尽相同，故又细分为上表面缺陷和下表面缺陷两大类。其中，上表面缺陷包括由于熔窑碹顶或锡槽槽顶滴落物而在玻璃浅表层产生的结石、由于闸板破损而在玻璃上表面形成的闸板泡等；玻璃下表面缺陷则包括沾锡、下表面开口泡、划伤、光畸变点等。

8.1.3 按显微结构分类

浮法玻璃缺陷按显微结构可分为两大类。

（1）非晶态缺陷　主要包括气相缺陷（气泡）、玻璃相夹杂物（条纹和疖瘤）、由不均匀应力产生的缺陷、划伤和压裂等。

（2）晶态缺陷　主要包括熔化残留物、侵蚀的耐火材料、玻璃熔体的析晶、锡槽产生的上表面缺陷等。

8.2　原料及熔化缺陷及处理工艺

8.2.1　固体夹杂物

8.2.1.1　未熔石英颗粒（残余石英）

（1）外观　大多在玻璃板的上表面，呈白色小粒状或多个颗粒的聚合体。结石周围有较宽的扩散层，在窑内停留时间长的结石，表面瓷化，周边与玻璃界限不很清晰。

（2）显微结构　结石中存在残余石英颗粒，周围可能伴随有羽状鳞石英晶体（图 8-1 和图 8-2）。

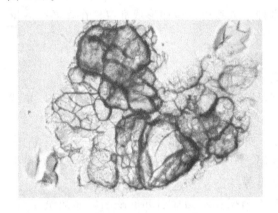

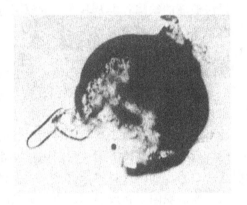

图 8-1　未熔石英　　　　　　　　　　　　图 8-2　硅砂富集

（3）产生原因

① 硅砂颗粒过大，形成的未熔石英；

② 配合料调和不均匀，局部硅砂富集导致；

③ 配合料输送及窑头料仓储存过程中的分层；

④ 硅砂细粉过多形成的料蛋；

⑤ 助熔剂（Na_2CO_3、Na_2SO_4）过少；

⑥ 跑料或边部切料；

⑦ 熔化温度过低（主要是玻璃液温度）；

⑧ 碹顶硅质泥料掉入窑中进入玻璃液。

（4）应采取的措施

① 严格控制硅砂的上、下限粒度，在混合机正常运转（如混合机出故障，可排除以下其他产生原因）情况下，通过配合料均匀度测定实验，给出合理的调和参数，以保证配合料具有良好的均匀性。

② 保证合理的配料参数及称量精度。

③ 加强熔化操作，保证在换火时，不切料，稳定料山及泡界线位置。

④ 加强前区熔化，调整热负荷，建立合理的温度曲线，提高玻璃液温度。

⑤ 冷修烤窑后及热修时，制定合理的操作方案，避免硅质泥料落入窑中。

8.2.1.2 碹滴

（1）外观　是一些尺寸大小不等的、不透明的或半透明的结石，颜色为白色、灰色、深色、浅黑色等。结石中央呈原砖状，边部有溶解蚀变和析晶。结石旁波及较大，常常还伴随有裂纹。

（2）显微结构　呈方石英和鳞石英晶体（图8-3和图8-4），晶体粗大的鳞石英多呈矛头状双晶，单偏光下呈浅黄色，突起较低，正交光下有灰白、浅黄的干涉色。

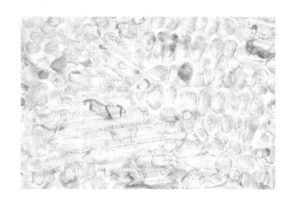

图 8-3　方石英　　　　　　　　　　　　图 8-4　鳞石英

（3）产生原因　熔化部碹顶硅砖的剥落物，产生部位从前区L形吊墙至熔化部后山墙都有。产生部位不同，其化学组成及物相组成都有所不同。

① 产生于前区L形吊墙（晶型排列不整齐）；

② 产生于前区碹顶的中部（晶型排列整齐，呈玉黍状或团粒状）；

③ 产生于前区碹顶边部（晶型排列如L形吊墙）；

④ 产生于热点后部碹顶（晶型排列整齐），这个部位温度相对较低，碱性组分、芒硝分解产物易在此处凝聚，侵蚀较严重；

⑤产生于熔化部后山墙（晶体中含有硫元素），呈钟乳石状的熔融凝聚物，可能有残砖存在；

⑥ 重油含硫量过高、水分过大或助燃风量过大，对碹砖的冲击及侵蚀。

（4）采取措施

① 减少熔窑前区粉料的飞散及配合料组分的挥发。

② 调整火焰角度，减少火焰对碹顶的上扬烧损。

③ 在不影响熔化的前提下，可考虑适当降低熔窑温度。

④ 在满足澄清的前提下，尽量减少澄清剂芒硝的用量。

⑤ 定期处理后山墙的挂帘子。

⑥ 提高重油质量，降低水分含量，稳定风量及窑压。

8.2.1.3 霞石

（1）外观　为白色颗粒结石，有时在疖瘤内呈半透明析晶状。

（2）显微结构　显微镜单偏光下呈羽毛状或阶梯状，显微镜正交光下，有鲜艳的干涉色

（图 8-5 和图 8-6）。

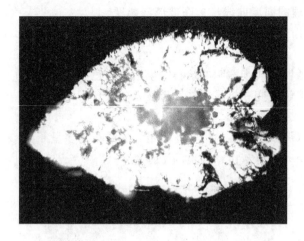

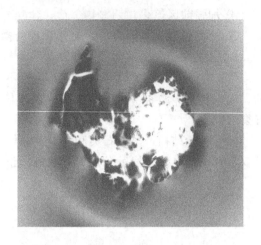

图 8-5　霞石（×100）　　　　　　　图 8-6　刚玉与霞石伴生（×50）

（3）产生原因

① 铝硅质原料中（钾长石）有大颗粒。

② 钾长石水分偏大，细粉过多造成结团。

③ 原料加工、运输、储存的过程中引入了铝硅质、高铝质夹杂，如黏土质、莫来石、煤矸石、刚玉石及耐火砖砖屑等。

④ 调和不均，玻璃液中局部三氧化二铝的富集而引起的析晶。

⑤ 池壁锆刚玉砖的冲刷、熔蚀形成的大黏度玻璃液进入主体玻璃液后的析晶。

⑥ α、β-刚玉砖的熔蚀所形成。

⑦ 斜坡碹上保温所用的高铝质黏土泥，一般在熔窑刚投产时使用。

（4）采取措施

① 严格控制原料质量，杜绝含铝硅质、高铝质夹杂物的引入。

② 严格控制钾长石的水分。

③ 严格控制钾长石上、下限颗粒组成。

④ 采取措施，均匀调和。

⑤ 采取措施，保证玻璃液的对流、液面、料堆、温度稳定。

⑥ 严禁液面的大起大落，减轻对池壁的严重冲刷。

⑦ 采用优质 α、β-刚玉砖。

⑧ 若玻璃中有大的夹杂物，应切除后再进入碎玻璃循环系统。

8.2.1.4　硅质析晶（方石英、鳞石英）

（1）外观　在玻璃中呈白色、乳白色半透明的夹杂物，有时呈颗粒状、有时呈串状、有时星星点点地在玻璃板面上出现，严重时可布满整个玻璃板。

（2）显微结构　晶体呈骨架状方石英，部分有树枝状鳞石英析出（图 8-7 和图 8-8）。

（3）产生原因

① 配合料混合不均，产生富硅相。

② 渗出的耐火材料玻璃相进入玻璃液。

③ 配合料分层（在输送及窑头料仓分层），造成硅砂与助熔剂分离。

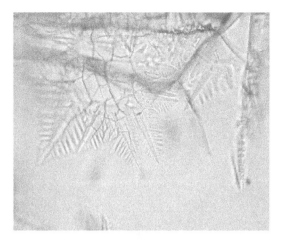 

图 8-7 鳞石英析晶（×200）　　　　　　　图 8-8 方石英析晶（×100）

④ 硅质耐火材料结石二次入窑，再次熔化后形成局部高硅相。

（4）采取措施

① 采取必要措施，保证配合料的均匀度达到要求。

② 保证配合料的水分、温度，减少配合料的分层现象。

③ 稳定熔化温度制度，减少耐火材料玻璃相的渗出。

④ 剔除玻璃带中的大结石夹杂物。

8.2.1.5 硅灰石

（1）外观　在玻璃板中呈毛虫状、线团状、半透明析晶体杂物。

（2）显微结构　呈棒状、板状、放射状或薄的柱状晶体（图 8-9～图 8-12）。

 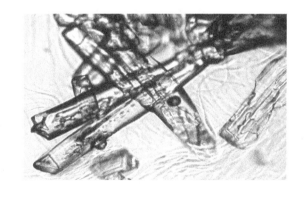

图 8-9 硅灰石析晶（×100）　　　　　　图 8-10 硅灰石析晶（×200）

（3）产生原因

① 配合料混合不均，出现富钙相。

② 石灰石称量有误差或配错料、料方计算有错等，造成石灰石加入过量。

③ 石灰石出现大颗粒或细粉淋雨吸水结团。

④ 玻璃液均化不良或对流紊乱、池底玻璃液翻上工作流（主要指后区）。

⑤ 死角的冷玻璃液进入成形流。

⑥ 玻璃液的冷却降温制度不合理。

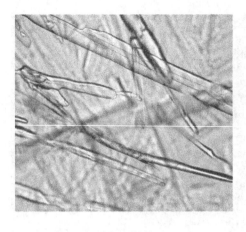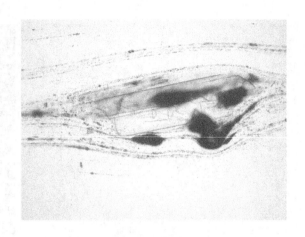

图 8-11　硅灰石析晶（×100）　　　　　　　　图 8-12　带有边筋的析晶（×50）

（4）采取措施

① 配合料混合均匀。

② 检查石灰石秤和计算机料方输入，保证准确无误。

③ 检查石灰石颗粒，是否有大颗粒和细粉过多问题，吸水的石灰石要晾干再用。

④ 保证玻璃液均化良好，避免局部富钙。

⑤ 避免来自冷却部边部及后山墙死角处的凉玻璃液进入成形流，若有，则采取措施处理。

⑥ 保持玻璃液有合理的冷却降温制度。

8.2.1.6　透灰石

（1）外观　透灰石外观同硅灰石。

（2）显微结构　晶体外形与硅灰石相似，呈束状、放射状（图 8-13 和图 8-14）。

图 8-13　透灰石析晶（×200）　　　　　　　图 8-14　透灰石析晶（×100）

（3）产生原因

① 配合料中白云石混合不均。

② 白云石粉料含有大颗粒或细粉过多结团。

③ 白云石秤故障或料方错误造成白云石多加。

④ 死角凉玻璃液进入成形流。

⑤ 玻璃液的冷却降温制度不合理。

（4）应采取的措施或补救方法

① 改善配合料的均匀性。

② 严格控制白云石粉料上、下限粒度。

③ 保证白云石加入量正确。

④ 避免边部及死角处凉玻璃液进入成形流。

⑤ 保证玻璃液有合理的冷却降温制度。

8.2.1.7 芒硝结石

（1）外观　该类泡大多呈枣核形状，里面充满白色晶体，在玻璃板的上表面，泡周围有波纹。有的呈不规则颗粒状，浮在玻璃上表面，呈白色或乳白色，颗粒旁有波纹。

（2）显微结构　呈半透明的云雾状或裂纹状，显微镜下通过正交光观察呈鲜艳的干涉色，无光性（图8-15和图8-16）。

图 8-15　芒硝结石析晶（×40）　　　　图 8-16　芒硝结石析晶（×40，正交光下）

（3）产生原因

① 芒硝含率过高，熔化时在玻璃液的表面产生过量的硝水。

② 前区火焰调整不合适，火焰氧化性过强，使炭粉提前烧掉，造成芒硝过量。

③ 热点温度低，空间气氛氧化性强，使熔入的芒硝来不及分解排出，闷在玻璃液中。

④ 芒硝称失灵或料方输错造成芒硝加入过量。

⑤ 芒硝、煤预混系统出题，造成芒硝在配合料中局部富集。

⑥ 错误操作，在熔窑的某部位外加芒硝（如大水管处）。

⑦ 小炉口、流道锡槽入口及搅拌等较凉处凝结的芒硝落入成形流（这些部位落入的芒硝冷凝物形态往往无规则）。

⑧ 炭粉含率偏低。

⑨ 熔窑内料山位置不合理。

⑩ 重油中的硫含量过高。

（4）采取措施

① 调整芒硝含率，控制芒硝加入量。

② 结合芒硝、炭粉用量，恰当调整前区火焰气氛，保证芒硝在前区有部分分解。

③ 适当提高热点温度，调整火焰气氛为中性至还原性。

④ 校核芒硝秤，确保称量的精度。

⑤ 校核输入的料方，如有错料及时扒出。

⑥ 检查芒硝、煤预混系统，确保正常运行。

⑦ 严禁在熔窑部位外加芒硝。

⑧ 及时清理流道、锡槽入口的冷凝物。

⑨ 控制料山及泡界线的位置。

⑩ 控制燃料的硫含量，如果重油中含硫量过高，应对料方进行调整。

以上措施均无效时，调整芒硝与炭粉比率。

8.2.2 气体夹杂物

气体夹杂物是指玻璃中的气泡。气泡缺陷是玻璃缺陷中比较常见的一种，气泡的大小由零点几毫米到几毫米不等，形状则有圆球形、椭圆形以及线状等几种。而气泡内部气体的化学组成也是不同的，常含有 O_2、N_2、CO、CO_2、SO、NO_2 和水蒸气等。它不仅影响玻璃制品的外观质量，更重要的是影响玻璃的透明度、热稳定性和机械强度。

8.2.2.1 澄清泡

（1）外观　泡在玻璃板面分布均匀，泡径大小为 0.1~1.0mm，小泡呈圆形，大泡呈椭圆形，多分布在玻璃板中。

（2）显微结构　空泡，泡壁无凝结物。气泡成分分析：泡内 N_2、CO_2 气体较多。

（3）产生原因

① 澄清剂加入不足，造成澄清不良。

② 热点气氛偏氧化，使 SO_3 无法排出，不能充分发挥澄清剂作用。

③ 热障（热点形成的玻璃液流动障碍）不充分。

④ 熔窑最后一对小炉呈强还原性气氛运行。

⑤ 熔化不良，造成泡界线后移，澄清区太短。

⑥ 熔化温度过低。

（4）采取措施

① 根据成品玻璃中 SO_3 的残余量，结合产品质量来调整芒硝含率，确保成品玻璃中含有 0.19~0.25% 的 SO_3。

② 调整热点小炉气氛呈中性至还原性。

③ 加强热障。

④ 调整最后一对儿小炉火焰气氛为氧化性最少呈中性气氛。

⑤ 调整泡界线位置，保证澄清区长度。

⑥ 保持合适的熔化温度。

8.2.2.2 一次气泡

玻璃配合料在熔制过程中不可避免地要出现许多大小不同的气泡，如配合料中带入的空气；各种盐类的分解及反应；易挥发物质的挥发以及水分的蒸发等气体都是配合料中气泡的来源。虽然通过澄清过程（包括鼓泡等技术）可以消除大部分气泡，但一些小气泡在冷却过程中会被玻璃液溶解吸收，由于各种原因仍然会有一部分气泡残留下来，进而在浮法玻璃成品中形成了一次气泡。

（1）产生原因

① 配合料方面　如配合料颗粒粗细及所加入的碎玻璃不均匀、配合料中水分波动过大、澄清剂用量不足等。

② 熔化方面　澄清温度低、澄清时间短或熔化制度不合理。如熔化带过长、料堆下玻璃液温度过低；温度分布不合理，使未澄清好的玻璃液在温度波动时进入冷却部；再比如，玻璃液侵蚀耐火材料使耐火材料中的气体进入玻璃液中等。

③ 玻璃熔窑保温方面　熔窑保温不好，导致外界冷却空气进入，在玻璃液表面产生了过冷却的黏滞薄膜，阻止了气泡从玻璃液中的排出。同时由于外界空气的进入导致熔化部空间氧化还原气氛被破坏，也会产生一次气泡。因为含有纯碱、芒硝的配合料要求在熔化带的前端必须具有还原气氛，而在末端则必须保持氧化气氛，在这种气氛中，才能充分发挥其助熔、澄清作用。

（2）采取措施

① 应严格按照浮法玻璃配合料工艺制备要求，配制出合格的配合料。这样有利于玻璃液的熔化和澄清。因为每座熔窑的规格和实际情况不同，对于配合料组分的需求也不同，这需要科研工作者通过实践摸索出适合的最佳配合料料方。

② 要制定合理的熔化、澄清制度，并严格执行。对于玻璃液的澄清，有必要了解一下气体在液体中的上升速度。假设一个半径为 r 的气泡，在黏度为 δ 和密度为 d 的液体中的上升速度可按式（8-1）算出

$$v = 2/9 r^2 dg/\delta \tag{8-1}$$

如果 $r=0.5mm$、$\delta=10Pa \cdot s$ 和 $d=2$，那么该气泡的上升速率为 $v=36cm/h$。因此可以通过适当提高玻璃液温度及降低玻璃液黏度的方法，加速玻璃熔液的澄清过程，减少一次气泡的产生。

③ 应加强玻璃熔窑的保温，如采用熔窑全保温新技术等。同时，操作人员也应严格按照操作规程执行。

8.2.2.3　二次气泡

存在于玻璃液中的气体，除了封闭在气泡中可见以外，还包括溶解于玻璃液中以及与玻璃组分形成化学结合的不可见部分。经过澄清后的玻璃液同溶解于其中的气体处于平衡状态，这种玻璃中不含二次气泡，但当玻璃液所处的环境有所改变时，如窑内气体介质的成分改变等，则溶解于玻璃液中的气体重新析出，进而形成了二次气泡。

（1）产生原因

① 物理原因　如降温后的玻璃液又一次升温超过一定限度，使得原来溶解于玻璃液中的气体由于温度的升高引起溶解度的降低，析出十分细小的、均匀分布的二次气泡。

② 化学原因　主要与玻璃的化学组成和使用的原料有关，如玻璃中含有过氧化物或高价态氧化物，这些氧化物的分解容易产生二次气泡。以更换配合料组分为例，在含有硫酸盐的玻璃中，硫酸盐被二氧化硅分解。

$$Na_2SO_4 + nSiO_2 \longrightarrow Na_2O \cdot nSiO_2 + SiO_3 \uparrow \tag{8-2}$$

根据试验表明，在同一时间及温度下，熔体中 SiO_2 含量增加 1% 时，分离出来的 SiO_3 量约为 0.03%，因此，当含氧化硅较多的玻璃液与含氧化硅较少的玻璃液接触时，由于氧化硅含量的增加，平衡被破坏，其残余气体被排除而形成气泡。

（2）采取措施

① 在玻璃熔窑内，必须采用正确的温度、压力、窑内的气氛制度，尽可能地避免和减少玻璃液在澄清后的温度受机械搅拌作用的影响。

② 对于配合料，应严格控制其化学组成符合配方要求，在更换化学组成（换料）时，

需要一个逐渐过渡的过程，不能采用另一种化学组成直接更换的方法。

③ 同时应注意熔窑的冷却带后不能使用含有还原剂杂质的耐火材料，并加强料道的密封，防止表面挥发。

8.2.2.4 耐火材料气泡

（1）外观　由于产生位置复杂，大小、形状及在玻璃板中的位置没有规律性，一般来说在后区，耐火材料的还原性气，泡直径较大，而耐火材料显气孔排出的气泡大小不一。

（2）显微结构　如果是由耐火材料里的碳形成的泡，泡壁略有析出硫的痕迹。如果是由耐火材料孔洞排出气体形成的泡，泡内气体成分接近空气。

（3）产生原因

① 有的耐火材料由于生产方法不同，会引入部分碳，这些碳与玻璃液接触后，会与玻璃中溶解的氧形成 CO_2 泡或与玻璃液中溶解的 SO_3 发生氧化还原反应，形成 SO_2 析出，产生气泡。

② 耐火材料在加工过程都会含一定的气孔率。耐火材料在玻璃液的侵蚀过程中会把孔洞包裹的气体渗入玻璃液而形成气泡。

（4）采取措施

① 选择优质耐火材料，减少与玻璃液直接接触耐火材料的气孔率。

② 减少与玻璃接触的耐火材料的含碳量。

③ 降低反应温度，阻止玻璃与耐火材料之间的化学反应。

8.2.2.5 搅拌泡

（1）外观　泡径较大，一般都在 1.0mm 以上，位于玻璃板的上表面，有波纹，气泡位置固定。

（2）显微结构　显微镜下观察为空泡，泡内气体成分接近空气成分。

（3）产生原因

① 搅拌杆入玻璃液面太浅，把空气裹入玻璃液。

② 搅拌杆转速太快，使空气裹入玻璃液。

（4）采取措施

① 调整搅拌杆进入玻璃液的深度。

② 在不影响板面质量（光学变形）的前提下，降低搅拌转速。

8.2.2.6 金属气泡

玻璃熔窑的砌筑结构中需要使用金属，还有一些操作工具也是金属材质，高温的玻璃液会使其逐渐熔解，尤其是铁件中所含的碳与玻璃相互作用而放出气体便形成气泡。

这种气泡的周围常常有一层氧化铁着色而成的褐色玻璃薄膜，有时还会出现褐色条纹，或附着棕色条纹的痕迹，甚至还可能充满深色的铁化合物，其颜色由棕色到深绿色。还有一种特殊情况是气泡带有小块金属或其他氧化物，在显微镜下可以看到棕色的硅酸铁结晶。

为了防止金属气泡的产生，除了注意配合料中不能含有金属铁质外，操作者所使用的工具质量，特别是进入玻璃液内的部件质量要好，使用方法要得当。

8.2.3 条纹及疖瘤

（1）外观

① 条纹（俗称筋）　站在冷端运行玻璃带的边部以不同的入射角可观察到，分为粗条纹和细条纹两种。其中细条纹呈亮线状，宽度<2mm，与玻璃基体有较明显界线的细筋，在

线以 90°的入射角便可观察到。界线不明显的细筋，需以＜90°的入射角才可观察到。粗条纹若在冷端玻璃带的边部，可看到与玻璃基体不同的变形带，宽度在 2～5mm，以 90°入射角（沿玻璃板法线角度）便可观察到。

② 疖瘤　在玻璃板上，呈透明团状物，有的拖有筋尾巴，该区域使玻璃板产生严重光学变形。直径为 2～8mm，光性与基体玻璃不同，有的与玻璃有明显界线，大部分都与玻璃体无明显界线，外观颜色与玻璃无差别，有少部分有很浅的颜色。

不同条纹和疖瘤对玻璃折射率的影响见表 8-1；不同条纹和疖瘤所产生应力的特征与玻璃密度的影响见表 8-2。

表 8-1　不同条纹和疖瘤对玻璃折射率的影响

缺陷形成原因	折射率变化	1%夹杂物对折射率的变化值	缺陷形成原因	折射率变化	1%夹杂物对折射率的变化值
1. 配合料熔化不良,引起玻璃液局部聚集			锆化物	剧烈增加	
二氧化硅	降低	0.0005～0.001	2. 硇滴熔解	降低	0.0001
氧化钙	增加	0.0025	3. 耐火黏土熔解	增加	0.00005～0.0001
氧化钠	增加	0.0007	4. 石英耐火砖熔解	降低	0.0005
氧化钾	增加	0.0006	5. 高岭土耐火砖熔解	增加	0.00009
氧化铝	增加	0.0001	6. 高铝耐火砖熔解	增加	0.00035
长石	增加	0.0001			

表 8-2　不同条纹和疖瘤所产生应力的特征与玻璃密度的影响

玻璃种类	缺陷组成	对应力的影响		对密度的影响	
		应力特征	应力强度	变化	程度
钠钙硅酸盐玻璃	Na_2O	张应力	很强	提高	强烈
普通玻璃(瓶罐、器皿、平板玻璃等)	CaO	张应力	中等	提高	强烈
	SiO_2	压应力	—	降低	显著
	Al_2O_3	压应力	—	降低	微弱
硼硅酸盐玻璃	SiO_2	压应力	—	降低	显著
耐热的派莱克斯玻璃	B_2O_3	张应力	—	降低	显著

（2）显微结构　利用晶体学无法直接区分玻璃原板的好坏，但利用光学性能可以区别，如利用折射率等可进行鉴别。另外，从化学成分与密度的变化上可加以区别，如富硅铝质筋和疖瘤，缺陷部位的密度比原板玻璃密度小，而富钙等非玻璃形成体物质的筋和疖瘤，缺陷部位的密度比原板玻璃大。

（3）产生原因

① 配合料混合不均匀和分层。

② 配合料细粉过多、结团（如石灰石细粉过多，结团后多形成富钙质筋）。

③ 玻璃液均化不良。

④ 长石含有大颗粒（易形成铝、硅质筋）。

⑤ 碎玻璃液未均匀加入，造成玻璃液局部化学成分不均。

⑥ 凉玻璃液被带入成形流。

⑦ 配合料中挥发飞散的细粉在熔窑上部温度较高处熔化后形成，液滴掉入玻璃液。

⑧ 耐火材料的玻璃相从原砖中渗出进入玻璃液（富铝质、富硅质都有）。

⑨ 碎玻璃中含有的尺寸较大的固体夹杂物没有剔除，再次入窑后可形成疖瘤。

⑩ 对流紊乱，形成不固定的筋。

⑪ 搅拌冷却水温过低，可形成热不均匀的筋。

⑫ 池底或因其他原因产生的析晶进入温度较高的玻璃液流，晶体熔解所产生的条纹（有时还伴随有晶体，从残余的晶体可鉴别条纹的种类）。

⑬ 熔窑两侧存在热不对称或料山、泡界线偏斜。

（4）采取措施　第一，应采用优质耐火材料砌筑玻璃生产线，减少耐火材料玻璃相的渗出。第二，应按照工艺指标配制配合料，避免大颗粒出现及细粉过多；严格碎玻璃管理，避免与配合料化学成分差异较大和大尺寸的碎玻璃入窑；调整和稳定熔窑温度曲线，以便玻璃液均化良好。第三，制定合理的成形制度，操作人员严格按照执行。同时如果发现玻璃液中有结石、析晶等应及时取出，避免长期造成影响。

8.2.4　光学变形

在线观察玻璃板面有光学变形，其宽度大于条纹，离线以斑马角法检验玻璃光学变形角度，其显微结构为无晶形。

（1）产生原因

① 化学成分不均匀　配合料混合不均匀，配合料输送及窑头料仓储存分层，各种原料颗粒级配控制不当，配合料与碎玻璃混合不均匀，碎玻璃块度控制不当。

② 热不均匀　均化不良，凉玻璃进入工作流，窑内对流出现紊乱。

（2）采取措施

① 确保配合料均匀度。

② 减少输送及窑头料仓储存过程的分层。

③ 严格控制各原料的颗粒级配。

④ 调整碎玻璃加入速度，确保碎玻璃与配合料均匀加入。

⑤ 严格控制碎玻璃块度。

⑥ 调整熔窑温度曲线，确保玻璃液均化良好。

⑦ 避免凉玻璃进入工作流。

⑧ 稳定温度制度，稳定液流。

⑨ 调整搅拌的转速和沉入玻璃液的深度。

8.3　成形及退火缺陷及处理工艺

8.3.1　锡缺陷

根据锡价态和组成化合物元素的不同，缺陷分别以 SnO_2、SnO、SnS、Sn 等形式分布在玻璃板的上部、中部和下部，另外，还有上表面析晶。

氧化锡（SnO_2），密度为 $6.7\sim7.0g/cm^3$，熔点为 $2000℃$，高温时的蒸气压非常小，不溶于锡液，正常生产时在锡槽的温度条件下为固体，往往以浮渣形式出现在低温区的液面上，通常浮渣都聚集在靠近出口端。如果氧化严重，浮渣会延伸很长，容易形成玻璃板下表面划伤。

氧化亚锡（SnO），熔点为 1040℃，沸点为 1425℃，固体为蓝黑色粉末，能溶解于锡液中，SnO 的分子一般为其聚合物（SnO）$_x$ 形式。在中性气氛中 SnO 只有在 1040℃ 以上才是稳定的，1040℃ 以下会发生分解反应。在锡槽的还原性气氛中 SnO 可以存在，它往往溶解于锡液中和以蒸气形式存在于气氛中。

硫化亚锡（SnS），密度为 5.27g/cm³，固体为蓝色晶体，熔点为 865℃，沸点为 1280℃，具有较大的蒸气压，800℃时为 81.3Pa，正常生产时，在高温区易挥发进入气氛，低温区易凝聚滴落。

8.3.1.1 二氧化锡缺陷

（1）外观和形貌特征　二氧化锡产生的缺陷呈白色点状分布在玻璃板的上表面，有时也呈团状或线状分布在玻璃板面，其晶型有时会与斜锆石混淆。在显微镜下观察，该类缺陷呈黑色珊瑚状、粒状、针状、无消光现象，在正交光下有时呈蓝紫色，有时容易误看成二次斜锆石和鳞石英，粒状会误当作刚玉晶体，针状会误认为莫来石，但是 SnO$_2$ 结石的突起高，正交光下的干涉色可与其他类结石区分开。

（2）产生原因　来自锡槽前端的 SnO 和少量 SnS 气体在节流闸板区域周围形成冷凝物，在有氧气存在时进一步被氧化成为稳定的二氧化锡，在节流闸板部位形成聚集物，当气氛发生变化或节流闸板升降时脱落到玻璃带的上表面，形成上表面缺陷。

（3）采取措施　增加氮气量，加大气封效果。保持闸板区周围和锡槽的密封。增加锡槽保护气体的流量，防止锡槽的挥发物回流到闸板区。定期对节流闸板进行清扫。保持闸板区的有效密封，减少 SnO、SnS 在节流闸板处的聚积。定期打开放散阀，置换锡槽污染气体。增加挡焰砖或门牙砖的密封效果。尽量降低冷却部压力。

8.3.1.2 上表面杂质

在玻璃成形过程中形成的上表面疵点归属为上表面杂质，因形成部位和形状不同，可以划为不同的类别。产生原因是锡槽的锡和渗入锡槽内的氧反应形成氧化亚锡（SnO），从玻璃体中还原出来的硫及锡槽引入的硫和锡形成硫化亚锡（SnS），两者以气体形态从锡液中挥发出来，在锡槽较冷的区域形成冷凝物。这些挥发物大多数聚集在冷却器上，如上部冷却水包、拉边机机杆、保护气进入量较大的区域、锡槽顶部，尤其是冷却水包上方的锡槽顶部、顶部辐射高温计等地方。这些凝聚的 SnO、SnS 由于自身的重力和其他外力作用，滴落在玻璃带上，这些滴落物往往夹带一些低价硫，形成的上表面杂质缺陷以其滴落方式的不同和在锡槽内形成的部位不同又可细分为以下几类。

（1）片形滴痕

① 外观和形貌特征　在侧面光下，可看到带有反应圈的雾斑。在显微镜下观察，可看到一片片的硫化亚锡或氧化亚锡（黑色圆斑），滴痕的显微结构还取决于滴痕在玻璃上形成的温度，如果滴痕在较高温度下形成，片形滴痕中会含有被还原的单质锡，并且周围伴随有反应圈虹彩。

② 产生原因　SnS、SnO 的聚集物聚集过多，黏附不牢固，当受到振动和气流波动时掉落在玻璃带上的形成物。

③ 采取措施　加强锡槽密封，增加槽内压力，提高保护气体的纯度和用量，增加槽内保护气体的压力，减少渗氧量。尽量选用保温形锡槽顶盖，减少锡的氧化物、硫化物积存量。定期对锡槽进行加压吹扫，特别是穿有冷却水包位置的槽顶要认真吹扫，定期对锡槽采用高纯氮气吹扫。

（2）顶部斑点

① 外观和形貌特征　在侧面光下可看到带有反应环的上表面斑点，呈小亮点状；有锡粒很轻地黏附在玻璃表面上。在显微镜下观察，此斑点以单质锡为核心，单质锡在正交光下呈灰紫色，加上一个反应圈。斑点形成温度越高，反应圈越大，渗入玻璃板上表面的深度越深。从斑点渗入玻璃板面的深度以及反应圈的反应强度（圈的大小），可估计出斑点掉落在玻璃带上面的玻璃温度。

② 产生原因　由于温度的升高或氢气含量的增加，氧化亚锡和硫化亚锡被还原成单质锡，造成单质锡的粒子滴落到玻璃带上。

③ 采取措施　加强锡槽密封，增加槽内压力，提高保护气体的纯度和用量，增加槽内保护气体的压力，减少渗氧量。定期对锡槽进行高纯氮气加压吹扫，特别是穿有冷却水包位置的槽顶要认真吹扫。

（3）上表面边部析晶

① 外观和形貌特征　上表面边部析晶位于玻璃的上表面，接近玻璃板的边缘（一般在光边之内），沿玻璃前进的方向，偶尔出现硅灰石析晶（形状为骸状析晶——"线团状"，两头变形，中间有片连成线），因为处在边缘，一般不会对玻璃质量和产量造成损失。

② 产生原因　在流道边部、节流闸板上游、唇砖下边、定边砖边部等部位，可能存在滞留的玻璃液，由于长时间处于析晶温度而形成硅灰石析晶，当温度发生波动或拉引量变化时被玻璃带走。

③ 采取措施　稳定熔化工艺，控制玻璃成分中的钙含量不超过设计成分允许的波动范围。处理事故时，用钩子从侧面处理唇砖处滞留的凉玻璃。检查流道温度，保证流道控制热电偶的准确度和固定热电偶的插入深度，减少温度波动。检查回流区的布置尺寸是否合适，如果尺寸不合适，采取必要的处理措施。

8.3.1.3　下表面杂质

（1）沾锡

① 外观和形貌特征　在侧面光下观察，可看到沾在玻璃下表面的细小金属片或以箭头线状沿拉引方向出现，或呈一系列的片（或条）状沿拉引方向出现。显微镜下观察疵点为金属锡。

② 产生原因　保护气体氮气不纯，或锡槽密封不好，使锡中含氧化亚锡。在锡槽出口端，玻璃带温度太高。

③ 采取措施　保持锡槽的密封，尤其是锡槽出口端的密封。经常打开直线电机，排除沿口下的锡灰。挑板时或处理沿口锡灰时，要小心，减少锡灰落到 $1^\#$ 辊子上。在生产许可时，尽量降低出口温度，减少沾锡。调整爬坡曲线，使各辊子压力均匀。对沾锡较严重的辊子落下 $5\sim8mm$，以减少辊子与玻璃带之间的接触压力。

（2）辊道疵点

① 根据疵点的外观特征，辊道疵点可分为 4 大类。

a. 无色辊道印痕　无色的辊道印痕起源于退火窑热端的辊道，位于玻璃板的下表面，表现为很小的凹坑。疵点处的玻璃无擦伤，疵点内无其他物质，采用镀银法可以观察到这种缺陷。

b. 锡渣点　位于玻璃板的下表面，有轻微的损伤或痕迹。疵点内有极少量的锡渣或其他物质。利用侧面光或镀银试验可观察到。

c. 带裂痕的锡渣点　位于玻璃板的下表面，疵点处的玻璃表面有较重的损伤、裂痕或裂纹。一般可以说明，疵点是在比锡渣较冷的部位形成的，但在有的情况下，尤其是在生产厚玻璃的时候，在退火窑热端的辊道上也会产生这样的疵点，疵点内有极少量的锡渣或其他物质。

d. 辊道锡点　位于玻璃板的下表面，呈非常小的金属锡粒，很轻地黏附在玻璃下表面，起源于辊道上的锡或锡的氧化物，沾到玻璃带上。

② 辊道疵点产生的原因　所有的辊道疵点，都是锡槽内的锡和锡的氧化物被玻璃带带到辊道处并黏附在辊道上，新的玻璃带通过辊道时，由于辊道和玻璃带之间的压力，这些沾在辊道上的锡及锡的化合物再次被印到玻璃带上而形成缺陷。由于沾锡的辊道所处的温度区域不同，以及辊道和玻璃带之间的压力不同，所产生的疵点类型略有不同。

③ 采取措施　保持锡槽的密封，尤其是锡槽出口端的密封。在退火窑热端处，直接向玻璃带的下表面送二氧化硫，短期使用二氧化硫可能会解决问题，但经验证明，二氧化硫会侵蚀辊道表面，因而不可长期采用该措施。如果以上措施对改善缺陷效果均不明显，可考虑用更换辊子的方法。

8.3.1.4　钢化虹彩

（1）外观和形貌特征　原板玻璃在钢化加工时，玻璃板面呈现出的虹彩，在显微镜下观察是玻璃表面有微皱纹。

（2）产生原因　钢化虹彩是由玻璃下表面的锡造成的，是一种薄膜干涉现象。所谓薄膜干涉现象，是指从扩散光源发出的光波，在薄膜两表面反射后相互叠加而产生的干涉现象。例如太阳光照在肥皂膜或照在漂浮在水面上的油膜时所观察到的彩色条纹，即是薄膜的干涉。由于微皱纹对光线干涉，反射时呈现蓝色，严重时甚至可使玻璃表面粗糙发毛而不透明。在生产线上有时从退火窑起直到整个冷端长达几百米的玻璃带都呈现此种蓝色虹彩。其原因是锡液受到氧的严重污染后，SnO 渗透到玻璃下表面内，形成一层很薄的薄膜。没有钢化时，由于这层膜太薄，在自然光照射下是观察不到虹彩的。当玻璃板在氧化气氛中再被加热时，SnO 吸收氧进一步氧化成 SnO$_2$，体积膨胀，使玻璃表面形成皱纹，反应过程如下。

在 540～750℃之间，在中性气氛下，SnO 发生歧化反应，反应较完全。

$$2SnO \longrightarrow SnO_2 + Sn \tag{8-3}$$

在含氧气氛中：

$$SnO + O_2 \longrightarrow SnO_2 \tag{8-4}$$

由于 SnO 吸收了空气中的 O$_2$，使得局部体积膨胀，薄膜表面产生了皱纹，膜厚增加，因而产生干涉，能观察到虹彩。

形成皱纹的条件有三个：一是表面渗入过量的 SnO；二是在氧化气氛中热加工；三是热处理温度达到玻璃软化的温度。如果钢化时严格控制温度使其接近软化温度；但玻璃表面未软化，也不出现皱纹。有试验表明含 SnO 很少的浮法玻璃，即使加热到软化温度也不出现皱纹。加强锡槽气密性和提高保护气体纯度后，可以保持锡中氧的浓度在一个可以接受的数值。锡的氧化物在玻璃中一般都以非晶态的形式存在。

钢化虹彩的形成及其严重程度与玻璃表面的渗锡量有直接的关系。研究表明，浮法玻璃下表面锡的扩散深度可达 12～36μm。随深度增加，渗锡量逐渐变小。我国现阶段浮法玻璃下表面的渗锡量为 60～95μg/cm^2，高质量的合资生产线玻璃下表面渗锡量仅为 5～6μg/

cm^2。相应地，钢化虹彩出现的程度要比国内轻微或者根本没有。

（3）采取措施 要避免玻璃出现钢化虹彩，首先要保证保护气体的供应纯度以及加强锡槽密封，先做到锡槽出口段液面没有 SnO_2 浮渣。另外国外有专利报道用石墨或无定形的碳与锡液和保护气体接触能使保护气体保持还原状态，从而最大限度减少锡液上锡的氧化物含量，可以防止锡被氧化及恢复保护气体的保护性能，因为碳可以先于锡液被氧化，成为一氧化碳，从而不会形成 SnO，也就使与锡液接触的玻璃表面不呈现虹彩。

8.3.2 成形气泡

8.3.2.1 上表面小气泡

（1）类别 位于玻璃的上表面，泡径一般小于 0.1mm，用侧面光和镀银试验都可观察到，根据其产生的部位、原因不同又可分为以下几类。

① 氢气再沸泡 泡径约为 0.05mm，一般位于玻璃带的边缘，氢气在调节闸板周围流动，在玻璃表面燃烧，使玻璃带表面温度局部升高，玻璃体内部溶解的气体重新析出而形成的重沸泡。

② 新换闸板泡 更换闸板时，起初可产生大气泡，逐渐减小到泡径为 0.1mm 左右的微泡。

③ 闸板气泡 气泡位于玻璃带的横向面，呈线状，小的泡径<0.1mm。这种气泡是由于闸板耐火材料与玻璃液起作用而产生的，有时闸板产生裂痕时，也会产生该类泡。

④ 灰尘泡 位于玻璃板的上表面，数量较密，多开口，泡径较小。灰尘泡是由于吹扫流道及流槽时，使上面的悬浮灰尘及小杂物落入玻璃中而伴生的。

（2）采取措施 做好锡槽前端和调节闸板周围的密封。定期吹扫节流闸板，并用钩子处理前部。若确实判定气泡由调节闸板产生，应采取更换调节闸板的方法，更换前要对新闸板进行预热处理。

8.3.2.2 下表面气泡

下表面气泡（即通常所说的板下泡）一般都来自于流道或者锡槽的前端部位，包括流槽气泡、流道底部气泡、唇砖气泡、下表面开口气泡等几种。

（1）流槽气泡 该类泡一般周期性地出现在玻璃带边部，这是流料口损坏的先兆，因此应考虑中期更换该流槽。

（2）流道底部气泡

① 外观和形貌特征 一部分泡位于玻璃带的下表面；一部分在中间。

② 产生原因 流道、唇砖的连接缝往玻璃体中渗气产生的气泡。在流道、唇砖上的玻璃液下部有污染物，特别是一些还原性的物质和玻璃液作用后形成的气泡。

③ 采取措施 可以通过所产生气泡的气体成分来判别气泡是来自于槽底砖接缝处，还是来自于污染物。若判断是来自于槽底砖接缝处，则采取对熔窑到流道及流道到唇砖的底砖接缝进行保温，并提高流道温度，使接缝里充满熔融玻璃液以达到密封。如果来自于污染物，则应增加流道温度或用钩子处理流道、唇砖上表面，加强对污染物的熔融，严重时采取措施排除。

（3）唇砖气泡

① 外观和形貌特征 此疵点为在玻璃板中心附近呈线形或带形的小的闭合底部气泡。如问题严重时，可横向布满整条玻璃带。

② 产生原因 由于流入玻璃液的侵蚀，唇砖耐火材料被磨损。

③ 采取措施　若分析气泡气体成分确定为唇砖泡，则应降低流道温度，更换唇砖。

（4）下表面开口大气泡

① 外观和形貌特征　呈椭圆形或长形的下表面开口泡。

② 产生原因　锡液中的锡由热区向冷区流动的过程中，溶解于锡液中的 H_2 释放出来，排向玻璃板的下表面。这些气泡产生于锡槽进口端冷却器的下面，即产生于对流强烈的地方，该气泡主要是 H_2 从锡液中的释放过程所造成。该气泡呈长形。多孔槽底砖让一部分保护气体通过，并渗入砖的下面，而这些渗下去的保护气体穿过砖的孔向锡液面上升到玻璃带下表面形成开口泡（砖的上、下温差及压力的不同促使该气泡形成）。概括说该气泡是 N_2 和 H_2 所致。

③ 采取措施　将冷却器向下游移动或将冷却区扩延，减少锡液入口端的冷却程度。在冷却区域使用不带石墨的挡边器，把气泡引向边部。设置直线电机，使锡液液流定向。加强锡槽密封。增加锡液深度。减少保护气体中氢的比例。增加锡槽底部的冷却。

8.3.3　成形线道

8.3.3.1　玻璃上表面细线道

① 外观和形貌特征　在玻璃表面形成的固定的细线道。

② 产生原因　从调节闸板渗出的玻璃相与玻璃交接在一起形成的细线道。

③ 采取措施　换用熔融石英材质的节流闸板。

8.3.3.2　闸板细线道

① 外观和形貌特征　在玻璃拉引方向上出现强度不同的、连续的上表面细线道。

② 产生原因　该线道来自于闸板本身耐火材料的缓慢分解，组成闸板的耐火材料中的硅质组分会优先熔融进入玻璃液，从而形成与玻璃基体界面较清晰的筋。

③ 采取措施　换用熔融石英材质的节流闸板。当采用优质进口闸板时，这种缺陷产生的概率小。

8.3.3.3　玻璃上、下表面的小波纹线道

① 外观和形貌特征　呈现在玻璃上、下表面连续或间断的波纹细纹线道（小波纹筋）。一般边部重，中间轻，板上比板下重。

② 产生原因　由于玻璃的热不均匀和化学成分不均匀，使其在相同拉边机和主传动的拉引下，产生不同的展薄厚度，形成表面小波纹线道。

③ 采取措施　降低流道、锡槽温差。提高流道温度。前面加直线电机。调整拉边机速比或拉边机后移，增加抛光时间。槽底风机增加减震装置。

8.3.3.4　粗线道（粗筋）

① 外观和形貌特征　带有严重光学变形的较粗的线道，在玻璃带上肉眼可看到，形成的筋密度较大。

② 产生原因　在玻璃滞流区产生的析晶，特别是断板后滞流区的玻璃液在析晶过程中被玻璃带带动而形成线道。

③ 采取措施　将滞流区的析晶取出。

8.3.4　划痕及划伤

8.3.4.1　玻璃上表面划伤与擦伤

① 外观和形貌特征　玻璃上表面形成的白色线道，位置固定。

② 产生原因　挡帘太低，挡帘前有异物（包括锡槽、过渡辊台的密封材料）。

③ 采取措施　处理挡帘，消除异物。

8.3.4.2　玻璃下表面划伤

① 外观和形貌特征　是沿拉引方向连续的、位于玻璃板下表面的擦痕划伤，可以是单条，也可以是多条。肉眼及灯光检验均可观察到。

② 产生原因　它可以是由粘在槽底砖上的凉玻璃的摩擦而形成，也可以由出口端钢板、耐火砖、析晶或板下碎玻璃的摩擦而形成。

③ 采取措施　用钩子将槽底砖上的凉玻璃拉出。处理沿口，降低出口温度，升辊子高度。

8.3.5　辊印缺陷

辊印，又称辊子伤，是指玻璃在拉引过程中因辊子所造成的擦伤，主要是玻璃与辊子接触受压产生。如果辊子表面有凹凸不平，自然会将玻璃板压出刻痕。锡、锡的氧化物及其他浮渣、碎玻璃屑等如果被玻璃带带到辊子上，则会给玻璃造成印痕、划痕或锡渣斑。

要避免辊印缺陷，首先要避免浮渣的生成，做好锡槽密封，尤其是锡槽出口部位的密封，在"引板"时提高保护气体的氢气含量到10%，尽可能使锡槽内没有氧的污染。在锡槽出口部位使用"扒渣机"（一种特殊用途的直线电机），经常清除锡槽出口浮渣，并使锡槽出口温度尽量较低。其次调整过渡辊及退火窑辊子的高度，使玻璃拉出锡槽时平均分布于辊子上，更换损坏、受污染或变形、偏心的辊子。另外也可在过渡辊台或退火窑的前部玻璃底下施加 SO_2。不过，施加 SO_2 虽然可以暂时解决问题，但是 SO_2 易侵蚀辊子表面，并在辊子上产生沉积物，可能造成长期的问题。另外，如果施加 SO_2 的部位过于靠前，接近锡槽，有可能造成锡槽内出现严重的硫污染，给生产带来损害，因此，对于 SO_2 的使用量应适度。

8.3.6　玻璃板薄厚不均

（1）产生原因　可以说任何工艺指标的变化，都会引起玻璃出现薄厚不均的现象。这其中有以下几个方面影响比较大。

① 熔窑玻璃液面上下有波动，或流道温度变化大，造成玻璃液流股不均。

② 锡槽内锡液的横向温差大。

③ 拉边机两侧位置、机杆所打角度、机头压入玻璃带深度以及转速不对称。

（2）采取措施

① 尽量稳定熔窑、锡槽的温度、压力、气氛等工作制度，防止玻璃液流股不均。

② 加强锡槽边部的保温，打开边部电加热补充热损失对改善厚薄差大有帮助。为防止玻璃边部过冷，必要时可以对拉边机、冷却器等进行局部保温，防止带走过多的热量。使用直线电机控制锡液流动可以降低锡液横向温差，从而改变厚薄差大的情况。

③ 检查并检验两侧拉边机是否对称，如不对称立即调整。同时可以适当增加一对拉边机控制，也可以减小玻璃的薄厚差。

8.3.7　雾点

"雾点"是一种玻璃表面的微小开口泡，肉眼看起来像雾一样，故称雾点。雾点或开口泡的形成与锡槽中气体的溶解、吸附、渗透有关。锡槽空间有多种气体，它们都能不同程度地溶解于锡液中，其中氢和氧的溶解更具有重要意义。氢和氧在锡液中的溶解度与温度和它们的分压有关，即氧、氢具有高温溶解度大，低温溶解度小的特性，当锡液由高温区向低温区流动时，有可能从不饱和状态变为饱和状态而放出气体。这些气体，部分在玻璃带下表面聚集，形成微小开口泡而破坏玻璃表面。氢在保护气体中所占的比例越高，溶解于锡液的氢越多，形成微小开口泡的可能性就越大。因此，氢的比例应加以控制，一般不大于 10%。

8.4 其他缺陷及处理工艺

8.4.1 冷端切割缺陷

玻璃板在进行横、纵切过程中出现的不良的切面、斜面现象。

（1）产生原因 玻璃板在进行横纵切时由于刀轮的角度与玻璃带的厚度不匹配、刀轮质量不好或用久、切割压力调节不良、刀轮润滑不良等因素而出现边部压应力过大、玻璃带边部张应力过大、玻璃带中部张应力过大而分别造成纵切缺陷（不良的切面、斜面）、横切边部的鳞片、掰边辊子上的 X 形破裂、掰边辊子处产生的纵裂、掰边辊横切的中间刀口产生鳞片。

（2）采取措施 根据情况，以 1～2℃的幅度调整 A 区板上、板下温度以消除应力；采用合理的刀轮和切割压力以及润滑油量；调节切割输送机。

8.4.2 玻璃发霉缺陷

玻璃在存放过程中，出现环境温度持续过高、湿度过大和昼夜温差过大等情况会使玻璃板面出现像油渍的腐蚀点、毛玻璃状的灰白点及片与片之间相粘连，这就是玻璃的发霉缺陷。

（1）产生原因 造成玻璃发霉现象的因素很多，但主要原因是因为存放玻璃的周围环境湿度过大。玻璃发霉的过程，首先是潮气作用在玻璃表面上，形成一层碱性水膜，当受到外来有机物的污染时，碱性水膜被中和，形成有机盐类，成为菌类的养分，菌类落在玻璃表面上开始滋生。由于菌类的繁衍，继续吸收空气中的水分、CO_2，分解出有机酸，更加剧了侵蚀，菌体深入玻璃表层，破坏了玻璃表层。

（2）采取措施 细菌在玻璃表面上滋生的条件是：玻璃表面呈中性或酸性，并有有机物的污染。因此，首先可以根据自己企业资源情况，合理选择优化玻璃配方，提高玻璃的化学稳定性（特别是抗水性），或向玻璃化学组成中添加抑菌氧化物和抑菌金属离子；其次，可以加强防霉措施，如喷洒防霉液或防霉粉、夹高效防霉纸等；再有，要注意玻璃储库的通风，并保持环境的干燥。

玻璃发霉后，霉斑是难以擦去的。如果发现玻璃有发霉现象，应迅速打开玻璃架，不要让它继续加重。对已经轻微发霉的玻璃，表面可以用弱酸加硅藻土抛光一次，可以减轻发霉现象。

8.4.3 包装纸纹

玻璃表面因夹纸接触而形成纹痕，玻璃存放时间越长，纹痕显现越重。

（1）产生原因 夹纸中的硝酸根离子（NO_3^-）在潮湿情况下和玻璃中的金属离子产生很强的亲和力，由硝酸根离子携带纸张中的有机分子较稳固地结合在玻璃表面。

（2）采取措施 提高玻璃成分的稳定性和均匀性；夹纸选用中性纸，加强纸张管理，防止潮湿、酸化或碱化；缩短玻璃存放时间。

8.4.4 白色疵点

玻璃在使用过程中存在的白色点状失透现象，一般呈圆状，直径为 0.5～2mm 或更大些。

（1）产生原因　主要是由于玻璃片之间夹有碎玻璃块所致，其构成因素如下。

① 在线吹扫风力不足或位置不正确，使玻璃上表面积存碎玻璃渣。

② 切裁过程玻璃表面积火油过多，碎玻璃被粘在上面不能被吹扫掉。

③ 采用水平装箱工艺，玻璃片之间掉进碎玻璃渣。

（2）采取措施

① 在线吹扫系统位置必须正确，保证是最终吹扫。风速要达到 30m/s 以上，如有障碍性堵塞应及时清理。

② 切裁过程不能造成板上油渍过多，如有发生应及时处理，改进刀轮注油机构，要做到无明显油渍显现。

③ 水平装箱过程如有玻璃破损，必须清扫干净再装箱。

第9章 浮法玻璃检测

9.1 质量标准及检测指标

9.1.1 质量标准

(1) 质量标准类型 浮法玻璃作为一种产品，其标准通常有国际标准（ISO）、国家标准、企业标准、企业内控标准四种类型。

国际标准是满足国际贸易中，企业之间能有一个共同的基点产生的。国家标准是为了满足大多数企业生产现状，平衡了国家工业生产产品水平而制定的。为了保证企业产出的产品全部达到国家标准，有些企业制定了自己的标准，内容与国家标准相当，但指标略高于国家标准。有些企业，为了达到更高的水平，包括考虑到对产品后续应用时深加工工序的影响，特意在满足一般内控标准的基础上，增加了国家标准没有要求，但加工工序需要的部分内容。

四种类型标准之间的关系必须遵循以下原则：企业内控标准高于企业标准；企业标准高于国家标准；国家标准高于或等同于国际标准。

(2) 国家标准发展历程 自从1989年实施国家标准以来，浮法玻璃标准大致经历三个阶段。

① 第一阶段（1989～1999年） 为了更加规范浮法玻璃市场，国家质量技术监督局于1989年首次颁布并实施了国家标准 GB 11614—89《浮法玻璃》。该标准将浮法玻璃分为优等品、一级品、合格品三个等级，对浮法玻璃尺寸厚度偏差、外观质量以及检测方法提出了相应的规定。

② 第二阶段（1999～2009年） 1999年，国家质量技术监督局在原国家标准 GB 11614—89《浮法玻璃》的基础上进行了修订，颁布了第二个浮法玻璃标准，即国家标准 GB 11614—1999，于2000年1月正式实施。该标准在修订时按照浮法玻璃的使用用途进行了分类，分为制镜级、汽车级和建筑级，并按不同的用途确定了不同的质量指标，以利于用户进行选择，更好地满足了用户的需要。在技术要求上，参考了 JIS R3202：1996《浮法和磨光平板玻璃》和 EN572-2：1994《浮法玻璃》标准，尺寸和厚度允许偏差比原国家标准有所提高，外观质量指标严于日本和欧洲标准的规定。同时，增加了玻璃对角线差的要求，检测方法也做了增加和适当修改。

③ 第三阶段（2009年以后） 2009年3月，国家玻璃质量监督检测检疫总局发布了现行的 GB 11614—2009《平板玻璃》国家标准，并于2010年3月1日起正式实施。该标准替代了 GB 4871—1995《普通平板玻璃》、GB 11614—1999《浮法玻璃》和 GB/T 18701—2002《着色玻璃》。与 GB 11614—1999《浮法玻璃》相比主要变化有：由按用途分类修改为按外观质量分类；增加了术语和定义；增加了对12mm及12mm以上厚度的厚薄差的规定；外观质量中，用点状缺陷术语取代气泡和夹杂物，同时提高了要求；增加了直径100mm圆内点状缺陷不超过3个的规定；增加了检测分类和抽样条款。

9.1.2 质量检测

浮法玻璃检测是指对产品或服务的一种或多种特性进行测量、检查、试验、度量，并将这些特性与规定的要求进行比较以确定其符合性的活动。

9.1.2.1 质量检测方法

我国现行的浮法玻璃质量检测体制包括生产企业的自行检测和专业检测机构的认证检测两部分，专业检测机构如国家玻璃质量监督检测中心还承担复检、仲裁检测以及国家监督抽查等任务；企业检测是由生产单位的检测机构检测，在产品外包装上标注质量等级。由于质量等级是由生产企业自行标注的，就有可能存在虚标等级、名实不符的情况。这一方面是由于一些企业标注缺乏公信度和权威性；另一方面是由于对浮法玻璃质量的检测主要依靠外观检测仪和斑马法检测仪用目测进行判断，依赖于检测人员的经验。

为了缩小并消除企业自行检测和专业检测机构的认证检测之间检测结果的偏差，统一检测尺度，提高检测数据的可靠性和准确性，从而提高企业的可信度和企业之间的竞争力，国家玻璃质量监督检测中心推出了浮法玻璃产品质量对比检测。其检测步骤如下。

① 由中心选派两名检测技术人员到生产企业，先对所需的检测仪器设备进行检查和调试，确定其合格有效，方能使用。

② 从生产线或成品库中指定要检测的样品。一般每一条生产线至少有一个样品，抽取成品 8 片。在中心人员对其进行尺寸偏差、厚度偏差、对角线差和划伤等项检测后，根据成品尺寸裁成相同尺寸的若干片小样品，以便进行下一步的检测。

③ 由企业检测员依据标准进行检测，每位参加对比检测的企业质检人员检测原片相同部位的 8 片小样品，做原始记录。再由中心派去的两名技术人员对样品按标准进行检测，并做另一份原始记录。

④ 对比检测的项目有：光学变形、气泡、夹杂物、点状缺陷密集度、线道、表面裂纹、厚度偏差、可见光透射比 8 项。弯曲度由企业检测员完成，做过可见光透射比的样品由企业邮寄到中心，用中心的设备对比可见光透射比。

⑤ 现场对参加对比检测的企业质检人员进行书面考核。

⑥ 将两份原始记录和检测员的书面考核结论带回中心，由中心处理数据，根据中心人员的检测结果出具产品质量检测报告，做出评价。

⑦ 对比结果严重超差、产品质量低劣以及发生重大质量事故的企业，中心有权向其上级主管部门反映情况。

9.1.2.2 质量检测指标

浮法玻璃检测指标主要包括：尺寸偏差、对角线差、厚薄差、外观质量、弯曲度、光学性质等几方面内容。其中浮法玻璃的外观质量指标中又包括点状缺陷、线道、划伤及裂纹；光学变形；断面缺陷等内容。

（1）尺寸偏差 某一尺寸减去基本尺寸的代数差称为尺寸偏差，最大极限尺寸减去基本尺寸所得的代数值称为上偏差；最小极限尺寸减去基本尺寸所得的代数值称为下偏差。

（2）对角线差 两条对角线长度之差。理论上一个正四边形的对角线长度是相等的，如果这个四边形相对两边不相等或者任何一个角不是 90°，那么两条对角线的长度就会出现不相等的现象。

（3）厚薄差 同一片玻璃厚度的最大值与最小值之差。

（4）点状缺陷 气泡、夹杂物、斑点等的统称。

（5）线道 玻璃中的线状缺陷。

（6）划伤 玻璃表面被硬物摩擦、刻划所留下的伤痕。

（7）光学变形 在一定角度透过玻璃观察物体时出现的变形的缺陷。其变形程度用入射角（俗称斑马角）来表示。

（8）断面缺陷 玻璃板断面凸出或凹进的部分。包括爆边、边部凹凸、缺角、斜边等缺陷。

（9）弯曲度 玻璃板在长度方向上的弯曲程度。

（10）可见光透射比 透过玻璃的可见光光通量与投射在其表面可见光光通量之比。

9.2 质量要求及检测方法

9.2.1 尺寸偏差

9.2.1.1 尺寸偏差要求

国家标准 GB 11614—2009《平板玻璃》中规定，平板玻璃应切裁成矩形，其长度和宽度尺寸偏差应不超过表 9-1 规定。

表 9-1 尺寸允许偏差   单位：mm

公称厚度	尺寸偏差		公称厚度	尺寸偏差	
	尺寸≤3000	尺寸 3000～5000		尺寸≤3000	尺寸 3000～5000
2～6	±2	±3	12～15	±3	±4
8～10	+2，−3	+3，−4	19～25	±5	±5

9.2.1.2 检测方法

（1）所用工具 最小刻度为 1mm 的钢卷尺。

（2）取样方法 在生产线上随机选半成品一块作为样品。

（3）检测方法 取样品放到切桌上，用钢卷尺分别测量长、宽两条平行边的距离。测量时可在玻璃板上选取几个点，然后算出最大值与最小值的差值，该值即为尺寸偏差，把结果记录在检测记录表上（大板玻璃可直接在生产线上进行检测）。

（4）检测结果 如有争议，试样保留 2 天，以供校验。如无争议，试样报废。

9.2.2 对角线偏差

9.2.2.1 对角线偏差要求

国家标准 GB 11614—2009《平板玻璃》中规定，平板玻璃对角线差应不大于其平均长度的 0.2%。

9.2.2.2 检测方法

（1）所用工具 最小刻度为 1mm 的钢卷尺。

（2）取样方法 在生产线上随机取原板宽、650～900mm 长的玻璃条作为检测样品，放到检测室备用。掰掉两边，留下合格板宽作为样品。

（3）检测方法 取样品放到切桌上，用钢卷尺分别测量玻璃板两个对应角顶点之间的距离，两者之差即为对角线偏差，把结果记录在点光日志上。

（4）检测结果 如有争议，试样保留 2 天，以供校验。如无争议，试样报废。

9.2.3 厚度偏差和厚薄差

9.2.3.1 厚度偏差和厚薄差要求

国家标准 GB 11614—2009《平板玻璃》中规定，厚度偏差和厚薄差应符合表 9-2 中要求。

表 9-2 厚度偏差和厚薄差　　　　　　　　　单位：mm

公称厚度	厚度偏差	厚薄差	公称厚度	厚度偏差	厚薄差
2～6	±0.2	0.2	19	±0.7	0.7
8～12	±0.3	0.3	22～25	±1.0	1.0
15	±0.5	0.5			

9.2.3.2 检测方法

(1) 所用工具　符合 GB/T 1216 规定的精度为 0.01mm 的外径千分尺。

(2) 取样方法　在生产线上随机取原板宽、650～900mm 长的玻璃条作为检测样品，放到检测室备用。掰掉两边，留下合格板宽作为样品。

(3) 检测方法　取样品放到切桌上，用外径千分尺在距玻璃板边 15mm 内的四边中点测量，同一片玻璃厚薄差为四个测量值中最大值与最小值之差，把结果记录在检测记录表上。

(4) 检测结果　如有争议，试样保留 2 天，以供校验。如无争议，试样报废。

9.2.4 外观质量

9.2.4.1 外观质量要求

国家标准 GB 11614—2009《平板玻璃》中按外观质量将平板玻璃分为合格品、一等品和优等品三类，其质量要求应分别对应符合表 9-3～表 9-5 的规定。

表 9-3 合格品外观质量

缺陷种类	质量要求	
点状缺陷①	尺寸(L)	允许个数限制②
	0.5mm≤L≤1.0mm	2×S
	1.0mm<L≤2.0mm	1×S
	2.0mm<L≤3.0mm	0.5×S
	L>3.0	0
点状缺陷密集度	长度≥0.5mm 的点状缺陷最小间距不小于 300mm；直径 100mm 圆内，尺寸≥0.3mm 的点状缺陷不超过 3 个	
线道	不允许	
裂纹	不允许	
划伤③	允许范围	允许条数限制
	宽≤0.5mm，长≤60mm	3×S
光学变形	公称厚度/mm	无色透明平板玻璃/(°)	本体着色平板玻璃/(°)
	2	≥40	≥40
	3	≥45	≥40
	≥4	≥50	≥45
断面缺陷	公称厚度不超过 8mm 时，不超过玻璃板的厚度；8mm 以上时，不超过 8mm	

① 光畸变点视为 0.5～1.0mm 的点状缺陷。

② 存在大小缺陷时，大缺陷数量不应超过相应尺寸的允许个数限度，总的缺陷数量不应超过所有相应尺寸的允许个数限度之和。

③ 硌伤视为划伤，单个的宽度不应超过 0.5mm。

注：S 为以平方米为单位的玻璃板面积数值，保留小数点后两位。点状缺陷的允许个数限度及划伤的允许条数限度为各系数与 S 相乘所得的数值，应按 GB/T 8170 修约至整数。

表 9-4　一等品外观质量

缺 陷 种 类	质 量 要 求		
点状缺陷①	尺寸(L)	允许个数限制②	
	0.3mm≤L≤0.5mm	2×S	
	0.5mm<L≤1.0mm	0.5×S	
	1.0mm<L≤1.5mm	0.5×S	
	L>1.5	0	
点状缺陷密集度	长度≥0.3mm 的点状缺陷最小间距不小于 300mm;直径 100mm 圆内,尺寸≥0.2mm 的点状缺陷不超过 3 个		
线道	不允许		
裂纹	不允许		
划伤③	允许范围	允许条数限制	
	宽≤0.2mm,长≤40mm	2×S	
光学变形	公称厚度/mm	无色透明平板玻璃/(°)	本体着色平板玻璃/(°)
	2	≥50	≥45
	3	≥55	≥50
	4~12	≥60	≥55
	≥15	≥55	≥50
断面缺陷	公称厚度不超过 8mm 时,不超过玻璃板的厚度;8mm 以上时,不超过 8mm		

① 点状缺陷中不允许有光畸变点。

② 存在大小缺陷时,大缺陷数量不应超过相应尺寸的允许个数限度,总的缺陷数量不应超过所有相应尺寸的允许个数限度之和。

③ 硌伤视为划伤,单个的宽度不应超过 0.2mm。

注:S 为以平方米为单位的玻璃板面积数值,保留小数点后两位。点状缺陷的允许个数限度及划伤的允许条数限度为各系数与 S 相乘所得的数值,应按 GB/T 8170 修约至整数。

表 9-5　优等品外观质量

缺 陷 种 类	质 量 要 求		
点状缺陷①	尺寸(L)	允许个数限制②	
	0.3mm≤L≤0.5mm	1×S	
	0.5mm<L≤1.0mm	0.2×S	
	L>1.0	0	
点状缺陷密集度	长度≥0.3mm 的点状缺陷最小间距不小于 300mm;直径 100mm 圆内,尺寸≥0.1mm 的点状缺陷不超过 3 个		
线道	不允许		
裂纹	不允许		
划伤③	允许范围	允许条数限制	
	宽≤0.1mm,长≤30mm	2×S	
光学变形	公称厚度/mm	无色透明平板玻璃/(°)	本体着色平板玻璃/(°)
	2	≥50	≥50
	3	≥55	≥50
	4~12	≥60	≥55
	≥15	≥55	≥50
断面缺陷	公称厚度不超过 8mm 时,不超过玻璃板的厚度;8mm 以上时,不超过 8mm		

① 点状缺陷中不允许有光畸变点。

② 存在大小缺陷时,大缺陷数量不应超过相应尺寸的允许个数限度,总的缺陷数量不应超过所有相应尺寸的允许个数限度之和。

③ 硌伤视为划伤,单个的宽度不应超过 0.1mm。

注:S 为以平方米为单位的玻璃板面积数值,保留小数点后两位。点状缺陷的允许个数限度及划伤的允许条数限度为各系数与 S 相乘所得的数值,应按 GB/T 8170 修约至整数。

9.2.4.2 点状缺陷检测方法

（1）所用仪器 点光源。

（2）取样方法 在生产线上随机取原板宽、650～900mm 长的玻璃条作为检测样品，放到检测室备用。掰掉两边，留下合格板宽，取 600mm 的条作为样品。

（3）检测方法 在不受外界光线的影响下，如图 9-1 所示，将试样玻璃垂直放置在距屏幕（安装有数支 40W、间距为 300mm 的平行荧光灯，并且是黑色无光泽屏幕）600mm 的位置，打开荧光灯，距试样玻璃 600mm 处下面进行观察。点状缺陷的长度测定用放大 10倍、精度为 0.1mm 的读数显微镜测定。把检测结果记录在点光日志上。

（4）检测结果 如有争议 试样保留 2 天，以供校验。如无争议，试样报废。

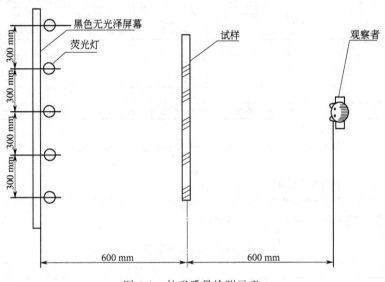

图 9-1 外观质量检测示意

9.2.4.3 光学变形检测方法

（1）所用仪器 斑马仪。

（2）取样方法 在生产线上随机取原板宽、650～900mm 长的玻璃条作为检测样品，放到检测室备用。掰掉两边，留下合格板宽，中间一分为二，用蜡笔做好南北标记。

（3）检测方法 先取南板放到斑马仪上，观察者透过玻璃观察均匀照明的斑马幕上条纹的变形情况。试样按拉引方向垂直放置，视线透过试样观察屏幕条纹，首先让条纹明显变形，然后慢慢转动试样直到变形消失，记录此时的入射角度。这个入射角就是业内所称的斑马角，或称光学变形角。用这个角度来评价浮法玻璃的光学变形质量。北板测试同南板。浮法玻璃光学变形的斑马法测试原理如图 9-2 所示。

（4）检测结果 如有争议，试样保留 2 天，以供校验。如无争议，试样报废。

9.2.4.4 断面缺陷检测方法

（1）所用工具 最小刻度为 1mm 的钢卷尺。

（2）取样方法 在生产线上随机取原板宽、650～900mm 长的玻璃条作为检测样品，放到检测室备用。掰掉两边，留下合格板宽作为样品。

（3）检测方法 取样品放到切桌上，用钢直尺测定爆边、凹凸最大部位与板边之间的距离。缺角沿原角等分线向内测量，如图 9-3 所示，把结果记录在点光日志上。

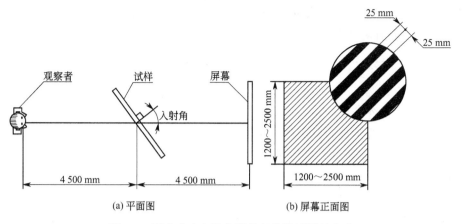

图 9-2　浮法玻璃光学变形的斑马测试原理示意

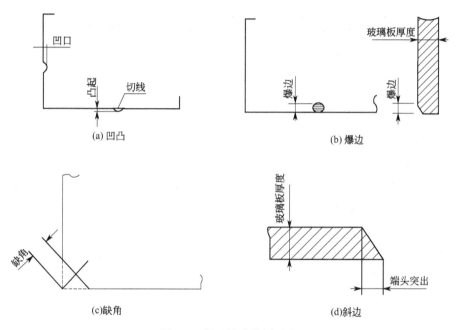

图 9-3　断面缺陷检测示意

（4）检测结果　如有争议，试样保留 2 天，以供校验。如无争议，试样报废。

9.2.5　弯曲度

9.2.5.1　弯曲度要求

国家标准 GB 11614—2009《平板玻璃》中规定，平板玻璃弯曲度不应超过 0.2%。

9.2.5.2　检测方法

（1）所用工具　塞尺

（2）取样方法　在生产线上随机取原板宽、650～900mm 长的玻璃条作为检测样品，放到检测室备用。掰掉两边，留下合格板宽，沿板宽方向抽 200mm 宽的条，在此条上测出板高方向的中心线，沿此中心线分别测出 1250mm 的位置，并作好平行线，在此位置切掉两边，作为样品。样品规格应为 2500mm×200mm。

（3）检测方法　将玻璃板垂直于水平面放置，不施加任何使其变形的外力。沿玻璃表面紧靠一根水平拉直的钢丝，用符合 JB/T 8788—1998 规定的塞尺，测量钢丝与玻璃板之间的最大间隙。玻璃呈弓形弯曲时，测量对应弦长的拱高；玻璃呈波形时，测量对应波峰间的波谷深度。按式(9-1)计算弯曲度：

$$c = \frac{h}{l} \times 100\%$$
(9-1)

式中　c——弯曲度，%；

　　　h——拱高或波谷深度，mm；

　　　l——弦长或波峰到波峰的距离，mm。

（4）检测结果　如有争议，试样保留 2 天，以供校验。如无争议，试样报废。

9.2.6 可见光透射比

9.2.6.1 可见光透射比要求

国家标准 GB 11614—2009《平板玻璃》中规定，可见光透射比应符合表 9-6 中要求。

表 9-6　可见光透射比

公称厚度/mm	可见光透射比/%	公称厚度/mm	可见光透射比/%	公称厚度/mm	可见光透射比/%
2	89	6	85	15	76
3	88	8	83	19	72
4	87	10	81	22	69
5	86	12	79	25	67

9.2.6.2 检测方法

（1）所用工具　BGT-3 型可见光透射率测试仪。

（2）取样方法　在生产线上随机取原板宽、650～900mm 长的玻璃条作为检测样品，放到检测室备用。掰掉两边，留下合格板宽，沿板宽方向抽 150mm 宽的条，在此条上随机切一块 150mm 长的玻璃块作为样品。

（3）检测方法　打开仪器预热 15min 后，用标样校订仪器，校订完毕取样品放到仪器上，进行可见光透射比的检测，把结果记录在点光日志上。BGT-3 型可见光透射率测试仪检测示意如图 9-4 所示。

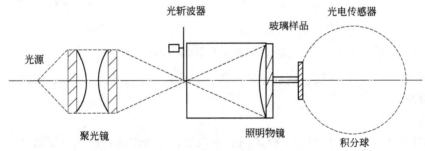

图 9-4　BGT-3 型可见光透射率测试仪检测示意

（4）检测结果　如有争议，试样保留 2 天，以供校验。如无争议，试样报废。

9.3　浮法玻璃物化分析

9.3.1 气泡缺陷分析

9.3.1.1 分析原理

浮法玻璃中不同的气泡缺陷，气泡中所含的气体成分也不相同，根据这一原理，可以通过气体吸收法来检测出气体的化学组成，从而判断缺陷形成原因。气体被吸收原理为：甘油吸收 SO_2，甘油-KOH 溶液吸收 CO_2，甘油-乙酸溶液吸收 H_2S，焦性没食子酸的碱性溶液吸收 O_2，$CuCl_2$-氨溶液吸收 CO，胶质钯的氢氧化钠溶液吸收 H_2，最后的差数为氮含量。

9.3.1.2 分析方法

① 将带有气泡的玻璃样品磨成薄片至气泡的玻璃壁极薄为止（0.5mm 以下）。

② 将样品浸入盛甘油的小容器中，用针刺穿气泡壁，气体在甘油内形成气泡，逐渐浮起，用载玻片将气泡接住。

③ 将载玻片放在显微镜下观察，并测量气泡的原始直径。

④ 用吸管将不同的吸收剂注入气泡，使其相互作用，每次作用后测定气泡直径的大小。

⑤ 根据气泡直径与原始直径的比值，算出气体混合物中各组分的组成。

9.3.1.3 气泡种类与成分关系

（1）气泡化学成分　澄清气泡、二次气泡与污染气泡化学成分见表 9-7～表 9-9。

表 9-7　澄清气泡化学成分分析

试　　样	气泡位置	气泡直径/mm	N_2/%	O_2/%	CO_2/%
1	上部	0.24	14.99	0.26	83.28
2	上部	0.25	13.93	0.30	84.23
3	上部	0.19	15.87	0.44	82.53
4	下部	0.18	24.64	0.19	75.17
5	上部	0.19	18.11	0.21	79.53
6	下部	0.20	20.74	0.12	76.68
7	下部	0.15	24.05	0.29	75.66
8	下部	0.11	0	0	100
9	上部	0.19	23.42	0.34	74.16

注：化学成分含量为质量分数，下同。

表 9-8　二次气泡化学成分分析

试　　样	气泡位置	气泡直径/mm	N_2/%	O_2/%	CO_2/%
1	上部	0.31	59	0.44	40
2	下部	0.35	65	0.56	34
3	下部	0.36	67	0.62	32
4	中部	0.28	59	0.54	40
5	下部	0.28	63	0.54	36
6	下部	0.26	67	0.56	32
7	下部	0.26	67	0.50	32
8	下部	0.29	57	0.50	42

表 9-9　污染气泡化学成分分析

试　　样	气泡位置	气泡直径/mm	N_2/%	O_2/%	CO_2/%	沉积物
1	上部	0.34	98.92	0	1.08	多
2	上部	0.32	98.60	0.10	1.30	多
3	上部	0.34	99.70	0	0.93	多
4	上部	0.35	98.50	0	1.50	多
5	上部	0.36	98.81	0	1.19	多
6	上部	0.34	98.28	0.13	1.59	多
7	上部	0.33	99.33	0.27	1.40	多

（2）气泡尺寸与气泡类型关系　气泡尺寸与气泡类型关系如图 9-5 所示。

（3）气泡成分与气泡类型关系　气泡成分与气泡类型关系如图 9-6 所示。

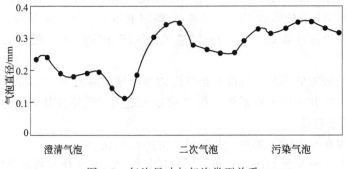

图 9-5　气泡尺寸与气泡类型关系

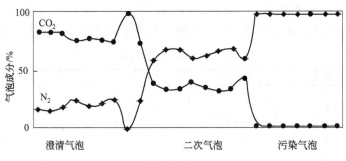

图 9-6　气泡成分与气泡类型关系

9.3.2　结石缺陷分析

结石分析的目的是查明结石的化学组成和矿物组成，以确定其出现的原因，进一步采取措施加以预防和排除。由于它的微量、细小和周围完全被玻璃质所包围，因此会为检测带来困难，需要检测人员仔细做大量的工作。一般可采取用观察法、化学分析法、测定结石四周玻璃的折射率、岩相分析法、X 射线物相分析法、电子显微镜法等检测办法。

(1) 观察法　观察法是以肉眼或利用 10～20 倍的放大镜来观察结石，根据某些外形特征对它的性质作一初步了解。在观察时，应注意结石的颜色、轮廓、表面特征、四周玻璃颜色等。根据这些特征，凭借多年的实践经验，就有可能推断出结石的种类。如由石英形成的配合料结石和析晶结石呈棕色；由耐火材料形成的耐火黏土结石通常呈浅灰色；莫来石结石常具有青灰色及暗棕色；窑碹结石和耐火材料结石常伴生着条纹和疖瘤，前者伴生的条纹和疖瘤呈绿色，后者伴生条纹和疖瘤可能被染成黄绿色。这种方法最为简便，具有能在生产现场直接进行的优点，但根据它来作最后的判断是不够充分的，这只能作为预测和初步判定。

(2) 化学分析法　化学分析法能检测玻璃体中各种结石的化学组成类型。有的结石粒子很小，不易和它周围的玻璃液完全分离，这时应利用吹管，将有结石的玻璃液吹成极薄的空心泡，然后在薄壁上剥取结石进行检测。如用纯碱试验能迅速区分结石的主要成分是 Al_2O_3 还是 SiO_2，在坩埚内用熔融的纯碱处理结石（其尺寸不大于 0.5mm），如果结石迅速完全熔解则可能主要含有 SiO_2；如果不熔可能是刚玉；如熔成渣滓，则可能是莫来石。

(3) 测定结石四周玻璃的折射率法　对于体积非常小的结石，或者不可能从玻璃中取出的，可以通过对结石周围玻璃的折射率测定来大致地进行区分。结石中矿物对周围玻璃的折射率影响有降低和提高两种。石英、蓝晶石、微斜长石、高岭石、霞石等使周围玻璃折射率降低，钛铁矿、锆英石、金红石等使周围玻璃折射率提高。结石中各种矿物周围玻璃折射率的变化特征见表 9-10。

表 9-10　结石中各种矿物周围玻璃折射率的变化特征

矿　　物	矿物的折射率		带有结石的玻璃试样折射率		
	n_0	n_g	熔融的矿物	有矿物外缘的玻璃	距矿物较远的玻璃
石英	1.544	1.533	1.458	1.485	1.517
蓝晶石	1.712	1.720	—	1.510	1.517
微斜长石	1.522	1.530	—	1.506	1.571
高岭石	1.561	1.566	—	1.509	1.571
霞石	1.534	1.538	—	1.520	1.571
钛铁矿	—	—	1.510	1.592	1.571
锆英石	1.930	1.980	—	1.570	1.571
金红石	2.615	2.903	—	1.630	1.571

（4）岩相分析法　岩相分析法是利用材料中各相光学性质（折射率、透光率、颜色、晶轴对称性、消光角度等）及形状的特点，通过光学显微镜观察，确定各相种类、数量、尺寸及分布状态的技术。按试样处理方式可分为粉末油浸法、抛光薄片法、光薄片法、显微化学法等。试样中矿物的定量分析方法常使用直线法、计点法、面积法和目测法等。近年发展起来的超薄光薄片法，是将试样磨抛成几微米厚的光薄片，提高了试样显微图像的质量和分析的准确度。这种方法可准确地确定结石矿物类型，并具有迅速简便、获得资料多、试样用量少、需要的时间较短等特点，因此被广泛采用。

（5）X 射线物相分析法　X 射线物相分析法是利用单色 X 射线和多晶体物质相互作用产生的特征衍射谱进行试样物相定性、定量分析的方法。当单色 X 射线照射到多晶体物质上，其特征衍射谱与组成晶体的元素、晶胞内各原子的排列及各种晶体的含量有关。通过测量特征衍射谱的分布位置和强度，可定性或定量分析试样中晶体的种类和含量。

（6）电子显微镜法　电子显微镜法主要是利用透射电子显微镜（TEM）和扫描电子显微镜（SEM）对结石进行鉴定。TEM 法的制样繁琐困难，一般不常用，而 SEM 法制样方法简便，并可获得结石的断口形貌特征，同时配合波谱仪（WDS）或能谱仪（EDAX）使用可对结石的微区和局部进行化学组成分析，根据获得的晶体形貌特征和化学组成就可以准确地判断出结石的种类。

电子显微镜法分析方法有以下三种。

① 点分析法　是用电子射线照射结石试样的固定点，并检测从结石中发出的特征 X 射线，从而确定该点的化学成分。

② 线分析法　是用电子射线沿直线扫描试样，鉴定该成分在试样中的分布情况。该法着重确定玻璃中结石的某一特定成分。

③ 面分析法　是把结石试样表面上 0.3mm×0.3mm 检测区中各元素的分布和密度通过显像管显示出来，也可以拍成照片，记录下各元素的分布。用该法检测结石的微量元素是有效的，有些结石虽然成分的分布和组合都相同，但其晶型结构是不同的，这是电子探针无法分辨的。

9.3.3　条纹和疖瘤缺陷分析

对于条纹和疖瘤，常用的检测方法有侵蚀法、直线观察法、偏光干涉法、绕射法等。主要是利用其折射率不同的性质来检测条纹和疖瘤缺陷，当条纹和疖瘤的折射率与周围玻璃的相差 0.001 以上时，就可以显著地看到条纹和疖瘤。较小的条纹和疖瘤可以利用光照射在试样上，观察试样后面的黑背景是否发生亮带来进行检测，对于肉眼不能观察的条纹和疖瘤，可通过专用的光投影仪来检测，如用干涉反射仪、显微干涉仪、条纹仪等。

（1）侵蚀法　将带有条纹和疖瘤的玻璃试样浸入腐蚀剂中，由于条纹和疖瘤与主体玻璃的成分不同，因此溶解度不同，侵蚀的结果使条纹和疖瘤出现山脉形的峰和谷。玻璃在腐蚀剂中的溶解速率与玻璃的化学组成、腐蚀剂种类、浓度、作用时间和温度有关。常用的腐蚀剂有 HF、（$HBF_2OH+HCl$）、HPO_3、$NaOH$ 等。

分析过程大致为：将带有条纹和疖瘤的玻璃表面磨平抛光后，放在 $25℃$、1%氢氧酸中，富二氧化硅质的条纹和疖瘤的溶解较周围玻璃要缓慢，形成凸起的表面。富氧化铝质的条纹和疖瘤溶解得很慢，条纹和疖瘤比周围玻璃高，形成高凸起。如图 9-7 所示为平板玻璃各种条纹和疖瘤耐腐蚀性情况。

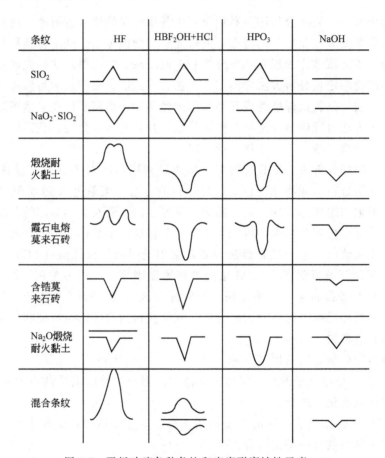

图 9-7　平板玻璃各种条纹和疖瘤耐腐蚀性示意
（各种腐蚀剂作用后的凸起高度）

（2）直线观察法　通过带有条纹和疖瘤的玻璃，观察玻璃后的黑条背景情况，使黑线条和条纹成 45°角交叉，可以观察到黑线条发生弯折，如果在条纹附近的黑线条弯折成与条纹相平行时，如图 9-8（a）所示，则条纹的折射率较玻璃的大，如果黑线条弯折成垂直于条纹时，如图 9-8（b）所示，则条纹的折射率比玻璃的小。

（3）偏光干涉法　利用偏光显微镜，在正交偏光下，带有条纹的玻璃将产生光程差，利用干涉仪可以测定条纹的折射率。

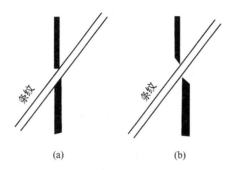

图 9-8　条纹和疖瘤的直线观察法示意

生产中多数按环切试验方法检测产品的质量等级。该方法是用低倍（15 倍）偏光显微镜，调节偏光镜成正交，插入灵敏色板（光程差为 565mm），将换切面置于浸皿中（浸油为氯代苯或二甲基苯二乙酸），置于镜下，在视域中定出换切面中蓝色干涉色的位置，此即为张应力。若对整个换切面进行检测，则可以确定出最高应力是在外层还是在内表面，或是两者之间。根据观察到的条纹数量、性质、应力和位置即可确定制品的等级。

（4）绕射法　采用放大镜观察可以看到条纹对光的绕射，并以此来确定条纹的折射率较玻璃折射率的大小，借以判断条纹的化学组成。通常情况下，条纹中的 SiO_2 含量较主体玻璃高时，其折射率较主体玻璃低；而条纹中 Al_2O_3 的含量较主体玻璃高时，其折射率较主体玻璃高。

第一种情况是取带有条纹的玻璃放在放大镜和它的焦点 F 之间，条纹的中央光亮两侧黑暗，如图 9-9(a) 所示，若玻璃试样放在放大镜和它的焦点 F 以外，则条纹的中央黑暗、两侧光亮，如图 9-9(b) 所示。这种情况说明条纹的折射率比玻璃小。

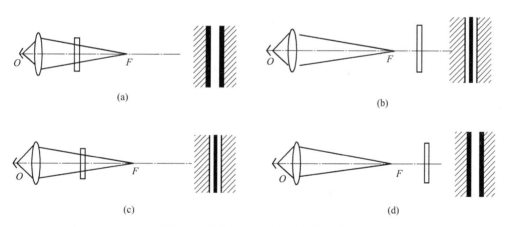

图 9-9　放大镜观察的条纹绕射示意

第二种情况则相反。将带有条纹的玻璃放在放大镜和它的焦点 F 之间，条纹的中央黑暗、两侧光亮，如图 9-9(c) 所示，若玻璃试样放在放大镜和它的焦点 F 以外，则条纹的中央光亮、两侧黑暗，如图 9-9(d) 所示。这种情况说明条纹的折射率比玻璃大。

（5）离心浮沉法　离心浮沉法是将粉碎的玻璃样品，采用离心法使主体玻璃与条纹很好地进行分离，具体检测分析方法如下。

将 2～3g 带有条纹的玻璃粉碎、过筛，选出 0.05～0.15mm 的颗粒，用甲醇洗去附着的粉尘。然后将制成的玻璃粉末置于 0.01mmHg（1mmHg＝1333.322Pa）的真空中加热至 25℃，保持 3h 后，在含有 CaO 的干燥器皿中冷却。这样，颗粒表面吸附的气体和水分大致被除去。

浸渍试样的液体采用 4-溴乙烷（密度 3.0g/cm³）和水杨酸异丙基酯（密度 0.9g/cm³）配制而成混合液，其密度应与试样密度相等（先用试样将混合液的密度校正，即在 35℃ 下玻璃应恰好在混合液中悬浮）。混合液在 0.01mmHg（1mmHg＝1333.322Pa）的真空中加热至 100℃ 进行脱气。

液体及粉末一起放入离心机的玻璃试管中，再一次抽真空。将离心玻璃试管熔融封闭，也可以用胶塞和磨口塞封闭。离心玻璃试管在 300r/min 的离心机中旋转，并保证分离过程中保持一定的温度。因为温度相差 1℃，就相当于密度相差 0.002g/cm³，在成分上相差 1% SiO₂。玻璃试样的粉末按不同密度沿离心玻璃试管长度方向以一定的比例分布，分成若干密度不同的部分，各部分的分离是以逐渐升高温度，亦即降低混合液的密度，按照一定时间取出分离物来进行的。以各部分的比数为纵坐标，密度或离心过程中的温度为横坐标，绘制出密度-组成曲线，如图 9-10 所示。

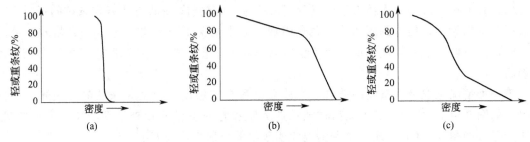

图 9-10　玻璃密度-组成曲线

如图 9-10(a) 所示的玻璃基本上或完全是均一的，接近 0 及 100% 的曲线上的偏斜可以认为是试验误差；如图 9-10(b) 所示的玻璃是主体玻璃中含有较小的条纹物质；如图 9-10(c) 所示的玻璃是主体玻璃与较轻及较重的玻璃混合物。

当玻璃没有均化好，即一部分含助熔剂较多，而另一部分又含助熔剂较少时，特别容易得到这种曲线。通过曲线图中可以得知：由倾斜度较大的曲线部分的纵坐标高度得出条纹的总含量；曲线中间部分的倾斜度为主体玻璃与条纹混合情况的标准；最高密度部分与最低密度部分的总差别为组成偏差的标准。

浮沉法的另外一种方式是，在较高的温度时，液体密度小，玻璃试样粉末全部沉在管底；降低温度则液体密度增加，细粉将有部分上浮，直到液体温度足够低时，细粉全部上浮。细粉开始下沉和开始上浮的温度差可以表明玻璃的不均匀程度。

第 10 章　浮法玻璃"双低碳"经济技术

"双低碳"经济技术是指采用低碳的生产工艺技术开发出具有低碳性能的产品。

我国是玻璃生产和消费大国，又是一个资源相对匮乏的国家，主要原材料硅质矿产资源急剧减少。为了满足国民经济建设的需要，在很长一段时间内，玻璃工业还将保持快速增长的趋势。"双低碳"经济技术模式不仅可以有效利用和节约资源，符合玻璃工业的可持续发展要求，而且具有低碳性能产品的开发和使用，更可以降低能耗、减轻环境负担，为我国经济的健康发展做出突出贡献。

10.1　浮法玻璃"低碳经济"生产技术

10.1.1　配合料粒化预热技术

配合料在外力的作用下，加工成粒状并在熔化前进行加热的工艺称为配合料粒化预热技术。

10.1.1.1　配合料粒化预热技术研究与发展

目前世界各国浮法玻璃企业多数都采用粉状玻璃配合料（体积密度 $1.2\sim1.3\mathrm{g/cm^3}$，气孔率 $40\%\sim50\%$）生产玻璃。这种将各种原料经过粉碎到一定粒度后而成的粉状松散料，主要存在以下缺点：在输送、储存等过程中易产生分层和粉尘飞扬、导致熔窑热效率降低、超细粉浪费等。更重要的是由于粉状配合料热导率小 [$0.273\mathrm{W/(m\cdot ℃)}$]，在熔化时固相接触面积小，反应速率慢，从而相应地增加了能耗。

为了克服这些缺点，早在 100 多年前，俄国学者丘古诺夫曾提出过用配合料压成块代替粉料的设想。随后各国的学者开始了这方面的研究，尤其是 20 世纪 70 年代，由于能源危机和浮法玻璃熔窑大型化的发展，各国加速了研究进程。目前，美国、日本等发达国家玻璃配合料的块化、粒化和预热技术较为超前。国外公司实验结果表明，经过密实的配合料以 20mm 厚、边长为 $50\sim100\mathrm{mm}$ 的方块状进入熔窑最佳，其中密实的配合料中粒度小于 0.1mm 细料比例最好在 50%。密实的配合料在送进熔窑融化之前，利用熔窑余热或其他方法进行预热处理，就会促进其各组分间的预反应，达到减少能耗的目的。近年来，我国积极开展配合料粒化余热技术方面研究，成功开发出了玻璃配合料粒化黏结剂添加装置；而且在配合料粒化预热节能技术方面也取得了阶段性成果。

10.1.1.2　配合料粒化预热技术工艺流程

配合料的粒化方式有转动粒化和辊筒压块两种。以转动粒化为例，它是通过盘式粒化机进行加工的一种方式。其工艺过程是先按一般方法制成均匀的配合料，再将配合料在专门的盘式成球（粒化）盘上，边下料边添加黏结剂，边滚动制成 $10\sim20\mathrm{mm}$ 的小球。然后在干燥设备中烘干，使料球具有一定的运输和储存强度（一般要求耐压力为 1.7MPa 以上）。其工艺流程如图 10-1 所示。

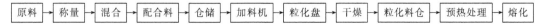

原料 → 称量 → 混合 → 配合料 → 仓储 → 加料机 → 粒化盘 → 干燥 → 粒化料仓 → 预热处理 → 熔化

图 10-1　配合料粒化预热工艺流程

对于黏结剂的选择，应使配合料易于成球，所成的球和干燥后的球粒具有一定的强度，并且对玻璃的熔制质量不产生任何不良影响，价格要适宜。常使用的黏结剂有水玻璃、石灰乳、氢氧化钠液、黏土等。

成形盘是一个带边的倾斜圆盘，一般直径为 1m 以上，盘的高 H 与直径 D 的平方成正比即 $H=0.1D^2$，盘的倾斜角度可在 $30°\sim60°$ 内调节，盘在倾斜面上绕中心轴旋转，转速 $10\sim25r/min$。配合料与黏结剂自盘的上方连续加入，由于粒化料与未粒化料的摩擦系数不同，摩擦系数较小的粒化料逐渐移向上层，最后越过盘边而排出。由于这样的分级作用，可以得到较均匀的粒料。盘的倾斜角度不能小于配合料的休止角，否则配合料将在盘内形成"死"垫而破坏粒化。倾斜角度越大，盘的转速也应越快。

10.1.1.3 配合料粒化预热技术优点

① 节约能源。据国外报道，普通粉料的最高熔制温度为 1600℃ 左右，而经过预热的粒化料则只需 1430℃，从而使熔化率提高，其节能达 30% 以上。

② 节约矿产资源。众所周知，无论先进的加工工艺还是落后的加工工艺，都会产生比例不等的超细粉，比如湿法棒磨工艺产生大约 25% 的超细粉，而在使用粉料配合料中，是严禁使用超细粉的。而块化、粒化的配合料则解决了超细粉的处理问题。

③ 减轻对环境的污染，提高了玻璃熔窑的使用周期。

10.1.2 熔窑全保温与强化密封技术

10.1.2.1 熔窑全保温技术

玻璃熔窑的散热面积大、外表温度高，根据熔窑热平衡技术，其散热量约占总热量的 30%，因此加强窑体的保温和密封可以大大提高热效率，减少能源消耗。目前我国玻璃熔窑保温技术已经相对完善，可保温的部位主要包括池底、池壁、胸墙、碹顶、小炉、蓄热室等，熔窑采用全保温技术后，一般可节约燃料 15%～20%，并且可以提高熔窑内温度 20～30℃。熔窑采用全保温技术后，具有以下优点。

① 熔窑采取全保温，有利于玻璃生产中熔化制度的稳定，能够减少环境温度的变化和风向的变化对熔化温度制度的影响。

② 熔窑全保温技术可以降低窑体表面温度 100～250℃，从而大大降低了环境温度，使工人的操作环境条件得到了较大的改善。

③ 减少了燃油的消耗量，降低了废气排放量，减少了对环境的污染。

④ 可以提高熔化温度，增加熔化能力，延长熔窑的寿命。窑体外表面加了保温层，使其内衬砖的冷面温度提高，减少与热面的温差，降低温度应力对耐火材料的破坏，同时，还可以减少熔窑横向温差，降低玻璃液横向对流对熔窑池壁砖的侵蚀。

熔窑保温变化热平衡比较见表 10-1。

表 10-1　熔窑保温变化热平衡比较

项　目	无保温	熔化部保温	全保温	项　目	无保温	熔化部保温	全保温
熔化部火焰有效加热/kW	19584.8	19051.4	18892.4	熔化部后的池壁散热/kW	438.6	449.1	317.0
熔化部池壁散热/kW	800.9	584.9	586.5	熔化部后的池底散热/kW	504.4	517.0	358.4
熔化部池底散热/kW	1124.5	664.4	667.8	熔化部后的液面散热/kW	544.5	463.8	466.6
卡脖回流流量/(t/d)	602.861	729.327	670.927	热点温度/℃	1449.6	1451.5	1452.3
加热回流耗热/kW	625.5	684.0	514.8	玻璃带出热/kW	8062.8	8264.4	8390.2
卡脖净热流/kW	9950.8	9693.9	9531.5	出料口温度/℃	1124.6	1152.0	1167.8

10.1.2.2　熔窑强化密封技术

在加强熔窑保温的同时，也不能忽视对窑体的密封。据资料显示，熔化部如果有 65mm×114mm 的开口，在熔窑压力低于外部压力 9.8Pa 的情况下，计算出来的热损耗折合成重油相当于 85kg/d。而我国运行的许多玻璃熔窑在密封上都存在着或多或少的问题，主要表现在窑体上的开口多，平时不用时并没有采取密闭措施。尤其是投料口和卡脖处，仅有少数企业安装了投料口密封装置。

因此，在实际生产过程中，应从以下几点做好窑体的密封。

① 对各种操作门、孔、洞要加密封盖，在不用时予以关闭。

② 投料口安装密封装置，如 L 形吊墙。L 形吊墙是用于投料口上部火焰空间的密封装置，它不仅使投料口加长加宽、大幅度地提高玻璃熔窑的预熔面积成为可能，而且对于增加前脸墙的结构稳定性具有极大的好处，可以大大降低玻璃熔窑的能耗。

③ 在卡脖处采用双 J 形吊墙及卡脖吊平碹组合的热工分隔设备。它的应用使得玻璃熔窑具有更好的热工分隔性能和良好的节能效果，能大大降低玻璃能耗、稳定熔窑工作部的压力和温度的波动、提高玻璃质量，同时对提高熔窑的结构安全性也起到较好的作用。

10.1.3　新型燃料油处理技术

10.1.3.1　重油乳化技术

重油乳化技术在我国经历了 30 多年的发展历程，也取得了一定的进展，涌现出多种乳化剂等产品，没有真正推广的原因在于每种技术产品都不能满足玻璃生产企业的预期目标。尽管重油乳化技术的开发应用还存在这样和那样的不足，但根据国外的经验可知，重油乳化技术是目前最有效的改善重油品质、减少烟气排放量的途径之一。所以建议应结合国内玻璃熔窑实际情况进行重油乳化技术的试验。

重油乳化技术的关键在于乳化剂的性能，其次与合理的掺水比、适当的机械外力作用也有着密切的关系。因此，重油掺水乳化技术的开发应用与评价必须建立起以乳化剂为核心的包括乳化工艺在内的全程生产系统技术概念。通过严密的科学试验，权衡利弊后，再决定是否推广。

10.1.3.2　重油磁化技术

该技术是将重油通过"节油降污装置"，利用油品流速及静电，通过装置内的磁石、功能陶瓷、铂金纤维及微电系统，产生红外线、脉冲的复合波，使液体燃料分子内产生双极子瞬间，促进分子振动起伏使电子结构处于兴奋状态时，产生自旋共振，使油品细微化，同时重油中非烃化合物重新分解化合，使燃烧前的油品优质化，从而达到燃烧充分、降低废气排放量的目的。

10.1.3.3　煤油混合燃料（COM）技术和煤的气（液）化技术

煤油混合燃料（COM）技术是将一定量的煤粉添加在一定量的燃料油中，具有成为一定黏度和热值的混合燃料的技术。这种混合燃料的主要特点是对原有的燃油设备及系统无需做大的改动。煤粉的添加比例一般在 25%～50% 之间。

煤油混合燃料的关键是其稳定性，煤油混合燃料的稳定性是指混合燃料中粉煤颗粒能否与燃油长期保持均匀混合状态而不出现沉降现象的性能。显然，煤油混合燃料的稳定性对于储存、输送和燃烧都是非常重要的。为了提高煤油混合燃料的稳定性，可采取如下措施。

① 在煤油混合燃料中添加乳化剂，并且进行低速搅拌。

② 不断地对混合燃料进行搅拌，防止粉煤颗粒沉淀。

③ 利用均化技术，使一定比例的水和油均匀混合成油水乳化物，然后均匀地加入粒度

大小为 200 目的粉煤。

④ 将经过充分搅拌的煤，保持充分混合状态。

此外，煤气（液）化技术正在研制开发中。随着我国经济的发展，我国对石油的需求日趋旺盛，而国际油价也是一涨再涨。在这种背景下，学习和吸取国际上富煤少油国家如南非等国家开发能源的经验，发展煤化工技术，开发煤气（液）化技术，寻求石油的替代品，成为解决我国石油资源相对贫乏的一个有效应对措施。煤气（液）化技术是把煤进行气化和液化，加工成与石油、天然气一样的流体能源。

10.1.4 富氧燃烧技术

富氧燃烧技术是以氧含量高于 21％的富氧空气或纯氧代替空气作为助燃气体的一种高效强化燃烧技术。玻璃熔窑使用富氧燃烧技术，一方面可加快燃烧反应速率，提高火焰温度，提高热效率；另一方面，可以降低烟气产生量和 NO_x 生成量，进而使烟气净化系统运转更加可靠，大大减少环境污染。

粗略计算，如一条 600t/d 浮法玻璃生产线有 3000m^3/h、含氧 30％的富氧气体引入窑内燃烧，相当于减少了 1300 m^3/h 氮气的引入，减少加热氮气的热量为：

$$1300m^3/h \times 1.33kJ/(m^3℃) \times (650-20)℃ = 1090000kJ/h$$

相当于节余重油：

$$1090000kJ/h \div 40100kJ/kg = 27.2kg/h$$

实施富氧燃烧的方式主要有助燃空气富氧、增加富氧燃烧器两种。

10.1.4.1 助燃空气富氧

助燃空气富氧是将氧气直接加入助燃风中，预混后的气流直接进入熔窑助燃。在应用过程中需注意对助燃风量的控制。助燃风是指玻璃企业在配合料熔化过程中，为了保证燃料稳定地进行燃烧，而持续向熔窑内供给的空气。助燃风的引入量应该是一个动态值，在实际生产中，应根据室温、空气中氧含量来调整使用量，以最佳的空气过剩系数（助燃空气实际需要值与理论值的比）进行生产操作。

10.1.4.2 增加富氧燃烧器

增加富氧燃烧器的方法是在玻璃熔窑中加装富氧燃烧器，将富氧气体更精确地加到空气-燃料火焰周围最需要氧的地方的一种方法。

在玻璃熔窑火焰空间中，火焰下部总是最缺氧的部位，燃烧不完全，温度较低。如果将富氧气体以一定的角度和速度射入熔窑空间，冲击火焰底部，这样就会在靠近玻璃液面一侧形成一个含未燃烧炭粒较少的富氧层，使其燃烧充分，温度提高较大。这种不对称火焰，在靠近玻璃料液的一侧形成一个高温带，使火焰底部增加向玻璃料液内部的热辐射和热对流；而在靠近窑碹的一侧温度并不升高，使碹顶免受由此带来的侵蚀加重。同时由于火焰强度增加，火焰变短，有助于控制熔窑内温度分布。此外，还可防止在蓄热室内燃烧，延长格子砖的使用寿命。

增加富氧燃烧器方法工艺路线如图 10-2 所示。

图 10-2 增加富氧燃烧器方法工艺路线

采用富氧燃烧技术需要注意的是富氧气体浓度的调控。从理论上讲，富氧气体浓度越高，越有利于燃料充分燃烧，节能效果越好。事实上，节能率与富氧气体浓度的关系是非线性的，过高浓度的富氧气体通入窑内会造成火焰变短，影响玻璃的熔化。火焰温度与氧浓度的关系如图10-3所示。

由火焰温度与氧浓度的关系（图10-3）可得出以下结论。

① 火焰温度随富氧空气氧浓度的提高而增高。

② 随氧浓度的继续提高，火焰温度的增加幅度逐渐下降。为有效利用富氧空气，氧浓度不宜选得过高，一般空气过剩系数宜采取$m=1\sim1.5$，使富氧空气浓度达到$23\%\sim27\%$，其中空气含氧量从21%增加到23%时，效果最明显。

③ 空气过剩系数不宜过大，否则，同样浓度的富氧空气助燃，火馅温度较低。通常

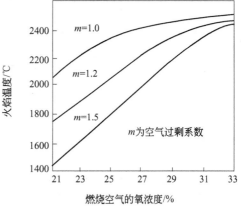

图10-3　火焰温度与氧浓度的关系

在组织燃烧时，控制在$1.05\sim1.1$，以达到既能获得较高火焰温度又能燃烧完全的效果。

10.1.5　熔窑余热发电技术

10.1.5.1　余热发电工作原理

余热发电系统工作原理主要为：利用余热锅炉回收烟气余热中的热能，将锅炉给水加热生产出过热蒸汽，然后过热蒸汽送到汽轮机内膨胀做功，将热能转换成机械能，进而带动发电机发电。浮法玻璃余热发电流程如图10-4所示。

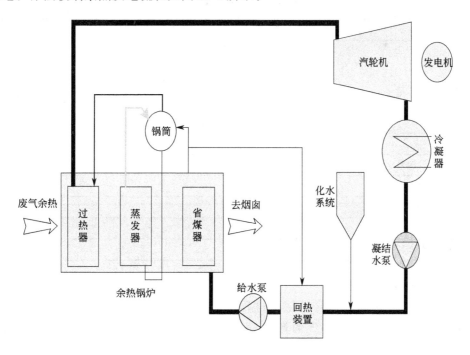

图10-4　浮法玻璃余热发电流程示意

10.1.5.2 具体实例

以一条 600t/d 燃用重油的浮法线为例，见表 10-2～表 10-6。

<table>
<tr><th colspan="2">表 10-2 初始条件</th></tr>
<tr><th>项　　目</th><th>参　　数</th></tr>
<tr><td>玻璃熔窑数量/条</td><td>1</td></tr>
<tr><td>日熔玻璃量/(t/d)</td><td>600</td></tr>
<tr><td>设计使用燃料</td><td>重油烟气</td></tr>
<tr><td>熔化单位玻璃的热耗/(kcal/kg)</td><td>约 1500</td></tr>
<tr><td>排出烟气量(标准状态)/(m³/h)</td><td>96000±5000</td></tr>
<tr><td>排放烟气温度/℃</td><td>450±30</td></tr>
</table>

<table>
<tr><th colspan="2">表 10-3 余热发电设备配置</th></tr>
<tr><th>系统名称</th><th>设　　备</th></tr>
<tr><td>热力系统</td><td>余热锅炉、汽轮发电机组、凝汽器、减温减压装置、汽轮机旁路系统、回热旁路系统、给水加热装置、给水泵、阀门、管道等</td></tr>
<tr><td>烟道系统</td><td>主烟道、旁路烟道、烟道闸板等</td></tr>
<tr><td>循环冷却水系统</td><td>循环水泵、冷却塔、循环水池等</td></tr>
<tr><td>化学水系统</td><td>化学水处理装置、除氧装置、补水泵等</td></tr>
<tr><td>电气系统</td><td>高压系统、低压系统、直流电系统、同期装置、保护装置等</td></tr>
<tr><td>控制系统</td><td>全厂 DCS 系统</td></tr>
</table>

<table>
<tr><th colspan="2">表 10-4 余热锅炉技术指标</th></tr>
<tr><th>项　　目</th><th>参　　数</th></tr>
<tr><td>型号</td><td>YC98/450-13-2.5/430</td></tr>
<tr><td>入口烟气量(标准状态)/(m³/h)</td><td>98000</td></tr>
<tr><td>入口烟气温度/℃</td><td>450</td></tr>
<tr><td>锅炉总漏风/%</td><td>3</td></tr>
<tr><td>排烟温度/℃</td><td>160</td></tr>
<tr><td>锅炉蒸发量/(t/h)</td><td>13.1</td></tr>
<tr><td>出口过热蒸汽压力/MPa</td><td>2.5</td></tr>
<tr><td>出口过热蒸汽温度/℃</td><td>430</td></tr>
<tr><td>给水温度/℃</td><td>104</td></tr>
</table>

<table>
<tr><th colspan="2">表 10-5 汽轮机技术指标</th></tr>
<tr><th>项　　目</th><th>参　　数</th></tr>
<tr><td>型号</td><td>N3-1.2(0.3)</td></tr>
<tr><td>形式</td><td>抽气凝汽式汽轮机</td></tr>
<tr><td>额定功率/MW</td><td>3</td></tr>
<tr><td>额定主汽进汽量/(t/h)</td><td>13</td></tr>
<tr><td>进气压力/MPa</td><td>1.2</td></tr>
<tr><td>进气温度/℃</td><td>422</td></tr>
<tr><td>排气压力/MPa</td><td>0.004</td></tr>
</table>

<table>
<tr><th colspan="2">表 10-6 主要技术指标</th></tr>
<tr><th>项　　目</th><th>参　　数</th></tr>
<tr><td>电站用地</td><td>发电主厂房用地 25m×22m
发电辅助生产厂房用地 15m×22m
余热锅炉布置在窑头，露天占地 10m×15m</td></tr>
<tr><td>电站用水</td><td>循环冷却水补水 31t/h
化水系统补水 2.3t/h(重油加热的冷凝水不回收)</td></tr>
<tr><td>电站定员/人</td><td>24 人(四班三运转，每班 6 人)</td></tr>
<tr><td>设备可用率(随窑运转率)/%</td><td>＞95</td></tr>
<tr><td>平均负荷年运行时数/h</td><td>7200</td></tr>
<tr><td>余热电站综合自用电率/%</td><td>5</td></tr>
<tr><td>年发电量/(kW·h)</td><td>1649×10⁴</td></tr>
<tr><td>年供电量(减少外购电量)/(kW·h)</td><td>1565×10⁴</td></tr>
</table>

10.1.6 助燃风用量控制技术

助燃风是指玻璃企业在配合料熔化过程中，为了保证燃料稳定地进行燃烧，而持续向熔窑内供给的空气。单位质量的燃料完全燃烧，必须加入一定质量比例的助燃风。这个比例是理论值，由于熔窑结构、燃烧设备以及操作方法等因素影响，这个理论值与实际需要值并不相等。根据实际生产经验，实际需要值往往要略高于理论值，这样就会产生一定量的空气过剩,一般把实际需要值与理论值的比叫做空气过剩系数,常以 α 表示。

在实际生产中,应以最佳的空气过剩系数进行生产操作,否则将对能源造成极大的浪费。如 α 过大,会使燃料燃烧过快,火焰覆盖面积减小,不利于熔化。为了满足熔化工艺要求,使火焰覆盖面积增大,则必须增加燃料使用量。同时,废气产生量增加,所带走的热量也会相应增加;反之, α 过小,将会使燃料燃烧不充分,产生的热量不足,为了产生相同的热量,也同样必须增加燃料。因此,掌握助燃风实际需要量的计算,供给适量的助燃风是提高热效率和节约能源的重要保证。

根据空气过剩系数定义可知,助燃风实际需要量等于燃料用量、空气过剩系数、理论空气值三者的乘积,即

$$V_a = m_\tau \alpha V_{ao} \qquad (10\text{-}1)$$

式中　V_a——助燃风实际需要值, m^3/h;

　　　m_τ——燃料用量, kg/h;

　　　α——空气过剩系数;

　　　V_{ao}——理论空气值, m^3/kg 或 m^3/m^3。

通常情况下,重油的 V_{ao} 取值范围是 $10\sim11m^3/kg$;天然气的 V_{ao} 取值范围是 $9\sim14m^3/m^3$。对于 α 的取值范围,根据实践生产经验,液体燃料和气体燃料分别为 $1.15\sim1.25$ 和 $1.05\sim1.15$。

例如某 600t/d 浮法玻璃生产线每小时使用重油 3347kg, α 值取 1.2, V_{ao} 值按 $10.5m^3/kg$,代入式(10-1)计算,

$$V_a = 3347 \times 1.2 \times 10.5 = 42172 \ (m^3/h)$$

假设该生产线每小时多使用 5%的助燃风,而这部分风量转化为 500℃空气随烟气排出。《玻璃池窑热平衡测定与计算方法》(JC 488—92)中规定烟气输出热量公式为:

$$Q_{yq} = V_{oy} c_y t_y \qquad (10\text{-}2)$$

式中　Q_{yq}——烟气带出热量, kJ/h;

　　　V_{oy}——烟气排出量, m^3/h;

　　　t_y——烟气排出熔窑时的温度, ℃;

　　　c_y——烟气在 $0\sim t_k$ 时的平均比热容, $kJ/(m^3 \cdot ℃)$。

查表知 500℃时烟气的平均比热容为 $1.343kJ/(m^3 \cdot ℃)$,代入式(10-2)计算可得:

$$Q_{yq} = 42172 \times 0.05 \times 1.343 \times 500 = 1415925 \ (kJ/h)$$

重油的发热量按 40000kJ/kg 计算,则每小时浪费的热量约占总热量的 1%。由此可见,只要企业紧紧抓住生产中每一项工艺指标,深入挖掘,那么平板玻璃行业的节能降耗将会有更大的空间可以利用。

10.1.7　废水的综合治理

《清洁生产标准　平板玻璃行业》(HJ/T 361—2007)中部分指标要求见表 10-7。

平板玻璃行业废水主要来源于原料车间冲洗地面粉尘的废水、部分设备循环冷却水、油罐区含油废水、生活废水等。其中原料车间冲洗地面粉尘的废水中主要含粉尘,粉尘浓度在

表 10-7　《清洁生产标准　平板玻璃行业》(HJ/T 361—2007) 部分指标要求

指　标		一级	二级	三级
浮法玻璃生产单线熔化能力/(t/d)		≥700	≥600	≥450
废物回收利用指标	废玻璃回收率/%	100		
	工业废水回用率/%	100	≥90	≥80
	原料车间粉尘回收利用率/%	100		
	镁铬砖回收利用率/%	100		
污染物产生指标(末端处理前,单位成品)	废水产生量/(m³/重量箱)	≤0.05	≤0.10	≤0.16
	化学需氧量(COD)产生量/(g/重量箱)	≤2	≤5	≤16
	水中悬浮物(SS)产生量/(g/重量箱)	≤3	≤8	≤15
	二氧化硫(SO_2)产生量/(kg/重量箱)	≤0.11	≤0.44	≤0.61
	氮氧化物(NO_x)产生量/(kg/重量箱)	≤0.4	≤0.6	≤0.8
	颗粒物产生量/(kg/重量箱)	≤0.072	≤0.096	≤0.120

$112kg/m^3$ 左右，宜采用沉砂池沉降的方法处理；油站废水和生活废水中含油污、COD、BOD 等污染物，宜采用重力分离法、絮凝沉淀法、油水分离器除油法等。上述废水在排放点经初步处理后排至废水处理站采用中水处理技术进行深化处理，从而实现废水的循环利用和零排放。

中水处理技术是采用物理、化学以及生物化学方法将废水进行处理，使其达到一定水质要求，并可在一定范围内重复使用。目前，适用于平板玻璃行业的中水处理技术是活性滤料生物滤池工艺，它具有"三高一分"的特点：高生物量、高生物活性、高传质速度，反应器沿水流方向分为多层，各层生长有微生物，因此，活性滤料生物滤池工艺具有较高的生物反应速率和处理效率，还具有过滤、截留悬浮颗粒的功能。其处理过程如下。

(1) 初步滤除杂质　废水通过格栅可截留颗粒较大的杂物，再通过格网截留细小杂物，从而降低 COD、BOD、SS 等负荷指标，保证后续处理设施正常运行。

(2) 废水混合　废水进行初步滤除杂质后，进入调节池。由于生产车间排放的废水水质和水量波动较大，将它引入调节池可以在池内充分混合，使后续处理均匀稳定运行。

(3) 活性生物过滤　混合均匀后的废水进入活性滤料生物滤池，进行生物滤化。活性滤料生物滤池是与生物曝气滤池相似的废水处理技术与设施，其最大特点是使用了新型滤料，在其表面生长有生物膜，废水流过滤料，池底则提供曝气，使废水中有机物被吸附、截留与分解，它能够替代活性污泥法与常规的生物膜法，它具有下列优点。

① 处理效果非常显著，出水水质能满足回用要求。

② 抗冲击能力强，能适应水量与污染物浓度较大的波动。

③ 占地少，池容与占地面积只是常规二级生物处理 1/5 左右，不需要第二个沉池。

④ 节约能耗，曝气量为普通生物处理的 1/2，处理流程简化。

⑤ 运行管理方便，维护费用较低。

(4) 高效过滤　经过活性生物过滤后的废水进入高效纤维过滤装置，该装置中的滤料直径为几十微米，比表面积大，过滤阻力小，增加废水中杂质颗粒与滤料的接触概率和吸附能力，进而提高过滤效率和截污容量。

（5）消毒处理　废水通过二氧化氯发生器，进行消毒处理。二氧化氯发生器具有光谱、高效、快速的消毒效果，杀菌能力为现有氯系消毒剂的 3～5 倍，而且安全、无毒，无二次污染，是液氯、漂白粉精、优氯净等消毒剂的替代品。这种发生器体积小、重量轻、操作维修方便，运行费用低，使用寿命长（10 年以上）。

中水处理技术工艺流程如图 10-5 所示。

图 10-5　中水处理技术工艺流程

经过中水处理系统处理后的废水，其指标可以达到生活杂用水和工业循环冷却用水的标准。处理前的废水与处理后的中水水质对比指标见表 10-8。

表 10-8　处理前的废水与处理后的中水水质对比指标

指 标 名 称	废 水	中 水	指 标 名 称	废 水	中 水
水中悬浮物(SS)/(mg/L)	≤200	≤10	氨氮(NH$_3$-N)/(mg/L)	≤30	≤10
化学需氧量(COD)/(mg/L)	≤400～500	≤50	氢离子浓度指数(pH)	6.5～8.5	6.5～9.0
生化需氧量(BOD)/(mg/L)	≤25	≤10			

10.1.8　烟气脱硫技术

平板玻璃行业废气主要包括 SO_2、CO_2、NO_x 等有害气体。国内常见浮法生产线烟气参数见表 10-9；玻璃熔窑废气中的主要有害成见表 10-10。

表 10-9　国内常见浮法生产线烟气参数

生 产 能 力 /(t/d)	烟气排放量(标准状态)/(m^3/h)			平均排烟温度 /℃
	重油	天然气	发生炉煤气	
500	66000	74000	78000	420
600	77000	86000	114000	450
1000	110800	124000	—	450

表 10-10　玻璃熔窑废气中的主要有害成　　单位：mg/m^3(标准状态)

燃料种类	粉 尘	SO_2	NO_x	HCl	HF	Se
天然气	80～120	100～400	1175～3000	20～60	2～10	1～20
重油	150～350	1500～3000	1855～2500	20～60	2～10	1～20

平板玻璃行业的二氧化硫主要来源于重油、煤焦油、煤等燃烧产生的烟气。减少平板玻璃行业二氧化硫排放量最直接有效的方法就是使用天然气为燃料，但许多地区由于条件所限，并不能采用天然气。为此行业专家经过不断研究，开发出许多减少二氧化硫排放量的新技术，这些技术原理基本是将二氧化硫从烟气中分离出来再利用，或将其转换成无害的物质，被称为烟气脱硫。烟气脱硫技术大体分为干法、半干法和湿法。

10.1.8.1　干法脱硫工艺

干法脱硫的化学反应是在无液相介入的完全干燥状态下进行的，反应产物为干粉状，不存在腐蚀、结露等问题。其优点是处理后的烟气温度降低很少，从烟囱排出时容易扩散，脱硫效率高，但操作技术要求也高。目前，国外部分企业采用干法脱硫工艺，而国内还没有采用这种方法的玻璃企业。

10.1.8.2 半干法脱硫工艺

半干法脱硫是利用烟气显热蒸发脱硫浆液中的水分，同时在干燥过程中，脱硫剂与烟气中的 SO_2 发生反应，并使最终产物为干粉状。由于这种方法加入系统的脱硫剂是湿的，而从系统出来的脱硫产物是干的，故称为半干法。使用较多的半干法脱硫工艺有喷雾干燥法、循环流化法等，脱硫效率比传统干法高、比湿法低，在现有技术条件下最高脱硫效率可达 85%。目前，国外大部分企业采用半干法脱硫工艺，国内采用这种方法的不多，但近年来呈上升趋势。

10.1.8.3 湿法脱硫工艺

湿法脱硫工艺是目前使用范围最广的脱硫方法，占脱硫总量的 80% 以上。湿法脱硫根据脱硫的原料不同又可分为石灰石/石灰法、氨法、钠碱法、双碱法等。其中钠碱、双碱法使用较为普遍，这两种方法的脱硫效率均可以达到 95% 以上。目前国内有 90% 以上的企业采用这种方法。以钠碱法为例（吸收剂为 Na_2CO_3 或 $NaOH$），脱硫反应的过程如下。

起初碱过剩，SO_2 与碱反应生成正盐（亚硫酸钠）。

$$Na_2CO_3 + SO_2 \longrightarrow Na_2SO_3 + CO_2 \tag{10-3}$$

或

$$2NaOH + SO_2 \longrightarrow Na_2SO_3 + H_2O \tag{10-4}$$

生成的正盐继续从气体中吸收 SO_2，而生成酸式盐（亚硫酸氢钠）。

$$Na_2SO_3 + SO_2 + H_2O \longrightarrow 2NaHSO_3 \tag{10-5}$$

亚硫酸氢钠与碱反应又得到亚硫酸钠。

$$NaHSO_3 + NaOH \longrightarrow Na_2SO_3 + H_2O \tag{10-6}$$

$$2NaHSO_3 + Na_2CO_3 \longrightarrow 2Na_2SO_3 + H_2O + CO_2 \tag{10-7}$$

在 SO_2 吸收过程中，由于 H^+ 不断增加，使吸收液的 pH 相应下降，当 pH 下降到某一值时，吸收效率即急剧下降。即吸收液的 pH 随着吸收液中亚硫酸氢钠含量的增大而下降，当吸收液中全部为亚硫酸氢钠时，此时 pH 值为 4.4，吸收液已失去对 SO_2 的吸收能力。

几种烟气脱硫工艺比较详见表 10-11。

表 10-11　几种烟气脱硫工艺比较

工艺名称	工艺原理	工艺特点	脱硫效率/%
双碱法（湿法）	利用氢氧化钠溶液洗涤烟气，使烟气中 SO_2 反应生成（亚）硫酸钠，脱去烟气中的 SO_2，再将（亚）硫酸钠与氢氧化钠（回用）	工艺成熟、操作稳定、操作弹性好、脱硫系统阻力小、运行成本低、投资较低。脱硫后烟气含湿量大，有冒白烟现象	95
喷雾干燥法（半干法）	将氢氧化钠喷入烟气中，使氢氧化钠与烟气中的 SO_2 反应生成亚硫酸钠、硫酸钠	烟气经脱硫系统处理后不产生结露现象，系统不存在腐蚀问题。进入烟囱后外排的烟气温度高，无冒白烟现象。脱硫副产物均是干态物质，处理方便，不产生废水、其他废气等二次污染物	85

工艺名称	工艺原理	工艺特点	脱硫效率/%
循环流化床法（半干法）	在流化床中将石灰粉按一定的比例加入烟气中，使石灰粉在烟气当中处于流化状态，反复反应生成亚硫酸钙	钙利用率高、无运动部件、投资低。对石灰纯度要求较高，国内石灰不易保证质量、烟气压力损失大	90
碳酸氢钠法（干法）	碳酸氢钠与烟气中的 SO_2 反应生成硫酸钠（芒硝），芒硝通过袋式收尘器收集后，可作为玻璃生产的原料	反应产物为干粉状，不存在腐蚀、结露等问题。脱硫副产物可回用，投资高，占地面积小、运行费用低，无冒白烟现象	90

10.1.9　烟气脱硝技术

NO_x 是化学烟雾、酸雨和降低臭氧层厚度的主要祸源，对人、动物、植物及环境构成极大危害，已成为评价环境的重要指标之一。《平板玻璃工业大气污染物排放标准》（GB 26453—2011）要求新建的生产线 $NO_x \leqslant 700mg/m^3$，而我国目前玻璃企业的 NO_x 排放量在 $1170 \sim 3000mg/m^3$，远远高于该标准要求。

根据研究表明，NO_x 的生成途径主要有三种：一是空气中的氮气在高温下氧化而生成的热力型 NO_x；二是燃料中含氮氧化物在燃烧过程中进行热分解，继而进一步氧化而生成的燃料型 NO_x；第三种是燃烧时空气中的氮和燃料中的碳氢离子团如 CH 等反应而生成的快速型 NO_x。就平板玻璃企业而言，烟气中以热力型 NO_x 为主。控制烟气中 NO_x 排放的措施可分为一次措施和二次措施。

一次措施主要包括改善燃烧技术，如调整空气过剩系数、熔窑废气再循环、助燃风分段燃烧、降低助燃风温度、降低燃烧温度等；改善工艺操作，如增加碎玻璃用量、加强窑体密封、减少熔窑漏风、减少作为澄清剂使用的硝酸盐的用量、调整燃烧器位置、倾斜角及数量等；以及其他一次措施，如采用全氧燃烧技术、研制开发低氮燃烧器、改进熔窑设计等。

二次措施包括：重新燃烧法（3R 法）、选择性催化还原法（SCR）、选择性非催化法（SCNR）。

① 重新燃烧法　这种方法在玻璃熔窑的小炉卡脖或蓄热室处再次喷入燃烧气体，使烟气中的 NO 与 CO、H_2 发生反应，生成 N_2、CO_2 和 H_2O，该技术可将 NO_x 降低 80% 以上。

② 选择性催化还原法　其原理是利用还原剂 NH_3 在催化剂钛、锆等稀有金属的作用下，有选择性地与烟气中的 NO_x 发生化学反应，生成氮气和水。此种方法脱 NO_x 效率可达 80%～90%，但设备造价较高。

③ 选择性非催化法　该方法是指在不需要催化剂的情况下，利用还原剂有选择性地与烟气中的氮氧化物（NO_x，主要是 NO 和 NO_2）发生化学反应，生成无害的氮气和水，从而脱除烟气中 NO_x 的方法。这种方法的还原剂一般采用一些含氮的氨基物质，包括液氨、氨水、尿素、氰尿酸和各种铵盐（乙酸铵、碳酸氢铵、氯化铵、草酸铵、柠檬酸铵等）。正常反应温度在 800～1100℃ 之间，最佳反应温度为 950℃。因此，应用该技术的关键是在熔窑的烟道内寻找温度合适的反应区。此法的脱 NO_x 效率可达 40%～70%。

10.1.10　粉尘的综合治理

10.1.10.1　除尘的原理

含有悬浮尘粒的气体进入吸收塔与水相接触，当气体冲击到湿润的器壁时，尘粒被器壁所黏附，或者当气体与喷洒的液滴相遇时，液体在尘粒质点上凝集，增大了质点的重量而使其降落。对粒径在 $0.3\mu m$ 以上的尘粒而言，尘粒与水滴之间的惯性碰撞是最基本的除尘作用。对粒径在 $0.3\mu m$ 以下的尘粒而言，扩散是一个很重要的捕集因素，尘粒在扩散过程中发生凝集，而尘粒的凝集有两种情况：一种是以微小尘粒为凝结核，由于水蒸气的凝结使微小尘粒凝结增大；另一种是由于扩散漂移和热漂移的综合作用，使尘粒向液滴移动凝集增大，增大后的尘粒被捕集。

10.1.10.2　除尘的工艺流程

目前，平板玻璃企业一般将除尘设备与脱硫设备一起配合使用，从而构成了烟气脱硫除尘系统。该工艺采用先进的自动控制系统，操作简单、维护管理方便；具有运行稳定、可靠，脱硫、除尘效率高，使用寿命长等特点。已在深圳、广东、山东等玻璃企业得到应用。烟气脱硫除尘流程如图 10-6 所示。

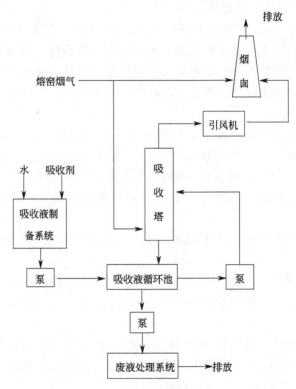

图 10-6　烟气脱硫除尘流程

10.1.10.3　脱硫除尘工艺技术特点

① 脱硫除尘工艺成熟，脱硫效率及除尘效率高，烟气经系统处理后，可确保达标排放。

② 脱硫除尘系统的运行稳定、可靠，不会对主生产线和余热锅炉造成干扰；当脱硫除尘系统停机检修时，出余热锅炉的烟气经引风机进入旁通烟道直接进入烟囱，余热锅炉照常使用。

③ 脱硫除尘系统使用寿命长、操作简单，维护管理方便，且布置紧凑、占地面积小。

④ 脱硫副产物应易于处理，无二次污染。

⑤ 采用先进的自动控制系统，对脱硫除尘系统进行实时监控，确保系统稳定高效运行、

提高操作自动化水平。

10.2 浮法玻璃在线镀膜

浮法玻璃在线镀膜一般采取化学气相沉积法（CVD）。化学气相沉积法的工艺是：在浮法玻璃成形过程中，经过反应器将原料气体以层流方式喷射到高温的玻璃表面上，沉积产生镀膜层，玻璃冷却后在其表面产生坚硬的膜层，在线镀膜生产热反射镀膜玻璃和低辐射镀膜玻璃的原料配方及反应器均不同，但主要原料均为有机金属化合物和无机化合物。

10.2.1 成膜机理

气相沉积的生产工艺物理过程为：有机金属或无机化合物向玻璃表面的扩散、吸附作用和离解作用、解吸溢流物、沉积颗粒的表面漂移、结晶颗粒的晶核形成等。

10.2.1.1 热反射镀膜玻璃的成膜机理

主要原料为硅烷，为增加膜层颜色品种，原料气体中加入有机金属或无机金属化合物。已制得的硅烷有 12 种，如 SiH_4、Si_2H_6、Si_3H_8、Si_4H_{10}、Si_5H_{12}、Si_6H_{14}，其通式为 $[Si_nH_{2n+2}(7 \geqslant n \geqslant 1)]$。生产在线镀膜玻璃主要用 SiH_4。硅烷热解的化学反应方程式为：

$$SiH_4 \xrightarrow{>500℃} Si + 2H_2 \uparrow \qquad (10\text{-}8)$$

在线镀膜玻璃生产中反应器在锡槽中的合适温度为 630℃。硅烷热解在玻璃表面生成稳定的单晶硅膜，温度太高，膜层产生针孔缺陷；温度太低，膜层耐磨性和耐酸碱性较差。为了提高耐磨性和耐酸碱性，生产中常加入一定比例的乙烯（C_2H_4）。化学反应方程式为：

$$SiH_4 + C_2H_4 \longrightarrow Si + C_2H_6 \uparrow + H_2 \uparrow \qquad (10\text{-}9)$$

经过上述反应，均能在玻璃表面上产生 Si—O—Si 键。在镀膜设备安装时反应器要布置在锡槽温度合适的位置，一般镀膜设备及其水冷系统进入锡槽中能使镀膜反应处温度降低 15～20℃。如果温度较低，打开锡槽电加热势必增加生产成本，有时还产生玻璃沾锡现象。

10.2.1.2 低辐射镀膜玻璃热分解反应

玻璃低辐射膜多为氧化锡膜，常使用二氯甲基锡为原料。二氯甲基锡 $[(CH_3)_2SnCl_2]$ 蒸气压高，容易气化，将含有二氯甲基锡蒸气的空气向温度为 600℃ 左右的玻璃表面上喷射，发生以下化学反应生成氧化锡膜。

$$(CH_3)2SnCl_2 \longrightarrow Sn + 2CH_3Cl \qquad (10\text{-}10)$$

$$Sn + O_2 \longrightarrow SnO_2 \qquad (10\text{-}11)$$

膜层是否容易生成，与玻璃的种类和温度有关，而膜层的厚度由二氯甲基锡的蒸气量与时间的乘积决定。经过上述反应，均能在玻璃表面上产生 Si—O—Sn—O 键。

在线低辐射玻璃生产工艺一般采用复合化学气相沉积镀膜技术，通过有机锡化合物（比如三氯单丁基锡）热解和硅烷热解，产生的功能膜层为氧化锡膜和硅膜。该复合膜层具有反射远红外热辐射功能，辐射率 E 低于 0.15。远红外热辐射是间接来自太阳，直接来自发热体，这部分能量就是热能。

10.2.2 在线热反射镀膜玻璃的生产

10.2.2.1 在线热反射镀膜玻璃生产工艺

浮法玻璃在线镀热反射镀膜生产工艺示意如图 10-7 所示。

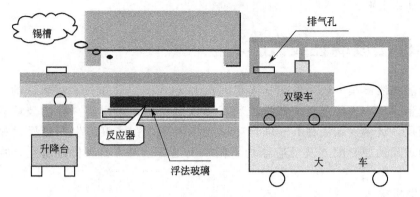

图 10-7　浮法玻璃在线镀热反射镀膜生产工艺示意

混合气体经由反应器以层流方式流向玻璃板，经过扩散、吸附、热分解和氢解吸附，从而在玻璃板上沉积形成多晶硅膜。

10.2.2.2　在线热反射镀膜玻璃的质量控制

利用在线热分解气相沉积法镀硅质膜技术生产镀膜玻璃，影响其质量的因素很多，如硅烷浓度、混合气体配比及用量、反应区温度、反应器距玻璃板面高度、排气速率、玻璃板运动速度等。

要想提高在线镀硅质膜玻璃的膜层质量，应积极采取措施提高硅质膜层的耐磨性、膜层的抗碱性、膜层外观质量，减少针孔数量，延长镀膜周期时间等。

(1) 提高膜层的耐磨性　镀膜玻璃在使用一段时间后就容易出现膜层脱落现象，这除了使用过程中维护不当的原因外，最大的可能性就是镀膜玻璃的膜层黏附强度存在问题。镀膜玻璃膜层厚度一般在 50~80nm，膜层与玻璃表面之间是一种黏附过程，黏附是表面能作用的结果。黏附能为：

$$W_{ab} = \gamma_a + \gamma_b - \gamma_{ab} \tag{10-12}$$

式中　W_{ab}——黏附能；

　　　γ_a——玻璃表面能；

　　　γ_b——硅质膜层的表面能；

　　　γ_{ab}——玻璃与硅质膜层间的界面能。

为了增加黏附能 W_{ab}，只有增加 γ_a、γ_b 或减少界面能 γ_{ab}。玻璃表面能的大小直接取决于玻璃的成分，为了提高玻璃表面能，可以适当提高铝含量，使玻璃板表面形成酸性中心，活性提高，从而提高玻璃表面能 γ_a。从黏附能理论可知，要增加膜层的表面能 γ_b 就要改变膜层的成分，可以通过调整工艺参数、增加混合气体中乙烯的用量来实现。乙烯因其双键结构，能断键吸收硅烷反应后产物中的 H，形成 C_2H_6 或 CH_4。而不让 H 沉积到膜层上，这样就减少了膜层中残余气体的存在，使膜层的成分得到控制，从而增加了膜层的表面能 γ_a，并且由于 H 的减少，也减少了残余气体对玻璃板表面的污染，避免了残余气体在玻璃板表面形成"隔离层"或破坏膜层连续性结构，从而也减小了硅质膜层与玻璃表面之间的界面能 γ_{ab}。除此之外，减小界面能 γ_{ab}，还可以适当提高反应区温度，使硅烷反应分解后的硅原子或离子在玻璃表面具有较高的初始能，这样硅原子或离子就更容易向玻璃表面层内部扩散，以减少点缺陷和应力梯度，增强硅原子或离子与玻璃表面层以不饱和键结合的化学力和分子引力，从而降低界面能 γ_{ab}，增加黏附能，提高膜层的耐磨性。

（2）提高膜层的抗碱性　提高混合气体中乙烯的用量比例，不仅提高了膜层的耐磨性，同时也提高了膜层的抗碱性。乙烯的双键结构吸收了硅烷反应后产物 H，而不让 H 沉积到膜层上，这样就减少膜层中 H 的存在，提高其抗碱性能。

（3）提高膜层的外观质量　在线镀硅质膜是在锡槽内进行的，这就避免不了受到锡槽内气氛的影响。当锡槽内保护气受到污染时，会有一定量的锡灰或小锡粒滴落在玻璃板上，在镀膜后则形成针孔或斑点，所以一定要做好锡槽的密封。在镀膜期间，应尽量减少反应器清扫次数，防止抽、穿反应器时对锡槽的污染，在条件允许的情况下，可以在反应器抽、穿孔处安装气封装置，减少外界空气进入锡槽。如果在镀膜时发现膜层由于锡槽内气氛不好而产生大量针孔，就应立即停止镀膜，用氮气或氯气清扫锡槽，在清扫 7～10 天后再进行镀膜生产。

反应区温度过高也会使玻璃板面产生针孔，这是因为硅烷反应后残余的硅粉滴落在玻璃板面上所致。一般反应区处玻璃板面温度应控制在 680～700℃ 之间，并要适当开大排气的抽力，使反应后的残余硅质粉及废气及时排走，避免其落到玻璃板面上。

10.2.2.3　镀膜周期控制

延长镀膜周期时间，即减少反应器抽、穿次数，能较好地减少锡槽的污染，提高镀膜质量，同时也能降低镀膜成本及操作人员的劳动强度。但由于镀膜生产一定时间后，反应器中游及排气通道上会黏附一层褐色的硅质粉，影响排气速率从而影响膜层质量，同时如果提高了混合气体中乙烯的用量比例及反应区温度，也会导致在反应器上游石墨唇口处结晶生长速率加快。当局部出现的结晶生长到一定程度后，硅质膜层就会出现纵向亮条纹，于是就不得不停止镀膜生产并进行清理反应器，为了能最大限度地延长镀膜周期时间，应对反应器的关键尺寸加以控制。反应器截面示意如图 10-8 所示。

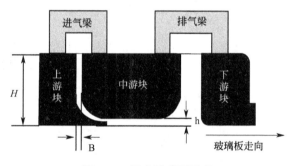

图 10-8　反应器截面示意

（1）降低上游石墨高度 H，减小上、中游石墨间隙 B　混合气体通过进气梁进入上、中游石墨间隙，然后沿着上、中游石墨间隙到达中游块与玻璃板面之间进行反应。由于在进气梁上有循环冷却水，故混合气体只有在通过上、中游石墨间隙时才迅速升温并到达反应温度。如果上游石墨高度 H 及上、中游石墨间隙 B 偏大，混合气体还没有到达中游块与玻璃板面之间就已经有部分混合气体发生反应，反应结果导致反应器唇口处结晶过快，并由于结晶导致膜层出现亮条纹。因此，应降低上游石墨高度 H，减小上、中游石墨间隙 B，使混合气体在到达中游块与玻璃板面之间时才能达到反应温度，从而解决反应器上游唇口处结晶，并可以杜绝膜层出现亮条纹的问题。

（2）加大上、中游石墨高度差 h　由于镀膜生产一定时间后，反应器中游下表面及排气通道上会黏附一层褐色的硅质粉，会降低上、中游石墨高度差 h，从而影响混合气体流动方式及排气速率。加大上、中游石墨高度差 h，在镀膜中，即使中游下表面上黏附了一定厚度的硅质粉，也还能保证上、中游石墨存在一定的高度差，保证镀膜能继续生产。同时还应注意在镀膜生产 $3\sim4h$ 后，每隔 $1h$（小时）将反应器提高 $0.2mm$，以保持反应器中游与玻璃板之间有适当的高度。

（3）反应器使用注意事项　石墨（C）与硅（Si）在 $2000℃$ 高温条件下才能生成碳化硅（SiC）。碳化硅质地坚硬。所以在锡槽中的反应器材料石墨不会与单质硅或晶态硅发生反应。而在清理镀膜反应器时常发现反应器气流出口处有 $1\sim2$ 个碳化硅小颗粒。这种坚硬的碳化硅小颗粒影响原料气流以稳定的层流喷射到玻璃表面，使镀膜层产生线道，是一种严重的质量缺陷。反应器气流出口碳化硅小颗粒产生的原因是锡槽中的微量氧与热解反应溢流物单质硅反应生成 SiO_2。SiO_2 与石墨（C）在高温条件下发生还原反应，化学方程式为：

$$SiO_2 + 3C(过量) \longrightarrow SiC + 2CO\uparrow \tag{10-13}$$

所以在生产中合理调控排气流量和压力，加强锡槽的密封，防止氧气的渗入，防止反应溢流残存物单质硅和微量氧气反应生成 SiO_2，对于镀膜设备的正常使用十分重要。

修复反应器的方法：除去碳化硅小颗粒，由于碳化硅比较坚硬，除去时在反应器气流出口处产生小缺口；用鳞状石墨粉与硅胶混合修复缺口，再用细砂纸打磨平。

10.2.2.4　在线热反射镀膜玻璃生产原料性能

（1）硅烷　硅烷是在常温常压下具有恶臭的无色气体，硅烷浓度在小于 1% 时不燃烧，大于 3% 时自燃，$1\%\sim3\%$ 时可能燃烧。其有毒气体范围 $>0.25mg/m^3$；最高许可浓度为 $0.5mg/m^3$。硅烷与一些物质接触时的危险性见表 10-12。

表 10-12　硅烷与一些物质接触时的危险性

混合接触危险物质名称	化学式	危险等级	备　注
四氯化碳	CCl_4	B	有激烈反应的危险性
溴	Br_2	C	有激烈反应的危险性
氯	Cl_2	A	有激烈反应的危险性
氧	O_2	A	有可能生成爆炸物质

硅烷能强烈刺激呼吸道，吸入硅烷及其燃烧产物引起的中毒症状有：头疼、眩晕、发热、恶心、出汗、苍白、危脉、半晕厥状态等。

硅烷（SiH_4）在空气中自燃燃烧时放出大量热，产物为 SiO_2。

$$SiH_4 + 2O_2 \longrightarrow SiO_2 + 2H_2O \tag{10-14}$$

在硅烷使用时如发生钢瓶口阀门泄漏，其自燃火焰为暗红色，火焰温度为 $500\sim600℃$。如遇到该情况不要惊慌，可用钢瓶帽盖上与空气隔绝，也可用砂子覆盖与空气隔绝。千万不能用水浇，因为水中存在少量的碱离子时，硅烷在碱的催化下，剧烈地水解：

$$SiH_4 + (n+2)H_2O \xrightarrow{OH^-} SiO_2 \cdot nH_2O + 4H_2\uparrow \tag{10-15}$$

在线镀膜玻璃生产中，当反应器需要清理时，由于反应器刚退出锡槽，反应器中吸附着大量的、没有排出的高温单质硅，其形状为粉末状，颜色为暗黄色具有较大的比表面积，性质比晶态硅活泼。晶态硅颜色为银灰色，有金属光泽，所以反应器中吸附着的硅不是晶态硅而是单质硅。单质 Si 在 $600℃$ 时与 O_2 反应生成 SiO_2。反应方程为：

$$Si + O_2 \xrightarrow{600℃} SiO_2 \tag{10-16}$$

反应器清理时，吹扫用气应为 N_2，如果用压缩空气吹扫，刚退出锡槽的反应器温度在 600℃ 左右，单质 Si 与 O_2 发生剧烈反应，会产生爆炸，容易造成反应器和排气系统的损毁。

（2）乙烯　乙烯在常温常压下为略有甜香味的无色麻醉性气体。化学性质活泼，能与空气形成爆炸性混合物，极易燃易爆，能在阳光照射下与氯气激烈化合而爆炸，且能与氧化剂强烈反应，遇火星、高温、助燃气等都有燃烧爆炸的危险。乙烯与一些物质接触时的危险性见表 10-13。

表 10-13　乙烯与一些物质接触时的危险性

混合接触危险物质名称	化 学 式	危险等级	备　注
四氯化碳	CCl_4	B	根据条件有爆炸可能性
三氯一溴甲烷	$CBrCl_3$	C	根据条件有爆炸可能性
氯	Cl_2	B	根据条件有爆炸可能性
臭氧	O_3	A	有爆炸性反应的危险性
四氟乙烯	$F_2C = CF_2$	A	根据条件有爆炸可能性

乙烯和氧的混合物对温血动物有麻醉作用。人吸入 $70\% \sim 90\%$ 的该混合物立刻麻醉，无兴奋期，苏醒较快。对眼、鼻、喉及呼吸道黏膜刺激轻，醒后无副作用和后遗症。吸入 $25\% \sim 45\%$ 乙烯痛觉消失，意识不受影响。长期接触低浓度乙烯有头晕、头痛、乏力、睡眠障碍、思维不集中等神经衰弱症状和肠胃功能紊乱症状。液态乙烯可灼伤皮肤。

10.2.3　在线低辐射膜玻璃的生产

10.2.3.1　在线低辐射膜玻璃生产流程

在浮法玻璃生产线的锡槽的长度方向上选择符合生产工艺要求的温度区（650℃左右），插入一个镀膜反应器，某些物质制成的气体，按一定的配比与载体气体预先混合，将混合气体送入镀膜反应器气壁之下，此气体在该温度下于接近玻璃表面处产生化学反应，反应物凝结在玻璃表面而形成固体薄膜；镀膜反应器用耐高温材料制成，并用冷却水管进行冷却，保证其在该温度下长期使用；反应副产物从排气系统排除。沉积反应的活化是通过热的玻璃基片实现的，沉积反应在微正压状态下进行，其工艺流程如图 10-9 所示。

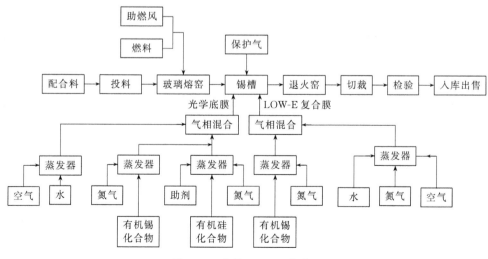

图 10-9　在线 CVD 工艺流程

10.2.3.2　生产注意事项

① 气体混合配比要准确。无论生产单晶膜还是复合膜，气体配比尤为重要。气体配比不仅影响膜层的牢固度，而且影响膜层的功能，比如不同的配比可以生产出不同性能及颜色的低辐射玻璃。

② 混合气体浓度要合理。气体物质的浓度与物质原子向基片表面迁移并结合进入玻璃内层的数量有关；气体物质的浓度小，气体物质原子迁移基片表面的概率就小，在其他条件相同时，膜层就薄。

③ 安装镀膜反应器处的玻璃温度要适中。温度低，膜层薄；温度过高，沉积速度过慢，膜层稀疏，甚至出现针孔或气泡。

④ 玻璃的拉引速度要平稳。玻璃拉引速度波动，会造成膜层厚度的波动，使膜层薄厚不均。

⑤ 反应副产物及未反应物要及时排除但排除速度要合理。排除速度过大，影响气体物质在玻璃基片表面不能形成稳定的层流，造成膜层厚度不均，甚至不能成膜；当排除速度过小或没有及时排除，反应副产物及未反应物的原子分解生成颗粒状物质沉积在膜面上，造成瑕疵。

10.3　浮法玻璃基体着色

10.3.1　着色原理

10.3.1.1　定义及原理

基体着色吸热玻璃是在普通钠钙硅酸盐玻璃的原料中加入一定量的有吸热性能的着色剂，而生产出来的本身带有特定颜色的玻璃。按颜色分主要有茶色、灰色、蓝色、绿色、古铜色、青铜色、粉红色、金色、棕色。

当入射到玻璃上的可见光中的一部分被选择吸收，玻璃就着色，并呈现出与被吸收光互补的颜色。互补色的关系在如图 10-10 所示的色度图中为通过白色点（W）所联结的两种波长光的颜色。不含着色剂的无色透明基质玻璃全都存在着紫外吸收界限，不透过

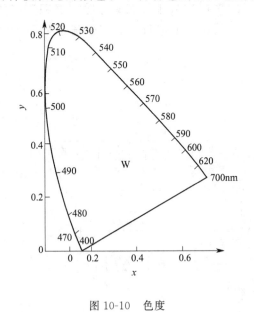

图 10-10　色度

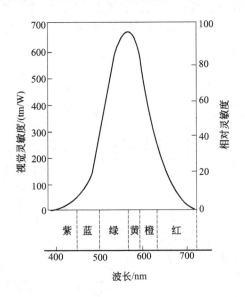

图 10-11　可见光的波长、颜色与
视觉灵敏度的关系

比这个波长更短的光。吸收界限一般按硼酸盐、硅酸盐、磷酸盐的次序波长变短。这个吸收被认为是由于玻璃中非桥氧的外层电子转移到激发状态而引起的。加入着色成分特别是加入可见光区（400～700nm）有显著吸收的着色成分，使玻璃着色。必须注意到每个人对颜色的感觉存在不同，可见光的波长、颜色与视觉灵敏度的关系如图 10-11 所示。如果玻璃对任何波长的光都有同样的吸收，与此透过率相应的呈现白色、灰色及黑色不呈现颜色，被称为"无颜色"。

产生紫外、可见、近红外光区光吸收的原因为玻璃所含组分的电子获得光能而处于激发态。若 ΔE 为玻璃中所含吸收组分的电子的基态与激发态的能量差，则满足：

$$\Delta E = h\nu = \frac{hc}{\lambda} = h c \tilde{\nu} \tag{10-17}$$

式中 ν，λ、$\tilde{\nu}$——吸收光的频率、波长和波数；

   c——光速。

构成玻璃的成分的电子能极复杂，可能跃迁的状态之间的能量差也有一个很广的范围。玻璃的着色大体可分含着色离子（过渡金属离子或稀土离子）、含某种胶体粒子以及由紫外线或放射线辐射而引起的着色。

10.3.1.2 着色玻璃的主要性能

着色玻璃的主要性能见表 10-14 和表 10-15。

表 10-14 吸热玻璃和同厚度的平板玻璃对比

品　　种	透过热值/(W/m²)	透过率/%	品　　种	透过热值/(W/m²)	透过率/%
空气(暴露空间)	879.2	100	蓝色 3mm 厚吸热玻璃	551.3	62.7
普通 3mm 厚平板玻璃	725.7	82.55	蓝色 6mm 厚吸热玻璃	432.6	49.21
普通 6mm 厚平板玻璃	662.9	75.53			

表 10-15 吸热玻璃的光学性质

颜　　色	可见光透过率/%	太阳光直接透过率/%
茶色	≥45	≤60
灰色	≥30	≤60
蓝色	≥50	≤70

10.3.2 主要着色剂

在玻璃配合料或玻璃熔体中，加入一种在高温条件下使玻璃着成一定颜色的物质，称为玻璃的着色剂。根据着色剂在玻璃中呈现的状态不同可分为离子着色剂、胶体着色剂和硫硒化物着色剂。常用的离子着色剂有锰化合物、钴化合物、镍化合物、铜化合物、铬化合物、钒化合物、铁化合物、硫、稀土元素氧化物、铀化合物等；常用的胶体着色剂有金化合物、银化合物、铜化合物等；常用的硫硒化物着色剂有硒、硫化镉、锑化合物。基体着色吸热玻璃常用着色剂的使用与所起的作用见表 2-4。

10.3.3 白玻转换为色玻工艺

浮法玻璃熔窑换料时一般采用式(10-18)近似计算公式：

$$F = B(1 - e^{-\frac{t}{k}}) \tag{10-18}$$

式中 F——换料百分数目标值，%；

   B——色料投放倍数；

t——所需时间，d；

k——窑内玻璃液与每日拉引量之比（一般在 5 左右）。

根据换料公式，若取 $k=5$，计算出达到 100% 换料目标（达到涉及配方），色料投放倍数与达到 100% 换料目标所需天数关系见表 10-16。

表 10-16　色料投放倍数与达到 100% 换料目标所需天数关系

色料投放倍数/倍	3.0	2.5	2.0	1.5	1.4	1.3	1.2	1.1
所需时间/d	2.0	2.6	3.5	5.5	6.3	7.3	9.0	12.0

根据换料公式，取色料投放倍数为 1，$k=5$，计算出溶窑内玻璃液换料百分数与所需天数关系见表 10-17。

表 10-17　浮法玻璃熔窑换料百分数与所需天数关系

项　目	参　数									
换料比例/%	80	85	90	95	96	97	98	99	99.5	99.9
未转换比例/%	20	15	10	5	4	3	2	1	0.5	0.1
所需时间/d	8.0	9.5	11.5	15.0	16.1	17.5	19.6	23.0	26.5	34.5

从表 10-16 和表 10-17 可以看出，白玻璃（无色透明玻璃）转产着色玻璃，通过增加色料投放量倍数，很快就可达到设计配方要求，一般需要 3～7 天；由一种颜色玻璃转产为另一种颜色玻璃时，虽然通过增加色料投放倍数，很快就可达到设计配方要求，但是熔窑内原有颜色的转换是按表 2-4 进行的，也就是说，由于原颜色干扰，颜色转换时间增加；由一种颜色转产为白玻璃（无色透明玻璃）时，熔窑内原有颜色的转换也是按表 2-4 进行的，也就是说，原颜色将在很长时间内影响白玻璃颜色。

参 考 文 献

[1] 刘志海等．浮法玻璃生产操作问答．北京：化学工业出版社，2007.

[2] 殷海荣等．玻璃的成形与精密加工．北京：化学工业出版社，2010.

[3] 马眷荣．玻璃词典．北京：化学工业出版社，2010.

[4] 刘志海等．加工玻璃生产操作问答．北京：化学工业出版社，2009.

[5] 武丽华等．玻璃熔窑耐火材料．北京：化学工业出版社，2009.

[6] 马眷荣等．建筑玻璃．北京：化学工业出版社，2003.

[7] 马眷荣等．建筑玻璃应用技术．北京：化学工业出版社，2005.

[8] 赵永田．玻璃工艺学．武汉：武汉工业大学出版社，1992.

[9] 马眷荣．建筑材料辞典．北京：化学工业出版社，2005.

[10] 杨保泉．玻璃厂工艺设计概论．武汉：武汉工业大学出版社，1989.

[11] 丁志华．玻璃机械．武汉：武汉工业大学出版社，1994.

[12] 唐伟忠．薄膜材料制备原理、技术及应用．北京：冶金工业出版社，1998.

[13] ［日］宇野英隆，柴田敬介著．建筑用玻璃．徐立菲译．哈尔滨：哈尔滨工业大学出版社，1985.

[14] ［美］Joseph Amstock S．建筑玻璃实用手册．王铁华等译．北京：清华大学出版社，2003.

[15] ［列支敦士登］普尔克尔 H K．玻璃镀膜．仲永安等译．北京：科学出版社，1988.

[16] 陈正树等．浮法玻璃．武汉：武汉工业大学出版社，1997.

[17] 张战营等．浮法玻璃生产技术与设备．北京：化学工业出版社，2005.

[18] 姜宏等．浮法玻璃原料．北京：化学工业出版社，2006.

[19] 刘志海等．低辐射玻璃及其应用．北京：化学工业出版社，2006.

[20] 曹文聪等．普通硅酸盐工艺学．武汉：武汉工业大学出版社，1996.

[21] 夏大全等．玻璃工业节能技术．北京：中国建筑工业出版社，1983.

[22] 干福熹．现代玻璃科学技术（下册）．上海：上海科学技术出版社，1990.

[23] 刘缙．玻璃工业实践教程．武汉：武汉工业大学出版社，2000.

[24] ［德］安德烈斯·艾奇里斯．玻璃构造．袁磊等译．北京：中国建筑工业出版社，2011.

[25] 张景焘等．2008 年中国玻璃行业年会暨技术研讨会论文集．北京：科学技术出版社，2008.

[26] 张佰恒等．2009 年中国玻璃行业年会暨技术研讨会论文集．北京：科学技术出版社，2009.

[27] 周志武等．2011 年中国玻璃行业年会暨技术研讨会论文集．北京：中国建筑工业出版社，2011.

[28] 张锐等．玻璃制造技术基础．北京：化学工业出版社，2009.

[29] 陈国平．玻璃的配料与熔制．北京：化学工业出版社，2009.

[30] ［美］Robyn Crocker 等．玻璃．北京：北京大学出版社，2006.

[31] 刘缙．平板玻璃的加工．北京：北京大学出版社，2008.

[32] 彭寿等．平板玻璃生产过程与缺陷控制．武汉：武汉理工大学出版社，2010.

[33] 陈国平等．玻璃工业热工设备．北京：化学工业出版社，2009.

[34] 卢安贤．新型功能玻璃材料．长沙：中南大学出版社，2005.

[35] 田英良等．新编玻璃工艺学．北京：中国轻工业出版社，2009.

[36] 陈福等．颜色玻璃概论．北京：化学工业出版社，2009.

[37] 刘晓勇．玻璃生产工艺技术．北京：化学工业出版社，2008.

[38] 王宙．玻璃工厂设计概论．武汉：武汉理工大学出版社，2011.

[39] 徐志明等．平板玻璃原料及生产技术．北京：冶金工业出版社，2012.

[40] 刘志海等．节能玻璃与环保玻璃．北京：化学工业出版社，2009.

[41] 左泽方．浮法玻璃熔窑节能技术及途径．玻璃，2001（1）：19-23.

[42] 应浩．超厚浮法玻璃的成形退火．玻璃，2002（5）：9-13.

[43] 张碧栋．玻璃配合料．北京：中国建筑出版社，1992.

[44] 唐观君．关于结石鉴定若干问题的再次探讨．玻璃，2004（1）：15-21.

[45] 黄华．浮法玻璃气泡分析方法探讨．玻璃，2004（1）：45-46.

[46] 周海军. 退火窑的温度制度及其热工控制. 玻璃, 2004 (2): 23-25.

[47] 阎培新等. 浅析配合料温度和水分对玻璃生产的影响. 玻璃, 2004 (2): 30-32.

[48] 胡家双等. 国内堆垛机技术发展及应用. 玻璃, 2004 (3): 23-24.

[49] 李丽霞等. 锡缺陷产生机理及综合控制. 玻璃, 2004 (3): 38-41.

[50] 高玉忠. 12mm厚玻璃板弯现象的成因及解决办法. 中国玻璃, 2004 (1): 25-29.

[51] 林建诚等. 改善浮法玻璃波筋的技术措施. 中国玻璃, 2004 (1): 18-21.

[52] 窦彦彬. 玻璃虹彩的形成机理及解决办法. 中国玻璃, 2004 (4): 22-25.

[53] 于春艳. 略谈氨分解制氢工艺. 中国玻璃, 2004 (4): 26-27.

[54] 张利剑. 浮法玻璃退火窑壳体封闭区的结构特点. 中国玻璃, 2004 (6): 28-33.

[55] 齐桂荣. 水淬法放玻璃水的实际运用及体会. 玻璃, 2005 (6): 49-50.

[56] 侯传勇等. 深层卡脖水包在浮法玻璃熔窑中的应用. 玻璃, 2002 (3): 33-34.

[57] 左泽方. 浮法玻璃熔窑节能技术及途径. 玻璃, 2001 (1): 19-23.

[58] 齐济等. 浮法玻璃中气泡的分析. 大连轻工业学院学报, 2001 (2): 79-81.

[59] 王贵祥. 浮法玻璃熔窑前脸墙结构的新进展. 玻璃, 2000 (3): 14-16.

[60] 陈雅兰等. 玻璃熔窑蓄热室格子体的进展. 玻璃, 2001 (2): 23-26.

[61] 顾申良等. 浮法玻璃熔窑蓄热室格子体用耐火材料的合理配置. 玻璃, 2001 (2): 23-26.

[62] 应浩. 超厚浮法玻璃的成形退火. 玻璃, 2002 (5): 9-13.

[63] 杨健等. 浮法生产线投产初期锡槽气泡问题分析. 玻璃, 2002 (4): 18-20.

[64] 姜宏等. 浮法玻璃表面渗锡工艺诊断. 玻璃与搪瓷, 2005 (3): 44-46.

[65] 齐济等. 与锡槽有关的玻璃缺陷的形成和防止. 玻璃, 2002 (2): 22-24.

[66] 宋炯生等. 浮法玻璃彩虹的检测及消除. 玻璃, 2006 (2): 28-31.

[67] 张志茗等. 国内浮法退火窑现状及设计建议. 玻璃, 1999 (5): 28-30.

[68] 张永革. 浮法厚玻璃的退火. 玻璃, 1998 (5): 20-23.

[69] 孙立群. 浅谈浮法厚玻璃的退火. 玻璃, 2001 (2): 34-37.

[70] 刘永一. 关于浮法玻璃生产中退火操作问题的探讨. 玻璃, 2002 (6): 17-20.

[71] 王有新. 浮法玻璃退火技术的回顾与展望. 中国建材装备, 1998 (4): 14-16.

[72] 冯丽荣. 浮法玻璃的退火特点及其在厚薄玻璃上的应用. 玻璃, 1999 (1): 10-12.

[73] 马立云等. 保护气体组成对浮法玻璃性能的影响. 玻璃, 2002 (2): 18-19.

[74] 张新贤等. 锡槽保护气体用量的合理确定. 玻璃, 2000 (5): 20-21.

[75] 赵宏策等. 浅议浮法熔窑泡界线的形成与稳定. 玻璃, 2012 (3): 10-12.

[76] 张为民等. 如何使浮法玻璃熔窑硫排放达标. 玻璃, 2012 (5): 14-17.

[77] 何庆. 关于浮法玻璃生产线退火窑传动设计的几点总结. 玻璃, 2012 (3): 19-21.

[78] 李晓青. 浮法玻璃上表面小锡杂缺陷产生根源探讨. 玻璃与搪瓷, 2012 (1): 25-28.

[79] 尹海滨等. SCR脱硝技术在天然气浮法玻璃窑炉上的应用. 中国环保产业, 2011 (12): 20-22.

[80] 谭利. 玻璃熔窑蓄热室架子砖层改进设想. 建筑玻璃与工业玻璃, 2011 (12): 18-19.

[81] 解丽丽等. 煤焦油、天然气和石油焦粉在浮法玻璃生产中的使用. 中国玻璃, 2011 (6): 41-43.

[82] 李晓青. 浮法玻璃品种改换的工艺技术研究. 玻璃, 2011 (11): 9-12.

[83] 周峰. 平板玻璃工厂的节能途径. 建材世界, 2011 (4): 43-46.

[84] 陈兰武. 浮法玻璃点状缺陷的检测与控制措施. 门窗, 2011 (8): 41-47.

[85] 陈兰武. 浮法玻璃混合机设备的选用与改进. 玻璃, 2011 (7): 41-44.

[86] 林楚荣等. 玻璃熔窑余热发电、脱硫脱硝集成创新探讨. 建筑玻璃与工业玻璃, 2011 (6): 16-21.